# 大数据优秀产品、服务和应用解决方案
# 案例集（2016）

国家工业信息安全发展研究中心 编著

电子工业出版社
**Publishing House of Electronics Industry**
北京·BEIJING

## 内 容 简 介

为落实国家大数据战略部署，工业和信息化部办公厅于 2016 年 5 月向地方工业和信息化主管部门及大型企业下发了《工业和信息化部办公厅关于组织开展大数据优秀产品、服务和应用解决方案征集活动的通知》（工厅信软〔2016〕441 号），在全国范围内广泛征集大数据优秀产品、服务和应用解决方案。经过四十余位业内专家三轮的严格评审，遴选了 50 个优秀案例。

本书是上述 50 个优秀案例的汇编，充分展示了部分先行先试的国内企业在大数据技术、产品、服务及其应用方面的经验和模式，以及取得的初步成效。编者希望通过这种展示方式，为相关地区、行业、企业发展和应用大数据提供有益的借鉴与思考，同时促进"政、产、学、研、用"深度合作，指导和帮助地方、企业和用户加强沟通交流。

本书可为政府部门、行业企业、科研机构及其从事大数据政策制定、管理决策和咨询研究的人员提供参考，也可作为对大数据感兴趣的读者学习阅读的参考书。

**图书在版编目（CIP）数据**

大数据优秀产品、服务和应用解决方案案例集. 2016/国家工业信息安全发展研究中心编著. —北京：电子工业出版社，2017.5
ISBN 978-7-121-31325-7

Ⅰ. ①大… Ⅱ. ①国… Ⅲ. ①数据处理－案例 Ⅳ.①TP274

中国版本图书馆 CIP 数据核字（2017）第 076308 号

责任编辑：郭穗娟
印　　刷：北京富诚彩色印刷有限公司
装　　订：北京富诚彩色印刷有限公司
出版发行：电子工业出版社
　　　　　北京市海淀区万寿路 173 信箱　邮编　100036
开　　本：787×1092　1/16　印张：30.75　字数：732 千字
版　　次：2017 年 5 月第 1 版
印　　次：2018 年 10 月第 4 次印刷
定　　价：168.00 元

# 指导委员会

主任委员：尹丽波

副主任委员：何小龙　马宁宇　徐　昊

委　　员：杨　锋　李振军　唐振江　吴宏春

　　　　　邱惠君　张毅夫　汪存富

# 专家顾问委员会

组　　长：梅　宏

委　　员：林　宁　黄河燕　樊会文　余晓辉

　　　　　王建民　吕卫锋　冯俊兰　黄　罡

　　　　　胡才勇　杨春晖　邱东晓　赵国栋

　　　　　刘贤刚　吴东亚　张云勇　魏进武

　　　　　郎　波　肖永红　刘瑞宝　刘邦新

　　　　　潘永花　薛　伟　陈新河　杨春立

# 出版工作委员会

序

　　信息、物质和能源是社会经济发展的三大基本要素，是各国政府高度重视的战略性资源。无处不在的信息技术应用已经深刻地影响和改变了人类社会，甚至可能重构人类社会。信息技术及信息化经过几十年快速发展，特别是自互联网商用以来20余年的高速发展，数据积累呈指数增长态势，催生了大数据时代。随之而起的是信息化的第三波浪潮，即以数据的深度挖掘和融合应用为主要特征的智慧化阶段（信息化3.0）。大数据不仅提供了人类认识复杂系统的新思维、新手段，也是促进经济转型增长的新引擎，为政府提升治理能力提供了新途径，更是提升国家综合能力和保障国家安全的新利器。

　　在我国加快建设"制造强国"和"网络强国"的重要时期，党中央、国务院高度重视大数据的发展和应用，党的十八届五中全会提出"实施国家大数据战略"。习近平总书记指出"以数据集中和共享为途径，建设全国一体化国家大数据中心，推进技术融合、业务融合、数据融合，实现跨层级、跨地域、跨系统、跨部门、跨业务的协同管理和服务"。李克强总理强调"大数据等新一代互联网技术深刻改变了世界，也让各国站在科技革命的同一起跑线上。中国曾屡次与世界科技革命失之交臂，今天要把握这一历史机遇，抢占先机，赢得未来"。"十三五"时期是我国全面建成小康社会的决胜阶段，抢抓机遇，推动大数据产业发展和应用，无疑具有重大意义。

　　缘于对大数据重大价值和意义的认识，以及落实国家战略的系列行动，当前，我国大数据正处在快速发展的热潮中，其积极意义不言而喻。然而，热潮中我们也需要冷静、理性的观察和思考。

　　随着大数据概念的持续升温，近年来大数据受到各界的高度重视和媒体的广泛宣传，在引发思考、吸引投入、促进技术发展的同时，也导致了一些对大数据概念的过度

"炒作"现象；在大数据热潮中，许多地方和企业纷纷上马大数据平台建设项目，加大基础设施建设投入，甚至不顾本身应用需求和环境约束盲目上马，已出现超前投资、重复投资导致的资源浪费现象；大数据理论和技术都还处于发展早期阶段，虽然对其特征和定义已趋于共识，但是对相关的一些核心观点和命题仍然存在争议，针对大数据本质特征、规律，以及利用大数据求解问题的科学方法论体系等相关基础理论的研究也相对滞后，数据分析的结论往往缺乏坚实的理论基础；从历史上看，人类产生并采集数据的速度，总是领先于处理数据的技术，人类将不断面临"规模超过现有数据库工具获取、存储、管理和分析能力的数据集"，大数据现象将会长期存在。

从大数据应用发展的视角，纵观各类成功应用，可以看到，当前的大数据应用呈现出一些特点：在应用的深入层次上，利用已有的数据资源进行趋势性分析与预测的应用较多，而能够在此基础上对大数据中的深层关联、因果关系进行分析，进而指导决策的应用较少；从数据源的利用上，基于单一数据源的分析与应用较多，而基于多个数据源进行协同分析的应用较少；从数据源的选取上，基于已有数据源进行分析并从中找出有价值结论的应用较多，而能够根据应用需求，主动设计并收集数据进行分析的应用较少；从数据分析模型上，将已有的数据分析模型匹配到相关应用场景的"模型导向类"应用较多，而根据应用需求主动设计相应分析模型的"需求导向类"应用偏少。当前大数据应用的这些特点也折射出大数据技术体系尚未成熟稳定、大数据应用处于初级阶段和大数据生态系统尚未健全的现状。

相比以美国为代表的大数据技术与产业领先国家，我国的大数据发展仍存在明显差距：大数据基础设施与处理技术主要依赖国外开源软件，但应用定制能力明显加强；大数据分析基础与核心算法基本源自国外学术界，主要进行面向应用的优化；互联网大数据应用达到国际先进水平，政府与行业应用由于数据开放共享程度低而明显滞后；学术界核心技术与算法理论研究大多围绕具体应用，基础理论和底层共性技术深入研究偏少，如此等等。因此，要实施国家大数据战略，促进数据大国进而到数据强国的建设，我们有必要加强几个方面的工作：做好发展大数据的顶层规划和示范引导，特别是在大数据基础设施建设方面应强调需求驱动、因地制宜，积极谋划、审慎推进；法律法规、标准规范和技术手段三管齐下，促进政府和行业数据的开放共享，推动数据资源整合和产业创新发展，助力经济转型和培育新兴业态；加大研发投入，集中资源、重点突破，形成面向大数据的自主基础技术产品体系，确保我国在新一代信息技术竞争中的"制权"；大力发展面向大数据的交叉学科，建立国家级大数据人才培养基地，加强人才培养，为我国大数据事业健康发展提供人力资源保障。

也正是在这样的背景下，国家工业信息安全发展研究中心以更好地推进国家大数据战略的实施、切实落实国务院《促进大数据发展行动纲要》为目标，在工业和信息化部的指导下，通过公开征集、评选择优，编辑出版了这部《大数据优秀产品、服务和应用解决方案案例集》。一方面，这是对我国大数据技术和应用发展现状的一次总结和检阅，另一方面，也是为更好地推进大数据事业发展提供可以复制、借鉴的经验和实践。

希望这部案例集能够产生预期的效果，为我国大数据事业的发展发挥积极作用。

2017 年 4 月 24 日于北京

# 前 言

大数据是国家基础性战略资源，是 21 世纪的"钻石矿"。党中央、国务院高度重视大数据的发展，党的十八届五中全会提出"实施国家大数据战略"，国务院印发《促进大数据发展行动纲要》（国发〔2015〕50 号），全面推进大数据在政治、经济、文化、社会各领域的应用。地方积极推动大数据产业发展，全国 20 多个地方因地制宜陆续出台了大数据规划、指导意见或相关的政策文件，形成了各具特色的发展模式，为地方经济增长和社会发展注入新的活力。2016 年 12 月 30 日，工业和信息化部印发了《大数据产业发展规划（2016－2020 年）》，统筹推动大数据产业发展，明确了"十三五"时期的指导思想、发展目标、重点任务、重点工程及保障措施等内容，加快建设数据强国，为实现制造强国和网络强国提供强大的产业支撑。

为贯彻国家大数据战略，落实《促进大数据发展行动纲要》和《大数据产业发展规划（2016—2020 年）》，发掘大数据在工业、政务、交通、医疗、金融等领域的典型经验和做法，国家工业信息安全发展研究中心响应工信部党组统一工作部署，在信息化和软件服务业司的指导下，在地方主管部门、中央单位和企业的大力支持下，依照企业自主自愿申报的原则，广泛收集大数据产品、服务和应用解决方案的典型案例 451 个。我们在对案例进行深入梳理、筛选和专家评审的基础上评选出 50 个优秀案例，编撰形成了《大数据优秀产品、服务和应用解决方案案例集（2016）》（以下简称"案例集"）。希望本案例集可为地方发展大数据产业提供重要的参考和指导，进一步推进大数据综合试验区和集聚区建设，为企业、科研单位开展大数据业务提供可借鉴的经验和模式。

本案例集包含总体态势篇、产品篇和行业应用篇三个篇章。总体态势篇深入剖析了我国大数据产业发展态势，并对《大数据产业发展规划（2016—2020 年）》进行政策解读；产品篇涵盖了数据存储、数据管理、数据分析挖掘、数据安全等 7 类大数据优秀产品，从产品概述、应用效果、系统架构、关键技术、专家点评等角度进行剖析总结；行业应用篇由大数据服务平台和解决方案组成，涵盖了政务、工业、金融、医疗健康、交通旅游等重点行业的大数据应用，从平台和解决方案概要、应用需求、应用效果、系统架构、关键技术、专家点评等方面加以分析和总结。

　　大数据是助力我国从制造大国向制造强国，数据大国向数据强国转变的重要引擎，潜力无限，空间巨大。由于时间有限，本次案例收集编撰工作难免挂一漏万。希望以此书的发布为契机，激励更多的地方和企业积极发展数据产业，充分释放发展潜力，加快形成大数据产业和经济创新发展新动能。

2017 年 4 月

# 目录

III

III >>

III

# I
# 总体态势篇

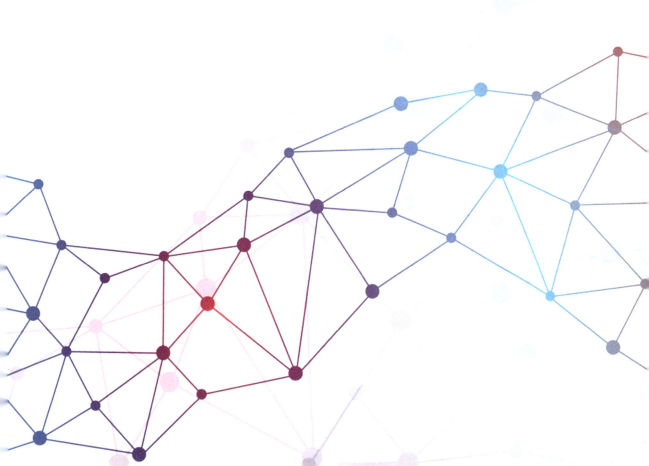

# 第一章　我国大数据产业发展综述

近年来，随着新一代信息技术的发展和应用，我国数据资源日益丰富，大数据产业不断壮大，大数据在政治、经济、文化、社会各领域的应用逐渐深入，为提升政府治理能力、优化民生服务、促进创新创业、加快产业转型升级带来了巨大的机遇，成为推动经济转型发展的新引擎。但要实现从"数据大国"向"数据强国"转变，我国还面临着技术创新能力不强、应用水平不高、数据资源开放共享程度低、产业支撑体系不完善等诸多挑战。"十三五"时期是我国全面建成小康社会的决胜阶段，是新旧动能接续转换的关键时期，全球新一代信息产业处于加速变革期，大数据技术和应用处于创新突破期，国内市场需求处于爆发期，我国大数据产业面临重要的发展机遇。

## 一、我国大数据发展基本情况

"十二五"期间，我国信息产业迅速壮大，信息技术快速发展，互联网经济日益繁荣，积累了丰富的数据资源，技术创新取得了明显突破，应用势头良好，产业体系日益完善，支撑能力显著增强，为"十三五"时期我国大数据产业加快发展奠定了坚实基础。

### （一）党中央、国务院高度重视我国大数据发展

党的十八届五中全会提出"实施国家大数据战略"，国务院印发《促进大数据发展行动纲要》（国发〔2015〕50 号），强化顶层设计，全面推进大数据发展和应用，并在"互联网+"、"中国制造 2025"等国家战略中强化大数据的融合应用，推动大数据与云计算、"互联网+"、智能制造、智慧城市等新技术新业务协同发展，推动供给侧改革，促进创新创业，将大数据打造成为推动经济社会发展的重要驱动力。国内大数据相关主要政策文件见表 1-1。

表 1-1　国内大数据相关主要政策文件

| 时间 | 部门 | 政　　策 | 政策详情 |
|---|---|---|---|
| 2015.3 | 国务院 | 《"互联网+"行动计划》 | 推动移动互联网、云计算、大数据、物联网等与现代制造业相结合 |
| 2015.5 | 国务院 | 《中国制造2025》 | 以信息化与工业化深度融合为主线，重点发展新一代信息技术等10大领域 |
| 2015.7 | 国务院 | 《关于运用大数据加强对市场主体服务和监管的若干意见》 | 运用大数据加强对市场主体服务和监管，明确时间表 |
| 2015.9 | 国务院 | 《促进大数据发展行动纲要》 | 系统部署大数据发展工作，加快政府数据开放共享，推动产业创新 |
| 2015.10 | 十八届五中全会 | 《中共中央关于制定国民经济和社会发展第十三个五年规划的建议》 | 实施网络强国战略，实施"互联网+"行动计划，发展分享经济，实施国家大数据战略 |
| 2016.5 | 国务院 | 《国务院关于深化制造业与互联网融合发展的指导意见》 | 以激发制造企业创新活力、发展潜力和转型动力为主线，以建设制造业与互联网融合"双创"平台为抓手，发展新四基"一软、一硬、一网、一平台" |
| 2016.7 | 国务院 | 《国家信息化发展战略纲要》 | 加强经济运行数据交换共享、处理分析和监测预警，增强宏观调控和决策支持能力 |
| 2016.9 | 国务院 | 《政务信息资源共享管理暂行办法》 | 促进大数据发展部际联席会议，指导和组织国务院各部门、各地方政府编制政务信息资源目录 |

　　各地积极探索大数据发展道路。地方政府结合自身实际，强化政策措施，积极寻求特色大数据产业发展。依托大数据，创新本地商业模式，推动传统行业转型升级，提升政府科学决策和管理水平。贵州省、北京市、上海市、广东省等30多个省市发布了大数据专项规划或实施意见，为大数据产业发展营造了良好的环境。广东省、辽宁省、四川省、贵州省、湖北省、云南省等10余个省成立了大数据管理机构，统筹推进大数据相关工作，整合省、市内各方资源，引导本地大数据产业发展。

　　国家大数据综合试验区促进地方先行先试、探索经验。2016年2月，国家发展改革委、工业和信息化部、中央网信办三部门联合批复同意贵州省建设国家大数据（贵州）综合试验区，支持贵州率先开展试验。同年10月，三部门联合批复同意京津冀、珠三角、上海市、重庆市、河南省、内蒙古自治区、沈阳市七个地方和区域建设国家大数据综合试验区。其中，两个跨区域类综合试验区（京津冀、珠江三角洲），围绕落实国家区域发展战略，更加注重数据要素流通，以数据流引领技术流、物质流、资金流、人才流，支撑跨区域公共服务、社会治理和产业转移，促进区域一体化发展。四个区域示范类综合试验区（上海市、河南省、重庆市、沈阳市），积极引领东部、中部、西部、东北"四大板块"发展，更加注重数据资源统筹，加强大数据产业集聚，发挥辐射带动作用，促进区域协同发展，实现经济提质增效。一个大数据基础设施统筹发展类综合试验区（内蒙古自治区），在充分发挥区域能源、气候、地质等条件基础上，加大资源整合力度，强化绿色集约发展，加强与东、中部产业、人才、应用优势地区合作，实现跨越发展。

## （二）区域特色逐渐显现，产业集聚效应加快

全国大数据产业体系初具雏形，产业支撑能力日益增强，地区大数据产业集聚发展效应开始显现，京津冀区域、长三角地区、珠三角地区、中西部地区和东北部地区等区域各具特色，见表1-2。

表1-2  我国大数据产业区域发展特点

| 区域 | 省/市/自治区 | 发展特点 |
| --- | --- | --- |
| 京津冀 | 北京市、天津市、河北省 | 依托北京信息产业的领先优势，快速集聚和培养了一批大数据企业，继而迅速将集聚势能扩散到津冀地区，积极建设京津冀大数据走廊 |
| 长三角 | 上海市、浙江省、江苏省、安徽省 | 以上海为引领，将长三角地区大数据与当地智慧城市、云计算发展紧密结合，使大数据既有支撑又有的放矢，吸引了大批大数据应用企业 |
| 珠三角 | 广州市、深圳市 | 利用广州、深圳互联网龙头和科技创新企业众多的优势，吸引珠三角地区产业、技术、人才加速集聚，在数据开放共享、大数据行业应用等方面积极探索，对企业扶持力度大，集聚效应明显 |
| 中西部 | 河南省、重庆市、四川省、贵州省、宁夏回族自治区、山西省、陕西省、内蒙古自治区、新疆维吾尔自治区 | 借助当地环境、能源、价格等优势，大力开展招商引资工作，吸引龙头企业落地，带来集群效应。同时加强数据中心、网络基础设施和相关产业园区建设，将大数据产业培育成本地的支柱产业 |
| 东北部 | 沈阳市、哈尔滨市、大连市 | 在国家实施新一轮东北地区等老工业基地振兴战略背景下，沈阳市成为东北地区唯一的国家大数据综合试验区，进一步完善以大数据发展为主体、以传统产业转型升级和智慧城市建设为两翼的大数据创新发展思路 |

## （三）大数据应用广度和深度逐步加快

大数据应用领域不断丰富。以政府数据和行业数据为基础，以数据汇集和共享为支撑，以提高政务效率和公共服务能力为目标的政府管理和公共服务领域大数据应用逐渐成熟和广泛。大数据应用从互联网、电信、金融等领域开始向医疗、交通、政府、工业等领域深入。

（1）政务大数据应用方面。我国政府持续出台多项政策推进政府治理现代化，各地基于政务数据共享互通，推进政务服务"一号一窗一网"，简化办事手续，通过建设医疗、社保、教育、交通等民生事业大数据平台，提升民生服务，深入发掘公共服务数据，促进大数据应用市场化服务，利用大数据支持宏观调控科学化，加强

事中事后监管和服务，提高宏观调控的科学性、预见性和有效性，提高监管和服务的针对性、有效性。广东、天津、浙江、贵州等地积极与运营商、互联网公司及传统 IT 企业开展政务大数据应用相关合作，有效支持决策科学化、治理精准化、商事服务便捷化和安全保障高效化。

（2）电信大数据应用方面。电信行业拥有体量巨大的数据资源，单个运营商其手机用户每天产生的数据就可达到 PB 级规模，传统处理技术难以满足其业务需要，纷纷布局利用大数据技术提升业务水平，利用大数据技术提升其传统的数据处理能力和洞察能力。中国移动、德国电信、沃达丰利用大数据技术加大对历史数据的分析，动态优化调整网络资源配置，大幅提高无线网络的运行效率。中国联通利用大数据技术对其全国 3G/4G 用户进行精准画像，形成大量有价值的标签数据，为客户服务和市场营销提供了有力支持。此外，电信行业利用已有数据资源不断探索新的商业模式，尝试数据价值的外部变现。主要通过开放数据或开放 API 的方式直接向外出售脱敏后的数据，或者与第三方公司合作，利用脱敏后的数据资源为政府、企业或行业客户提供通用信息、数据建模、策略分析等多种形式的信息和服务，实现数据资源变现。中国移动和中国联通积极与第三方合作，开展智慧旅游、智慧城市等项目，探索新型商业模式，寻找新的增长点。

（3）工业大数据应用方面。国务院、工信部等牵头发布的涉及工业大数据领域的主要政策 10 余项，覆盖了产业发展规划、产业扶持、应用推广、安全管理等领域。各地政府的重视程度逐步升级，北京、上海、广东、浙江、山东、福建、贵州、江苏等省市陆续出台多项措施惠及工业大数据发展。辽宁省沈阳市以工业大数据作为突破点，依托工业龙头企业，在智能制造、关键技术研发、工业设计开发、工业数据交易等五个方面先试先行，积极探索建设工业大数据应用生态。随着智能制造步伐的加快，东北部地区、环渤海地区和珠江三角洲等地区的智能制造装备产业集群化分布格局初步显现，工业大数据发展和应用将进一步深入。

（4）金融大数据应用方面。金融行业具有信息化程度高、数据质量好、数据维度多、应用场景多等特点，大数据在金融领域的应用可以提高客户行为分析、差异化营销、差别定价，以及产品设计、风险实时监测和预警等多方面的能力。上海、广州、浙江等经济较发达地区鼓励本地银行、证券、保险等金融企业加强内部数据积累和外部数据合作，开展精准营销、风控管理、智能决策、个性化推荐等大数据应用，开发基于大数据的新产品和新业务。

（5）医疗健康大数据应用方面。《国务院办公厅关于促进和规范健康医疗大数据应用发展的指导意见》明确提出福建、江苏等地区为第一批试点省市，并启动第一批健康医疗大数据中心与产业园建设国家试点工程，推进健康医疗行业治理、公共卫生、临床科研等大数据应用。河南、沈阳、宁夏、贵州、云南等地积极推动健康医疗大数据应用，在医院评价、医保支付、药品招采、三医联动、管理决策等行业管理中推进健康医疗大数据应用，支持数字化健康医疗智能设备研发制造，发展新技术装备制造业，培育新的经济增长点。

### （四）大数据技术创新取得明显进展

Hadoop、Spark 等开源技术得到更广泛的认可和应用，国内骨干软硬件企业陆续推出自主研发的大数据基础平台产品，一批信息服务企业面向特定领域研发数据分析工具，提供创新型数据服务。互联网龙头企业服务器单集群规模达到上万台，具备建设和运维超大规模大数据平台的技术实力。科技创新型企业积极布局深度学习等人工智能前沿技术，在语音与图像识别、文本挖掘等方面积极抢占技术制高点。在开源技术领域，我国对国际大数据开源软件社区的贡献不断增大，传统 IT 厂商与互联网企业参与踊跃，中国企业在世界舞台上崭露头角。

### （五）数据资源整合和开放共享力度增强

党中央、国务院持续高度关注国家公共信息资源开放进程，我国公共信息资源开放已由点状探索进入面状辐射阶段。数据开放正由信息经济较发达地区逐渐向周边省市辐射扩散，制定开放目录清单、自建开放平台成为各地重要抓手。

全国已有 20 余个平台开通运行数据开放网站，涉及 10 多个省市，分别为上海市、浙江省、北京市、山东省、湖北省、重庆市、福建省、广东省、深圳市、汕头市、青岛市、贵州省、扬州市、无锡市。北京市政务数据资源网从 2012 年开始运营至今，已有 36 个部门公布了 300 余个数据包，涵盖旅游住宿、交通、餐饮、医疗、文体娱乐、社保就业等。我国部分主要数据开放平台建设情况见表 1-3。

表 1-3　我国部分主要数据开放平台建设情况

| 序号 | 城市或地区 | 开放数据平台名称 | 上线时间 |
|---|---|---|---|
| 1 | 上海市 | 上海市政府数据服务网 | 2011 年 |
| 2 | 北京市 | 北京市政务数据资源网 | 2012 年 |
| 3 | 湛江市 | 湛江市政府数据服务网 | 2012 年 |
| 4 | 浙江省 | 浙江政务服务网-数据开放频道 | 2014 年 |
| 5 | 贵州省 | 贵州省政府数据开放平台 | 2014 年 |
| 6 | 无锡市 | 无锡市政府数据服务网 | 2014 年 |
| 7 | 宁波海曙区 | 海曙区数据开放平台 | 2014 年 |
| 8 | 佛山南海区 | 数说南海 | 2014 年 |

| 序号 | 城市或地区 | 开放数据平台名称 | 上线时间 |
|---|---|---|---|
| 9 | 重庆市 | 重庆大数据平台-开放数据频道 | 2015 年 |
| 10 | 武汉市 | 武汉市政府公开数据服务网 | 2015 年 |
| 11 | 青岛市 | 青岛政务网政府数据开放 | 2015 年 |
| 12 | 深圳市 | 深圳政府在线数据开放平台 | 2016 年 |
| 13 | 广州市 | 广州市政府数据统一开放平台 | 2016 年 |
| 14 | 贵阳市 | 贵阳大数据开放服务平台 | 2016 年 |
| 15 | 厦门市海沧区 | 海沧区数据资源开放平台 | 2016 年 |

数据资源交易流通是推动大数据产业快速发展的基础，大数据交易平台建设进入井喷期。我国数据交易市场起步于 2010 年，涌现了包括数据堂、中关村数海、京东万象、浪潮卓数、聚合数据等一批数据交易平台。2014 年以来，贵阳、北京、武汉、上海、浙江、江苏等地纷纷成立数据交易机构，全国数据交易机构总数近 20 家。数据交易从概念逐步落地，部分省市和相关企业在数据定价、交易标准等方面开展了积极探索。我国部分数据交易中心（平台）见表 1-4。

**表 1-4 我国部分数据交易中心（平台）**

| 序号 | 时间 | 省份 | 地市 | 名 称 |
|---|---|---|---|---|
| 1 | 2014-12-31 | 贵州省 | 贵阳市 | 贵阳大数据交易所 |
| 2 | 2014-12-10 | 北京市 | 北京市 | 北京大数据交易服务平台 |
| 3 | 2015-7-22 | 湖北省 | 武汉市 | 武汉东湖大数据交易中心 |
| 4 | 2015-7-22 | 湖北省 | 武汉市 | 武汉长江大数据交易所 |
| 5 | 2015-8-28 | 陕西省 | 西安市 | 陕西"西咸新区大数据交易所" |
| 6 | 2015-11-26 | 湖北省 | 武汉市 | 华中大数据交易所 |
| 7 | 2015-12-3 | 河北省 | 承德市 | 河北大数据交易中心 |
| 8 | 2015-12-3 | 北京市 | 北京市 | 京津冀大数据交易中心 |
| 9 | 2015-12-16 | 江苏省 | 盐城市 | 华东江苏大数据交易平台 |
| 10 | 2016-1-5 | 黑龙江省 | 哈尔滨市 | 哈尔滨数据交易中心 |
| 11 | 2016-4-1 | 上海市 | 上海市 | 上海数据交易中心 |
| 12 | 2016-4-14 | 吉林省 | 四平市 | 浪潮四平云计算中心·大数据交易所 |
| 13 | 2016-9-26 | 浙江省 | 嘉兴市（乌镇） | 浙江大数据交易中心 |

**（六）大数据相关项目投入迅猛增长**

根据北京软交所统计数据显示，2016 年 1～10 月，政府公开招投标涉及大数据产业项目数量共 7164 个，同比增长 28.6%；交易金额共 153.66 亿元，同比增长 24.5%，如图 1.1 所示。

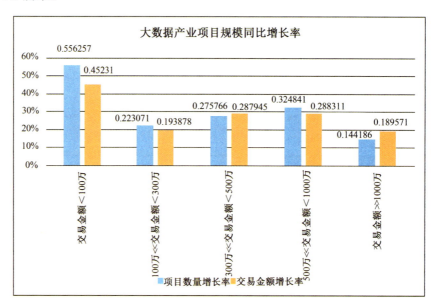

图 1.1　2016 年 1～10 月我国大数据项目同比增长率

数据来源：北京软交所

在大数据各项目类型中，2016 年市场份额占比最大的仍为应用类型项目，占整体的 59.5%，比 2015 年下降 0.8 个百分点；其次是服务类型项目，占整体的 21.4%，比 2015 年提高 2.1 个百分点。平台类项目和硬件类项目的市场份额比 2015 年略有下降，其中，平台类项目市场份额为 11.3%，比 2015 年下降 0.5 个百分点；硬件类项目市场份额为 7.7%，比 2015 年下降 0.9 个百分点。

与 2015 年相比，大数据产业资金投入有大幅度的提升，其中应用类型的项目数量由 2015 年的 3039 个增加到 2016 年的 4012 个，交易金额同期增加近 17 亿元，交易金额同比增长 22.9%；服务类型的项目金额增长最快，项目数量增长率为同比增长 25.6%，项目金额同比增长 38.6%。平台类项目数量增速最快，项目数量从 500 增加到 680，增速为同比增长 36.0%，项目金额同比增长 9.4%。硬件类型的项目增长幅度相对较小，数量增加了 91 个，交易金额增加 1.2 亿元，项目金额同比增长 11.2%，低于其他三类项目。

整体上看，市场对已成型或较固化的应用类产品需求稳定增长，平台类项目增速最高，用户需要借助大数据平台衍生更多新应用或新业务。同时，对前期设计、监理、后期运维等服务的需求也在快速增长。2015 年和 2016 年（1～10 月）我国大数据项目类型分布见表 1-5。

表 1-5　2015 年和 2016 年（1~10 月）我国大数据项目类型分布

| 项目类型 | 2015 年 | | 2016 年 | |
|---|---|---|---|---|
| | 项目数量 | 交易金额（亿元） | 项目数量 | 交易金额（亿元） |
| 硬件 | 659 | 10.7 | 750 | 11.9 |
| 应用 | 3039 | 74.4 | 4012 | 91.4 |
| 平台 | 500 | 14.6 | 680 | 17.4 |
| 服务 | 1371 | 23.8 | 1722 | 33.0 |

数据来源：北京软交所

## 二、存在问题

### （一）数据资源共享开放推进缓慢

数据壁垒降低了大数据产业资源配置效率。一是政务信息系统受制于先前垂直化自建、自管、自用模式，难以进行高效便捷的协同运作，造成了不同区域不同部门信息系统相互独立、政务数据资源"纵强横弱"的局面。二是多头数据采集和管理混乱，导致数据更新的及时性、规范性无法保证。同一类数据在不同部门、行业间的冲突和矛盾，缺乏实际使用价值。三是行业数据资源累积不足，存在标准化、准确性、完整性低及利用价值不高的情况。一些部门受现行体制利益分配关系驱使，将业务数据作为独家资源加以垄断，不愿实现政务数据开放共享。

### （二）大数据安全风险凸现

大数据安全管理困难、安全意识薄弱等因素增加了大数据产业的发展风险。一是数据的海量存储增加了数据防护的难度。随着大数据与智慧城市、云计算、工业互联网等领域深度融合，大量数据一旦遭到损坏或丢失将造成巨大损失。二是政府、企业及个人都存在安全意识不足的问题。数据无序滥用将侵害个人隐私及企业商业秘密，甚至危害国家安全。网络空间数据安全问题的严重性、紧迫性，在很大程度上已超越其他传统的安全问题。

### （三）产业生态体系尚不完善

我国大数据产业仍处于起步阶段，相关法律法规、政策、标准、技术等有待进一步完善和突破。一是数据所有权、隐私权等相关法律法规和信息安全、开放共享等标准规范不健全。二是尚未建立起兼顾安全与发展的数据开放、管理和信息安全保障体系。三是在基础软硬件产品、关键信息技术等方面长期处于跟随状态，与国际先进水平还存在差距。四是大数据人才缺失。与信息技术其他细分领域人才相比，大数据发展对人才的复合能力要求更高。大数据的快速发展使得短时间内形成了对大数据人才的巨大需求，导致亟须综合掌握数学、统计学、计算机等相关学科及应用领域知识的综合性数据科学人才。

### （四）同质化竞争日益加剧

一些地方存在认识不到位、定位不明确、盲目发展等问题。为推进大数据产业发展一些地方纷纷开展大数据中心建设，而忽视大数据资源建设和行业应用，国内数据中心建设已出现产能过剩迹象。此外，各地争先建设发展数据流通交易平台，在大数据平台建设中出现了定位重复、各自为政等问题，甚至出现"跑马圈地"的情况。

## 三、推动大数据产业发展的措施建议

### （一）加强数据共享开放和安全防护

加强顶层设计和统筹协调，从国家层面推动数据共享开放。一是尽快推动我国政府数据资源共享和开放目录的制定，厘清各部门数据资源管理的权利和义务，构建统一规范、互联互通、安全可控的国家数据资源体系。二是全面推进重点领域大数据高效采集、有效整合，深化政府数据和社会数据关联分析、融合利用，提高宏观调控、市场监管、社会治理和公共服务精准性和有效性。三是依托政府数据统一共享交换平台，加快推进跨部门数据资源共享共用。通过国家政府数据统一开放平台建设，推动政府信息系统和公共数据互联开放共享。

进一步强化大数据安全的保障能力，制定和完善相关法律法规。一是推进适用于大数据环境下的等级保护制度，建立兼顾安全与效率的数据管理和保障体系，加强数据安全评测、安全防范、应急处置等机制建设。二是开展数据确权、资产管理、市场监管、跨境流动等数据治理的重大问题研究，协调有关部门共同推进数据治理的法制化进程，加强对敏感政务数据、企业商业秘密和个人数据的保护。三是强化网络空间安全的信息共享，促进网络空间安全相关数据的融合和资源合理分配，提升重大安全事件的应急处理能力。

### （二）加快完善大数据基础设施

持续推进下一代网络设施建设。一是加快移动通信、公共无线网络、电子政务网、行业专网和物联网等基础设施建设，推进宽带网络技术广泛应用，打造现代化通信骨干网络，提升高速传送、灵活调度和智能适配能力。二是完善优化国际通信设施，加强国际通信网络布局，重点推进跨境陆海缆基础设施建设。

统筹协调我国大型数据中心绿色发展。推动建设一批用于公共服务、互联网应用服务和重点领域服务的大型数据中心，重点促进大数据平台在政务、金融、医疗、教育、交通、智能制造等领域的应用示范。

### （三）规范数据资源流通和交易

以政府数据共享开放推进为基础，带动社会数据资源流通交易认知的提升。一是组织开展我国数据流通交易平台建设试点，支持第三方平台提供数据资源汇聚、交易撮合、定价估值等服务，盘活社会数据资源。二是密切与行业组织的合作，给数据交易建章立制，尽快形成顶层数据交易规则与标准体系，让数据的流通和交易运行在公平、透明、安全的规则体系之下。

### （四）优化大数据产业生态体系

加强大数据市场整体环境建设。一是构建大数据产业与其他产业发展的联动机制，统筹协调大数据产业链各个环节企业的合作。二是创新财政引导资金使用方式。完善投融资、知识产权、利益分配等方面的政策，为大数据产业提供强有力的支撑。以天使基金、风险投资基金和股权并购基金等形式支持大数据领域创新创业，利用政府引导资金的杠杆效应，吸引社会资源持续向大数据领域投资。三是开展大数据发展指数评估。建立大数据发展评估体系，关注我国大数据产业发展进程，引导各地发展各具特色的大数据产业。

### （五）推动联合创新和人才培养

强化"政、产、学、研、用"合作创新，完善产业支撑体系。一是积极利用开源模式和开放社区资源，加强大数据共性基础技术研发。支持国内创新型企业，开发专业化的数据处理分析技术和工具，提供特色化的数据服务。二是支持高校、科研院所和企业联合建立大数据创新中心或实验室，推动多学科交叉融合，开展大数据分析关键算法和关键技术研究，并联合企业加强实践应用。三是设立大数据领域专项工程，加强对大数据关键技术的攻关和产业应用。尽快在大数据采集、挖掘、处理和展示等技术上取得实质突破，形成一批具有自主知识产权的技术和产品。四是加快推进大数据人才发展体制和政策创新，推动人才结构战略性调整，突出"高精尖缺"导向，提高人才质量，优化人才结构，保障人才以知识、技能、管理等创新要素参与利益分配，以市场价值回报人才价值。

# 第二章 《大数据产业"十三五"发展规划》政策解读

推动大数据产业持续健康发展，是党中央、国务院作出的重大战略部署，是实施国家大数据战略、实现我国从数据大国向数据强国转变的重要举措。日前，工业和信息化部正式印发了《大数据产业发展规划（2016－2020年）》（以下简称《规划》），全面部署"十三五"时期大数据产业发展工作，加快建设数据强国，为实现制造强国和网络强国提供强大的产业支撑。

## 一、背景情况

"十二五"期间，我国信息化持续推进，信息产业迅速壮大，互联网经济日益繁荣，积累了丰富的数据资源，技术创新能力稳步增强，大数据应用推进势头良好，产业体系初具雏形，产业支撑能力逐步增强，为我国加快大数据产业发展奠定了坚实基础。

"十三五"时期是我国全面建成小康社会的决胜阶段，是新旧动能接续转换的关键时期。随着我国经济发展进入新常态，大数据将在稳增长、促改革、调结构、惠民生中承担越来越重要的角色，在经济社会发展中的基础性、战略性、先导性地位越来越突出。同时，大数据也将重构信息技术体系和产业格局，为我国信息技术产业的发展提供巨大机遇。为推动我国大数据产业持续健康发展，深入贯彻十八届五中全会精神，实施国家大数据战略，落实国务院《促进大数据发展行动纲要》，按照《国民经济和社会发展第十三个五年规划纲要》的总体部署和工业和信息化部"十三五"规划体系相关工作安排，编制形成《规划》。

## 二、总体考虑

《规划》是深入贯彻国家大数据战略、落实《促进大数据发展行动纲要》、协同推进制造强国和网络强国的重要抓手，对于提升政府治理能力，优化民生公共服务，推动创新创业、促进经济转型和创新发展具有重大意义。《规划》以大数据产业发展中的关键问题为出发点和落脚点，以强化大数据产业创新发展能力为核心，以推动促进数据开放与共享、加强技术产品研发、深化应用创新为重点，以完善发展环境和提升安全保障能力为支撑，打造数据、技术、应用与安全协同发展的自主产业生态体系，全面提升我国大数据的资源掌控能力、技术支撑能力和价值挖掘能力，在此基础上明确了"十三五"时期大数据产业发展的指导思想、发展目标、重点任务、重点工程及保障措施等内容，作为未来五年大数据产业发展的行动纲领。具体来说，主要从以下五个方面开展工作：

（1）推进大数据技术产品创新发展。"十二五"期间，我国信息技术快速发展，但仍存在技术创新能力不足、产品和解决方案不成熟等问题。《规划》强调在大数据关键技术、推动产品和解决方案研发及产业化、创新技术服务模式等方面重点布局，通过相关项目和工程的引导和支持，形成一批自主创新、技术先进，满足重大应用需求的产品、解决方案和服务。

（2）提升大数据行业应用能力。我国发展大数据拥有丰富的数据资源和巨大的应用优势。《规划》在任务部署时充分考虑以国家战略、人民需要、市场需求为牵引，促进大数据与其他产业的融合发展，加强大数据在重点行业领域的深入应用，尤其强调围绕落实中国制造 2025，深化制造业与互联网融合发展，发展工业大数据，支持开发工业大数据解决方案，利用大数据培育发展制造业新业态。

（3）繁荣大数据产业生态。《规划》从全局出发，加强中央、部门、地方大数据发展政策衔接，发挥企业在大数据产业创新中的主体作用，以大数据产业集聚区和国家大数据综合试验区建设为抓手，集中资源重点培育和扶持一批龙头骨干企业，鼓励中小企业特色发展，构建企业协同发展格局，优化大数据产业区域布局，加快培育自主产业生态体系。

（4）健全大数据产业支撑体系。结合大数据产业发展需求，《规划》要求加强大数据标准化顶层设计，建立健全覆盖技术、产品和管理等方面的大数据标准体系，发挥标准化对产业发展的重要支撑作用。统筹布局大数据基础设施，建设大数据产业发展创新服务平台，建立大数据统计及发展评估体系，创造良好的产业发展环境。

（5）夯实完善大数据保障体系。针对网络信息安全新形势，《规划》从完善政策法规、健全管理制度、提升技术手段等多个方面综合考虑构建强有力的大数据安全保障体系。一方面加强大数据安全技术产品研发，防范大数据软件、硬件和应用等自身安全风险，另一方面推动制定公共信息资源保护和开放的制度性文件，在推动全国立法的同时支持地方先行先试，研究制定地方性大数据相关的政策法规。

### 三、发展目标

《规划》通过定量和定性相结合的方式提出了 2020 年大数据产业发展目标。在总体目标方面，提出到2020 年，技术先进、应用繁荣、保障有力的大数据产业体系基本形成，大数据相关产品和服务业务收入突破 1 万亿元，年均复合增长率保持在30%左右。在此基础之上，明确了 2020 年的细化发展目标，即技术产品先进可控、应用能力显著增强、生态体系繁荣发展、支撑能力不断增强、数据安全保障有力。

### 四、主要举措

《规划》在分析总结产业发展现状及形势的基础上，围绕"强化大数据产业创新发展能力"一个核心、"推动数据开放与共享、加强技术产品研发、深化应用创新"三大重点，完善"发展环境和安全保障能力"两个支撑，打造一个"数据、技术、应用与安全协同发展的自主产业生态体系"，提升我国对大数据的"资源掌控、技术支撑和价值挖掘"三大能力。具体设置了 7 项重点任务、8 个重点工程以及 5 个方面的保障措施。

#### （一）7 项重点任务

围绕产业发展关键环节部署重点任务：**一是强化大数据技术产品研发**。重点加快大数据关键技术研发、培育安全可控的大数据产品体系、创新大数据技术服务模式，强化我国大数据技术产品研发。**二是深化工业大数据创新应用**。加快工业大数据基础设施建设、推进工业大数据全流程应用和培育数据驱动的制造业新模式，衔接《中国制造 2025》、《国务院关于深化制造业与互联网融合发展的指导意见》等文件内容。**三是促进行业大数据应用发展**。推动重点行业大数据应用、促进跨行业大数据融合创新、强化社会治理和公共服务大数据应用，推动大数据与各行业领域的融合发展。**四是加快大数据产业主体培育**。利用大数据助推创新创业、构建企业协同发展格局和优化大数据产业区域布局，培育一批大数据龙头企业和创新型中小企业，繁荣产业生态。**五是推进大数据标准体系建设**。加快大数据重点标准研制与推广和积极参与大数据国际标准化工作。**六是完善大数据产业支撑体系**。合理布局大数据基础设施建设、构建大数据产业发展公共服务平台、建立大数据发展统计评估体系。**七是提升大数据安全保障能力**。加强大数据安全技术产品研发、提升大数据对网络信息安全的支撑能力。

### （二）8 个重点工程

围绕重点任务，设置了大数据关键技术及产品研发与产业化、大数据服务能力提升、工业大数据创新发展、跨行业大数据应用推进、大数据产业集聚区创建、大数据重点标准研制及应用示范、大数据公共服务体系建设、大数据安全保障八个工程，作为工作抓手重点推进。

### （三）5 个方面保障措施

大数据涉及面广，对跨层级、跨部门的协调要求高，同时需要法律法规、政策、人才以及国际合作等多层面支持，提出推进体制机制创新、健全相关政策法规制度、加大政策扶持力度、建设多层次人才队伍、推动大数据国际化发展五个方面的保障措施。

# II
# 产品篇

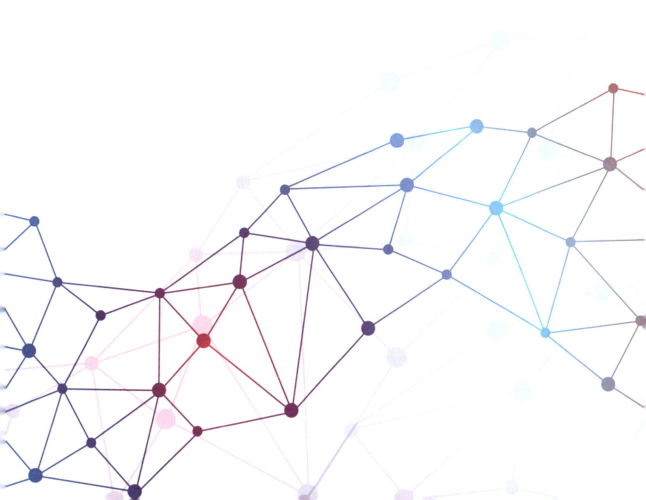

# 第三章　通　用　产　品

## 大数据

# 01 云数据能力开放平台及其大数据应用

## ——中国联合网络通信集团有限公司

中国联通云数据能力开放平台实现了全网全域的多源异构数据集成，由统一的大数据平台进行存储、加工，并且形成大数据能力及结果数据的开放化运营，以及应用的孵化和研发落地。

### 一、应用需求

在大数据应用创新孵化方面，大数据市场空间大，但是应用创新却难以满足实际需求，同时，面临着开放程度不够及引入的主体过少等问题。因此，中国联通集团的"数极·数聚空间"（Data Aggregation Space，DAS），引入创新孵化"众包"式管理机制，联合公司内外资源，满足多方参与的需要，并通过中国联通公共创新大数据能力开放平台与中国联通大数据应用模型孵化平台这两个子平台的联动，形成以大数据平台能力为中心，在原有流程与组织架构不变的基础上以平台能力代替目前合作的管理模式，全方位支撑公司大数据平台的研发、部署、建设、开放及运营，共同为业务创新服务。对内服务于中国联通集团及各个子公司，配合中国联通"聚焦战略"思想，在平台上构建存量经营、流量经营、客户离网预测等模型，辅助集团实际的业务，给联通各个子公司提供平台和部分样本数据。对外给各大院校提供平台、部分数据和模型场景，由高校人才进行数据挖掘，给行业内企（事）业单位公司提供样本数据和操作平台，并对输出数据进行合规脱敏，以及对大型计算机竞赛提供大数据平台和场景案例。中国联通公共创新大数据能力开放平台如图3.1所示。

图 3.1 中国联通公共创新大数据能力开放平台
（http://das.bigdata.unicomlabs.cn:9090/）

## 二、应用效果

DAS 平台在电信行业首先实现了全域多源异构数据的一点汇聚，具有数据存储、数据审核、数据加工和数据建模 4 类 15 种数据处理能力。在平台运作管理上，应用多租户可视化管理，实现数据存储、模型加工、数据合规审核、数据挖掘、数据安全开放等管理流程，提供了大数据、数据库以及容器化的服务能力和生命周期管理。其中，公共创新大数据能力开放平台主要面向第三方合规开放能力和结果数据，大数据应用模型孵化平台主要面向经营生产一线，两个子平台的联动提供了广泛的行业互联网化的大数据应用服务。

自平台实施以来，目前共有 480 个主体参与，梳理了 5 类 32 个应用场景。对内面向各地开放上百个系统账号，实现全国 1.2 万个生产任务调度，支撑了北京市、湖北省、福建省、吉林省等省市的数据生产建设，实现了联通总部与省市数据、资源、应用的完美融合。例如，浙江省首次尝试基于 DAS 平台实现数据互联网化的安全开放，通过容器实现 API 服务部署，并经过 API 安全网关实现对外服务的安全监控与访问，在信贷、信用合作、商业欺诈、金融、保险、投资等行业开启了 API 互联网化服务的大门。再如，联通研究院基于 DAS 平台能力对每个季度的工作量和工作成果进行分析，输出的结果作为规避项目风险和绩效考核的依据，如图 3.2 和图 3.3 所示。

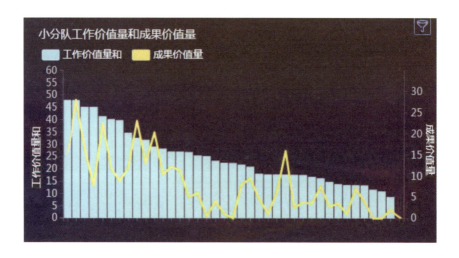

图 3.2　小分队工作价值和成果价值量

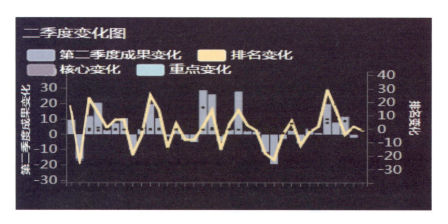

图 3.3　二季度变化图

对外合作方面，成功引入金融、电商、汽车、互联网、房地产等多行业合作伙伴，依托平台 800 余个数据产品，通过样本数据、标签数据，进行挖掘、建模和开发应用。例如，通过"沃指数"，展现贵州旅游指数与游客旅游轨迹，围绕贵州省展现旅游指数、天气指数、指数因素数值、指数因素值对比、景区指数排名、实时客流量和最佳旅游线路，如图 3.4 所示。再如，2016 年 CCF 大数据大赛也借助 DAS 平台能力的支撑，支持 420 支参赛团队超过 1700 人在 DAS 平台上针对第三方精准营销进行开放建模竞赛，提交有效模型结果 295 份。

图 3.4　中国旅游大数据指数总览——贵州

## 三、产品架构

DAS 平台在能力上提供了数据存储、数据审核、数据加工和数据建模 4 类 15 种数据处理能力，如图 3.5 所示。

图 3.5　大数据能力开放平台

### (一) 2 种存储能力

提供对于关系型和非关系型数据的两种存储能力，关系型数据存入 Oracle/MySQL，非关系型数据存入 HDFS 等。并支持数据的上传、下载、增删改查、权限管理和数据共享等功能。IOPS 10000 以上，时延 100ms 以内。

### (二) 5 种数据加工能力（脚本解析能力）

通过图形界面提供 5 种大数据加工能力，包括数据采集、ETL 加工、数据入库、统计分析和数据检索。并提供执行 MR/HSQL/Spark/Kafka/SQL/脚本能力。

（1）数据采集：提供图形化的模块，支持通过 SCP、FTP 的方式从远端获取文件数据，并存入 HDFS 文件系统中；提供 MySQL、Oracle 的数据抽取组件，支持从关系型数据库中抽取数据并存入 HDFS 文件系统中

（2）ETL 加工：通过图形化的界面，提供常用 ETL 加工功能，包括字符串、时间、编码转化，字段计算、过滤、关联等，并支持用户提交自己编写的 Spark 作业和运行。

（3）数据入库：支持将 HDFS 中的文件录入 Hbase 中，提供图形化的 Sqoop 工具，可以便捷地往 MySQL、Oracle 数据库中导入/导出数据。

（4）统计分析：具备图形化的统计分析界面，提供字段颗粒度的统计分析计算公式。支持用户上传自己编写的 Spark 作业，进行大数据量的统计分析运算。

（5）数据检索：通过内嵌 Phoenix 组件，支持用户使用熟悉的 SQL 语句在 Hbase 上进行数据检索。可以使用 ES 搜索引擎进行数据检索。

### (三) 5 种数据建模能力

用户的业务分析人员以租户的方式登录本平台，使用"指标+规则"、"标签+规则"、关联分析建模、数据挖掘建模和 R 语言建模 5 种方式进行建模，通过 Gateway 网关系统输出数据。并支持把建好的模型以服务形式发布上线，方便实时和定期批量加工用户数据。

（1）"指标+规则"：提供如全网业务、固网业务、3G 业务等 7 大类 1000 多个指标类型；支持对指标配置业务规则，如 ARPU>120，在网时长>6 个；支持对多个指标进行 AND、OR 运算。

（2）"标签加规则"：提供如基本特征、产品特征、业务特征、渠道特征等 9 大类标签；支持对标签配置业务规则，如入网渠道=自有旗舰营业厅；支持对多个标签进行 AND、OR 运算。

（3）数据挖掘建模：利用一级平台提供的 SPSS 工具进行多次模型训练，确定最优模型。

（4）关联分析建模：利用一级平台提供的 SSAS 工具进行多维关联分析建模。

（5）R 语言建模：利用一级平台提供的 Rstudio 编辑器和 Hadoop 环境创建模型，进行模型训练。

### （四）3 种合规检查能力

提供数据授权、数据脱敏和合规检查数据检查能力。

（1）数据授权：机构注册时对机构进行数据权限分配；用户注册时关联责任机构，获得数据权限。

（2）数据脱敏：服务输出字段过滤和字段的条件过滤。包括以下几种：行过滤，根据字段的字典过滤，例如，"省份"过滤；针对数字类型的字段，即根据数值比较表达式过滤；字段内容处理；对特殊字符进行替换，例如，将特殊字符（123）替换处理成***；对连续位数进行截取替换。截取替换包括前段 $N$ 位字符替换成指定字符，中间连续 $N$ 位字符替换成指定字符等。

（3）合规检查：同一服务不同数据用户合规检查是独立配置的，支持 Excel 文件导入；数据字典匹配；数值范围检查；字段长度检查。

## 四、关键技术

### （一）混搭存储架构

（1）混搭的结构，提供了面向多租户的关系型和非关系型数据的存储和加工能力。

（2）"SMP+MPP+Hadoop+实时处理"的数据存储平台，支持多租户 Oracle 和 MySQL 存储传统的格式化数据，也支持多租户的 Hadoop 架构，存储 NoSQL 数据至 HDFS 文件系统/HIVE/Hbase 中。

（3）支持 Storm/Kafka 进行数据的实时处理。

（4）支持 MR/HSQL/Spark/SQL 等多种语言，进行数据的加工处理。

### （二）数据建模开源算法

（1）主流的数据建模算法、分类/聚类/关联等建模算法，如逻辑回归、决策树、SVM、贝叶斯网络、神经网络、剪枝和实际序列等 40 种主流数据建模算法。

（2）不断更新的开源数据建模算法，支持多种语言，Java/R/Python 等，如今已经更新了 22 种新型的开源算法包，如 Numpy、Scikit learn、Pandas 和 Weka 等。

### （三）数据的安全保障和标准输出流程

（1）数据分级授权，用户归属机构的授权模式，人工审核验证身份的严格流程。

（2）数据合规、脱敏、审核输出的整体流程，以及流程的全日志记录用于安全审计和责任追溯。

（3）标准的安全流程和措施。

### （四）依托 CU-DCOS 的容器化技术

（1）开源内核，兼容多种主流技术，紧跟业界技术发展，包括 Docker、Mesos 和 Kubernates 等技术。

（2）北向对外提供 7 层（Restful 标准协议）和 4 层（IP+Port）的服务能力；南向与 Iaas 统一私有云（O3）对接。

（3）支持承载不同颗粒度的资源及应用，通过两级调度资源的架构，基于容器化技术，实现秒级的一键部署及弹性调度。

（4）支持多数据中心、多地域统一管理。

### （五）IaaS 可视化资源管理

（1）用户可通过可视化界面管理计算环境内所有设备的资产信息：服务器/网络设备/存储设备。

（2）用户可管理多种异构虚拟化技术工具构建异构资源池，并管理虚拟机资源、存储及网络资源，并支持资源的自动调度。

（3）用户可将设备纳入管理，还可管理资源的生成和交付，带动 DAS（管理数据库）信息的实时更新。

# ■ 企业简介

中国联合网络通信集团有限公司（简称"中国联通"）于 2009 年 1 月 6 日在原中国网通和原中国联通的基础上合并组建而成，在国内 31 个省（自治区、直辖市）和境外多个国家和地区设有分支机构，是中国唯一一家在纽约、香港特别行政区、上海三地同时上市的电信运营企业，连续多年入选"世界 500 强企业"。

中国联通主要经营 GSM、WCDMA 和 FDD-LTE 制式移动网络业务，此外，还经营固定通信业务，国内/国际通信设施服务业务、卫星国际专线业务、数据通信业务、网络接入业务、各类电信增值业务、与通信信息业务相关的系统集成业务等。中国联通拥有覆盖全国、通达世界的通信网络，积极推进固定网络和移动网络的宽带化，为广大用户提供全方位、高品质信息通信服务。同时，面对产业互联网发展的广阔空间，中国联通聚焦物联网、互联网数据中心（IDC）与云计算、大数据、信息通信科技（ICT）、智慧城市等创新业务热点领域，全面优化整体布局，统一规划平台建设，理顺运营体系，打造持续增长的新动力；聚焦医疗、教育、制造、环保、交通物流等细分市场，推动重点行业应用的规模突破。

## ■ 专家点评

　　DAS 平台集技术创新、业务创新、服务创新于一体，依托联通大数据、云计算技术的支撑，满足跨行业、跨领域的运营合作需求，打造一个内外合作、共存、共赢、共发展的生态体系，为行业大数据合作运营提供了一条新的思路。该平台整体框架设计合理，技术先进，开创性地将多租户、云计算、容器、安全控制等技术进行了整合和创新，在平台共享的基础上实现了租户资源的有效隔离，很好地支持联通大数据领域内部生产、外部合作，产品孵化，具有较高的推广价值。因此 DAS 平台属于领先行业应用解决方案。

**倪光南**（中国工程院院士）

# 面向企业级客户的大数据开放平台

## ——中国电信股份有限公司云计算分公司

中国电信大数据开放平台主要面向企业级客户，结合业务实际和产业链上下游之间的关系，设计了一套独特的业务模式（见图 3.6），以实现开放合作的目的。根据大数据业务逻辑和主体，中国电信将大数据开放平台业务的参与者分为产品合作伙伴、数据合作伙伴、平台运营方、产品销售方。其中，中国电信作为平台方承担开放平台的建设、运营和维护职责；开放平台引入的合作伙伴，按照其意愿和业务特点承担数据合作伙伴或产品合作伙伴的角色。产品研发完成后，各参与方视情况承担产品销售工作。

图 3.6　中国电信开放平台运营模式

### 一、应用需求

大数据开放平台是中国电信在完善大数据生态过程中作出的创新举措。中国电信大数据开放平台承接国务院《促进大数据发展行动纲要》关于数据共享共用、开放创新的精神，立足于中国电信大数据战略规划和业务实践，吸收国内外开放平台构想和探索经验，创造性地将电信资源和数据优势整合起来，面向工业、电子商务、金融、交通、物流、医疗健康、教育、旅游、环保、食品安全等行业开放进行深度合作。

大数据开放平台旨在依托中国电信在大数据业务发展中积累的雄厚平台资源、业界领先的技术水平、丰富的产品研发经验、成熟的管理运营体系，与合作伙伴共同探索、完善大数据开放合作前提下的新型商业和服务模式，支持大规模、多源、异构数据的全面整合和深度分析，为不同行业的用户提供以数据为中心的创新服务，进而推动大数据产业融合创新发展。

## 二、应用效果

中国电信大数据平台，全面整合电信内部数据和各类外部数据，深度挖掘大数据在各行业的应用，可满足合作伙伴多样化的产品开发需求。中国电信大数据平台以电信大数据和现有成熟接口产品为基础，横向开放，打造共赢生态。

（1）电信四门十八类数据。电信有丰富的基础数据资源，全面覆盖各地市、各省份，覆盖 IT 数据、网络数据、创新数据、增值业务数据，具有数据维度广、用户信息完整、用户维度多、数据中立、位置信息可关联等优点。

（2）成熟接口产品。除基础数据外，电信还有自成体系的成熟接口产品，涵盖风险防控、精准营销、区域洞察、咨询报告等领域，开发者可利用电信已有接口进行产品建模开发，提高产品开发效率。

（3）外来数据。中国电信同时引入外来数据供广大开发者使用，积极促进各领域各行业的数据融合，不断丰富数据的内涵和广度。

目前，开放平台已上线运营的合作伙伴逾 40 家，有 20 余家达成合作意向并正在开展具体合作，现阶段开放平台带来的收入规模约为 300 万元。

## 三、平台架构

### （一）平台总体架构

大数据能力产品与应用平台包括平台能力层、运营服务层和产品开放层。

1. 平台能力层

（1）数据存储与计算环境。采用 Hadoop、Spark 等大数据存储和计算组件，基于数据中心的多租户资源管理模式，为数据开发者、数据供应者提供开放式的计算存储环境。

（2）数据接入开放服务。实现外部数据的采集接入以及数据开放过程的数据作业交换流转，具备流式接入和消息接入的能力。

（3）数据处理组件。服务数据开放，以提高数据核心竞争力为驱动，实现包括 ID 标识处理、标签画像处理的能力。

（4）平台服务组件。以能力可开放、平台可管控为目标，作为底层数据计算和上层能力运营的中间件，获取计算存储资源信息、任务作业信息、元数据信息和数据信息，以及实现能力管理接口。

（5）数据开放服务。数据开放包括以 BDCSC 体系的接口开放和可视化的开发环境，为合作伙伴以及开发者提供可视化的数据开发能力，同时也可以为数据运营人员提供敏捷式的数据稽核等运营服务。

2. 运营服务层

（1）面向平台管理和运维人员。实现平台可视化管理和运维，包括物理资源管理、物化数据管理、组件管理、应用和程序管理、平台及业务级的监控。

（2）面向数据运营和管理人员。实现数据的可视化运营，包括基于元数据的数据接入及规范管理、数据质量管理、数据作业任务调度和运行监控，以及基于数据沙箱的数据开发服务管理。

（3）面向产品管理和运营人员。与大数据经营管理平台实现管理的协同，同步产品管理和计量信息，为基于 QoS 大数据能力计价提供支撑，并构建大数据门户展现开放的大数据产品和应用，实现 Open API 的运营管理。

3. 产品开放层

以 BDCSC 接口环境和可视化开发环境为支撑，面向合作伙伴、政府以及社会开发者，构建大数据应用生态环境。中国电信大数据能力产品与应用总体架构如图 3.7 所示。

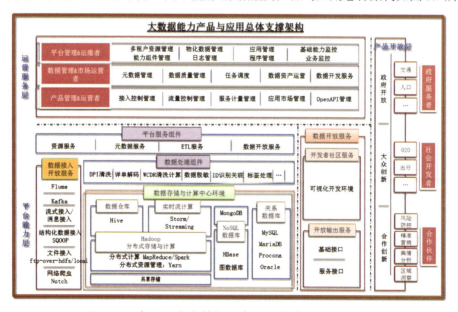

图 3.7　中国电信大数据能力产品与应用总体架构

### （二）业务模式架构

基于中国电信大数据开放平台设计需求，开放平台提供产品合作、数据合作两种业务模式。

#### 1. 产品合作

该合作模式下，产品合作伙伴基于开放平台提供的数据和资源开发大数据产品（见图3.8）。中国电信为产品合作伙伴提供数据、平台和网络资源支持，以及产品研发、测试、发布、销售等产品生命周期的支撑服务。产品合作伙伴负责大数据产品的设计、开发以及相应的售前售中售后的支撑和服务，产品的知识产权归产品合作伙伴所有。

图 3.8　中国电信开放平台产品合作

#### 2. 数据合作

该模式下，开放平台积极引入电信外部优质数据（尤其是行业、垂直深度数据），将其提供给产品合作伙伴进行产品研发使用。数据合作伙伴负责提供行业数据，并按照云公司和产品合作伙伴的数据需求提供支撑和响应，对数据质量和数据格式等负责，如图3.9所示。

图 3.9　中国电信开放平台数据合作

## （三）开放平台业务管理架构

为规范大数据开放合作，中国电信需对产品合作伙伴和数据合作伙伴进行管理（以下将产品合作伙伴和数据合作伙伴统称为"合作方"）。合作方管理包括准入管理、生命周期管理、安全管理及其他日常管理工作，如图 3.10 所示。

图 3.10　中国电信开放平台产品生命周期管理

在开放平台运行初期，为鼓励创新，扶持中小企业，中国电信对新申请入驻开放平台的合作伙伴给予大幅度的优惠，包括平台和数据费用的减免和抵消。

同时，为促进开放平台良性运营，使各参与方按照贡献度获得相应的利益，开放平台设计了一系列的奖惩措施和评价体系，对合作伙伴的表现进行量化管理，动态调整对不同表现的合作伙伴的政策优惠。

## （四）开放平台门户及服务形式架构

大数据开放平台门户架构包括三部分：开发者门户、客户门户和数据门户，如图 3.11 所示。三个子门户共同将开放合作事项作为链接打通，实现高效化、集约化、自动化对接等功能。

（1）开放者门户：吸引有技术实力的开发者入驻开放平台，实现数据，开发工具，产品测试，上线发布全研发流程服务。

（2）客户门户：对电信的已有客户和未来潜在客户提供一个新的业务受理及形象展示的途径，完成电信客户的业务承接和行业客户需求适配的功能。

（3）数据门户：积极引入行业优质数据，服务于行业数据合作伙伴和数据需求者。增加数据获取通道和数据拥有者的变现渠道。中国电信开放平台业务架构实例如图 3.12 所示。

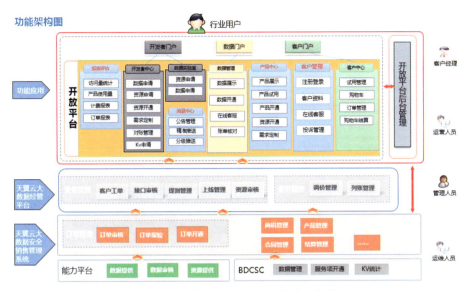

图 3.11　中国电信开放平台功能架构

图 3.12　中国电信开放平台业务架构实例

## 四、关键技术

（1）技术平台能力的封装。从数据处理和数据应用两个方面，对底层技术能力的封装，就可以支持基于 IDE 的快速开发，也可以支持采用脚本进行更为复杂的类型开发。中国电信开放平台基础运行平台如图 3.13 所示。

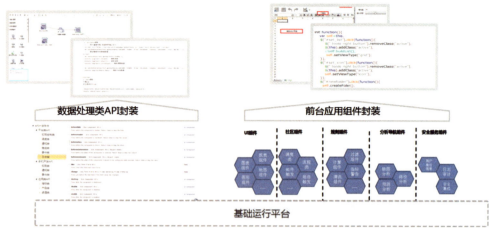

图 3.13　中国电信开放平台基础运行平台

（2）数据虚拟化。通过数据虚拟化技术，抽象数据目录，建立数据语义层，实现数据跨平台、跨业务访问，让数据服务使用者更专注于数据运用和业务场景设计，如图 3.14 所示。

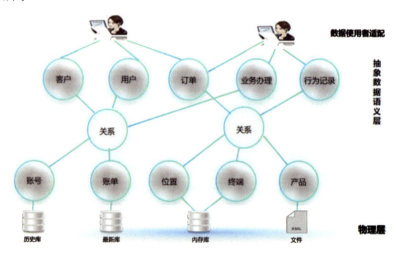

图 3.14　中国电信开放平台数据虚拟化示意

（3）SQL 安全控制器。所谓的 SQL 安全控制器，是因为数据查询支持类 SQL 进行查询，所以必须对 SQL 进行解析控制，实现数据安全透明访问，即使用者可按照正常的 SQL 语句进行提交查询。同样的 SQL 语句，能够根据不同的使用者返回不同的数据结果。

（4）数据路由。数据路由是因为不管是 API 还是类 SQL 查询请求时，使用方是针对逻辑的数据实体进行查询的，但数据的物理部署可能是复杂的，甚至是分布在不同平台上的。数据路由控制器能够从不同的平台汇聚数据后进行合并再返回给查询者。

## 企业简介

中国电信股份有限公司云计算分公司（以下简称"云公司"）成立于 2012 年 3 月，是中国电信旗下的专业公司，集约化发展包括互联网数据中心（IDC）、内容分发网络（CDN）等在内的云计算业务和大数据服务。云公司依托中国电信发达的基础网络，通过"8+2+X"和数据中心互联专网（DCI）等资源布局，实现云网融合和统一调度，进而保障用户在全国范围内都能享受到一致服务。

## 专家点评

中国电信大数据开放平台依托中国电信自身拥有的大数据和众多合作伙伴的数据资源，开发了包括平台能力层、运营服务层和产品开放层的功能合理的完整体系，平台技术架构先进，业务承载能力强，充分考虑了数据开放共享和产品合作开放过程中的关键环节；开放使用方便，管理措施到位，激励政策有效，推动大数据+行业应用，创造新的经济增长点，实现了合作共赢。该大数据开放平台的创新性、功能性及技术能力均达到较高水平。

邬贺铨（中国工程院院士）

# "大云" 大数据产品及其应用

## ——中国移动通信集团公司

"大云" 大数据产品是中国移动研发的通用的、提供端到端大数据处理能力的大数据平台型产品，旨在面向移动内外提供专业化 DaaS、PaaS 及 SaaS 服务。该平台集数据采集、存储和处理、能力和应用以及运维和运营管理等功能为一体，是一套面向企业级大的数据完整的解决方案，且该平台各个模块之间做到了充分解耦。其核心产品包括大云 Hadoop 数据平台（BC-Hadoop）、"大云" 大数据仓库系统（BC-HugeTable）、大云大数据运营管理平台（BC-BDOC）、舆情分析系统等。"大云" 大数据产品现已经和超过 50 个商业产品合作伙伴形成产品集成，与超过 10 个科研院所形成技术联合，已在超过 30 家单位完成了大数据平台产品的商用部署。其中，2016 年累计部署服务器超过 2000 台，为企业提供从数据采集到存储和处理等大数据场景的全面支持。

### 一、应用需求

对移动运营商内部来说，掌握着庞大的第一手用户行为数据，随着用户数量和业务数据呈现指数式的增长，以及消费者对移动运营业务的需求也在不断增长，数据处理的复杂程度达到了一个新的高峰。已有的数据存储、处理和分析技术已无法满足需要，亟须加快转型，利用云计算和大数据技术构建海量数据存储和处理平台。

对外部而言，中国移动要从提供消费者级服务逐渐向提供产业级服务转变，为各种需要大容量运算和数据分析的企业提供服务，这就要求中国移动利用云计算和大数据技术，进行 IT 资源整合和虚拟化，以及数据的整合和处理，建立统一的大数据公共服务平台，提升资源利用率，低成本快速提供新业务，更好地应对互联网企业的竞争。

### 二、应用效果

中国移动结合当前的产品结构，构建了三种商业模式，分别如下：

（1）付费售卖产品授权。

（2）中国移动自建大数据中心，向客户提供大数据服务。

（3）帮助客户建立大数据中心，依托本地平台支撑各项业务发展，中国移动提供技术支持，后期大数据中心的维护与建设由客户承担。

借助以上三种商业模式，"大云"大数据产品已被上海市、内蒙古自治区、福建省、香港特别行政区、广东省等地的多家企业成功引入到大数据平台建设中。

此处以上海、内蒙古自治区为例来说明其平台类产品的应用效果。

（1）支撑上海移动建设大数据统一聚合平台，该平台可支撑网络侧各类实时数据采集进入大数据平台，可承载现有大数据的实时处理应用，并提供包括流处理、调度、资源管理等相应的平台管控能力。2016 年度该平台在生产环境共部署了 179 节点，预计到 2017 年年底部署规模将超过 1000 节点，目前已实现接入约 40TB/日的数据源。据不完全统计，可为采集服务器节省约 35%，数据存储需求节省约 65% 的经济成本。该平台架构如图 3.15 所示。

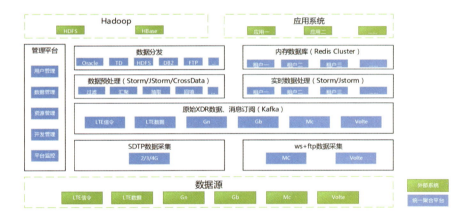

图 3.15　上海移动建设大数据统一聚合平台架构

（2）支撑内蒙古自治区建设企业级大数据共享平台，提供全套解决方案。建设一期融合 B 和 O 域数据，并为上层应用提供包括数据采集、处理、运营运维、数据资产管理、能力开放等能力。2016 年度部署的节点超过 250，其中 Hadoop 平台存储数据量达 2PB。实现了应用的逐步迁移和承载，支撑创新型应用、对外变现应用等，基本满足业务日益发展、降本增效的要求。该平台架构如图 3.16 所示。

除此之外，应用单位和部门依托"大云"大数据平台提供的完善的大数据能力以及资源隔离、资源统一分配、数据共享等功能，有效地避免了冗余大数据集群的建设，节约投资约 2 000 万元。

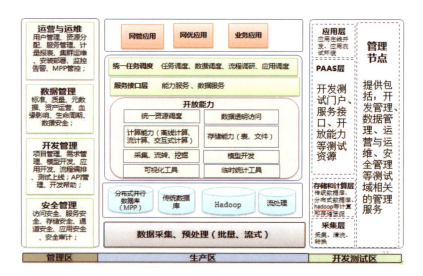

图 3.16 内蒙古自治区建设企业级大数据共享平台

与此同时，中国移动以底层自有产品为基层，为各企业量身打造上层应用系统，包含中国移动垃圾短信自动化识别系统、咪咕征信系统、在线公司客服分析系统、舆情通系统等。其中，中国移动垃圾短信自动化识别系统，准确率高达 99%，已投入现网使用。咪咕征信系统接入数据采集产品、数据存储与计算产品、数据分析挖掘产品，构建咪咕信用体系平台；该系统采集咪咕文化各子公司用户基础数据和咪咕文化各支撑平台业务数据，最终可输出咪咕全平台用户的信用评估结果；在线公司客服分析系统以苏研的"大云"Hadoop、ETL、PDM、Streaming、ONest 等产品为主体，通过一定程度的定制化开发，搭建客服统计大数据分析平台，提供数据统一存储管理、数据处理、数据分析挖掘等能力。舆情通系统通过网络数据与中国移动 DPI 行为数据结合产生出的巨大价值，可实时监测全省人流量接入状态，主动发现并预警某未知区域可能发生的激增事件，开启多维度密度监控。截至目前，该产品已为超过 1000 家企业提供服务。

通过自主研发，中国移动掌握了大数据运营平台建设的关键技术，为提高我国大数据自主创新能力，培育战略性新兴产业，加快转变经济发展方式提供了重要支撑。

### 三、产品架构

整个系统采用"两域四层"基础技术架构。业务域包括数据采集层、数据存储与计算层、能力和接口层及应用层；管理域包括运营、数据管理和安全管理等。大云大数据产品总体架构如图 3.17 所示。

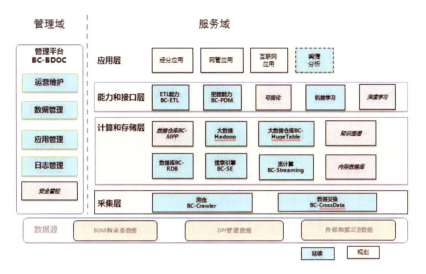

图 3.17　大云大数据产品总体架构

（1）数据采集层为大数据平台提供数据汇聚的功能，支持获取数据的统一接入、数据的批量和流式采集、加工处理等。数据采集层提供互联网数据采集工具 BC-Crawler 和内部数据采集工具 BC-CrossData 两种产品。

（2）计算和存储层基于传统数据处理存储技术、流数据处理技术、海量大数据及非结构化数据处理和存储技术，具备传统数据的处理能力、流数据处理、非结构化数据处理、海量数据处理能力。本层包括 5 款产品：大数据基础平台 BCHadoop、大数据仓库 BC-HugeTable、流计算引擎 BC-Streaming、搜索引擎 BC-SE、关系型数据库 BC-RDB。

（3）能力和接口层包括应用开发平台、开发工具和数据服务的开放，提供第三方应用开发工具和界面，供第三方使用数据并实现应用的托管。本层包括开发环境 BC-DAE、ETL 工具 BC-ETL、数据挖掘工具 BC-PDM、可视化分析工具 BC-Moleye、SQL 客户端工具 BC-WebSQL 等。

（4）应用层提供基于大数据平台的各种应用，目前主要包括移动内外应用案例。内部应用包括网络侧信令分析、业务优化、套餐营销等，外部应用包括行业应用，如健康医疗、互联网等。

## 四、关键技术

中国移动大数据产品在数据采集、数据存储与处理、大数据能力开放、管理等多方面实现多项关键技术的突破和创新。

（1）一种支持资源隔离及管理的可视化流计算开发工具平台。提供平台资源调度接口，用户可在界面上可视化地编辑流程调度；利用资源管理平台（Yarn、Docker等）完成对 Storm 资源合理分配，并提供用户友好的可视化界面，选择相应的调度策略，满足用户使用 Storm 的需求。可视化的配置，使用户可以监控并管理每个节点上对应的 worker 情况，并提供热加载，方便用户更改相应拓扑信息。

（2）一种基于自然语言查询的数据可视化平台。数据可视化平台能够根据用户输入，系统通过分词和关键字抽取技术输入信息分离成维度和度量；并自动根据维度和度量信息，学习数据库或数据仓库获取数据源，智能推荐合适的报表展示数据。系统简单易用，省却了数据可视化中常见的复杂配置环节。相关专利：元数据服务系统、元数据同步方法与写服务器更新方法。

（3）基于智能查询路由技术的数据仓库。集成了多种开源查询引擎（Spark Impala Hive），并在其基础上进行统一的 SQL 封装，使其支持业界主流的 SQL 92 标准。对于不同的查询场景，可根据查询语句，查询条件，查询数据量等多重因素自动选择合适的查询引擎，达到最优化的查询性能。相关专利：分布式列存储数据库索引建立、查询方法及装置与系统。

（4）基于多引擎的自动化数据交换技术。内置多种数据交换引擎，包括单机多线程或者分布式的引擎，可以根据作业情况选择最高效的数据交换引擎。在使用统一接口交换数据的同时，针对不同数据源，灵活地使用更高效的数据读/写接口，提升数据交换性能。

## ■ 企业简介

中国移动通信集团公司主要经营移动话音、数据、宽带、IP 电话和多媒体业务，并具有计算机互联网国际联网单位经营权和国际出入口局经营权。目前，公司员工总数达 43.8 万人，客户总数达 8.26 亿户。经过多年技术积累，已形成云计算、大数据、IT 支撑领域多项核心产品并规模化商用。

## ■ 专家点评

中国移动"大云"大数据管理平台依托"大云"大数据核心套件、管理和监控子系统和开发能力子系统基础，打造大数据能力开放、共享、合作平台，推动大数据+行业应用，创造新的经济增长点。平台门户技术架构完整，业务承载能力强，充分考虑了数据开放共享、产品合作开发过程中的关键环节。平台使用的数据处理、系统整合技术体现了创新性，能够有力地支撑大数据开放合作业务。整体来说，大数据开放平台的创新性、功能性、技术能力均达到较高水平。

倪光南（中国工程院院士）

# "一站式"企业级大数据平台
## ——中兴通讯股份有限公司

中兴通讯大数据平台 DAP（Data Analysis Platform）是可提供海量数据的采集、存储、计算、分析等端到端功能的"一站式"企业级平台。该平台具备先进的可管理、运维监控、资源调度能力，及统一安全管理、多租户/开放服务等特色。可按业务场景进行灵活选择服务组件，支持离线业务的批量计算、在线业务的实时交互式计算、流数据实时计算等计算处理场景，并可提供企业级的配套咨询、运维支持服务。DAP 大数据平台已在电信、银行、智慧城市等众多领域得到了广泛应用。

## 一、应用需求

业界以 Hadoop 开源组件构建的大数据平台存在大量的问题。开源组件 Bug 问题多，性能瓶颈严重，可用性问题突出；开源组件数量众多，更新速度参差不齐；开源组件互相之间兼容性存在不匹配问题；开源组件缺乏统一的安装、配置、升级、运维监控；开源组件缺乏统一可靠高效的数据安全隐私保护方案；原生态开源平台不具备应用层扩展能力，资源利用模式不提供多租户、开放服务；普通的中小企业需要聚焦业务，没有资源和精力解决应该由平台解决的开源的功能、质量缺陷坑。

DAP 大数据平台在深度改进开源组件功能/性能/兼容匹配的基础上，提供企业级的大数据采集、存储、计算、分析挖掘能力，同时在可管理性、资源调度、数据安全等方面提供有可靠保证的方案，解决了 Hadoop 在企业生产环境中落地应用的关键痛点。

## 二、应用效果

中兴通讯 DAP 大数据平台在全球已经拥有上百个商用案例，广泛覆盖政府、金融、电信等行业。

1. 政府行业应用——沈阳智慧城市项目

沈阳智慧城市建设项目采用中兴通信 DAP 大数据平台，构建基于大数据的智慧城市统一平台，整合利用各行业数据资源，改善社会经济、产业、生态结构，全面提高城市运行效率和质量。沈阳智慧城市详细方案如图3.18所示。

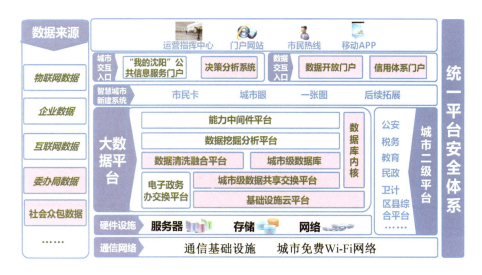

图 3.18　沈阳智慧城市方案

沈阳市基于大数据的智慧城市统一平台改变了各部门数据孤岛，实现数据共享和良性流动，加强政府各项业务监控管理，提升运营效率和决策质量；政府可从平台开放资源、数据服务等获取增值收益，实现长效经营；基于汇聚的数据资源发展更多创新产业和服务，形成良性的城市大数据生态圈。

2. 金融行业应用——中信银行大数据项目

中信银行的业务信息分散在多个异构系统（包括行内 ODS 系统、第三方托管应用等）中，且数据量巨大，传统商业智能很难有效利用数据资源。中兴通信采用 DAP 大数据平台，为中信银行搭建大数据平台，应用方案如图 3.19 所示。集群节点规模达 100 个，日增 ODS 数据数百 G。

通过中信银行大数据平台实现各个部门间信息共享，传统报表需要 7~10 个工作日，建设大数据平台之后缩短为 1 个工作日；通过对客户自然属性和行为属性等进行分析，对客户行为模式、信用度、风险以及资产负债状况等有了更精确的理解，建立了完善的风险防范体系；通过数据分析获得的大量信息，为精准营销提供了可靠、有效的手段，实现了第三方托管应用数据分析及销售；该项目得到了客户的高度认可，目前已进入第二期建设，大数集群规模进一步扩大，相关业务将进一步发展。

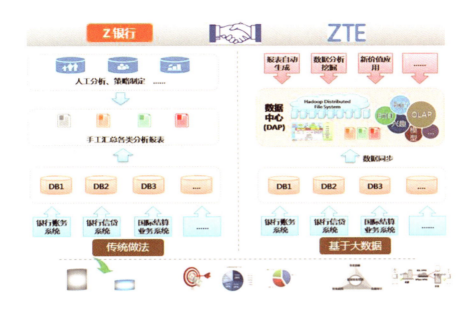

图 3.19　中信银行大数据平台

3.电信行业应用——中国移动日志大数据项目

中兴通讯大数据平台已经在中国移动、中国电信、中国联通等多家运营商中得到广泛应用。2013 年，中兴通讯为中国移动搭建了中国移动日志大数据平台。应用方案如图 3.20 所示。

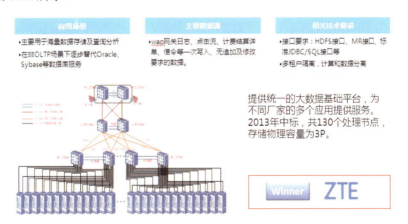

图 3.20　中国移动日志大数据平台

通过采用 DAP 大数据平台，完美解决了日志数据的采集存储计算等核心需求，相对于传统 IOE 解决方案，成本低，收益高；基于海量日志数据的深入分析，改善和提高了对设备、网络、业务的运营监控效率，建立了风险防范机制。

### 三、产品架构

DAP 大数据平台总体架构如图 3.21 所示。

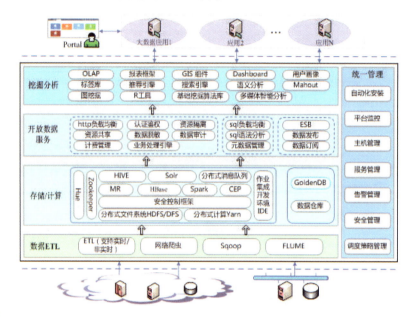

图 3.21　DAP 大数据平台系统架构

### （一）数据采集

支持多种数据源，包括网站日志数据、文件数据、流数据、关系数据库结构化数据等；支持实时、非实时模式，支持以多线程、分布式并行等多种采集方式；支持定制化，包括定时采集、压缩/解压方式、HDFS 或 HBase 配置等。

### （二）数据存储

采用 HDFS 和 HBase 进行海量数据的高可靠存储，支持高吞吐量数据访问、高可用、自动负载均衡、机架感知等特性。中兴通讯 DAP 在 HDFS 的安全管理、数据写入、文件压缩、跨集群备份等方面进行了改进和优化。中兴通讯 DAP 对 HBase 进行了大量增强和改进，包括定制化导入/导出工具、分页查询、流控、热点监控、白名单、加密存储及定时快照等功能。

### （三）数据处理

（1）支持离线批量场景下大数据分布式计算引擎。中兴通讯 DAP 对 MapReduce 数据分区、Shuffle、磁盘 I/O 等关键流程进行了性能的深度优化。提供对 HDFS 数据的类 SQL 查询引擎，底层实现被解析为 MapReduce 任务。中兴通讯 DAP 平台对 Hive

的增强包括：支持连接 MySQL；支持和 HBase 集成；支持 Hive 表级和列级加解密；支持 Hive on Spark；支持 Hive HA 等。

（2）利用 Storm 提供高可靠、高容错、分布式的实时流数据计算，具有低延迟、可扩展和容错性等诸多优点。中兴通信 DAP 平台对 Storm 在高可用、可管理性、安全等方面进行了增强和改进。

（3）采用 Spark 提供内存分布式计算引擎，其中间输出和结果保存在内存中，性能速度上具有极大优势。中兴通讯对 Spark 进行了多方面的大量改进，包括 Spark on Yarn 优化、调度算法改进、高可用 HA 增强、性能监控提升、灵活的参数配置、临时数据管理等。

### （四）数据分析

拥有多种数据分析工具和算法库，具体如下。

（1）分析挖掘工具箱。提供完善的数据探索、模型构建、模型部署等流程，支持多分支、子流程等功能，支持 PMML 文件，共享分析模型，结果可导入 QlikView、Tableau 等。

（2）可视化工具。具备灵活的流程编排、支持算法组件嵌套显示，支持流程的简单易用管理；支持算法参数的灵活设置。

（3）通用算法库。支持超过 1000 多种算法，包括预测（ARIMA、线性回归、基带穿越）、关联规则（FP Growth、FP Tree、Aprior）、特征分析（PCA、ICA、小波分析）、分类（LR、ID3、C4.5 、SVM、贝叶斯分类器、随机森林）、聚类（kmeans 、mena-shift、谱聚类、DBSCAN）、算法评估（F1、AUC、均方差、混淆矩阵）、算法库（Mahout、MLLIB、GraphX、Weka、R、Python）等。

（4）文本分析组件。可提供分词、词性、分类、摘要、情感、语义、聚类、主题发现、文字纠错等丰富的文本分析服务功能。

（5）支持智能搜索。可根据领域选择分词组件；利用文本分类自动识别类别；采用聚类技术精确显示关联文档；采用语义分析技术，智能扩展搜索范围。

## 四、关键技术

### （一）企业级大数据平台

中兴通讯 DAP 大数据平台深度整合了 Hadoop 生态链开源组件，并通过二次开发进行了大量优化。经过大量商用项目的考验，目前 DAP 平台在各关键性能指标上已经处于领先水平，详细指标见表 3-1。

表 3-1　DAP 平台各关键性能指标

| 指标项 | | | 指标值 | 备注 |
|---|---|---|---|---|
| 能力指标 | 数据处理 | ETL 处理能力 | 12M/秒/节点 | 硬件为 2×2CoreCpu 2GB 主频，24GB 个内存 |
| | 分析挖掘平台 | OLAP 处理速度 | 2 秒内有响应，首次操作 5 分钟内产生数据结果，后续操作 2 分钟内产生数据结果 | 数据单元格总数上限是 60 万（行×度量个数） |
| | 存储计算 | HDFS | HDFS 写性能 | 单个 Datanode 节点写入数据量 162MB/S | |
| | | | HDFS 读性能 | 单个 Datanode 节点读取数据量 330MB/S | |
| | | MR | Wordcount 性能 | 单节点 100MB/S | |
| | | | Terasort 性能 | 单节点 80MB/S | |
| | | | K-means 性能 | 单节点 14MB/S | |
| | | Hive | Hive 导入性能 | 单节点导入吞吐量 40MB/S | 网络不是瓶颈的情况下。不低于 2×6core，2GB 主频，128GB 内存，硬盘情况参考数据存储需求。原则推荐 12×2TB |
| | | | Hive 导出性能 | 单节点导出吞吐量 40MB/S | |
| | | | Hive Aggregation 处理性能 | 单节点 83MB/S | |
| | | | Hive Join 处理性能 | 单节点 63MB/S | |
| | | HBase | NoSQL 100%随机读性能（NoSQL Read） | 单节点吞吐量 58000 条/S（每条记录约 1KBytes） | |
| | | | NoSQL 100%随机写性能（NoSQL Write） | 单节点吞吐量 141000 条/S（每条记录约 1KBytes） | |
| | | | NoSQL 顺序扫描性能（NoSQL Scan） | 单节点吞吐量 480000 条/S（每条记录约 1KBytes） | |
| | 系统性能 | | 告警处理能力 | 告警正常处理能力平均为 30 条/秒；告警峰值处理能力达到 200 条/秒，至少可以持续 15 分钟不丢失告警 | |
| | | | 系统服务器最大同时在线客户端数 | 100 | 在保证用户正常使用，系统性能不下降的前提下，系统能支撑的最多能登录的在线客户端数 |

## （二）多租户/开放数据服务

DAP 大数据平台可提供多租户场景下的统一存储、计算等服务，可提供数据共享、隔离、权限管理、计费管理、安全管理等增值服务。

### 1. 开放服务能力

DAP 平台提供统一的 Restful 接口，应用层可以通过这套简单、统一、规范的接口进行开发，不必关心底层的存储和计算能力细节；支持统一的负载均衡能力，应用层的请求不会直接发送到业务处理节点，在集群层面会进行全局统一的负载均衡，避免了处理能力受限于单个节点；提供命令行操作终端 CLI，用户可在通用的操作界面下实现数据查询、MapReduce、Spark 任务的提交，SQL 执行等。

### 2. 多租户管理

普通 Hadoop 平台支持多个用户同时访问集群，但是用户的数据、作业等信息混杂在一起，烦琐且易出错。DAP 平台支持按 Space 划分存储、计算资源，并提供隔离/共享、负载均衡、计费、安全等管理。

## （三）先进的可管理性

开源组件在可管理性方面存在较大的缺陷，DAP 平台自研了一套先进的统一管理组件 DAP Manager，具备直观易用的规划、安装、配置、资源调度、运维监控、安全、告警等重要管理能力。

DAP 支持对集群多主机节点的 IP 地址、服务、角色实例等进行统一规划、批量配置、自动安装；支持对集群服务组件进行模板化、批量化配置，统一启动、停止等；支持对集群各服务组件的离线升级、在线升级、升级回退等。DAP 提供对集群整体运行状况的监控功能，包括集群/机架、主机、服务各层次的资源数量、资源使用、运行负载等信息。

## （四）统一的安全管理

企业数据平台安全泄露问题频频发生；Hadoop 及衍生项目生态圈缺乏统一的安全解决方案；传统应用层安全方案难以在大数据平台上应用。中兴通讯遵循国际和国内安全标准，整合业界最佳实践，按"分权分域、立体防护"原则，提供端到端的统一、完整、高效、可靠的安全解决方案。

### 1. 统一接入

在网络层采用隔离措施，将非法或无关用户挡在系统之外；在整个大数据集群，创新性地采用统一账号，统一认证，避免 Hadoop 组件混乱无序、各自为政的状况。

2. 统一授权

对大数据平台数据资源，采用集中统一授权机制，支持从细粒度授权、多租户、到基于角色管理的多种粒度控制方式，灵活可控。

3. 数据保护

（1）提供各种数据加密保护。对于大数据平台集群内的所有数据资源，存储时会进行静态加密、在访问过程中会对传输通道进行加密、应用服务组件之间的通信也进行安全加密。

（2）支持数据脱敏处理：敏感数据的发现、脱敏规则统一配置、多种脱敏算法。

（3）支持数据资源的快照、备份/恢复，容灾功能，可为客户最大限度地避免损失。

4. 安全审计

支持对所有数据访问关键事件进行日志记录及自动实时告警，日志记录可完整、定期可靠保存，支持对日志记录的查询、审计分析，提供有效的审计报告。

## 企业简介

中兴通讯股份有限公司成立于 1997 年，员工总数 7 万余人，是全球领先的综合通信解决方案提供商，中国最大的通讯设备上市公司，也是全球领先的行业 ICT 解决方案提供商。中兴通讯坚持以持续技术创新为客户不断创造价值，在美国、法国、瑞典、印度、中国等地共设有 20 个全球研发机构，近 3 万名国内外研发人员专注于行业技术创新。

## 专家点评

中兴通讯 DAP 大数据平台对 Hadoop 生态链开源组件进行了大量优化，解决了 Hadoop 存在的突出问题，为企（事）业单位提供了建设大数据平台的解决方案与技术，支撑企业级的大数据采集、存储、计算、分析挖掘，可按业务场景完成灵活选择服务组件、支持离线业务的批量计算、在线业务的实时交互式计算、流数据实时计算等任务。经过在全球政务、金融和电信运营等行业的上百个商用项目的考验，DAP 平台关键性能指标处于领先水平，经济和社会综合效益显著。中兴通讯"一站式"企业级大数据平台的创新性、成熟性、可管理性与安全性获得客户好评。

**邬贺铨**（中国工程院院士）

# 城市智能运营中心
## ——北京东方国信科技股份有限公司

城市智能运营中心（Intelligent Operations Center, IOC）是新型智慧城市建设的核心要素之一，是智慧城市的"大脑"。它综合运用云计算、大数据、物联网等信息技术，构建起联结城市社区（网格）、城市便民服务中心与城市智能运营中心的智慧生态网，动态连接、感知、分析、预警、处置、管控、反馈城市管理与治理、经济运行与民生服务、社会治理与城市安全等状态，通过预警预报、自动控制、大数据决策等形式，实现城市更精细化的管理、经济更精准化转型、民生更便捷化服务、城市更智慧化的调度。图 3.22 为城市智能运营中心产品示意。

图 3.22　城市智能运营中心（IOC）产品示意

## 一、应用需求

我国越来越多的城市患上了"城市病"，环境污染、交通拥堵、房价虚高、管理粗放、应急迟缓等问题越来越突出，这些"城市病"给市民工作和生活带来了诸多不便。随着物联网、大数据和云计算技术的发展和成熟，为"城市病"的治疗带来了机遇。近年来，国务院、发改委、住建部、工信部先后密集出台《关于促进智慧城市健康发展的指导意见》、《关于积极推进"互联网+"行动的指导意见》和《关于促进大数据发展的行动纲要》等政策文件，进一步推进了信息化、大数据与智慧城市建设的融合发展。

通过城市服务网格、城市运行中心和城市大数据支撑平台的建立，依托大数据技术，城市智能运营中心实现城市的人、地、产业、资源等的优化配置，实现"网格大巡查、数据大智慧、政府大服务、政府大治理、公众大参与"的新型智慧城市应用生态，解决跨部门城市事件和城市业务协同"联动"的问题；通过城市大数据的分析与建模，实现城市运行体征监测、城市空间布局与资源承载优化、工业经济运行质态监控与宏观分析、城市资产全生命周期管理、人口分析与民生服务、环境监测与应急处置等"综合性"功能，为城市管理者提供辅助决策和科学治理的依据。图 3.23 为城市智能运营中心产品应用生态示意。

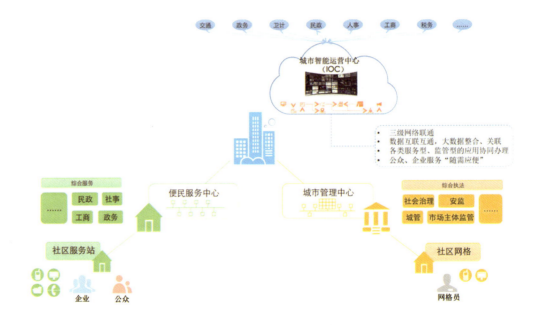

图 3.23  城市智能运营中心（IOC）产品应用生态示意

**二、应用效果**

城市智能运营中心产品属于新型智慧城市建设的核心产品。通过在东莞东城街道、盐城城南新区、昆明国家级经济开发区、安徽宁国港口园区等地方的项目落地和实践，取得了很好的应用效果。商业模式包括项目建设收益和运营收益两种，其中建设收益模式通过政府投资、政府回购服务、政府和社会资本合作（PPP）等方式实现经济效益。运营收益通过提供城市常态化运行服务实现经济收益。

**（一）城市运行体征监测应用**

接入和汇聚城市政务审批、城市管理、企业监管、民生服务、社会综治、重大项目管理等相关系统和数据，通过大屏幕或者领导桌面，"一张图"展示城市政务运行、经济运行与民生运行情况，实现统一的城市运行监测、指标预警等功能，"一张图"展示城市运行状况（见图3.24）。

图 3.24　城市运行体征监测

**（二）工业经济监控及宏观分析应用**

综合运用工业企业商事登记、企业经营、企业财税、进出口及关税、企业监管、互联网舆情等大数据，按产业类型微观上实现各企业运行质态的监测和分析，分析企业发展趋势、投资收益、能耗与产出等运行状况；宏观上实现城市宏观经济统计分析、宏观经济态势分析及宏观经济的运行监控等应用，如图3.25所示。

图 3.25　工业经济监测分析

**（三）人口与民生服务分析应用**

综合运用人口、流动人口、民政社事、社会综治、街道小区等数据，通过大数据分析城市的人口结构、人口迁徙、小区分布、社事标签、综治标签。同时，通过人口数据与城市住房、出租屋、教育、医疗、养老等资源数据的匹配和承载力分析，指导城市制定更有针对性的人口管理、教育医疗、养老服务及社会综治等方面的政策，如图 3.26 所示。

**（四）城市资产全生命周期管理应用**

通过"一张图"分类并综合展示与管理城市土地、楼宇、道路、桥梁、公共基础设施等城市资产，包括城市资产的分布、物权、开发利用、售卖与租赁、建设与运行等城市资产全生命周期信息管理与大数据分析利用，如图 3.27 所示。

**（五）城市环境监测与应急处置应用**

综合运用城市大气污染监控、水环境监控、人口迁徙、交通运行、安防监控等城市运行数据，实现城市环境实时监控，实现城市各类信息的综合汇集与分析，为城市应急会商、应急指挥提供更智慧的辅助分析功能，如图 3.28 所示。

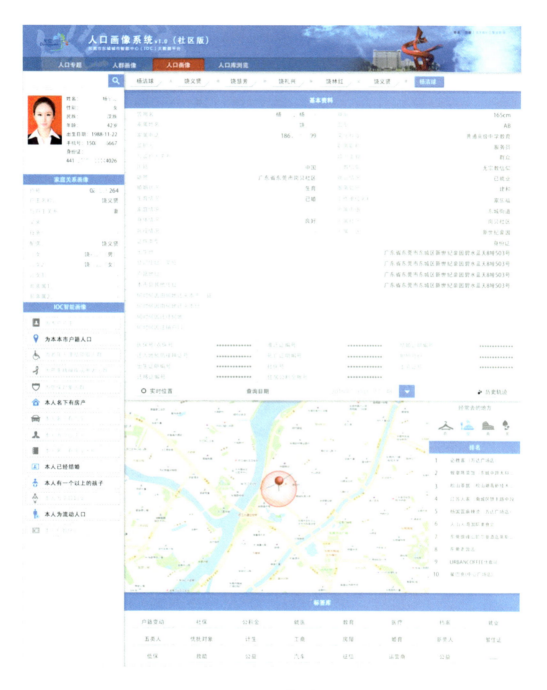

图 3.26　人口画像分析

| 资产"一张图"分布 | 城市资产物权 | 规划与建设分析 | 城市资产经营分析 | 城市资产运营分析 |
|---|---|---|---|---|
| 综合展示城市有形资产、无形资产的总量、位置、分布、分类、时序变化等。 | 城市资产的所有权、开发权、使用权、经营权、冠名权、广告权、特色文化等物权信息综合展示。 | 城市资产的规划、开发、建设周期的信息综合分析与展示。 | 城市资产的售卖、租赁以及招商等城市资产经营情况分析。 | 对于资产使用、建设、经营情况进行综合分析，分析预测资产增值空间、闲置情况，合理资产配置。 |

图 3.27　城市资产全生命周期分析图

图 3.28　城市应急指挥

## 三、产品架构

城市智能运营中心（IOC）充分发挥大数据对城市数据资源的集聚作用，开展城市数据体系以及城市大数据的采集与交换、存储与组织、整合与计算、共享与服务、治理与管控、分析与应用、运营与支撑等体系建设，为"智慧城市"安装"城市大脑"，数字化、网络化和智能化地掌控城市运行状态，实现城市精准治理与应急调度，科学参与和评价城市规划，为政府、企业和公众提供高效、便捷的个性化服务。城市智能运营中心产品架构如图 3.29 所示。

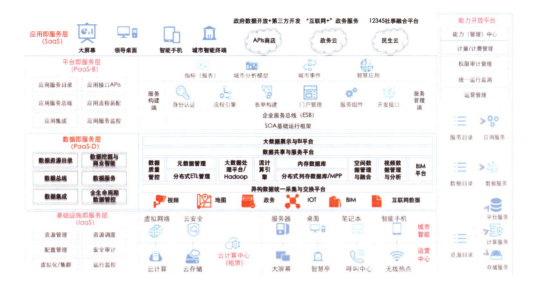

图 3.29　城市智能运营中心产品架构

### （一）基础设施层（IaaS）

依托云计算技术打造城市智能中心，包括 IDC 计算中心和城市智能运行中心。IDC 计算中心包括虚拟网络、虚拟存储、虚拟计算、云安全等，为城市智能运营中心提供基础网络链接、数据存储、运行计算、数据安全等服务；城市运行中心包括应用服务器、大屏幕系统、坐席桌面、呼叫中心以及城市智能终端等支撑城市运行监控、业务协同、应急指挥的基础设施设备。

### （二）数据服务层（DaaS）

通过统一的城市数据体系与标准规范，建立城市大数据库，涵盖城市五大基础库（空间、人口、法人、宏观经济、构筑物）、视频库、建筑物模型库（BIM）、政务数据库、互联网数据库、各部门专业数据库等，以及城市主题数据集市、数据仓库，为跨部门数据共享、分析与应用提供数据支撑。

依托混搭式大数据存储与处理技术，建立城市大数据支撑平台，实现跨部门、多源、异构城市数据的采集与交换、组织与存储、共享与服务、分析与挖掘、治理与管控、BI 与展现等功能。

### （三）平台服务层（PaaS）

基于城市大数据支撑平台，建立面向城市业务智能协同、城市事件分拨调度的应用支撑平台，实现城市各类综合性应用的"统一单点登录、统一业务流程、统一数据支撑、统一服务组件、统一信息门户"，为城市运行指标监测、城市主题模型、城市事件处置、城市智能应用等提供统一的数据服务、应用服务支撑。

### （四）应用服务层（SaaS）

一方面，实现城市智能运营中心（IOC）的多端应用支撑，包括大屏幕系统、领导桌面、各部门业务系统、公众智能手机和城市智能终端等的统一支撑。另一方面，通过与政务云、民生云、APIs 商店、大数据交易平台等对接，实现城市数据服务和应用服务的接入服务。

### （五）能力开放平台（COP）

建立一个开放体系架构，实现城市智能运营中心的基础设施服务、大数据服务、应用服务以及各类智慧应用以标准的服务和接口实现对外开放，并实现基于能力开放平台（COP）的资源服务、数据服务、应用服务的统一管理和运营支撑。

## 四、关键技术

### （一）采用云计算服务架构建立平台总体框架

本产品采用云计算服务架构建立平台总体框架，包括软件即服务（SaaS）、数据即服务（DaaS）、平台即服务（PaaS）和基础架构即服务（IaaS）。具体说明如下。

（1）IaaS 层：采用虚拟化技术实现网络、存储、服务器、大数据设备、安全设备的统一管理和集约利用。

（2）DaaS 层：采用混搭架构的大数据平台，实现数据的统一管理与服务。

（3）PaaS 层：采用数据服务平台实现各类业务应用、大数据应用、移动应用的统一数据服务、应用服务支撑。

（4）SaaS 层：通过网络化运行，为最终用户提供应用服务。

### （二）采用分布式计算框架，支撑海量数据快速处理与检索

本产品采用分布式计算框架（Hadoop），支撑海量、异构城市数据的快速处理、存储、检索与服务。核心模块包括 Hadoop Common、HDFS 与 MapReduce。

1. 应用检索技术指标

（1）业务数据量在亿行级简单检索查询类响应时间≤1s，复杂类检索查询响应时间≤5s。

（2）非业务数据查询类页面响应时间≤1s。

（3）支持用户并发数应能满足用户并发需要。

2. 数据加工分析技术指标

（1）数据加载性能应满足在规定时间完成要求数据量的入库。

（2）实时分析，在 10 亿级别的数据连接分析，返回时间≤1min。

（3）离线分析，在 100 亿级别的数据连接分析，返回时间≤4h。

（4）数据整合计算作业操作响应时间≤10ms，并发使用用户数>200，支持作业对象总数>10000，支持系统用户总数>2000。

3. Hadoop 调度管理技术指标

（1）单节点并发调度作业数>50 个。

（2）支持调度作业总数>10000。

（3）调度响应时间<100ms。

（4）单节点作业全量分发时间<2s。

### （三）采用混搭式存储技术，实现大数据统一管理与服务

本产品采用混搭模式存储技术，实现大数据统一管理与服务。管理包括关系型数据库、列存数据库、流式数据处理、Hadoop 大数据等异构数据，满足不同应用场景下，不同数据服务质量、时限要求的大数据服务需求，做到物理上分离、逻辑上统一管理。

（1）Oracle 关系型数据库：适用于关系型业务数据的存储、处理和快速检索。也适用于数据仓库 CUBE 层平台的应用。

（2）SMP：适用于处理高并发、稳定性要求较高的应用场景，是数据集市、数据仓库 CUBE 层的首选平台。

（3）MPP：适用于海量数据处理的应用场景，是数据仓库 DWD、DWA 层的首选平台。

（4）Hadoop：适用于处理大规模的非结构化数据，如互联网内容等，大数据管理的首选平台。

（5）Stream：流数据适用于持续处理和分析网络运行数据，是海量实时数据处理的首选。

### （四）采用云化 ETL 技术实现异构数据接入与采集

本产品采用云化 ETL 技术实现城市海量、异构数据的接入与采集，支持高速交换数据、模块自动插拔和替换、统一管理交换数据。实现数据传输过程在单进程内完成，全内存操作，提供高吞吐量的数据传输能力；统一的配置页面、统一

管理、统一监控、统一调度；任务状态的实时汇报，多运行模式的透明使用，增强用户体验。

### （五）城市大数据画像技术

产品核心是构建城市大数据模型。通过对城市各类数据的整合、关联，精准描述"资源画像"、"企业画像"和"人口画像"，为政府资源优化配置、城市资产管理、企业质态服务、人口民生服务提供大数据模型支撑。

#### 1. 资源画像

以精准描述城市资源利用、城市资产运营、城市管理与治理为目标，利用大数据建模与关联技术，构建"城市资源画像"（见图 3.30），全程描述和管理城市资源的开发利用过程和城市资产的管理与运营。

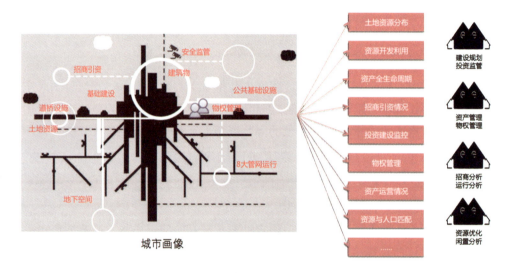

图 3.30  城市"资源画像"示意

#### 2. 企业画像

以精准描述企业运行质态为目标，利用大数据建模与关联技术，综合企业商事登记、企业运营、企业营销、企业能耗、企业减排、企业人力资源结构、行业舆情等数据，构建"企业画像"（见图 3.31），多角度、多层次精准描述企业发展速度、运行质量、产业结构、科技创新、节能减排、两化融合等，为政府企业监管、企业融资与征信服务等提供支撑。

图 3.31 城市"企业画像"示意

### 3. 人口画像

以精准描述城市人口状况、人口移动、个人征信等为目标，利用大数据建模与关联技术，构建"人口画像"（见图 3.32），为创新人口管理、民政优抚、劳动就业、计划生育、养老医疗、综治监管等提供人口大数据支撑。

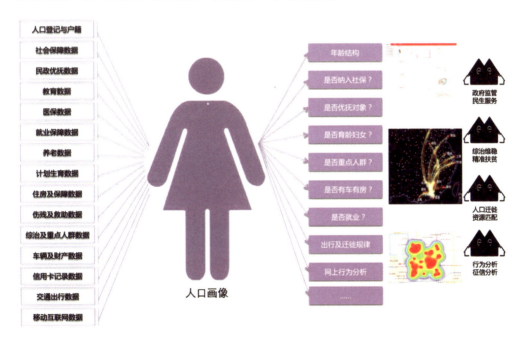

图 3.32 城市"人口画像"示意

# ■ 企业简介

北京东方国信科技股份有限公司（BONC）成立于 1997 年，注册资本 6.5 亿元，2011 年深圳上市，国家级高新技术企业和国家规划布局内重点软件企业，旗下有 13 个全资子公司，近 5000 名研发及服务科技团队，专注"大数据"底层技术研发和应用。

# ■ 专家点评

东方国信（BONC）的城市智能运营中心（IOC）与当前国家推进新型智慧城市建设思路相符合，是通过大数据、"互联网+"实现城市治理体系转型升级的标杆产品，对于构建网络化、数字化、网格化、智能化城市运行生态具有核心作用。

通过城市及政务数据的"汇、聚、通、用"联通城市各部门、实体、企业和公众，构建基于大数据的智慧应用"生态链"，通过该产品可服务于城市管理、市场主体监管、社会综合治理、社会事务服务、政务服务、信息惠民和城市安全应急等方面的智慧应用，是智慧城市框架下的大数据基础设施之一。

**查礼**（中国科学院计算技术研究所 副研究员）

# 大数据资产综合管理平台

## ——北京百分点信息科技有限公司

百分点研发的大数据资产综合管理平台（简称"BD-OS"）具有开放式的体系架构设计，可兼容目前主流的大数据底层技术框架和商业化大数据发行版本产品，如 CDH、HDP、Apache 等。平台支持多源异构的数据同步模块、实时/离线计算框架，简洁易用的开发环境和平台接口。可支撑企业级客户构建大数据资产管理、数据分析和计算挖掘的能力，支持企业级数据仓库、用户画像、知识图谱、深度学习、文本分析等更多业务功能的构建。助力用户实现业务数据价值的最大化，全面萃取数据价值。

### 一、应用需求

随着信息技术的发展，企业级数据呈现爆炸式增长的趋势。数据已经被大多数企业认定为重要的数据资产。如何有效盘活和充分利用企业的数据资产，释放数据价值是企业面临的核心挑战。数据价值呈现和释放的过程涉及多元异构数据的采集、清洗、处理、去噪、分析等多个环节，百分点大数据资产综合管理平台正是为了实现企业在大数据时代的 IT 变革而设计研发的。

BD-OS 定位为基于大数据体系之上的新一代数据仓库。产品在完美兼容传统数据仓库所有基本功能的基础上，针对不同数据源类型和应用场景，包括实时数仓，逻辑数仓和上下文无关数仓，解决企业难题。原负责传统数仓的技术人员经过简单培训就能在大数据底层技术支撑下继续业务工作，各企业不需再投入大量人力成本，加快推动企业数据资源的开发应用和共享开放，助力企业上下产业转型升级。

BD-OS 通过跨数据源异构数据关联访问，对结构化/非结构化数据接入与存储的完美支持，解决了传统数仓处理不了非结构化数据的头疼问题。强大的批处理/小批处理/流式计算能力，解决了 T+1 天数据时效性不强的问题，使企业中高层领导部门随时掌握下级部门数据的动态情况。数据挖掘与机器学习工具，助力企业在互联网+时代探索数据隐含关系，发现新的数据价值。通过多租户管理、三级用户体系，实现组织架构分级管理，支持各类公司企业在平台上顺利完成数据相关工作，同时数据、计算资源隔离，实现多业务线并协同工作。

## 二、应用效果

百分点已为近2000家互联网及传统企业提供大数据技术平台搭建和大数据驱动的SaaS应用，客户涵盖多个行业的龙头企业：家电制造如格力、长虹和TCL；高科技企业如华为和用友；政府机构如国家新闻出版广电总局和国家质检总局；电商企业如1号店和银泰网；传统零售如王府井百货；汽车制造如长安汽车；金融行业如建设银行、安信证券和光大证券；现代服务业如中航信；电信运营商如广东电信和辽宁联通。

### （一）TCL案例：大数据加速TCL"双+"转型

随着互联网和移动互联网的发展，新的基于网络的经营方法、营销手段和销售渠道，正不断冲击着制造业、零售业等传统行业。作为家电行业领军企业，TCL集团在综合分析所处行业现状后，提出了"智能+互联网"与"产品+服务"的"双+"经营转型战略，从"经营产品为中心"转向"经营用户为中心"。为此，TCL集团计划通过建立以消费者为中心的大数据平台，加速战略转型的落地。

百分点针对TCL的数据应用现状和业务诉求，确立项目的核心目标，打造数据采集、处理以及应用的"一站式"大数据平台，融合用户、产品、市场等各方面信息，建立以消费者为核心的统一视图，支撑TCL企业经营全链条的优化与创新，如图3.33所示。

图 3.33　TCL大数据应用效果分析

同时，拓展数据应用，助力"双+"战略基于大数据平台开发各种数据模型和数据应用，落实集团"智能+互联网"战略，为企业实施个性化类、营销类和洞察类三大类应用。各类型大数据应用与TCL现有系统灵活组合，进行多方面的业务场景创新。例如，可将个性化系统与TCL集团的客户资源管理（CRM）和体验店微信云系统做深度对接。在体验店微信公众号为附近用户提供无缝的个性化的极致服务，向用户推荐体验店的线下活动、提供产品售后服务和提供社区便民服务等，让用户感受到企业无处不在的关怀，建立社区体验店与用户之间的长期互动联系。TCL "一站式"大数据平台架构如图 3.34 所示。

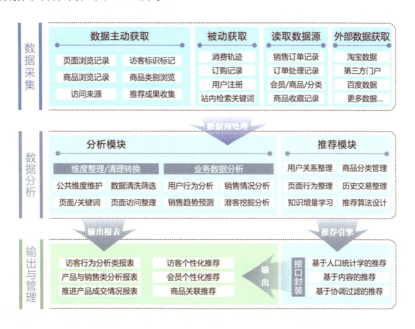

图 3.34 TCL "一站式"大数据平台架构

百分点为 TCL 集团建设的大数据平台正在实现和带来如下价值。

（1）数据层面：通过大数据技术，打通 TCL 家电集团旗下多渠道的用户数据，形成统一的用户视图，统一管理统一维护，也为会员管理提供统一的基础数据。

（2）运营层面：大数据平台提供各种数据分析，通过分析可以获取各类运营指标、销量趋势及预测报告，全面支撑并优化产品规划、产品定价、市场规划等业务运维。

（3）营销层面：大数据平台提供用户全景视图、用户分析及预测，并通过与各类营销平台的对接，包括邮件和短信营销系统、精准广告系统，获得更加精准有效的营销效果。

（4）服务层面：大数据平台统一的用户画像，为用户提供全平台全渠道一致且个性化的服务和体验，极大地提高客户服务水平、用户黏性。

（5）应用层面：大数据平台提供内部数据需求，可全方位支持线上线下各系统功能，如：客服系统、网上商城系统、铁粉社区、官方微信、官方微博、舆情监控等。

### （二）中集集团大数据建设案例

中国国际海运集装箱（集团）股份有限公司（以下简称"中集集团"），是世界领先的物流装备和能源装备供应商。随着集团规模的日益庞大，中集需要通过大数据提升整个集团的运行效率，让数据资产成为集团新的资源和动力。

百分点结合中集集团的实际业务需求，提出了适合集团战略的 IT 顶层设计架构。百分点提供的数据抓取服务对中集集团在交通、物流、空港等方面的重点竞争对手的财务指标进行抓取，并将这些数据进行下载、分析和展示。帮助中集分析竞品策略，实时了解竞品最新动向。百分点为中集集团建设了大数据行动支持平台，实现了对文本文件的信息抽取、新闻信息的分析处理，包括中集集团内部各类规章制度的非结构化文本信息，以及外部抓取的各类互联网文本信息，基于对这些文本信息的处理和分析，满足对其他系统的数据业务支撑。例如员工在 OA 系统中填写出差目的地时，OA 系统即会调用大数据行动支持平台中的规章制度文本分析数据，而后在 OA 系统右边悬停展示相关信息，进行规章制度辅助提示。中集大数据项目整体架构如图 3.35 所示。

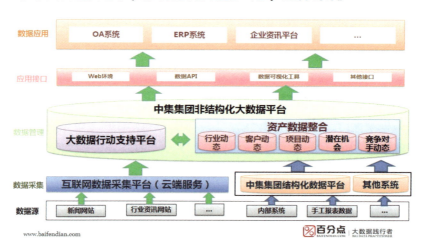

图 3.35 中集大数据项目整体架构

### 三、产品架构

大数据综合管理平台（BD-OS）以底层丰富的技术组件为基础，可视化地支持多源异构的数据接入，提供一站式的大数据管理平台，帮助企业合理统一地存储、清洗、整合和加工一方、二方乃至三方数据，并在数据产生前、中、后三阶段保障数据质量的规范性、正确性。产品内置高度集成的数据仓库解决方案，以多租户、三层用户体系方式保障数据存储、计算、访问安全。同时，支持高速、稳定、可视化设计与监控的流式实时计算框架。大数据综合管理平台体系架构如图 3.36 所示。

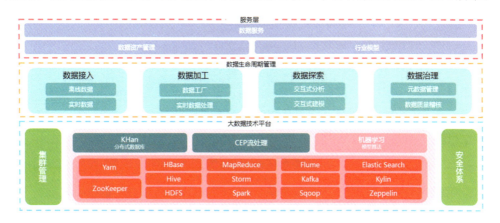

图 3.36　大数据综合管理平台体系架构

### 四、关键技术

BD-OS 产品包含的核心技术、核心功能及达到的性能指标如下。

#### （一）核心技术

1. 支撑 PB 级的分布式数据管理技术

研发的 SQL on Hadoop 的分布式数据库，支持在 HDFS 上的高速 SQL 分析，结合多种报表工具提供交互式数据分析、及时报表和可视化功能。提供完整的 ANSI SQL（SQL99 标准，SQL2003 核心扩展）支持；支持 Unified SQL（联邦 SQL）；兼容 ORACLE/DB2 大部分的 SQL 方言；兼容 Oracle 11g PL/SQL 及 DB2 SQL/PL 语法；支持事务性、原子性，支持 OLTP 操作，完整地支持 CRUD，同时支持对 CRUD 操作的 Commit/Rollback；支持分布式，高并发，可扩展；支持丰富的 ETL 工具；支持 SQL 式机器学习；可以支持复杂的数据仓库类分析应用。基本不用修改或者做少量修改就可以将原有的 DB2/OracleE 应用移植到平台上。

2. 基于云资源管理体系的多租户业务体系

通过多租户管理，管理员、租户所有者和用户三级用户体系，实现组织架构分级管理。在可配置化设计方面，用户能够根据自己的个性化需求来灵活定义自己的团队角色、分工，能够灵活应对各种组织规模。

针对不同的租户，不同的用户角色，提供不同的功能权限、资源权限和数据权限。功能授权控制了租户和用户在系统中可使用的功能模块范围，例如数据工厂模块等；资源授权控制了租户和用户在系统中可使用的平台行级资源范围，例如项目和组件等；数据授权控制了租户、项目和用户在系统中可使用的数据资源使用范围，例如库和表等。

### 3. 多源异构高效同步整合能力

整合来自各个独立渠道的数据，这些数据包括第一方用户行为数据，即在企业自有平台上的一切用户行为数据、第三方用户行为数据、离线数据（传统的线下数据）等。兼容各种数据格式，特别是传统数据仓库不支持的非结构化数据的支持。通过全可视化配置、拖拽方式降低用户的使用难度，节约人力成本。

### 4. 跨集群的海量数据批处理计算技术

系统提供针对 TB/PB 级别数据的、实时性要求不高的批量处理能力，支持 MapReduce、Hive 等批处理计算作业。主要应用于大型数据仓库、日志分析、数据挖掘、商业智能等领域。

### 5. 即时流式数据计算技术

系统提供满足业务需求和技术要求的分布式实时流处理服务，该功能底层采用先进的分布式增量计算框架；支持完整的 CEP 和丰富的 SQL 可以实现低延迟响应，并且完全屏蔽了流式计算中复杂的故障恢复等技术细节，极大地提高了开发效率。主要应用于实时性较强的应用场景。

### 6. 模型生命周期管理和交互式建模

提供了针对海量数据处理的分布式数据挖掘引擎，主要由 R 语言分布式内存计算框架及 MapReduce 分布式计算框架构成。数据挖掘引擎还集成了多个机器学习算法库，包含了聚类分析、分类算法、频度关联分析和推荐系统在内的常用算法。通过不同的算法及挖掘模型从清洗后的数据中提炼更多的业务价值，为上层应用提供支撑。

### （二）性能指标

（1）提供大于 10PB 的数据处理能力。每秒支持 TB 级的数据处理能力，每个处理请求在毫秒级时间内响应。

（2）提供 PB 量级数据的管理能力。并且支持服务器水平扩展，承载更大量级数据。

（3）提供完整的机器学习框架，支持常用的数据挖掘算法。

（4）系统架构稳定性强，大数据平台全年对外正常服务运行时间超过 99.99%。

（5）TPC-DS（500GB）平均比 Hive 快 24 倍，平均比 Spark 2.0 快 2.5 倍，平均比 Impala 快 3 倍，平均比 HAWQ 快 15%.

（6）提供给客户足够的自主灵活性，可按需整合、加工数据。

## ■ 企业简介

北京百分点信息科技有限公司（简称"百分点"）成立于 2009 年，现有员工近 500 人，其核心研发与科学家团队来自于国内外顶尖的大学与技术公司。8 年来，百分点坚持自主创新，产品线涵盖大数据基础层、管理层和应用层，积累了丰富和坚实的企业级大数据技术和应用实践，使企业快速、低成本地使用成熟的大数据技术和应用服务，帮助中国企业在"互联网＋"时代获得大数据能力并转化为生产力。

## ■ 专家点评

大数据底层技术平台开发难度大，目前此领域尖端技术主要为国外所掌握，对我国自主知识产权的大数据技术发展不利，百分点公司研发的大数据综合管理平台（BD-OS）可以提供多源异构数据采集、实时/离线计算框架，简洁易用的开发环境和平台接口，为政府、企业、科研机构、第三方软件服务商等客户，提供大数据综合管理服务，可支撑企业级数据仓库、用户画像、知识图谱、深度学习、文本分析等多重企业级应用的构建；同时让客户最大化发现与分析企业内部核心业务数据价值，实现数据应用完整闭环，帮助客户实现商业价值。该平台顺利通过了工业和信息化部中国信息通信研究院、全国信息化标准委员会组织的大数据产品的严格评测，安全可靠，功能强大，具有很好的示范和推广意义。

**董云庭**（教授级高工 中国电子信息产业发展研究院战略研究中心主任、中国电子企业协会会长）

# H3CData IT 大数据分析平台
## ——新华三集团

H3CData IT 大数据分析平台（简称"H3C IT 大数据"见图 3.37）利用大数据技术，针对 IT 系统运行过程中产生的海量日志数据、传感数据、系统事件、KPI 指标、网络数据包等机器数据，进行存储、计算、分析、展现，并将分析结果转化为可付诸实施的解决方案，帮助 IT 运维和管理人员有效地进行异常预警、故障诊断和系统优化分析，缩短故障修复时间，减少事故和宕机次数，平滑地实现无故障的应用发布和系统升级。

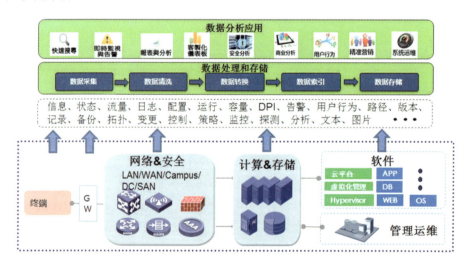

图 3.37　H3CData IT 大数据分析平台

## 一、应用需求

面对海量机器数据，当前技术已经无法满足需求（见图 3.38），主要存在以下几个问题。

（1）数据孤岛。在传统日志处理系统中，各设备/系统的日志数据是孤立、分散存储在不同系统中的，日志数据无法进行关联和发现共性。在定位分析问题时，系统管理员往往需要多次登录不同系统，使用简易的脚本命令或程序查看日志数据，操作烦琐，并且容易出错。

（2）海量存储。传统日志处理系统采用关系型数据库，无法适应 TB/PB 级机器数据存储和快速访问性能要求，也不适合处理以非结构化类型为主的机器数据。

（3）全文检索。传统日志处理系统无法实现从非结构化的机器数据全文中快速查找相关匹配信息。

（4）价值发掘。传统日志处理系统在数据存储、快速计算、全文检索等方面存在诸多限制，同时也限制了对机器数据的新价值挖掘。如何快速实现对来源不同的机器数据进行关联分析和机器学习，发掘新的数据价值，并通过可视化图表和仪表盘进行直观呈现，成为亟待解决的问题。

图 3.38　H3CData IT 大数据分析平台应用需求

## 二、应用效果

### （一）某电力公司安全大数据

某电力公司网络分为外网环境和内网环境，外网环境分别部署了防火墙、IPS、WAF、漏扫、防篡改等安全设备以及安全防护系统；内网环境部署了防火墙、WAF 等安全设备。H3C IT 大数据提供安全态势感知的系统和日志审计系统，如图 3.39 所示。

### （二）高校应用流量分析

通过收集某高校 100 多台服务器、交换机、路由器、安全设备日志，20 多个应用程序日志，实现了快速日志检索。镜像核心交换机流量，使用大数据进行流量预测、流量应用识别、异常流量识别等功能，如图 3.40 所示。

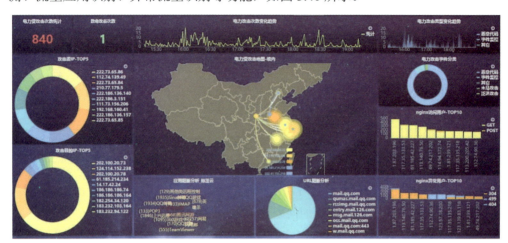

图 3.39　某电力公司安全态势感知系统

图 3.40　某高校应用流量分析

### （三）公安部内网流量大数据分析

针对公安部公安网网络流量数据精细化管理难题，使用 H3C IT 大数据分析管理平台来解决。公安部网络流量大数据分析及管控项目，主要用于网络流量的监控与分析，提供应用服务的监控保障。

系统总体分为四个模块，分别是整体应用的多维分析、用户关注网段的自定义分析、重点应用的深度分析以及异常应用的告警分析。其中，整体应用多维分析由流量分析、访问量分析、区域分析、TOP 分析组成，在监控平面包含流量及访问量变化趋势以及预警分析，单击应用分类还可以看到重点应用分析，保障重点应用的流量带宽。异常应用告警分析由告警日历与告警多维分析组成，告警日历可以查看到一月内告警详情（见图 3.41）。多维分析则是对异常应用从时空领域详细分析原因，并结合知识库与详细告警信息，给运维人员处理建议。

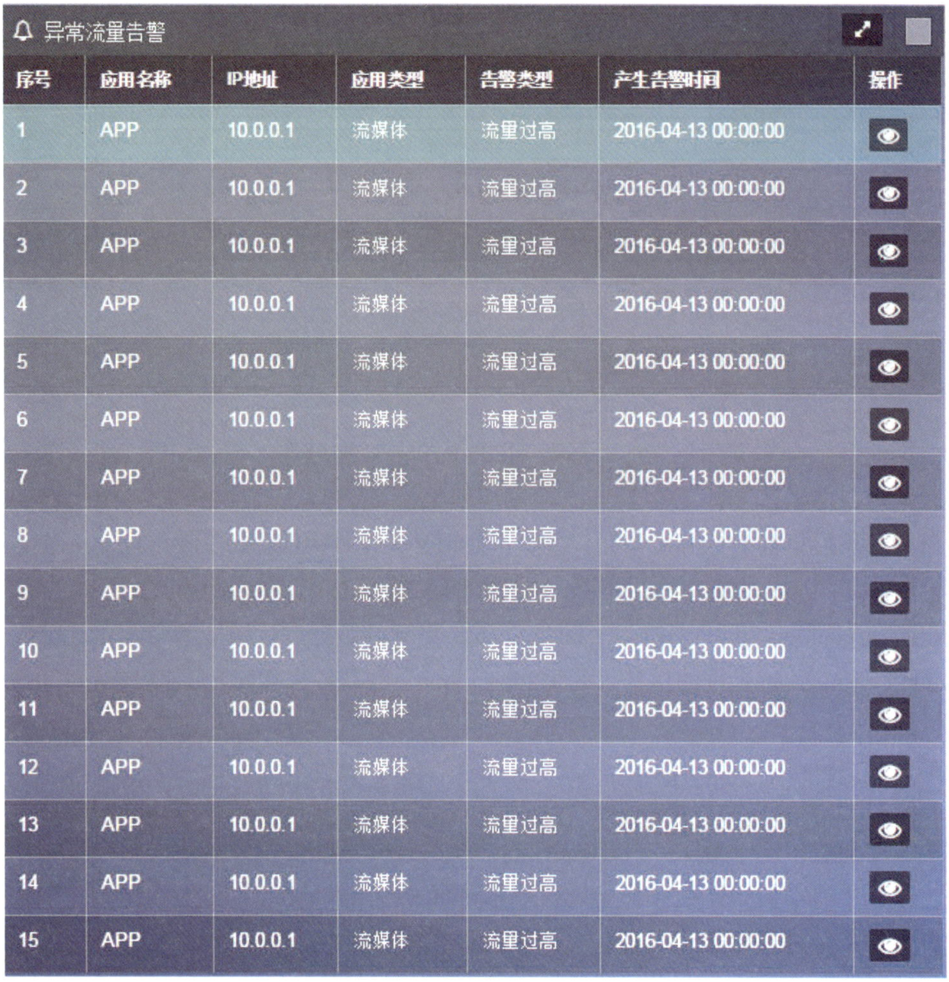

异常流量告警

| 序号 | 应用名称 | IP地址 | 应用类型 | 告警类型 | 产生告警时间 | 操作 |
|---|---|---|---|---|---|---|
| 1 | APP | 10.0.0.1 | 流媒体 | 流量过高 | 2016-04-13 00:00:00 | |
| 2 | APP | 10.0.0.1 | 流媒体 | 流量过高 | 2016-04-13 00:00:00 | |
| 3 | APP | 10.0.0.1 | 流媒体 | 流量过高 | 2016-04-13 00:00:00 | |
| 4 | APP | 10.0.0.1 | 流媒体 | 流量过高 | 2016-04-13 00:00:00 | |
| 5 | APP | 10.0.0.1 | 流媒体 | 流量过高 | 2016-04-13 00:00:00 | |
| 6 | APP | 10.0.0.1 | 流媒体 | 流量过高 | 2016-04-13 00:00:00 | |
| 7 | APP | 10.0.0.1 | 流媒体 | 流量过高 | 2016-04-13 00:00:00 | |
| 8 | APP | 10.0.0.1 | 流媒体 | 流量过高 | 2016-04-13 00:00:00 | |
| 9 | APP | 10.0.0.1 | 流媒体 | 流量过高 | 2016-04-13 00:00:00 | |
| 10 | APP | 10.0.0.1 | 流媒体 | 流量过高 | 2016-04-13 00:00:00 | |
| 11 | APP | 10.0.0.1 | 流媒体 | 流量过高 | 2016-04-13 00:00:00 | |
| 12 | APP | 10.0.0.1 | 流媒体 | 流量过高 | 2016-04-13 00:00:00 | |
| 13 | APP | 10.0.0.1 | 流媒体 | 流量过高 | 2016-04-13 00:00:00 | |
| 14 | APP | 10.0.0.1 | 流媒体 | 流量过高 | 2016-04-13 00:00:00 | |
| 15 | APP | 10.0.0.1 | 流媒体 | 流量过高 | 2016-04-13 00:00:00 | |

图 3.41　异常流量告警

## 三、产品架构

H3C IT 大数据是一款针对海量机器数据分析的应用系统，由大数据平台、数据采集、应用适配、IT 大数据应用和运维管理五个部分组成，如图 3.42 所示。

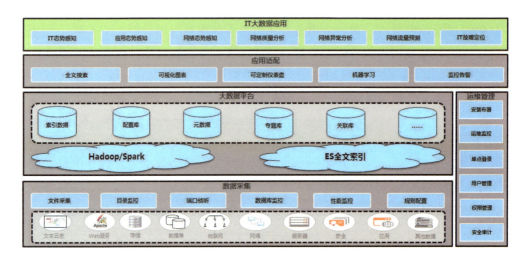

图 4.42　H3CData IT 大数据分析平台系统架构

**（一）大数据平台**

大数据平台基于分布式计算框架 Hadoop/Spark 和分布式检索引擎 ElasticSearch 混合架构。ElasticSearch 提供分布式检索引擎架构，支持索引数据分块和多副本机制，可以横向扩展集群节点到上千台，存储和处理 PE/EB 索引数据。ElasticSearch 作为数据源，Hadoop/Spark 作为执行引擎，通过实现 Hadoop 和 ElasticSearch 之间的输入/输出，在 Hadoop/Spark 里面对 ElasticSearch 集群的数据进行读取和写入，充分发挥 Hadoop/Spark 并行处理的优势，为 Hadoop/Spark 数据带来实时全文搜索能力。

**（二）数据采集**

H3C IT 大数据采用多种数据采集方式，对网络、安全、服务器、存储等日志数据，通过配置和监听 UDP 端口采集；对主机性能、应用性能、数据库日志等数据，通过在客户端安装探针进行采集。利用 Kafaka+Storm/Stream 组件对数据进行接收、解析和加载等进行分布式处理，大幅提升数据采集性能，支持多达数十万个数据源的并行采集。

**（三）应用适配**

通过 H3C IT 大数据提供的应用适配功能，用户可以快速生成所需的场景化应用。全文检索功能能够帮助用户快速查询所需要的全文信息，用于问题查找、定位和回溯等；可视化图表对检索或分析结果进行可视化展示；监控告警功能可以对异常分析结果进行告警，并通过 E-mail、声音提醒、Web 通知等方式通知用户。

### （四）IT 大数据应用

IT 大数据应用可以分以下几种类型。

（1）主题统计/分析类型。基于某个主题，对相关机器数据进行统计、分析，生成可视化报告。例如：IT 态势感知，对 IT 系统中整体信息进行分析、统计，实时监控 IT 系统的整体健康状况；网络安全态势主题，对 IT 系统中所有与安全相关的信息进行分析和统计，监控整个网络的安全动态。

（2）异常查找/定位类型。通过全文检索功能，根据异常的特征，从整个 IT 系统机器数据中查找/定位相关信息，描绘异常发生的路径，回溯异常发生的源头。例如：故障快速定位/异常行为追踪，按故障/异常的特征进行全文检索，检索出故障/异常发生的所有相关设备、时间、路径和源头，并通过可视化图表展示。

（3）趋势研判/预测类型。对系统内相关样本数据采用机器学习算法训练出相关模型，对特征行为进行预测和趋势分析。例如网络流量预测，通过采集大量的样本数据，通过时间序列和流量等关键特征训练建模，预测未来实际网络流量的流向、大小等趋势。

### （五）运维管理

运维管理对 H3C IT 大数据集群的安装部署、运维监控、单点登录、用户管理、权限管理和安全审计等系统功能，为用户使用 H3C IT 大数据系统提供基本管理。

## 四、关键技术

### （一）IT 系统的多维建模和分析

IT 系统多维建模和分析模型如图 3.43 所示。

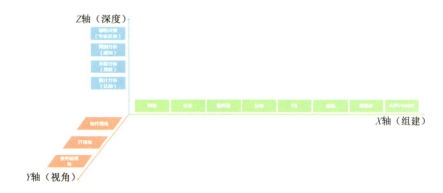

图 3.43 IT 系统多维建模和分析模型

*X* 轴是 IT 系统的不同组件，包括网络、安全、服务器、存储、操作系统 OS、虚机、数据库、APP/中间件等。

*Y* 轴是对 IT 系统的分析视角，包括组件视角、IT 视角、业务链视角。其中，组件视角是采集单个组件的数据来进行分析；IT 视角是汇聚各组件对整个 IT 系统全局进行分析，对 IT 运行情况、健康状态、故障告警等进行全局把握。

*Z* 轴是对 IT 系统分析的深度，包括统计分析（认知）、关联分析（理解）、预测分析（感知）和辅助决策（专家系统）。统计分析包括状态识别与确认，以及对态势认知所需信息来源和素材的质量评价。关联分析包括：损害评估、行为分析（攻击行为的趋势与意图分析）和因果分析（包括溯源分析和取证分析）。预测分析（感知）则是对态势发展情况的预测评估，包括态势演化（态势跟踪）和影响评估（情境推演）。辅助决策（专家系统）即依据大量的历史数据建模分析，对网络故障、异常行为等提供处理建议。

### （二）云数据中心的网络流量建模和分析

收集网络设备的硬件和软件探针的网络流量数据，通过不间断地监控、分析，为用户带来全面的数据中心可见性，洞悉数据包和数据流的一切动态，对业务进行合规性检查、异常行为取证、应用安全监控等，帮助 IT 管理员深入掌控数据中心动态，提升运营效率。具体如下：实时数据全景可视化，理解业务之间的相关性；被动故障响应转变为主动故障处理，制定出故障优化策略；不间断监控应用行为，建立访问模式基线，快速发现通信模式中的任何偏差。云数据中心的网络流量分析模型如图 3.44 所示。

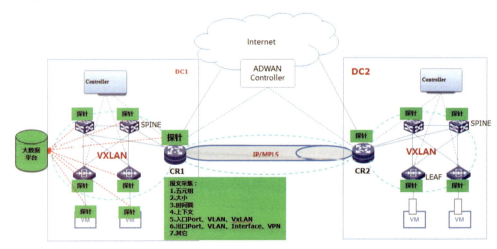

图 3.44　云数据中心的网络流量分析模型

### （三）网络态势感知

网络实时状态监测包括分钟级粒度城域网出口实时流量状态监测、小时级粒度城域网出口实时流量状态监测、历史时间城域网出口历史流量状态监测。网络流量分析显示城域网中应用分类实时流量排行与实时流量占比排行；选择历史时间，可查看应用分类历史流量排行与历史流量占比排行；选择上行流量、下行流量，分别查看应用分类上行（或下行）流量排行与上行（或下行）历史流量占比排行。

### （四）安全态势感知

安全态势感知针对整体范围或某一特定时间与环境，以安全数据为中心，结合资产、漏洞、事件、流量数据，采用大数据技术，对网络数据和事件进行采集、存储、处理、挖掘、分析，及时发现网络恶意程序、网络攻击事件等安全威胁，洞察企业内部整体安全状态，并进行可视化展示；能够使用户通过量化的评判指标直观地理解当前态势，动态地把握一个特定环境下的网络风险的演变过程，并通过历史数据连续分析和预测被评价对象的安全状态。

### （五）基于数据挖掘和机器学习方法的网络异常检测

基于数据挖掘和机器学习算法的网络异常检测，需要从网络异常检测算法、与网络异常检测密切相关的训练集样本选取以及特征空间处理等多个层面进行实践。

针对传统的检测算法样本数据少、误报率较高的不足，采用基于 SVM（支持向量机）的特征加权方法，对使用特征选择技术提取出来的特征进行进一步的加权，从而合理地赋予每个特征对于检测性能的贡献价值，提升模式识别和欺诈检测质量，深入挖掘并使用大规模正常训练数据集的整体优势，提升网络异常判定正确率。

针对网络异常检测技术的性能优化。在网络异常检测技术的实际应用过程中，需要依赖"正常数据"的训练数据对正常的网络流量和网络行为进行训练和建模。然而，如果训练数据的冗余导致其规模过大，对于以数据挖掘和机器学习为基础的异常检测算法来说，必然导致较高的计算开销和内存消耗，需要开发一种聚类算法对训练集进行选取以获取高质量的代表性训练数据，降低网络异常检测算法的计算开销。

网络异常监测流程如图 3.45 所示。

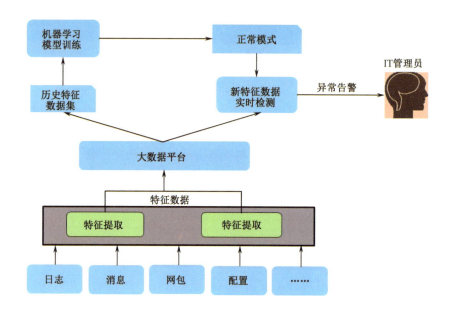

图 3.45　网络异常监测流程

## 企业简介

　　新华三集团（简称"新华三"）是全球领先的 IT 解决方案领导者，致力于新 IT 解决方案和产品的研发、生产、咨询、销售及服务，能够提供一站式、全方位 IT 解决方案。同时，新华三也是 HPE 品牌的服务器、存储和技术服务的中国独家提供商。新华三 40％的员工为研发人员，专利申请总量超过 6 500 件。新华三长期服务于运营商、政府、金融、电力、能源、医疗、教育、交通、互联网、制造业等各行各业，将卓越的 IT 创新与全社会共同分享，加速社会向信息化和智慧化的迈进步伐，助推新经济快速发展。

## 专家点评

　　H3CData IT 大数据产品是 H3C 基于自身 IT 领域的技术优势，针对 IT 系统提供的大数据分析软件。传统分析方式都是基于既定规则的单维度管理，只具备有限的运维分析能力，H3CData IT 产品则全量采集 IT 系统所有机器数据，包括软件硬件的运行状态、系统日志、设备信息，乃至于实时数据，突破了 IT 传统数据分析的范围。基于 H3C 自身在 IT 技术领域的长期积累和理解，以大数据的技术手段进行分析，挖掘 IT 机器数据中的价值，对于整个 IT 系统的运行态势提供丰富的呈现方式。目前 H3CData IT 大数据产品已经广泛应用于各个行业客户，并且优化了客户的 IT 运维过程，使得 IT 系统运行变得可视、易理解，这是一款优秀大数据应用专业化软件。

**刘韵洁**（中国工程院院士）

# 08 燕云 DaaS 平台
## ——北京因特睿软件有限公司

燕云 DaaS（Data as a Service：数据即服务）是一套支撑数据开放共享、互操作和孤岛系统集成的软件平台。无需原开发商配合，无需源代码，也无需数据库开放，可智能地重建业务应用层面的数据读/写接口，实现数据获取、融合和无缝集成。该平台能够快速、安全地实现业务数据访问接口的重建，以 API 作为数据和服务的载体，不破坏原系统安全体系，不改变原系统的外部行为，按需提供数据及功能服务，实现公共数据开放、共享信息交换和跨系统实时互操作。

## 一、应用需求

随着大数据时代的来临，迎来了面向数据开放、共享、融合的第三次信息化浪潮。数据已经渗透到每一个行业和业务职能领域，成为重要的资源。打通"信息孤岛"，拆除"藩篱"，公开"自留地"，使"信息孤岛"变为"信息通衢"，这是大数据应用变现的基础和关键。

当前，所有的数据可分为两类：一类是 Public Web 的浅层数据，另一类是 Deep Web 的深层数据。浅层数据来自以天文数字计算的互联网网站，即使这么大量的浅层数据也只占大数据储量的 4%。而大数据中占储量 96% 的数据则来自企业内部应用系统的深层数据。这些信息系统所蕴含的数据量非常巨大，但是它们存储在相应的系统里，不遵循标准协议。若要把这些数据用通用的方式挖掘出来，则非常困难。这些数据就形成了数据孤岛，成为大数据发展的一大桎梏，这也正是大数据无法快捷方便地付诸服务的根本原因。

## 二、应用效果

燕云 DaaS 已经在政府、企业、移动互联创新等领域被应用。在神州数码智慧城市的"百城计划"中，因特睿和神州数码开展深度战略合作，通过燕云 DaaS 技术，轻松解决与政府各部门相关或与央企相关的十几套系统数据查询及交互问题，如交通违章、社保/公积金、水费、电费、移动话费、旅游局的数据信息等。在企业应用方面，燕云 DaaS 帮助那些无法获得原系统开发商支持的企业实现业务系统向移动化迁移；在移动互联创新领域，燕云 DaaS 通过数据 API 技术，实现了互联网上多维高考学生择校信息数据的实时汇聚和关联融合，还帮助完成了 500 多个招标网信息数据汇聚的移动应用等。

燕云 DaaS 平台产品已在 300 个工程项目中使用，为各类项目成功落地带来效益，使项目实施效率提高近 100 倍。下面简要介绍燕云 DaaS 在政府、企业、移动化三个领域的典型案例。

### （一）案例一：助力深圳坪山新区电子政务"一门式"，实现政府政务便民

深圳市坪山新区为推动本区政务公开和政务服务的网上运行，全面提高政务服务工作对社会服务受理与办理的工作效能，实现部门后台业务与前台业务的协作与信息共享，坪山新区管委会筹划"一门式"改革，全区统一建设"一门式"综合业务受理平台，与网上办事大厅、自助终端和移动终端等在业务、技术、数据、机制上融合推进，构建"O2O"政务服务新模式。

"一门式"综合业务受理平台在建设中首先遇到的技术难题就是"信息孤岛"，涉及 9 个部门，33 个受理系统，受理事项约 336 个，协调难度大，时间紧。燕云 DaaS 平台作为"一门式"综合业务受理门户前端页面和后端对接系统之间的数据对接层，以数据服务接口作为数据的载体，从各个需要接入"一门式"综合受理平台的业务系统中提取数据接口，对接入"一门式"综合业务受理平台。基于 DaaS 数据接口服务平台的统一数据对接与交换逻辑架构如图 3.46 所示。

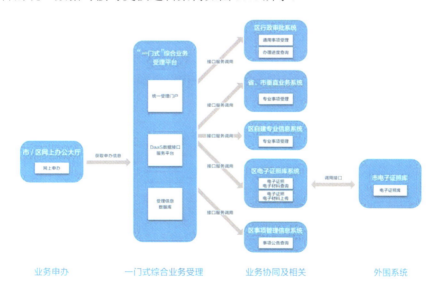

图 3.46 基于 DaaS 数据接口服务平台的统一数据对接与交换逻辑架构

"一门式"综合业务受理平台通过燕云 DaaS 实现大数据资源整合，将政府网上办事大厅、各单位垂直业务系统等进行数据无缝对接，实现了"市—区—街道—社区"多级跨部门的大数据的互联互通、交换共享（见图 3.47），提升窗口业务受理人员的办事效率，减少了群众办事的流程、手续的烦琐程度，大大提升了政府服务能力。

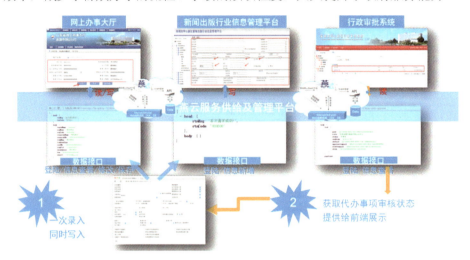

图 3.47　基于 DaaS 平台的实现"一门式"数据对接

**（二）案例二：实现中石油出国系统数据同步服务，打开"数据通道"**

中石油勘探公司是中石油集团下属子公司。集团人力资源共享服务中心系统（HRSSC），仅为每个子公司提供一个账号密码。各个子公司需从 HRSSC 系统中获知因公出国立项情况，并要将各自所属人员因公出国（境）信息录入 HRSSC 系统。中石油勘探公司内部有一套协同办公系统（CNODC，OA 系统），在此系统上同样具备本公司人员信息、出国（境）管理等功能，而 HRSSC 和 CNODC 这两系统物理隔离（见图 3.48），对信息同步带来了极大不便。

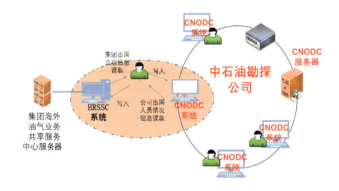

图 3.48　中石油勘探公司的应用现状

为保障本公司与集团系统中的海外油气业务出国事务模块系统数据的完整性、准确性和及时性，需要从因公出国（境）管理系统获取信息，并与集团海外油气业务共享服务中心服务器对接。针对以上需求，运用燕云 DaaS 平台的 API 生成工具，对集团系统的立项申请完整信息的获取、写入，以及本单位系统立项申请完整信息的写入等接口进行抽取和重构生成；在生成数据接口的基础上，根据业务逻辑整合、适配、同步等需求，形成包含业务逻辑的微服务，生成数据同步服务，满足了从集团系统中获取所需数据并同步写入 CNODC 系统的需求，实现了不同系统间的数据同步、流转等，方便了本单位系统用户的使用，省去了业务人员手动导出、录入的烦琐过程，从而提高工作效率，节省劳动成本。基于燕云 DaaS 实现接口开放与数据同步逻辑架构如图 3.49 所示。

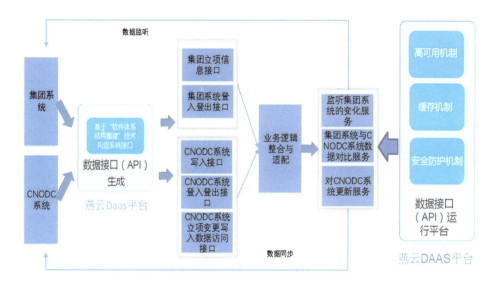

图 3.49 基于燕云 DaaS 实现接口开放与数据同步逻辑架构

### （三）案例三：中国移动南方基地人力资源系统，快速移动化

中国移动通信集团提出移动化、无纸化管理的要求，中国移动南方基地作为先期试点单位进行移动化试点。但由于原系统上线历时已久，开发商维护团队已几经更替，使用传统模式开发人力资源系统的移动化复杂度过高、耗时过久，无法满足时间点要求。

运用燕云 DaaS 平台，无需原系统开发商配合，快速将南方基地人力资源管理系统中的考勤管理功能模块移动化，将人力资源系统登录、获取考勤提前申报相关信息、查询上下班打卡记录、每月考勤汇总统计查询、考勤异常申报相关信息、"我的工作平台"信息查看功能接口化，生成对应的 API 接口。由第三方开发厂商生成人力资源管理系统考勤管理模块的 APP 如图 3.50 所示。

通过该项目，针对考勤管理模块进行快速移动化，方便南方基地园区员工的办公考勤在移动端操作，提高办公效率，也进一步提高系统实用化程度。

图 3.50　中国移动南方基地移动化 APP 展示

### 三、产品架构

在各种业务系统应用过程中，数据被源源不断地产生出来，然而种种原因所限，使得这些具有极大价值的数据被封闭在业务系统内，无法实现有效共享和利用。燕云 DaaS 好比电力系统中的"电网"，无侵入式打破各孤立"数据源"的孤岛，连接数据源和数据使用方，让多源、异构、跨时空的数据流动起来，实现数据应用能力的扩展。

### （一）燕云 DaaS 功能组成

燕云 DaaS 平台，提供基于运行时体系结构重建的系统数据访问接口生成技术，在不改变原系统外部运行的条件下，将深藏在各自独立而封闭系统中的核心数据通过自动生成 API 的方式便捷地提取出来。该平台主要由数据接口（API）生成、数据接口运行、数据接口管理等三个子平台组成，如图 3.51 所示。

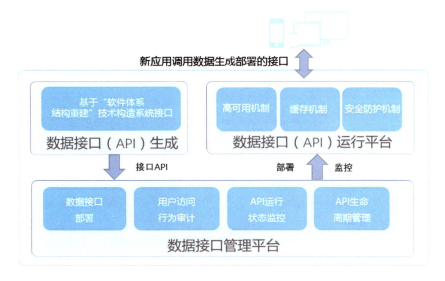

图 3.51　燕云 DaaS 数据服务平台功能组成

（1）数据接口生成平台。基于软件体系结构重建技术，无需侵入源系统，从业务系统的表现层重建业务系统的数据服务接口。

（2）数据接口运行平台。提供 API 的运行环境并基于高可用机制、安全防护机制、缓存机制，保障 API 运行的可靠性、稳定性和安全性。

（3）数据接口管理平台。包括接口部署，用户访问行为审计，API 运行状态监控以及 API 全生命周期管理等功能。

### （二）燕云 DAAS 工作原理

燕云 DaaS 是面向大数据的数据采集融合平台，提供了一种对原业务系统无侵入的"所见即所得"的数据获取方式。通过数据接口的部署运行支持与原系统无缝对接，并以"微服务"模式直接利用到原业务系统的功能，不仅快速实时地开采出系统数据，而且保证了新应用的数据与原业务系统数据完全一致。燕云 DaaS 工作原理如图 3.52 所示。

首先，运用数据接口（API）生成平台，对原系统运行时系统状态和运行逻辑进行跟踪，采用人机交互操作和半监督机器学习相结合的模式，在最大限度地保证原系统数据安全性的同时，从原应用系统的表现层抽取数据服务接口。

然后，按照用户需求进行应用适配和标准化封装，由数据接口（API）管理平台将生成的这些数据接口 API 部署在运行平台上。数据接口（API）管理平台通过对这些数据接口 API 进行统一管理，实现安全管理、权限审计、实时统计等可视化功能。

最终，部署在运行平台的数据接口 API，以灵活可自定义的格式对接给新的应用开发商。通过调用 API 数据接口，获取数据，或者按新的业务逻辑进行二次组合，完成新应用系统的构建。新应用系统的所有数据访问、读写、互动等操作，均通过 API 数据接口与原系统对接，符合原业务逻辑，对原有系统来说，完全没有任何改变及安全风险，实现无缝融合。

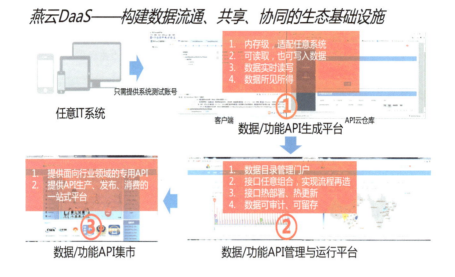

图 3.52　燕云 DaaS 工作原理

### 四、关键技术

燕云 DaaS 运用体系结构重构创新技术，在信息不完整或封闭情形下，突破现有的搜索、爬虫、网络抓包和数据导库等传统采集方法失效等技术难题，将封闭系统中的核心数据通过自动生成 API 的方式便捷地提取出来。

该过程无需原系统开发商对其系统进行任何二次开发或单独接口制作，改变了以往要获取这类深层数据，就必须找原开发商，找设计文档，找源代码的困境，使数据获取变得简单、快捷、高效。燕云 DaaS 具有以下四大特点：

（1）开放性。燕云 DaaS 平台通过对系统界面和数据流的机器学习，将系统复杂的数据请求及展示转化为开放、简洁的 API 数据服务，不受限于源系统的开发语言、存在形态，对 WIS、APP、Doc 等各种形态的系统均能生成数据服务，提供开放、不受限的数据服务。

（2）配置灵活。通过服务配置给不同的用户使用，借助现有公有云、私有云、混合云进行接口运行部署，通过路由优化、缓存管理等机制，解决万级用户并发。

（3）规范性。燕云 DaaS 平台不受限于对端系统多种接口规范，对外输出数据格式可根据客户实际系统要求进行适配，支持 JSON、XML、SQL 等多种格式输出，遵循规范的数据格式，有效保证调用系统的统一完整。

（4）可审计性。对于 API 调用的成功率、调用次数、调用源、响应时长等多项指标进行统计留存，供管理审计使用。保证功能模块正常运行的同时，能够达到可见、可控的管理要求。

燕云 DaaS 通过体系结构反射重建技术便捷、快速获取到数据，进而建立起完善的大数据服务基础架构及商业化模式，将各行各业的数据孤岛打通互联，形成数据跨平台、跨领域的采集、开放、共享、融合的支撑环境，满足了大数据提取、聚合、多业务数据交互、流转和大数据应用创新等需求。

## 企业简介

北京因特睿软件有限公司是一家专注于大数据与软件自适应自主产权核心技术的高科技企业，是北京大学系统软件技术成果的转化与创新基地。公司依托北京大学软件所十多年的科研成果，研发出燕云系列产品，可在数据库封闭、源代码缺失、无原厂支持等情况下，智能生成给定系统的读写接口（API），构建数据和功能"管道"，实现数据的实时流动和功能的无缝集成，广泛应用于政务、金融、综治、能源、教育、民生、双创等业务领域，为建立自主可控、物理分散、逻辑统一的数据开放、共享、融合、创新体系提供了关键基础设施支撑。

## 专家点评

在关键的数据开放共享环节，除了按照《促进大数据发展行动纲要》相关要求推进数据开放共享的标准和制度完善，还需要强有力的技术手段主动突破信息孤岛壁垒，实现高效的数据开放、共享和互交互。燕云 DaaS 平台依托北京大学软件所多年科研成果，突破了运行时软件体系结构重建技术，无需开放数据库和源代码，智能生成业务数据读/写访问功能接口，无侵入地访问到各孤立信息系统的"数据源"。通过这些"数据管道"，可以让多源、异构、跨时空数据实时流动起来；通过"数据接口的重建、重组、重生"，进而实现数据应用能力、业务能力的扩展和创新，为数据开放、共享、融合构建起良好生态环境。

**吕建**（中国科学院院士/南京大学副校长）

# 中科曙光 XData 大数据一体机
## ——曙光信息产业股份有限公司

中科曙光 XData 大数据一体机是一款通用的海量数据处理平台，提供对结构化及非结构化海量数据的存储组织和查询处理功能，满足用户对海量数据的过滤性查询、统计分析类查询和关联分析的处理需求，具有多源异构数据汇聚、海量数据分级存储、SN-MPP 并行处理架构、SQL/MapReduce 一体化执行框架、复杂数据类型关联分析、可视化运维管理等功能特点。

## 一、应用需求

曙光在大数据布局采用三步走战略，为企业打造简单易用、注重实效的大数据平台（见图 3.53）。其中，数据落地是三步走战略中的第一步，其关键点在于数据采集存储，帮助用户掌握大数据分析和处理的方法；第二步是分析简化，让数据化简为繁，结合行业应用形成解决方案。在这一步，曙光同时将为用户提供应用迁移、应用优化以及平台开发等服务支持；第三步是价值新生，通过深化应用，联手用户共同探寻、挖掘数据价值。

XData 大数据一体机可广泛地应用于电信数据统计分析，互联网/移动互联网的日志和用户行为分析，物联网/传感器网络的数据监控和追踪分析，以及金融交易数据的离线统计和挖掘等众多领域。

## 二、应用效果

曙光 XData 大数据一体机包含了曙光的优质服务器和曙光自主研发的 SN-MPP 并行数据库，并结合大数据处理事实标准 Hadoop，充分考虑了多方面的数据收集，加入 ETL 工具和连接驱动器，提供了类 SQL 的接口。目前，已和多个行业的业务系统进行了无缝对接，是经过实践检验的优质产品。

曙光 XData 大数据一体机贴合行业用户需求，提供优质软硬一体服务，为用户解决了部署、业务移植开发等技术难题，帮助用户跨过应用门槛，盘活数据资产，抢占新技术的制高点，推动其业务持续不断的向前发展。曙光 XData 大数据一体机的应用实例如图 3.54~图 3.56 所示。

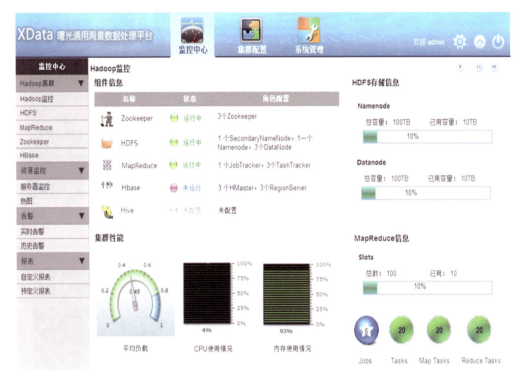

图 3.53　XData 曙光通用海量数据处理平台

（a）

图 3.54　曙光 XData 大数据一体机助力土地工程新发展

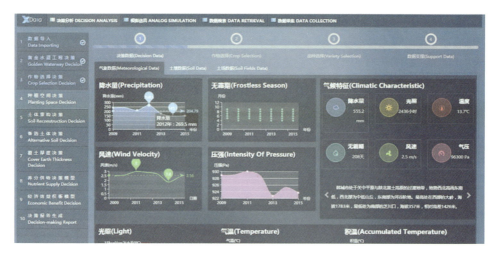

（b）

图 3.54 曙光 XData 大数据一体机助力土地工程新发展（续）

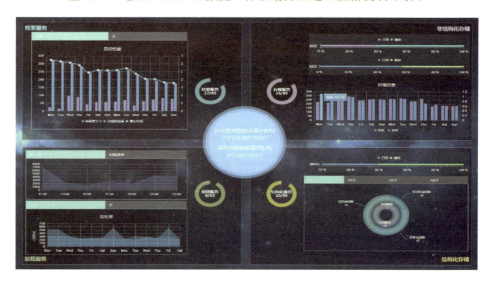

图 3.55 曙光 XData 大数据一体机助力数据中心运维管理

图 3.56　曙光 XData 大数据一体机助力新华社新闻话题聚类

### 三、产品架构

Data 大数据一体机采用硬件加速和构架软件中间件的方式,将底层相互分离的数据库系统、文本检索系统及 Hadoop 等系统统一管理起来,对外提供一个单一的数据存储映像;并实现对各种类型数据的统一处理,达到较高的数据读写并发度、计算并发度,以及良好的系统扩展性、可靠性和可维护性。XData 系统硬件架构如图 3.57 所示。

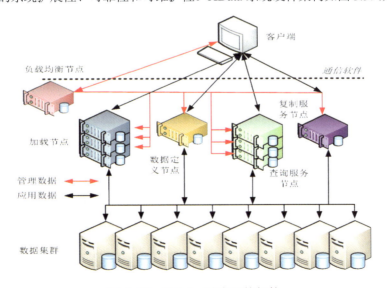

图 3.57　XData 系统硬件架构

XData 大数据一体机包含三类组件：计算模块、数据模块和客户端。

（1）计算模块：用于数据的并行加载和查询处理，对客户端提供统一的数据处理接口。

（2）数据模块：用于提供结构化/非结构化数据一体化存储空间，内嵌高性能数据存取引擎，并行处理所有计算模块的数据访问请求。

（3）客户端：用于和用户应用对接，提供 XJDBC/MapReduce 统一访问接口和各服务专用访问接口。

XData 大数据处理一体机在客户端与数据存储之间构架了一层中间件软件，对上要提供统一的客户端程序的接口，对下要支持对多个不同数据存储系统的数据加载、数据查询、数据备份、数据统计和管理功能。底层的数据管理系统包括数据库（结构化数据）和文本检索（半结构化或非结构化数据）系统。整体的服务软件结构示意如图 3.58 所示：前端为客户端程序接口，它为客户端提供访问海量数据处理的通道；后端由若干独立运行的数据库系统，或者文本检索系统组成，负责具体的数据加载存储、索引、查询和检索及其管理；中间层由若干服务中间件组成，对上屏蔽数据分布存储和请求的分布执行细节，同时为客户提供一个单一的运行接口和环境，对下协调多数据服务器的数据分布和协同工作。

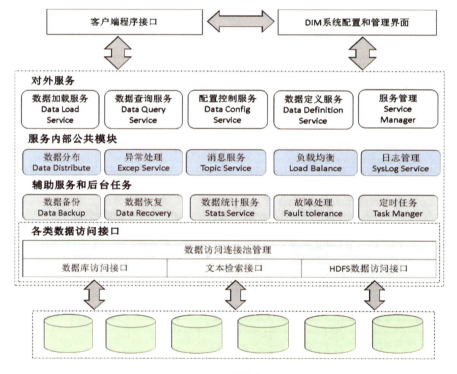

图 3.58　系统整体软件结构

## 四、关键技术

### (一) 通用大数据处理架构技术

XData 一体机提供了一种通用的大数据处理柔性构架,并采用专用的存储服务器加速数据的存取性能,采用构架大数据处理中间件软件的方式,对不同类型数据进行抽象和统一的处理。对用户提供单一的数据存储和处理系统映像,屏蔽存储组织和并行处理的细节。具体参见 XData 大数据一体机系统构架介绍。

### (二) 可动态伸缩的数据划分技术

随着数据量的不断增加,系统不可避免地面临扩容和升级的需求,在系统升级扩容过程中,应用业务不能中断。因此,数据划分和分布策略,必须能够支持数据的在线扩容和升级。XData 大数据处理一体机支持数据按照某些特性的划分,同时支持数据划分的动态扩展,并采用一种自适应机制,在增删节点时通过数据的迁移自动达到数据的均衡。

### (三) 用户请求统一定义和分析技术

结构化和非结构化数据共存的情况下,如何定义针对不同类型数据的统一的数据处理请求,是通用大数据处理的核心技术。用户请求采用类 SQL 的描述方式,需要针对大量的大数据处理应用,根据应用的特点,进行分析,实现对不同类型的数据对象(包括结构化数据,非结构化数据,以及文本检索数据)的定义,配置,操作和分析等语义,并在此基础上提出通用的数据处理请求定义。XData 提出了一种针对不同类型数据的统一定义和分析的技术,包括数据库表对象的定义和描述,以及 HDFS/FS 文件的定义和描述。并通过这种定义达到对数据的处理,以对用户屏蔽数据的存储信息。

### (四) 并行数据任务流处理技术

一般集群包含数百甚至上千的数据处理节点,必须处理好任务的调度问题。XData 提出一种并行数据处理引擎,以大数据处理的并行处理任务流作为输入,得到最终的处理结果。解决数据处理过程中的执行控制和数据传输控制。并在不同类型数据统一处理时,实现不同系统间的数据转化和结果合并。

### (五) 抽象数据访问技术

大数据处理一体机需要支持对不同类型数据的处理,包括对数据库数据的处理,对文本检索所数据的处理,对 Hadoop 平台数据的处理。XData 采用抽象的数据访问驱动,将对不同类型数据(包括数据库的 SQL 访问、Hadoop 系统的

MapReduce 请求访问及 Lucene 的文本检索请求）的访问统一起来，实现对不同类型数据的存取操作。同时可以支持对其他类型数据处理驱动的扩展，以满足新兴应用的数据处理需求。

## （六）大数据关联分析技术

XData 对大数据的关联分析进行了优化，通过数据动态重划分解决了分布在多个相互独立服务器上的大表的关联查询问题。

采用多节点分布的大表的关联查询处理是大数据处理的难点，也是 XData 解决的关键问题和主要创新点之一。

## （七）不同类型数据的转换技术

XData 采用序列化和反序列化的技术，实现不同系统中数据的相互转化。在并行任务流的处理过程中，不同任务之间的数据转换是对用户透明的。此外，通过内部对 Sqoop 等数据转换工具的支持，解决数据库和 Hadoop 数据的相互转换。

## （八）自定义数据处理任务流技术

XData 允许用户自定义数据处理任务流，在每一个任务里面嵌入自定义的处理算法，或者采用开源的处理算法，只需要加载相应的动态库即可。通过对用户自定义任务流的支持，XData 大数据处理一体机可以支持多样化的数据处理类型。

## （九）全方位的系统可靠性技术

XData 大数据一体机实现了全方位的系统可靠性，主要包括以下几个方面：

硬件可靠性：冗余网络互联和自动切换，磁盘 Raid 级别设置和热备盘，服务多节点互备，数据节点冗余等方法，提高系统可靠性。

软件可靠性：C/S 模式自动重联，负载均衡，各服务多节点互备，节点故障处理，异常恢复等方法，提高软件可靠性。

数据可靠性：支持数据双写和自动切换，数据的定时备份恢复策略等。

此外，XData 可以从整体灾备方案（如异地容灾方案），提高生产系统的可靠性。

XData 大数据一体机产品规格见表 3-2。

表 3-2　XData 大数据一体机产品规格

| 型　号 | | XData 大数据一体机 |
| --- | --- | --- |
| 系统规格 | 系统容量 | 16PB |
| | 计算模块 | 1024 |
| | 数据模块 | 1024 |

| 型　号 | | XData 大数据一体机 |
|---|---|---|
| 系统规格 | 客户端 OS | CentOS5 X86/X86_64 |
| | | CentOS6 X86/X86_64 |
| | | RedHat5 X86/X86_64 |
| | | RedHat6 X86/X86_64 |
| | | SLES11 SP1 X86/X86_64 |
| | | SLES11 SP2 X86/X86_64 |
| 系统功能 | 系统架构 | 非对称双集群架构，系统由计算集群和数据集群组成 |
| | 访问接口 | 支持类 JDBC 统一编程接口和各服务专用编程接口，兼容 MapReduce 执行框架 |
| | 负载均衡 | 支持基于连接数、容量和性能的负载均衡 |
| | 数据迁移 | 支持数据控制器之间的数据迁移 |
| | 分级存储 | 支持同一系统内的数据分级 |
| 可扩展性 | 加载模块 | 支持计算模块在线动态添加和安全移除，扩展后系统数据加载能力呈线性增长 |
| | 数据模块 | 支持数据模块在线动态添加，扩展后系统数据查询处理能力呈线性增长 |
| | 硬盘 | Raid0/1/5/6 |
| 可靠性 | 计算模块 | 多个计算模块以负载均衡方式运行，单个或多个计算模块故障不影响系统整体的数据加载和查询处理，客户端会自动重连切换到可用的计算模块 |
| | 数据模块 | 数据模块以集群方式运行，支持数据的双副本和分级存储策略对数据可靠性进行保护 |
| 管理 | 部署 | 支持集中式部署和配置 |
| | 升级 | 支持在用户业务不停止的情况下在线升级，升级过程对原有数据和配置无影响 |
| | 状态监控 | 支持对系统总体状态进行监控，支持对各节点和服务状态进行监控 |
| | 性能监控 | 支持对系统总体性能、资源进行监控，以及各节点的性能、资源进行监控 |
| | 告警 | 支持对系统软硬件故障和系统状体阀值信息进行告警，告警方式支持以界面告警、邮件告警和短信告警等方式 |

# 企业简介

　　曙光信息产业股份有限公司，成立于 2001 年 11 月，是一家以国家"863"计划重大科研成果为基础组建的高新技术上市企业。公司注册资本 6.43 亿元主要从事研究、生产高性能计算机、通用服务器、存储产品以及云计算、大数据产品与解决方案。曙光始终倡导"自主创新服务中国"的品牌理念，其硬件产品、解决方案、云计算与大数据服务已被广泛应用于政府、能源、互联网、教育、气象、医疗及公共事业等各个领域。曙光在大数据存储和处理方面进行了多年的研究，拥有大数据专利 100 多项。

## ■ 专家点评

中科曙光 XData 大数据一体机结合了曙光高性能服务器产品和大数据软件产品的优势，为大数据的高性能存储与计算提供了一体化解决方案。该产品在大数据处理架构、数据划分、用户请求统一定义和分析、并行数据任务流处理、大数据关联分析等技术上进行了创新性研究与突破，解决了许多技术难点，且已在军工、安全、交通、气象、环保、教育等多个行业内得到了检验，是一款优秀的通用型商用大数据产品。

张云泉（中国计算机学会大数据专家委员会副秘书长、高性能计算专业委员会秘书长）

# 10 大规模并行数据库 GBase 8a

大数据

## ——天津南大通用数据技术股份有限公司

南大通用 GBase 8a 大规模分布式并行数据库是支持大数据分析类应用的世界级产品。GBase 8a 由单机版、集群版和 GBase UP 多源异构融合平台构成，具备海量多源异构大数据处理的功能特点；与国际主流同类产品 EMC Greenplum 及 HP Vertica 技术同步，局部领先；以具有行业大数据的金融、电信、政务等高端行业为用户目标；以传统产品销售、云服务 DaaS 模式为主要商业模式。

### 一、应用需求

GBase 8a 产品定位于行业大数据分析类应用市场，主要的目标客户是具有行业大数据的金融、电信、政务等高端行业。

（1）金融行业。金融行业风控审计、信贷分析等大数据业务，具有海量数据管理、扩展、并发响应、建设成本、信息安全保障等需求。GBase 8a 运用自适应压缩、智能索引、在线扩展、多引擎融合等技术，满足了用户 PB 级的数据管理、在线可扩展及高并发快速响应需求，节约了大数据平台建设成本，帮助用户缩短决策时间，提升决策力等。打破了国外数据库在我国的垄断，保障了国家信息安全。

（2）电信行业。电信行业话单查询、经营分析、日志分析等大数据业务，具有海量数据存储、查询效率、云化改造等需求。GBase 8a 运用高效数据压缩、智能索引、多引擎融合、高速加载等技术，满足了电信业务数据规模大、增速快、秒级查询响应需求，融合全网、全业务、全接口数据采集，提高系统查询性能、实现经营分析的去 IOE 化，实现系统的云化改造。

（3）政务行业。政务行业决策分析、预测预警等大数据业务，具有信息化建设、支持决策、信息安全等需求。GBase 8a 基于国产平台的适配优化、多源异构数据采集和处理、高性能查询等技术，满足了政府部门数据开放共享、数据融合、快速响应等应用需求，推动资源整合，提升治理能力，保障信息安全。

（4）其他行业。在国防、公安、能源等国计民生重点行业具有高信息质量、高应用性能、信息安全、构建专题云等特点。GBase 8a 运用高性能关联分析、动态扩展、高可用等技术，满足了行业用户的建设需求，高效整合共享资源，提升用户整体的分析决策能力。

## 二、应用效果

### （一）技术创新：国内领先，国际先进

GBase 8a 具备的数据复杂关联查询、文本检索等数据处理性能已超过 Oracle、DB2，与 EMC Greenplum、HP Vertica 技术同步。中移动集团经过三年选型测试，先后淘汰了 Oracle、DB2、Greenplum、Vertica，最终 GBase 8a 成功中标；在中国银行江苏分行数据仓库项目中，客户测试后的结论为 GBase 8a 和 Greenplum 性能基本相当，在复杂查询和分析方面，GBase 8a 的性能更好，最终选择 GBase 8a。

GBase 8a 在集群间数据同步、集群可靠性等方面已超越 Greenplum、Vertica。中国农行总行数据仓库项目中，GBase 8a 构建双活集群，实现集群间高速同步，而 Greenplum 和 Vertica 目前均无类似案例。

GBase 8a 在集群在线扩展能力上已超越 Greenplum，与 Vertica 水平相当。广西移动大数据平台项目中，GBase 8a 实现在线扩容，360TB 数据直接扩容到 76 节点，实现每小时超过 10TB 的扩容速度。而对于 Greenplum 和 Vertica，目前均无类似案例。

### （二）高端行业应用：提升用户的行业竞争力

在金融、电信等对数据库产品要求极高的领域，GBase 8a 打破国外 IT 巨头产品垄断，实现国产数据库从无到有的行业应用突破。GBase 8a 帮助行业用户扩展核心业务，为行业用户提升大数据处理能力、提高数据分析类业务查询效率、降低大数据平台建设成本等带来巨大收益。

目前，GBase 8a 已进入四大国有银行中的 2 个，国内前 20 名银行已进入 6 个；三大电信运营商已全部进入，总计 62 个省级分公司，在电信行业的市场渗透率达到 50%以上。

### （三）商业模式创新：数据驱动打造相关产品、数据服务、数据工程

以 GBase 8a 数据库核心技术和产品为基础，拓展数据服务、数据工程业务，基于数据库核心技术形成多种产出。云平台给数据库传统的产品销售模式增加了新的商业模式。

GBase 8a 通过传统产品销售模式和 DaaS 云服务模式实现商业运营。GBase 8a 以传统的产品销售模式为主，不断提升产品功能性能，并提供完善的配套服务，从

而满足用户对数据库产品的需求，用户为购买产品支付费用，企业由此获得利润。GBase 8a 支持云化部署，提供与数据相关的服务，如聚合、数据质量管理、数据清洗等，再将数据提供给不同的系统和用户，从而获得赢利。

### （四）经济社会效益：降低建设成本，支撑国计民生大数据应用

GBase 8a 基于 PC Server+本地存储的部署模式极大地节省建设成本。经粗略计算，GBase 8a 已为行业用户累计节省大数据处理成本达到 5 亿元规模。

GBase 8a 为金融电信等行业用户优化决策流程，减少分析时间成本；为政务行业提升了基于大数据的社会治理能力；为公安等其他安全行业提升了发现、定位、响应的紧急事件处理能力，保障社会安全和人民生命财产安全；具备完全自主知识产权，保障国计民生重点行业信息安全与数据安全。例如：某省公安部门基于 GBase 8a 的高性能查询、比对、分析、研判技术，成功实现危险人员定位，预防危险事件发生，荣获公安部嘉奖。

## GBase 8a 行业应用典型案例

GBase 8a 已在金融、电信、政务等行业上线部署累计达到 2517 个节点，处理数据量超过 15PB，积累上百例成功案例。

| | |
|---|---|
| 金融 | 已上线超过 700 节点，已部署证监会、银监会两大监管机构，以及中国农行总行、中国银行江苏分行、招商银行、江苏银行、吉林银行、常熟农商行、江苏农信、吉林农信、福建农信、阳光保险、农信银等银行、保险机构 |
| 电信 | 已上线超过 1200 节点，已部署中移动集团总部、三大电信运营商 62 个省分公司 |
| 政务 | 已上线超过 260 节点，已部署金税二期、金关三期　国家级工程，以及社保、卫计、医疗、住建、征信、海洋、交通、海关、税务、财政、食药监、统计等行业 |
| 其他 | 已上线超过 350 节点，已部署公安、国防、能源等行业 |

● 金融行业——中国农业银行数据仓库项目

中国农业银行数据仓库是目前世界金融行业最大的大数据平台（见图 3.59），也是业内最成功的 MPP+Hadoop 大数据架构案例，为使用大数据技术支撑金融业务创新树立了标杆。GBase 8a 以混搭融合架构、双活数据仓库、超大规模数据库集群等先进技术，解决了农行 PB 级数据存不下、无法及时分析的问题，实现了集群在线扩展，支撑银行复杂作业处理，充分保障金融数据安全，是目前规模最大的金融大数

据平台，荣获人民银行科技进步奖。

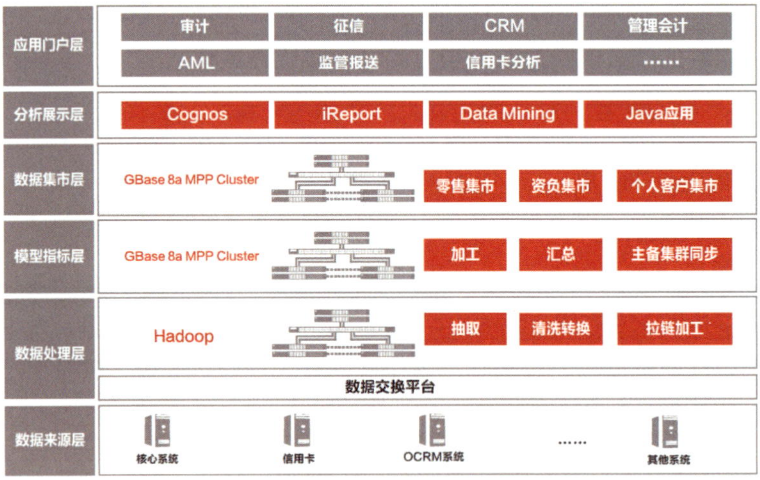

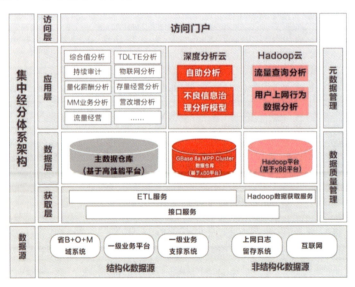

图 3.59　中国农业银行数据仓库项目架构

● 电信行业——中国移动总部集中经营分析系统项目

GBase 8a 以数据加载、高性能、混搭融合架构等功能特点，满足中国移动总部大数据量查询、在线扩容、去 IOE、云化部署的需求，消除数据资源信息孤岛，突破目前大数据量业务数据加载的性能瓶颈；实现了对海量数据的有效承载和管理，极大地降低了平台的建设成本，是目前电信行业最大的数据仓库。图 3.60 所示为中国移动总部集中经营分析系统架构。

图 3.60　中国移动总部集中经营分析系统架构

● 政企行业——海关总署金关工程二期项目

GBase 8a 以高兼容性、高融合性、高性能、高并发、高可用性等功能特点，满足了海关大数据规模处理、高并发访问量、7×24 小时持续运行的需求，解决了信息孤岛问题，支撑海关多类统计分析型应用。图 3.61 所示为海关总署金关工程二期项目架构。

图 3.61　海关总署金关工程二期项目架构

## 三、产品架构

GBase 8a 能够从应用系统的异构数据库中采集数据，具备 TB 到 PB 级规模数据存储能力，能够统一处理结构化数据、半结构化数据、非结构化数据，支持数据挖掘常用的数据模型，具备跨引擎的统一安全模型，并具备图形化管理工具和数据可视化展示能力。GBase 8a 具备统一数据访问接口，建立标准接入层和规划可扩展的查询语言，支持 JDBC、ODBC、ADO.NET、C API 等接口规范。多引擎融合调度与管理，包含解析标准 SQL 和各处理引擎的 SQL 方言，借助强一致性的元数据管理，用户授权管理，最终实现基于规则和基于代价的高效的跨引擎关联查询。高可扩展的面向业务的扩展计算架构，结合 Linux 容器技术、数据库扩展用户自定义函数，实现处理关系数据、图数据、KV 数据和非结构化数据的计算能力的融合与扩展。基于分布式文件系统（DFS）、远程直接数据存取（RDMA）等先进技术的数据路由和交换功能，构建多引擎间的高速通信总线。可独立部署的系统管理工具集合 Hadoop 生态的部署、监控工具，提供完整的部署、监控、调优、诊断等管理功能。通过 GBase 8a 完备的安全机制，增强各处理引擎的安全管理能力。GBase 8a 产品架构如图 3.62 所示。

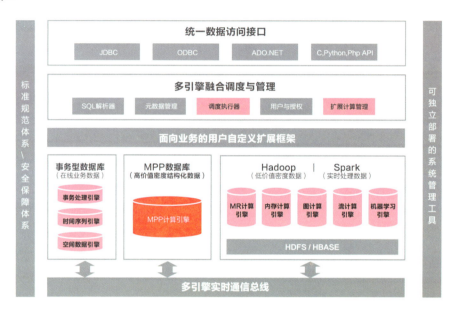

图 3.62　GBase 8a 产品架构

## 四、关键技术

GBase 8a 掌握了多引擎融合、大规模集群、压缩和智能索引等大规模并行数据库核心技术，实现了关键技术与国外主流同类产品技术同步，在部分功能特性上实现了超越。

1. 多引擎融合技术与国际同步、国内领先

GBase 8a 多引擎融合技术，实现了 MPP 计算、OLTP 计算、Hadoop、Spark 等多引擎的融合，实现了统一计算、统一接口、统一管理、统一安全模型等功能，与国际上最新的大数据产品 EMC Pivotal、HP HAVEn 实现了技术同步，架构已达到国产数据库领先水平。

2. MPP 大规模并行处理技术实现了部分特性超越国外产品

GBase 8a 突破大规模集群管理、大规模集群安装、集群故障自动检测等技术，实现 1000 节点的集群扩展规模，达到国产数据库领先水平。在集群间数据同步、集

群故障自动恢复等方面已超越 EMC Greenplum、HP Vertica。集群在线扩展能力，已超越 Greenplum，与 Vertica 水平相当。

3. 自适应压缩和智能索引等大数据关键技术业界领先

GBase 8a 的自适应压缩技术和智能索引技术达到业界领先水平。GBase 8a 数据压缩算法按照不同的数据类型和数据分布而优化，自动选择最优压缩算法，实现 1:5 到 1:20，甚至更高的压缩比。相比传统数据库 1:5 左右的压缩比，在压缩效率上大大提升。GBase 8a 智能索引技术，在全部字段自动建立索引、自动优化，支持直接在索引上进行聚合运算，相比传统的细粒度索引技术，更能适应大数据即席查询等常见应用。

关键技术指标——PB 级规模异构数据统一处理见表 3-3。

表 3-3 关键技术指标——PB 级规模异构数据统一处理

| 序 号 | 指 标 | 内 容 |
|---|---|---|
| 1 | 数据规模 | 数据量 TB 到 30PB 结构化数据，TB 到百 PB 半结构、非结构化数据管理能力 |
| 2 | 数据类型 | 结构化数据、半结构化数据、非结构化数据 |
| 3 | 模型算法 | 星型模型、雪花模型、混合模型数据分析；异构数据关联分析模型；数据挖掘算法模型扩展；业务模型算法扩展 |
| 4 | 数据处理 | 支持结构化数据、半结构化数据和非结构化数据的统一处理和关联查询 |
| 5 | 查询性能 | 1000 亿记录规模下，单表简单精确查询秒级响应；跨引擎数据关联查询分钟级响应 |
| 6 | 数据加载性能 | 单机：500GB/小时；集群：超过 20TB/小时 |
| 7 | 集群规模 | 单个集群部署超过 1000 节点 |
| 8 | 并发能力 | $100 \times N$（$N$ 为集群节点数） |
| 9 | 高压缩比 | 1:10 至 1:20 |
| 10 | 标准开发接口 | 支持 C API、ODBC、JDBC、ADO.NET 等开发接口 |
| 11 | 支持应用类型 | 基于支撑不同类型的应用系统：关系数据分析、非关系数据分析、文本检索、大对象管理、高级机器学习与挖掘算法、异构系统的数据整合、大规模的读写分离等 |

# ■ 企业简介

天津南大通用数据技术股份有限公司（简称"南大通用"）成立于 2004 年，注册于天津滨海高新区，注册资金 11825 万元，现有员工约 700 人。南大通用研发团队由国家"千人计划"数据库专家武新博士领军，研发人员占公司总人数 60% 以上，骨干研发人员均具有 10 年以上数据管理和信息安全领域技术开发经验。南大通用拥有三个世界级数据库产品，分别为支持大数据分析的 GBase 8a、支持关键系统核心业务事务处理的 GBase 8t 及面向高频交易的内存数据库 GBase 8m。南大通用具有良好的内生能力和外筹能力，连续三届入选国家规划布局内重点软件企业。经过多年的技术创新和积累发展，南大通用奠定了在数据管理、商业智能等产品领域的软件生产研发、技术服务、市场规模等多方面的核心竞争力。

## ■ 专家点评

南大通用分析型数据库 GBase 8a 由南大通用研发，采用列存储、智能索引、自适应压缩、MPP 大规模并行处理等核心技术，具备 PB 级规模的海量、多源、异构数据处理能力，在我国金融、电信、政务等领域拥有大量的成功案例。例如，中国农行总行核心数据仓库，中国移动全国集中经分系统、海关总署金关二期等，能够与国外对标产品 EMC Greenplum，HP Vertica 相抗衡，并打破国外垄断，GBase 8a 分析型数据库能够有效地助力我国金融、电信、政务等行业用户，充分利用大数据，发挥数据价值，提升管理和经营水平，是一个优秀的、面向大数据的国产数据库产品。

倪光南（中国工程院院士、中国科学院计算技术研究所）

# 11 大数据 企业级"一站式"大数据综合平台 Transwarp Data Hub

## ——星环信息科技（上海）有限公司

Transwarp Data Hub（简称 TDH）是国内首个全面支持 Spark 的 Hadoop 发行版，比开源 Hadoop 2 版本快 10×～100×倍。TDH 应用范围覆盖各种规模和不同数据量的企业，通过内存计算、高效索引、执行优化和高度容错的技术，使得一个平台能够处理 10GB~100PB 的数据，并且在每个数量级上，都能比现有技术提供更快的性能；企业客户不再需要混合架构，TDH 可以伴随企业客户的数据增长，动态不停机扩容，避免 MPP 或混合架构数据迁移的棘手问题。

### 一、应用需求

目前，越来越多的国内企业已经开始面对大容量、多格式数据及秒-小时级响应速度需求。传统数据存储和分析工具已经力不从心。电信运营商和银行等行业已经开始使用以 Hadoop 为代表的大数据处理工具，替代传统的关系型数据库产品。

Hadoop 是新一代企业数据应用的操作系统，过去几年被证明是市场中最成功的数据处理平台，将成为数据存储和计算的中心。

### 二、应用效果

TDH 有助于推动实现巨大经济效益和增强社会管理水平，以下以广东移动某市实施案例说明。广东移动某市大数据平台系统架构如图 3.63 所示。

经过部署，TDH 的工作流程（见图 3.64）如下：先用平台自带的数据导入工具将分公司原本存储在 Windows 文件系统，Linux 文件系统和 Oracle 中的数据导入至 TDH 下的分布式文件系统 HDFS 中；数据导入完成后，Transwarp Inceptor 利用分布式内存计算得出结果并通过 TDH 自带的 JDBC 接口传输到客户端或者其他 BI 和报表工具。

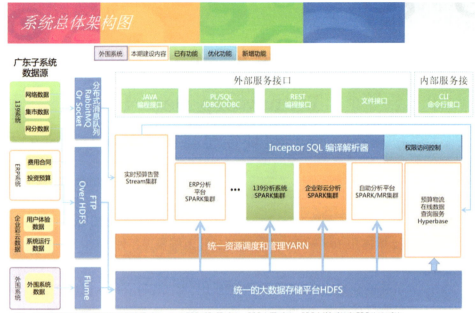

图 3.63　广东移动某市大数据平台系统架构

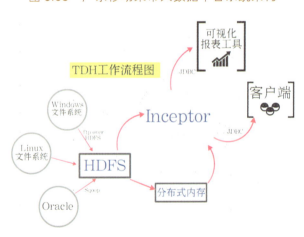

图 3.64　TDH 工作流程

部署了 TDH 方案后，分公司的问题迅速得到了解决。原先使用 Oracle 花两天时间都不能完全计算得出的上千个指标，在使用 Transwarp Inceptor 后只用了 8 小时便全部计算完成。从 Oracle 可以完成计算的指标中随机选取四个与 TDH 做性能对比，可以得到如图 3.65 所示的每个指标对应的两个条柱中，左边的是 TDH 所花时间，右边的是 Oracle 所花时间，都以秒为单位），TDH 的计算优势一览无余。

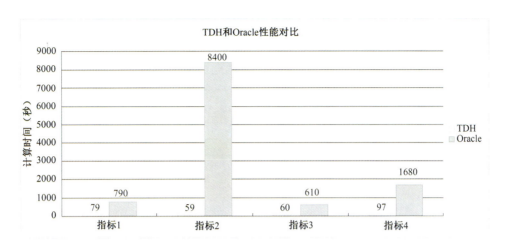

图 3.65　TDH 和 Oracle 性能对比

部署了大数据平台后，数据分析系统终于可以发挥它的分析作用，将指标传达给决策层，清晰透明地反映经营管理状况，帮助决策层迅速准确地找出问题和发现新的商机。在此基础上，数据分析系统还可以通过对用户数据的分析建立客户标签，为客户画像，做到"比客户更了解客户"。这样分公司可以基于客户的行为分析来洞察用户的潜在需求，通过产品推荐和宣传针对性地刺激和引导用户的需求，使产品多样化、个性化，创造新的收入增长点。根据用户画像，分公司还可以适当地推出优惠活动和赠送活动来体现客户关怀。另一方面，数据分析系统对经营数据的分析可以帮助领导层进行预算管控，投资管理，进而提升资源管理的准确性，提高投资效益。而对网络数据的分析可以帮助分公司优化基站选址，减少重复投资，提高网络质量，最终提升用户体验减少客户流失甚至从竞争对手中赢来客户。

仅仅讨论"精细营销"或许有些抽象，下面我们来看看分公司具体在如何用新系统进行用户数据分析。在这个例子中，分公司根据用户的手机品牌进行了数据分析。我们将看到，单从不同品牌的用户习惯上我们就可以得出不少有价值的结论。

首先，对手机价位分析可以看出，分公司的客户主要集中千元和高端两个价位，如图 3.66 所示。

其中，小米在 700~1500 元手机市场中占最高份额（22.9%）和在 1500~2000 元手机市场占中排名第二的市场份额（21.1%，略低于占市场第一的三星）。从这点可以看出，小米近年来注重线上销售、针对年轻和资费敏感客户的营销策略取得了巨大的成功，从而在千元机和中端市场中脱颖而出，作为一个较新的智能终端品牌，发展势头强劲。事实上，2014 年的用户数据显示，小米以 4% 的市场份额增幅在所有品牌中排名第一，超过 3% 的苹果，也就是说，给这个年轻品牌一些时间，它可以更加成功。

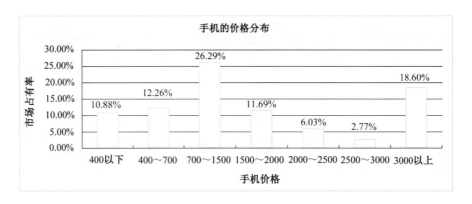

图 3.66　手机的价格分布

高端机市场中，不出所料，老牌劲旅苹果以 59.02%的市场份额牢牢占据龙头地位，远超第二名三星的 30.24%，几乎是三星市场份额的两倍。苹果手机受欢迎程度我们都不陌生，"果粉"对苹果的忠诚度也不是新闻，那么苹果的品牌黏性具体有多大呢？详情如图 3.67 所示。

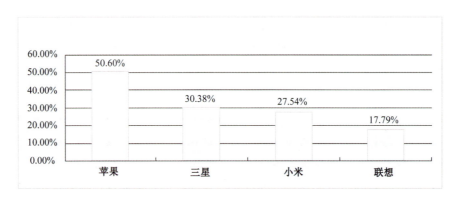

图 3.67　品牌忠诚度

根据对用户数据进行的"换机分析"，也就是统计用户换手机前后使用的品牌，我们看出有超过一半的苹果用户会再次选择苹果，苹果有着绝对的品牌忠诚度。通过对苹果用户 ARPU（每用户平均付费）数据的分析，分公司发现，苹果用户中一半以上都是高价值用户（ARPU 大于 80 元/月），远远多于全量市场的高端用户。综合来看，不难看出延续对苹果的推广和加强对小米的推广都将是分公司近期营销的重点。

此外，分公司还对用户的 APP 下载、上网搜索关键词、阅读内容进行了分析并制作了用户标签。以苹果用户为例，他们绝大多数（99%以上）都下载了微信、QQ 客户端，上网搜索最偏好购物类关键词（频率超过 90%），阅读习惯最喜欢经管励志的主题（占据一半以上的阅读量）。因此，苹果用户获得了"爱腾讯"、"爱购物"、"爱励志"的标签。利用类似的标签根据用户的行为习惯进行有针对性的营销，不仅可以获得更高的营销回报，还可以让用户方便得获得他们所需，提升他们的满意度。

目前，分公司的数据分析系统仅处理其所在地级市产生的数据。但是系统使用的大数据平台 TDH 有很强的扩展性，通过添加服务器便可扩大规模和提升性能，数据分析系统可以轻松推广到广东省移动。对全省用户数据做分析，运营商将得到更全面更准确的信息。在移动互联网时代，分公司选择大数据解决方案十分有借鉴意义。因为用户的增长和高速网络的普及，其他运营商都将面临传统数据库无法解决日益增长的数据的难题。但正是这些数据中蕴藏着运营商的潜在问题、解决方案和新的商机，任何运营商要对这些数据好好利用都必须选择大数据解决方案。

经营和网络分析仅仅是大数据对运营商业务帮助的冰山一角。大数据还可以在很多其他方面助力运营商。例如，大数据在处理半结构化和非结构化数据上的优势可以帮助运营商处理多媒体手机终端带来的图片、音频和视频数据。大数据对实时数据进行实时处理的能力可以帮助运营商及时发现网络故障并迅速抢修，还可以根据用户所在地点进行实时 Wi-Fi 热点推荐。毫不夸张地说，大数据产品将是运营商在移动互联网时代最重要的工具。请我们共同期待大数据技术打造的更智慧的运营商。

## 三、产品架构

### （一）Transwarp Hadoop 基础平台

Transwarp Hadoop 具有高模块化和松耦合的五层架构，针对不同的应用领域通过组件之间的灵活组合与高效协作来提供定制化的支撑，如图 3.68 所示。

（1）数据存储层：基于 HDFS2.2 的大数据存储和在线服务系，支持 Erasure Code，在副本数降低至 1.5 倍的情况下，提高了可靠性，可同时容忍四个数据块丢失，支持可靠存储 TB 到数十 PB 的数据。

（2）资源管理层：缺省采用下一代资源管理框架 YARN 进行资源的分配和调度，支持同时运行多个计算框架。

（3）计算引擎层：采用 Map/Reduce2 完成大部分离线批处理计算任务。

（4）数据分析与挖掘层：支持离线批量 SQL 统计，支持 R 语言以及机器学习算法库 Mahout。

（5）数据集成层：Sqoop 支持从 DB 到 Hadoop 的数据迁移，Flume 支持从日志系统采集数据。

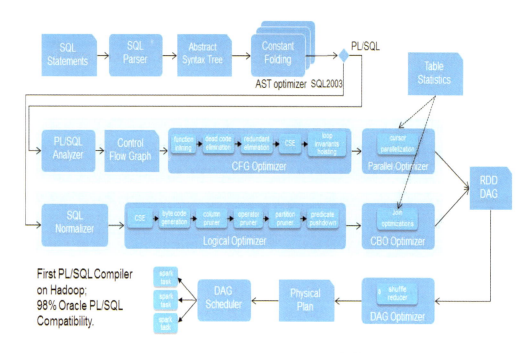

图 3.68　Transwarp Hadoop 架构

## （二）Transwarp Inceptor 分布式内存分析引擎

Transwarp Inceptor 内存分析引擎提供大数据的交互式 SQL 统计和 R 语言挖掘能力。Transwarp Inceptor 内存分析引擎基本功能和描述见表 3-4，SQL 编译引擎见表 3-5，SQL 分析引擎见表 3-6。

表 3-4　Transwarp Inceptor 内存分析引擎基本功能和描述

| 功　能 | 描　　述 |
| --- | --- |
| OLAP CUBE | Transwarp Inceptor 支持在数据表中内建 CUBE，并在数据分析时有效的利用这些 CUBE 信息来加速查询。目前对于 10 亿级别的数据量，Transwarp Inceptor 能够在 5s 内完成聚合运算 |
| 索引 | Transwarp Inceptor 支持用户对数据列建立索引来加速查询，因此对精确查询能够做到 1 秒内返回。另外 Inceptor 支持对多个列构建索引，并通过智能索引技术自动选择最高效的索引来执行物理计划，从而让 SQL 编程更加简单 |
| 为 SSD 优化的存储模型 | 为了给客户提供更高性价比的解决方案，Inceptor Holodesk 为 SSD 优化了存储模型，从而保证基于 SSD 的 OLAP 性能能够达到基于内存的性能 80% 以上，而成本降低到 1/10。Transwarp Inceptor 是 Hadoop 业界首个和 SSD 深度优化的 SQL 执行引擎 |
| 容错技术 | Transwarp Inceptor 通过 Zookeeper 来管理元数据，从而避免因为单点故障而导致的数据丢失。服务在故障恢复之后，Holodesk 能够通过 Zookeeper 中的信息自动重建数据与索引，因此有很高的可靠性 |

表 3-5 SQL 编译引擎

| SQL 标准 | Transwarp Inceptor |
|---|---|
| DB2 存储过程 | 支持 85%以上的 DB2 存储过程，包括所有的数据类型、条件控制语句，以及其他常用扩展功能如包等 |
| PL/SQL | 支持 98%的 PL/SQL 语法，包括所有的数据类型、条件控制语句，以及其他常用扩展功能如包、游标、动态 SQL 执行，以及完整的异常处理 |
| SQL99 标准 | 支持完整的 SQL99 标准 |
| SQL2003 | 支持完整的 SQL2003 OLAP 扩展 |
| HiveQL | 支持完整的 HiveQL |

表 3-6 SQL 分析引擎

| SQL 引擎模块 | Transwarp Inceptor |
|---|---|
| SQL 规则优化器 | 实现了一百多个优化规则 |
| SQL 代价优化器 | 根据 Spark 运行中的产生的数据来做二次优化，如 shuffle stage 消除、Join 顺序调优 |
| 代码生成器 | 支持代码生成技术，将一些物理执行计划中的性能热点编译成 Java Bytecode 执行 |

Transwarp Inceptor 的计算框架采用改进后的 Apache Spark 作为执行引擎。

## （三）Transwarp Discover 分布式机器学习引擎

Transwarp Discover 是针对海量数据平台提供的分布式机器学习引擎，主要由 R 语言、Spark 分布式内存计算框架及 MapReduce 分布式计算框架构成，如图 3.69 所示。

图 3.69 Discover 的框架设计

107

Discover 支持 R 语言引擎，用户可以通过 R 访问 HDFS 或者 Hyperbase 中的数据，还支持访问存储在 Inceptor 分布式内存中的数据。在 Discover 中，用户既可以通过 R 命令行，也可以使用图形化的 R Studio 执行 R 语言程序来访问 TDH 中的数据，易用性极高。Discover 内置了大量常用机器学习算法的并行化实现，可以与 R 语言中的数千个算法混合使用，配合 TDH 内置的高度优化的专有算法，可高速分析关联关系网络等图数据。此外，Discover 还集成了多个机器学习算法库，包含了聚类分析、分类算法、频度关联分析和推荐系统在内的常用算法。

此外，Transwarp Discover 中还包含了完整的并行化算子库，用户可以通过并行化算子进行并行化算法二次开发。

### （四）Transwarp Hyperbase 分布式实时在线数据处理引擎

Hyperbase 是一个列存储的、基于 Apache HBase 的实时分布式数据库，用来解决关系型数据库在处理海量数据时的理论和实现上的局限性。Hyberbase 通过列存储可极大压缩数据大小，有效降低磁盘 I/O，提高利用率。同时具有灵活的表结构，可动态改变和增加（包括行、列和时间戳）Column 以及 Column Family，并支持单行的 ACID 事务处理。平台提供的 Hyperbase 通过使用索引来加快数据的查询速度。包括三种索引：本地索引、全局索引、全文索引。Hyperbase 支持分布式事务、图计算，可以通过 SQL 直接访问 Hyperbase 中的数据。Hyperbase 的体系架构设计如图 3.70 所示。

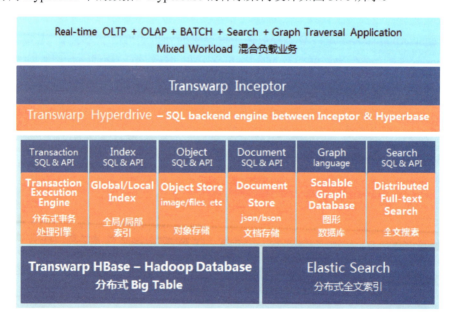

图 3.70　Hyperbase 的体系架构设计

### （五）Transwarp Stream 流处理引擎

Stream 是实时流式计算系统，同时具备分布式、水平扩展、高容错和低延迟特性。系统通过在软件层面通过冗余、重放、借助外部存储等方式实现容错，可以避免数台服务器故障、网络突发阻塞等问题造成的数据丢失的问题。Stream 前端通过分布式的消息缓冲队列缓冲实时数据。Stream 的框架设计如图 3.71 所示。

图 3.71　Stream 的框架设计

### 四、关键技术

### （一）分布式事务与完整的 CRUD 支持

Transwarp Inceptor 支持完整的增/删/查/改语法，并保证分布式事务支持的完整性（见图 3.72），包括嵌套事务及自治事务。因此，可以满足用户在数据仓库业务中对于数据更改的需求，能够完全替代传统的数据仓库。其采用更新锁定和两阶段提交的技术实现分布式的数据仓库事务处理，支持大数据的分布式增删改，并能保证在大规模集群和网络环境下的分布式事务一致性和完整性，完全可以取代传统的数据仓库，并能处理 PB 级的数据。

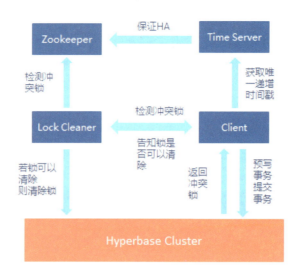

图 3.72　分布式事务处理的设计

（二）Transwarp Discover 并行算法库

Transwarp Discover 实现了机器学习算法库与统计算法库，支持常用机器学习算法并行化与统计算法并行化，并利用 Spark 在迭代计算和内存计算上的优势，将并行的机器学习算法与统计算法运行在 Spark 上。例如，机器学习算法库有包括逻辑回归、朴素贝叶斯、支持向量机、聚类、线性回归、关联挖掘、推荐算法等，统计算法库包括均值、方差、中位数、直方图、箱线图等。Transwarp Discover 可以支持用 R 语言或者 Spark API 在平台上搭建多种分析型应用，例如用户行为分析、精准营销、对用户贴标签、进行分类。

（三）Transwarp Stream 高速大容量的流处理技术

Transwarp Stream 是星环科技开发的用于实时计算分析的产品。Transwarp Stream 接口层提供 Scala、Java API 及 SQL 编程接口，计算层使用 Spark 作为计算引擎，存储层可以支持向 Transwarp Holodesk 及 Hyperbase 录入数据。因此，可以满足实时计算分析的需求。

为了满足企业用户的需求，Transwarp Stream 在安全认证、运营监控、编程接口、架构优化等方面增加了多个功能模块，并且和 Transwarp Holodesk 以及数据挖掘产品的深度整合。

（四）高速大数据内存计算引擎

Transwarp Inceptor 是基于 Spark 的分析引擎，最下面是存储层，包含分布式内存列式存储（Transwarp Holodesk），可建在内存或者 SSD 上；中间层是 Spark 计算引擎层，星环做了大量的改进保证引擎有超强的性能和高度的健壮性；最上层包括一个完整的 SQL 2003 和 PL/SQL 编译器。

### （五）支持标准的 JDBC 与 ODBC 接口

Transwarp Inceptor 支持完整的 JDBC 4.0 标准和 ODBC 3.5 标准，因此可以和很多商业 ETL 软件有效的对接。目前 Inceptor 已经重点验证并优化了多个基于商业软件的 ETL 方案，包括 IBM 的 Data Stage，SAP 的 Data Service 等。此外，Inceptor 还与国内的一些 ETL 软件（如东软 ETL）完成方案测试工作。

Transwarp Inceptor 已经完成了并优化了和多个报表工具的对接，如 Tableu、Cognos、Pentaho、Waterline、永洪 BI 和帆软报表等。

此外，Transwarp Inceptor 能够兼容多种中间件，如 Hibernate、SAS 和 OBIEE 等。

### （六）基于内存/SSD 计算引擎 Holodesk

数据集市对 SQL 查询的要求非常高，因此 Transwarp Inceptor 推出了 Holodesk 存储模型，通过将数据表建在内存或者 SSD 上来提高系统吞吐率。另外，开发多个关键功能的研发来满足即席查询的需求。Holodesk 的设计架构如图 3.73 所示。

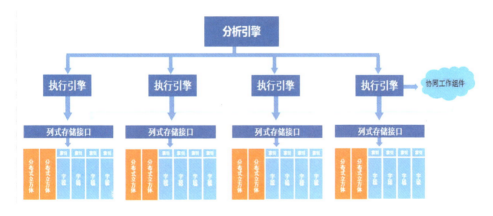

图 3.73　Holodesk 的设计架构

### （七）高可靠与容错设计

Transwarp Inceptor 重写了 Spark 的数据交换与内存管理模块，从而有效地解决了出现问题最多的数据 Shuffle 出错问题。另外，Inceptor 针对各种出错场景设计了多种解决方法，如通过基于成本的优化器选择最合适的执行计划、加强对数据结构内存使用效率的有效管理、对常见的内存出错问题通过磁盘进行数据备份等方式，极大提高了 Spark 功能和性能的稳定性。

而其他的一些解决方案如 Impala 的设计初衷是 Short Query，所以在架构设计上并不支持容错。如果参与查询的某个节点出错，Impala 将会丢弃本次查询。

# 企业简介

星环科技是掌握企业级大数据 Hadoop 和 Spark 核心技术的高科技公司，成立于 2013 年 6 月 5 日，注册资金 5884.804 万元，现有员工 260 人，从事大数据时代核心平台数据库软件的研发与服务。公司主要产品 Transwarp Data Hub（TDH）整体架构及功能特性比肩硅谷同行，是国内首个内嵌 Apache Spark 计算框架的一站式大数据平台软件，性能比开源 Hadoop2 快数十倍，能处理平台 10GB 到 100PB 的数据。目前产品已在金融、电信、公安、互联网、政府、能源等多个领域得到广泛应用。星环现已获得软件著作权 14 项，申请发明专利 7 项，拥有注册商标 16 项，通过了 ISO9001 及 CMMI3 认证。

# 专家点评

TDH 是全面支持 Spark 的 Hadoop 发行版，包涵了完整的 Hadoop 组件，比开源 Hadoop2 版本快 10×~100×倍，通过内存计算、高效索引、执行优化和高度容错的技术，使一个平台能够处理 10GB 到 100PB 的数据，并且在每个数量级上，都能比现有技术提供更快的性能，产品功能和性能在业务都处于领先水平。

星环作为 Gatner 认可的全球六大（中国唯一）Hadoop 发行版厂商之一，Gatner2016 年数据仓及数据管理解决方案魔力象限中全球最具远见者、唯一上榜的中国厂商，已经在国内落地了几百个大数据项目，应用于交通公安、金融、电信、能源等多个领域，相信随着 TDH 的进一步推广及应用，将有效推动大数据产业链的发展，给我国带来巨大的经济和社会价值。

**郭毅可**（英国帝国理工学院终身教授，数据科学研究所所长，上海大学计算机工程与科学学院院长）

大数据

# 12

# 基于大数据的网络安全态势感知解决方案
## ——北京神州绿盟信息安全科技股份有限公司

绿盟科技基于大数据的网络安全态势感知解决方案（以下简称"绿盟安全态势感知解决方案"）是一款面向运营商、政府、金融、能源、大型企业等客户，可以实现安全态势感知、安全威胁预警、攻击溯源追踪、重要资产管理等核心功能的解决方案。通过绿盟安全态势感知平台，可以收集各种安全数据，利用大数据技术结合威胁情报进行集中处理、关联分析，再利用可视化技术，将各种安全事件进行可视化呈现，为安全运营提供可靠的信息数据支撑。

## 一、应用需求

随着"互联网+"的全面推进，信息技术在国家社会经济建设中的应用也越来越广泛，新型的网络安全威胁也更加突出，传统以"防护"为主的安全体系将面临极大挑战。未来网络安全防御体系将更加看重网络安全的监测和响应能力，充分利用网络态势感知、大数据分析及预测技术，大幅提高安全事件监测预警和快速响应能力，应对大量未知安全威胁。

绿盟安全态势感知解决方案，可以有效支撑安全监控部门开展网络安全工作，实时掌握网络安全态势，及时掌握重要信息系统相关网络安全威胁风险，及时检测漏洞、病毒木马、网络攻击情况，及时发现网络安全事件线索，及时通报预警重大网络安全威胁，调查、防范和打击网络攻击等恶意行为。

## 二、应用效果

绿盟安全态势感知解决方案有效保障了贵阳数博会、G20 峰会的顺利进行，并被成功地应用于海南移动、广州公安等各类监管单位及企业当中。利用绿盟安全态势感知解决方案中强大的数据分析能力，能够及时发现网络空间中发生的各类安全事件及安全漏洞，并及时通报给相关人员，帮助客户加强防范。借助绿盟安全态势感知解决方案中强大的攻击溯源能力，各个网络安全监管机构能够发现多种安全事件线索，发现攻击源头，大大增强了网络安全防御能力和威慑能力。贵阳数博会举办时，利用安全设备、态势感知平台与本地服务相结合（见图 3.74），线下到线上能力的有效配合，抵御 3 万次 DDoS 攻击，进行了 758 次入侵防护（见图 3.75），顺利完成大会的网络安全保障工作。G20 峰会过程中，利用态势感知平台，追溯各类攻击源头，帮助监管单位，运营商行业进行打击、阻断，为 G20 峰会的顺利进行提供有效支撑。海南移动案例中，通过态势感知平台，有效发现企业内网遭受的各类安全攻击事件，以及企业自身的漏洞，大幅度提高企业安全运维效率。广州公安项目中，有效地帮助公安发现各类安全事件，并追溯攻击源头，提高了办案效率。

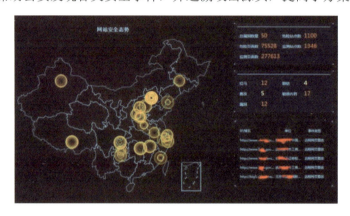

图 3.74　贵阳数博会期间态势感知平台对重点网站进行网站监测效果

图 3.75　贵阳数博会期间绿盟科技态势感知预警平台上呈现出的异常流量攻击态势效果

绿盟科技结合当前产品结构，产生两种商业模式：

（1）付费购买适应行业场景的解决方案。

（2）帮助监管单位建设态势感知预警监控平台，并提供安全检测服务，应急响应服务，安全运营服务等专业安全服务。

通过绿盟安全态势感知解决方案的部署与实施，参与构建政府、企业、社会组织共同构筑的网络空间安全架构，为绿盟科技企业带来经济收入 2000 余万元。通过建立网络空间的网络安全风险报告机制、情报共享机制、研判处置机制，实现全天候、全方位的网络安全态势感知，为整个网络空间的安全提供有力的保障。图 3.76 所示为绿盟科技全国态势感知监控效果。

图 3.76　绿盟科技全国态势感知监控效果

绿盟科技态势感知平台在全国多个省份均有落地，帮助运营商、政府、金融、能源、大型企业等各类企业进行安全建设，取得了良好的效果，为企业提高自身安全能力提供了有力的支撑。贵州某客户态势感知平台效果如图 3.77 所示，2016 年湖北移动网络安全周应急保障效果如图 3.78 所示。

图 3.77　贵州某客户态势感知平台效果

图 3.78  2016 年湖北移动网络安全周应急保障效果

### 三、产品架构

绿盟安全态势感知平台整体分为四层：数据采集层、数据处理层、应用分析层和呈现层。绿盟安全态势感知平台总体架构如图 3.79 所示。

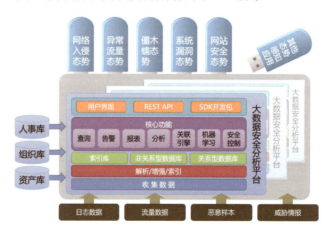

图 3.79  绿盟安全态势感知平台总体架构

（1）采集层，负责数据采集，包括流量数据采集、情报数据采集、漏洞信息收集、网站安全信息采集，并将采集到的数据进行分析，转化为安全日志。

（2）数据处理层，采用大数据架构，支持多元数据存储，包括日志数据、Flow 数据、资产数据、情报数据、策略数据等。

（3）应用分析层，利用大数据分析技术对存储层中的数据进行分析，通过数据预处理、实时计算、机器学习、数据挖掘等技术，实现日志归并，事件提取，溯源分析、风险评估、预警分析、情报关联，为呈现层提供数据支撑。

（4）呈现层，部署态势感知呈现门户，用于底层分析结果呈现。呈现层分为综合分析、风险态势、资产态势、数据分析、系统管理五大模块。

①综合分析模块将各类安全事件进行可视化展示，能够呈现整体安全评分、攻击链分析、攻击地图展示、攻击事件趋势分布。

②风险态势模块呈现五个资产分析能力的详细信息，支持呈现风险综合展示，并支持对五大分析能力分别进行态势监控、查询分析、统计报表能力。

③资产态势呈现是资产角度呈现各类安全数据，包括资产角度的综合概览展示、资产角度的安全事件分析、攻击链分析、风险评分等。

④数据分析基于多个维度查询安全事件和漏洞事情（自定义指标），以及基于时间维度关于攻击链的呈现。

⑤系统管理，各种系统配置，实时告警提示开关，路由器配置、系统资源管理，邮件、短信外发配置。

## 四、关键技术

绿盟安全态势感知解决方案在安全大数据分析技术、安全态势感知技术、网络异常流量分析技术等多方面实现多项关键技术的突破和创新。

（1）深度包检测技术（DPI）与深度流检测技术（DFI）相结合。深度包检测技术对比传统检测技术，加入了应用层分析，能够准确识别各种应用。基于 DPI 技术，可以精准识别各种网络入侵、僵木蠕等事件。深度流检测技术是基于流量行为的应用识别技术，不同的应用类型体现在会话或数据流上的状态不同，可以实现基于应用的流量异常检测。

深度包检测技术与深度流检测技术各有优劣，在安全态势感知平台中，两者皆有应用，取长补短，利用深度包检测技术对流量中的具体应用类型和协议进行精确识别，用于网络入侵态势感知、僵木蠕态势感知。而深度流检测技术擅长针对流量进行分析，处理速度比深度包检测技术快，且维护成本低，用于异常流量态势感知，采用了深度包检测的 DDoS 监控设备 1 台就可以达到同类厂商 10 台的检测能力。

（2）已知威胁检测技术与未知威胁检测技术相结合。随着攻击手段的发展，单单使用基于特征的已知威胁检测能力已经不够了，面临着如今 APT 攻击频发的状况，态势感知平台利用沙箱技术实现对未知威胁检测能力，提高了对新攻击手段和技术的识别能力，提高安全事件发现能力。

（3）安全事件分析引擎与攻击链模型相结合。通过安全事件分析引擎，将安全警告日志整合成安全事件，大幅度减少安全数据处理工作量；基于攻击链模型，将安全事件还原成黑客攻击的过程，形成证据链，提高调查取证能力。申请专利：资产安全风险算法，安全风险层级量化算法及体系架构。

（4）大数据安全分析技术与数据可视化技术相结合。利用大数据安全分析技术，对海量数据进行汇总分析，并结合数据可视化技术，实现攻击行为可视化，线索可视化。

# 企业简介

北京神州绿盟信息安全科技股份有限公司，员工总数 1 700 余人，为政府、运营商、金融、能源、互联网以及教育、医疗等行业用户，提供具有核心竞争力的安全产品及解决方案，帮助客户实现业务的安全顺畅运行。在检测防御类、安全评估类、安全平台类、远程安全运维服务、安全 SaaS 服务等领域，为客户提供入侵检测/防护、抗拒绝服务攻击、远程安全评估以及 Web 安全防护等产品以及安全运营等专业安全服务。

# 专家点评

绿盟科技基于大数据的网络安全态势感知解决方案，推动构建网络空间安全架构，实现系统风险的分析、发现、评估、可视化，创造了新的经济增长点。平台系统架构完整，能够覆盖各种安全运营场景，可随业务目标变化支持快速拓展。该解决方案充分利用网络态势感知、大数据分析及预测技术，充分体现了技术创新性，大幅提高了安全事件监测预警和快速响应能力。综上，绿盟安全态势感知解决方案的创新性、功能性、技术能力均达到国内领先水平。

黄河燕（北京理工大学计算机学院院长）

# RealSight 大数据高级分析应用平台

## ——东软集团股份有限公司

13　大数据

RealSight 大数据高级分析应用平台，直指企业级大数据应用，围绕客户智能、物联网智能、运营智能三大领域，将大数据高级分析技术、业务数据与领域知识深度融合，形成系列应用产品组合，可提供融合人、业务和物的高级数据分析服务，通过更精准的客户洞察和运营优化，帮助客户吸引和保留用户、识别异常行为、降低运营成本、善政惠民。

### 一、应用需求

《促进大数据发展行动纲要》指出，大数据成为推动经济转型发展的新动力，大数据产业正在成为新的经济增长点，将对未来信息产业格局产生重要影响。党的十八届五中全会公报提出要实施"国家大数据战略"，这是大数据第一次写入党的全会决议，标志着大数据战略正式上升为国家战略。坚持创新驱动发展，加快大数据部署，深化大数据应用，已成为稳增长、促改革、调结构、惠民生和推动政府治理能力现代化的内在需要和必然选择。随着中国政府与企业数字化转型的深入，政府在提供智慧民生服务、企业在运营过程中更关注人、业务与物的融合，移动互联网技术的普及使企业与政府的边界呈现模糊化的趋势，物联网技术的成熟和大范围应用使企业虚拟化成为可能，物理资产实现数字化，数据的种类、规模、产生速度已经发生了本质性的变化，数据已经成为企业的重要资产，如何挖掘数据中蕴含的规律并加以利用，为企业更好地理解客户、优化运营、管理风险，成为需要解决的关键性问题。

### 二、应用效果

东软借助 RealSight 等产品组合，基于东软平台产品的独特优势和成功实践，为金融、政府、航空、媒体、交通等不同行业提供全面的大数据分析解决方案，推动

119

政府、企业的数字化转型。

## （一）航空领域

客舱娱乐系统经历几次大的变革，从最初的简单音频广播到悬挂式视频广播，到靠背式视频点播，再到发展至今的无线网络的平台娱乐系统，客舱娱乐系统经历几次大的变革。目前，多家航空公司的客舱娱乐系统都在上线应用，而真正完全使用其功能的用户却并不多。如何提高客户使用率，提升用户飞行体验，甚至通过客舱娱乐系统实现航空服务附加值，都是航空公司面临的难题。

东软与某航空公司合作，打通客舱娱乐系统与地面平台数据，全面收集用户行为，构建大数据平台，如图 3.80 所示。在获得机上访问量、用户使用产品偏好等基本数据前提下，结合机上其他的相关数据进行分析，从中发现旅客（会员）访问客舱娱乐系统的规律和特点，并针对性地调整该系统的服务流程与产品。

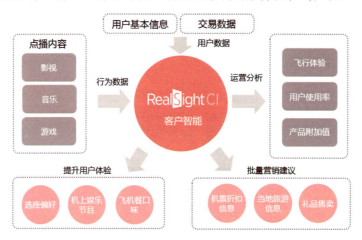

图 3.80　客舱娱乐系统用户行为分析综合应用

通过 RealSight 平台用户行为分析服务，某航空公司对产品、流程及营销活动方式进行了相应调整，大幅提升了该航空公司客舱娱乐系统的用户使用率，增加了客舱娱乐系统的航空附加值，实现了持续提升客舱娱乐系统的运营质量的目标。

## （二）金融领域

个人金融业务是银行战略转型的重点拓展业务，中高端个人客户又是个人业务的主要利润来源。随着国内经济快速发展，高收入群体逐步壮大，为商业银行的个人金融业务带来了越来越广阔的市场空间。一般来说，20%的优质个人客户贡献了80%以上的利润。现某银行中高端客户数大概在 20 万左右，相对于去年来说，中高端客户总量流失了 16.7%，该行急需一套有效措施对中高端客户流失进行识别，分析发现客户流失原因和特征，如资金流向特征、资产特征、持有产品特征、金融行为特征等。

东软与该银行建立合作，通过使用 RealSight 大数据高级分析应用平台对现有的中高端用户进行多维度数据进行分析挖掘，提取客户流失相关因素，并利用上述特征通过机器学习算法对流失客户进行数据建模，从而达到对客户流失实时监控预测预警。通过对该银行 20 万中高端用户的数据信息进行离线评估，RealSight 平台实现客户流失预测 71.2%的召回率。

### （三）媒体领域

随着大数据时代的来临，海量的数据已成为各行各业竞争和转型的核心，传统媒体也不例外。去年以来，越来越多的传统媒体进军大数据产业，而大数据技术的使用也被看做未来提升传统媒体行业竞争力的关键要素。

围绕如何提升新闻客户端移动 APP 市场占有率这个核心问题，客户主要有五大痛点：一是目前该新闻 APP 的客户黏性不够，用户活跃度也不高；二是内容编辑的工作量巨大，而且无法及时跟进热点话题报道；三是用户阅读量不大，很多用户都找不到喜欢的新闻；四是新闻之间缺少联系，导致连续访问的概率不大；五是运营人员无法全面了解 APP 的运行情况和各项指标。

某新闻客户端通过引入 RealSight 大数据技术（见图 3.81），构建用户行为分析、个性化推荐等能力，同时构建文本挖掘和语义解析能力，有效提升了该新闻客户端 APP 打开率和使用次数，增加了用户活跃度，同时新闻编辑工作量降低了 30%；用户连续阅读量和在线时长提升了 3 倍，整体管理效率提升了 2 倍，数据展现更加及时和有效。

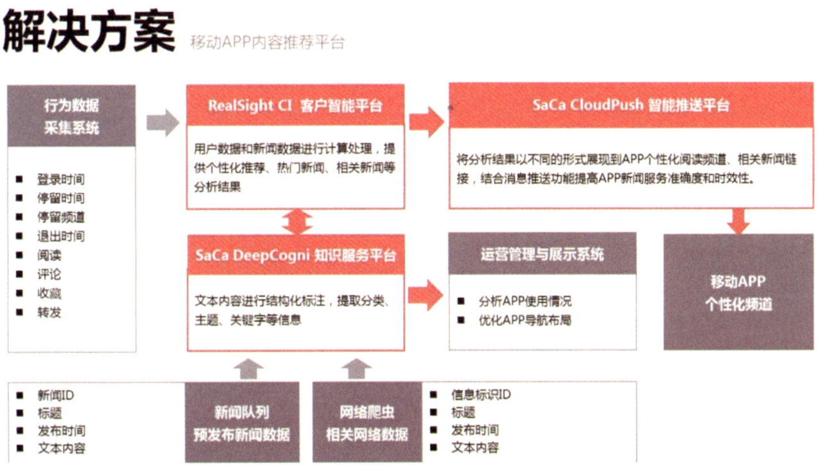

图 3.81 移动 APP 内容个性化推荐解决方案

## （四）新能源

某风电设备有限公司是从事大型风力发电机组的设计、制造、销售。随着风电运维管理的标准化和专业化的逐步推进，风电运维服务正在向故障预防以及预测性维护的方向逐渐过渡，而基于大数据的风电设备管理技术将成为提升风电企业竞争的核心。

客户通过 RealSight IoT 物联网智能分析平台（见图 3.82），结合互联网技术、信息技术构建了企业设备的智能管理体系。实现海量风机全生命周期管理、健康退化预测、动态优化过程，实现提升风机发电量 5%~7%、降低运营风险、节约风场运营成本约 10%的目标。

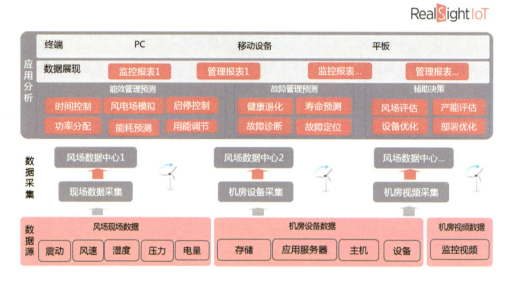

图 3.82　RealSight IoT 物联网智能风电案例架构

## 三、产品架构

东软 RealSight 平台提供了客户智能（RealSight CI）、物联网智能（RealSight IoT）与运营智能（RealSight OP）三大系列产品组合（见图 3.83），从客户、应用、设备三方面，提供融合人、业务和物的高级数据分析服务，驱动企业更精准的洞察客户和运营优化。

图 3.83　RealSight 三大系列产品组合

### （一）围绕"人"的大数据高级分析

RealSight 大数据高级分析应用平台，助力企业利用大数据带动用户的业务转型升级，最终从业务驱动走向数据驱动。RealSight CI 客户智能以用户为中心，对用户行为数据进行采集与分析，改善产品设计，定位业务问题；精准了解用户的行为偏好和服务需求，提供精准、实时、千人千面的个性化推荐服务；基于用户 DNA 洞察用户，定向、精准、自动化的营销，辅助企业降低营销成本；与客户业务系统对接，实现精准营销。实现从用户分析到提高业务转化的端到端闭环式一体化客户智能大数据解决方案。

### （二）围绕"物"的大数据高级分析

物联网智能分析平台利用设备传感器数据，结合大数据技术提供物联网智能分析服务，是针对物联网数据的预测分析与优化改进平台，产品汇集海量设备传感器数据，提供设备资产管理、综合监控、统计分析、实现对设备的预测性维护，对设备使用行为的分析与优化，对运营供需的预测分析，以及对设备运行效能的优化改进应用。

### （三）围绕"业务"的大数据高级分析

OP 运营智能分析平台针对繁复的业务应用系统提供全方位的运营优化解决方案，实时追踪分析用户及应用状态，提升应用用户体验；定位根源问题，降低应用故障率；变被动解决风险告警为主动发现预防，提前规避问题及风险。帮助企业从容应对业务的异常行为及愈加繁杂的应用系统。

## 四、关键技术

RealSight 大数据高级分析平台通过多渠道数据整合，解决企业数据孤岛问题，应对外部数据的快捷收集以及智能反应。RealSight 大数高级分析应用平台围绕人、物、业务三个方面，形成一系列基于大数据分布式计算、大规模机器学习、人工智能应用的核心关键技术。

### （一）"人"的大数据智能分析技术

该技术基于大数据技术框架的用户行为数据实时统计分析，基于分布式架构，从数据产生到分析结果展现秒级延时；多服务器集群工作，定义备用节点，实现无单点故障；支持线性扩展，满足企业未来业务发展需要。无埋点数据采集与多种数据采集接口，上送数据 70%高比率压缩，根据网络环境智能延时异步传输数据，灵活地对接客户业务系统。行为数据与业务数据融合，丰富的算法库与专利算法模型，多年项目经验积累成熟领域模型，实现围绕人的覆盖各行各业，贯串整个客户智能分析流程的大数据分析产品。

### （二）基于"物"的大数据智能分析技术

RealSight 平台在实时数据采集方面，支持连接百万级设备包括工业管理系统（SCADA，MES，PLM）、工业控制系统（PLC，DCS）及设备传感器等主流工业数据 RealSight 平台；基于分布式计算技术实现实时数据采集，支持百万级设备接入，采用 TLS 加密传输确保数据安全；通过实时数据流处理和多维数据分析提供对物的全方位状态感知、存储与展现；利用成熟的大数据技术和机器学习算法实现物联网领域业务分析模型的调整与优化，拥有多个行业领域的预测分析和优化改进模型模板，可快速搭建如预测性维护、使用行为分析和运营供需分析等应用场景，实现企业对物的高效利用、智能决策和自动调优。

### （三）基于"业务"的大数据智能分析技术

基于"业务"，RealSight 平台产品面向企业级应用和互联网应用提供全方位、全堆栈监管能力。产品内置拥有多项专利技术的 PAEngine 预测分析引擎，通过智能预测分析提升用户体验，降低因应用稳定性、性能问题带来的经济损失。

具体来说，PAEngine 在异常检测算法领域实现了基于皮质层结构神经网络（Hierachcial Tempora Memory）的记忆模型（Realsight Memory Model），该模型在国际级的异常检测标准（Numenta Anomaly Benchmark）上得了 72.0 分，超过众多异常检测模型位列第一。PAEngine 不但能够自主学习生成预测分析模型，而且能够实现数据分析全流程加速，这使得 RealSight 平台能够快速分析处理海量数据，并从中挖掘数据背后的价值，帮助企业实现大数据驱动的智能运维，降低应用性能管理成本，加速企业数字化转型。

# ■企业简介

　　东软创立于 1991 年，是中国第一家上市的软件公司。目前，东软拥有员工近20000 名，在中国建立了 8 个区域总部、10 个软件研发基地、16 个软件开发与技术支持中心,；在海外，分别于美国、日本、欧洲、中东等地设有子公司。东软面向全球市场提供 IT 驱动的创新型解决方案与服务，致力于推动社会的发展与变革，为个人创造新的生活方式，为社会创造价值。

# ■专家点评

　　东软集团面向大数据行业，凭借全面、务实的业务能力、开放式的创新能力以及资源整合能力，推出 RealSight 大数据高级分析应用平台。RealSight 以大数据高级分析技术为驱动，帮助企业获得更精准的客户洞察与运营优化，提供从前期规划设计、中期建设实施到后期运营服务全方位的"大数据"解决之道，由内而外打通企业在客户、物联网及自身运营方面的三重壁垒，形成商业闭环。RealSight 依托多年积累的大数据系统采集技术、数据挖掘算法及数据应用方面的经验，帮助企业真正理解用户，感知市场潜在需求，提高企业决策能力、效率和准确性，创造新的商业模式，产生更大利润。

黄涛（中国科学院软件所所长）

# 14 面向海量视频智能化存储分析的视频云系统

## ——浙江大华技术股份有限公司

面向海量视频智能化存储分析的视频云系统（以下简称"视频云系统"）集成了云存储、云摘要和云搜索系统子模块，采用主流的对象存储技术和创新的流媒体技术，打造大容量、高可靠、高性能、易扩展、开放共享的视频图像存储，满足视频图像计算的庞大需求。面向海量视频数据，快速检测提取活动目标，实现人、车、物分类，识别运动目标的特征属性，呈现目标快照和短时视频，解决视频分析效率低下的问题，由"看视频"变"搜目标"，使用通用的分析型数据库，提供海量数据极速查询，嵌入特色安防数据分析能力，满足海量数据挖掘需求。

### 一、应用需求

近年来，国际恐怖事件频频发生，反恐形势日益严峻。温州暴力恐怖事件给国人敲响警钟，如何防范恐怖暴力事件，从事后侦查渐渐转变为事前预判、事中分析，最大限度地减小危险发生的可能性。监控前端设备采集的视频图像数据提供了最直观有效的参考依据。

城市公共场所布有成千上万介监控摄像头，持续监视和录像，在改善社会治安的同时，产生海量的视频需要监控管理平台处理。要对这些海量视频通过人工进行重点图像的抓拍，困难很大。特别是在一线警力有限的情况下，面对庞大的视频数量，即使出动大量警力，采用"人海战术"，但受制于肉眼识别劳动强度的极限，仍然无法保证视频人工查找的准确性和时效性，尤其出现突发紧急案件时，往往会贻误最佳破案时机，导致相关情报研判和案件侦破的响应速度延误。

理想情况是一旦有重要事件发生，系统就可在事后能快速查找到关键的"人"、"车"等视图线索信息。针对海量监控视频录像的事后分析，传统以人海战术为主的视频线索查找，显然不能满足高效查找，正面临巨大挑战，急需一种更为高效的、自动的、智能的系统实现上述需求。

通过视频云系统可以快速分析提取海量视频录像文件，对其中的人、车、物相关属性信息进行精细化的标签和归类。通过全局 "人、车、物"目标检索和浓缩视频快速预览，快速定位涉案的视图线索，缩小查看范围的功能，极大地减轻专业图侦/刑侦队伍和一线民警的工作负荷，大大提高视频的分析和利用效率。

### 二、应用效果

随着我国大量智慧城市、平安城市项目投入建设，视频云相关内容作为基础建设模块的重要组成部分，端到端的视频云系统解决方案备受相关企事业客户青睐。大华视频云系统提供了数据存储、数据计算和分析服务，可以满足视频图像大数据中的一系列客户需求，在公安、交通、医疗、教育、互联网、运营商、军工和政企等等行业开展一系列应用（见图 3.84）。

图 3.84　大华视频云系统应用逻辑

新疆石河子平安城市项目应用视频云系统，助力客户实现了 1 小时视频录像 1 分钟完成浓缩和交警百亿级数据库的秒级检索功能，总数据容量达 20PB。

在广西北海平安城市项目中，大华提供公安实战平台、云存储、云计算、高清摄像机等，建设一套扁平化指挥系统。其中新建一套含 10 个云直存节点云存储系统，同时将原有的存储容量达 3PB 的 120 台 IPSAN 进行改造，接入新建的云存储系统统一运行。同时提供 3 台云计算产品，实现可靠的视频浓缩摘要和大数据检索功能，以强力支撑公安实战的大数据应用。

在浙江移动"和慧眼"项目中，大华股份提供云存储、私有云部署等内容，使终端客户通过购买云存储套餐实现录像的 24 小时云存储；同时与运营支撑系统 BOSS、政企 SOAP 对接，保障高开放性、稳定性，为浙江省移动在民用安防上的业务开展提供完善的基础平台。

在司法行业，山东烟台芝罘区人民法院采用大华提供的云存储服务，将法院的园区和周界进行监控采集到的所有录像集中存储 30 天，保障高可靠性和设备级容错。

## 三、产品架构

视频云系统由基础云存储/云计算（IaaS）、云识别/大数据（PaaS）、应用服务（SaaS）三个层面的模块构成，如图 3.85 所示。

（1）云存储层：构建分布式文件系统，提供虚拟化的存储池，支持负载均衡、多用户支持和配额管理。同时面向安防行业提供视频流直存、图片直存等灵活的非结构化数据存储模式。

（2）云计算层：提供虚拟机和容器技术，隔离计算资源和结构化数据存储资源，支持负载均衡和动态扩容。

（3）云识别模块：包括各类数据结构化智能算法：视频浓缩摘要、车型识别、人体识别等等。

（4）大数据模块：利用云计算框架提供实时流式计算、离线并行计算、内存迭代计算、海量数据搜索、数据可视化等服务。

图 3.85　大华视频云系统逻辑结构

## 四、关键技术

### （一）快速文件索引技术

可以支持上亿级的文件，同时支持上千个用户同时访问。系统采用全内存态的元数据访问模式，将文件寻址时间降到毫秒级别。元数据服务采用的硬盘为 SSD 硬盘，加速持久化和主备元数据服务器同步，全面提高系统的响应速度

## （二）负载自动均衡技术

采用中心服务器模式来管理整个云存储子系统，所有元数据均保存在元数据服务器上，文件则被按块划分存储在不同的数据节点上。元数据维护了统一的命名空间，同时掌握整个系统内数据节点的使用，当客户端向元数据服务器发送数据读写请求时，元数据服务器根据数据节点的磁盘使用情况、网络负担等情况，选择负担最轻的节点服务器对外提供服务，自动调节集群的负载状态。数据节点内同时有提供磁盘级的负载均衡，根据磁盘的 I/O 负载，空间容量等情况，自动选择负载最轻的磁盘存储新的数据文件。

## （三）高速并发访问技术

客户端在访问存储模块时，首先访问元数据服务器，获取与之进行交互的数据节点信息，然后直接访问这些数据节点完成数据存取。客户端与元数据服务器之间只有控制流，客户端与数据节点之间直接传输数据流，同时由于文件被分成多个节点进行分布式存储，客户端可以同时访问多个节点服务器，从而使得整个系统的 I/O 高度并行，系统整体性能得到提高。

## （四）高可靠性保证技术

对于元数据，通过操作日志来提供容错功能。主服务器本地 SSD 盘组建高可靠 RAID1，提供高可靠容错能力。当元数据服务器发生故障时，在磁盘数据保存完好的情况下，可以迅速恢复以上元数据。对于节点服务器，采用 Erasure Code 冗余方式实现容错，数据冗余分布存储在不同的数据节点上。任一数据节点的损坏，不会导致任何数据丢失，不会影响任何的数据访问和写入过程。

## （五）高可用技术

系统采用了高可靠的容错机制，系统增减节点不必停止服务，可在线增减存储节点。元数据服务器采用主备双机热备技术，主机故障，备机自动接替其工作，对外服务不停止；存储节点采用 Erasure Code 冗余备份机制，如采用节点间冗余容错，任意损失一个节点，数据不丢失，服务不停止，客户端无感知。

## （六）视频浓缩摘要技术

"视频浓缩摘要"是指去除原始视频中的冗余数据，将视频中的运动目标进行摘要提取，实现不同时刻的目标同时展现播放，压缩整体视频查看时长。

在传统视频浓缩摘要处理时，对于单个视频，串行的对视频解码、分析，最终生成结果，性能无法满足需求。大华视频云系统提供一种先对视频进行逻辑分片，再把各个分片通过集群任务调用系统（Spark）分发到整个集群中进行处理，大大提高了视频浓缩摘要处理的效率，对于较大的视频文件也可以快速的处理，充分利用集群的计算资源。系统对视频一次分析，保存运动目标所有信息数据，后续对视频内容检索，任意改变查询条件，都是实时得到查询结果。

### （七）海量数据搜索技术

视频云系统实现了 Scale-out 方式的扩展，具备提供海量数据检索和分析能力，系统单主机 20 亿记录秒级查找，通过数据服务器集群扩展，性能线性扩展，可以达到千亿级别。系统通过良好设计，将数据存储和访问等数据业务流和系统管理、数据管理等相关的控制流分离，为数据查询和挖掘提供支撑。

## ■ 企业简介

浙江大华股份公司成立于 2001 年，2008 年 5 月在 A 股上市，公司员工已逾10000 人，经过十多年的发展，已成为领先的视频监控产品供应商和解决方案服务商，面向全球提供视频存储、前端、显示控制和智能交通等系列化产品、解决方案和运营服务。公司拥有通过国家认定的企业技术中心、国家创新型试点企业，并建有国家级博士后科研工作站、浙江省大华视频大数据技术及应用重点企业研究院。

## ■ 专家点评

该项目围绕云存储、云计算、大数据等技术在视频安防行业领域应用展开研究，研发了大华视频云系统，此产品包括视频数据存储、视频数据计算和大数据分析服务三层能力。

在视频存储层，采用了先进的云存储架构，提供对象存储服务；基于分布式系统技术，采用 Erasure Code 冗余技术提供最佳的数据可靠性和成本的折中；灵活的数据块分布策略，能根据系统规模自适应提供磁盘级、节点级容错能力，适用性强；具备带宽和 IO 聚合能力，实现高速的读写性能，最小系统即可提供 4GB/s 的超高性能；灵活方便的横向扩展能力，系统性能指标线性递增；基于服务化架构，提供海量设备接入能力，具备搭建大规模视频系统能力；基于流媒体的直存技术方案，系统开放性强；视频存储和录像回放能力，具备横向线性扩展能力；全分布式架构，全系统无单点，可靠性高。

在计算层，采用先进的云计算架构，统一的计算节点资源池化能力；对接高性能云存储系统，并行拉取视频数据，发挥 CPU 能力；具备并发视频分析能力，大幅缩小视频分析等待时间；具备提取活动目标，实现人、车、物分类能力，识别运动目标的特征属性，实现视频数据的结构化描述能力；具备目标图片的提取、存储、打破时空的视频浓缩效果，为快速查看视频获取有效信息提供途径。

在大数据分析层，采用通用分布式分析型数据库，提供高性能结构化数据批量导入能力和海量结构化数据存储能力，解决视频系统海量结构化数据的存储难题；提供高性能低延时的查询接口，解决海量数据中根据特征快速搜索目标成为可能；提供分析能力，具备对结构化数据进行批量处理，且嵌入视频监控如套牌车、绊线等特色数据分析能力，满足结构化数据挖掘需求，具备进一步挖掘视频数据的系统能力。

**赵国栋**（中关村大数据产业联盟秘书长、北京大数据研究院副院长）

# 15 城市视频大数据服务平台
## ——安徽四创电子股份有限公司

城市视频大数据服务平台以城市视频大数据为研究对象，突破异构海量视频数据融合、视频数据结构化描述、视频数据挖掘分析及处理等多项关键技术，解决了城市多源多类海量视频的融合接入难题。平台面向政府、企业、公众提供视频基础服务、视频分析服务和视频开放服务，可为第三方提供多种类的接口服务和集成开发环境，方便创客团队的二次开发及各种应用程序的快速部署。该平台在服务公安业务的同时，并可以服务城市管理、市政管理、交通管理等工作，推动社会管理工作创新。

### 一、应用需求

在经济和社会的转型中，公共安全特别是城市安全将面临着十分严峻的挑战，平安城市的概念也因此应运而生。为了便于管理，有效处理治安问题以及案件侦破等切实需求，大量视频监控得以在城市管理中发挥作用。随着平安城市的兴起，监控视频越来越多。2015 年，全球每天视频量达 1600PB，我国约占 20%。且视频信息的价值密度较低，1 小时的视频平均仅有 1~2s 的内容具有价值，视频监控信息未利用率达到90%以上。另据 2015 年安防行业统计，单个摄像头平均维护费用为 300~1100 元/年，一个 10 万级别的城市，运维费一年需要 1 亿元以上。

大量的视频数据带来了接入、集成、管理、分析、应用、运营等一系列问题。针对城市视频监控面临的诸多挑战，以需求为导向、项目为带动，研究视频大数据服务平台，解决了异构视频融合、海量数据高效处理、视频处理智能分析、应对不同等级的应用服务需求等问题，可为政府、企业、公众提供多类服务，实现平安城市可持续发展。

### 二、应用效果

（一）经济/社会效益

截至目前，城市视频大数据服务平台已在合肥、安庆、亳州、池州、桐城、郑州、朔州、九师等地得到了成功的应用，带动平安城市产值 17.742 亿元，关键数据见表 3-7。

**表 3-7 城市视频大数据服务平台关键数据**

| 序号 | 建设地点 | 工程名称 | 合同金额（万元） | 签订时间 |
|------|----------|----------|------------------|----------|
| 1 | 合肥市 | 合肥市视频监控系统建设 | 53 700.00 | 2013.8 |
| 2 | 长丰县 | 长丰县公安局天网工程 | 8 590.00 | 2014.6 |
| 3 | 山西朔州 | 朔州市区社会治安视频监控系统 | 4 779.99 | 2014.12 |
| 4 | 新疆 | 第九师社会治安视频监控系统 | 3 600.00 | 2014.12 |
| 5 | 亳州市 | 亳州市平安城市 | 18 460.05 | 2015.12 |
| 6 | 郑州 | 郑州市中原区2015年度高清视频监控系统 | 3 300.00 | 2015.12 |
| 7 | 合肥市 | 新站区天网工程支网 | 3 068.00 | 2015.12 |
| 8 | 河南新密市 | 新密平安城市 | 11 674.59 | 2016.1 |
| 9 | 安庆市 | 安庆市平安城市 | 18 494.00 | 2016.3 |
| 10 | 宣城市 | 宣城市社会治安视频防控系统二期 | 5 450.64 | 2016.3 |
| 11 | 涡阳县 | 涡阳县视频数据平台及智能交通系统 | 10 900.00 | 2016.8 |

1. 行业应用效果

城市视频大数据服务平台在为公安提供服务的同时，也为政府、公众提供增值服务。

（1）服务公安，提高社会治理能力。例如，在合肥"天网工程"中视频大数据服务平台已接入近 2 万路的视频，公安实战效果初步显现，为合肥市公安实战机关提供视频回放 22 万余次，为 2000 多起刑事、行政、国保案件提供直接线索，下载关键录像 8 000 余段，有效支撑日常警情调度的可视化指挥，在合肥市两次反恐演练、马拉松比赛、国庆升旗仪式、省市两会安保等重大安保以及多次重大突发事件处置中发挥了重要作用。

（2）服务政府部门，提高社会管理水平。城市视频大数据服务平台在服务公安业务的同时，也推动全市社会管理工作创新。依托视频大数据服务平台，全市共享视频大数据资源，服务城市管理工作，与城管部门共享视频大数据资源，有效实现对垃圾处理站、市容环境卫生及违规占道经营等方面的管理，在推进数字化城市管理工作中发挥来了重要作用；服务市政管理工作，与市政管理系统共享视频大数据资源，对城市内的桥梁、涵洞、道路等市政设施进行监管，有效实现全市市政设施的可视化管理，极大提升管理效率；服务交通管理工作，与交通部门共享视频大数据资源，全面提升了城市交通管理。

（3）服务公众，视频惠民。利用城市视频大数据服务平台，为公众提供增值服务。提供平安上学路服务，家长通过手机 APP 及时掌握孩子在上学途中的实时动态确保孩子安全；提供出行规划服务，公众通过网页及手机客户端及时了解实时路况，选择最佳出行路线；提供家居安防服务，保护公众生命安全和财产安全；提供 3D 虚拟浏览服务，公众足不出户就可以浏览景区风景，体验新型旅游方式；提供智能停车服务，为市民出行停车提供引导，提高市民出行体验。

2. 产业驱动

通过视频大数据服务平台的研发及在平安城市方面的应用，四创电子积累了在视频大数据方面的市场经验、技术经验和项目经验，为其在带动当地智慧城市大数据产业联盟的发展，吸引国内外知名企业及数据分析挖掘初创企业入驻产业联盟，起到重要作用。

## （二）商业模式

（1）公众出行服务。与通信运营商合作为出行者通过手机提供实时路况、位置跟踪、路线规划等服务，收取信息服务费；通过出租车载终端或与导航产品厂商合作的形式，提供查询、路况、车辆出行服务；公共信息亭系统、短信定制、车载终端、网站等广告收入。

（2）精准营销服务。利用大数据技术，探索精准营销、专业分析服务等商业模式，增加收入。

（3）销售接口数据。有权限地为旅游公司、地图公司、导航服务商、互联网公司、广播电台等提供 API 接口；为企业提供大数据接口服务，鼓励其创新，不断加强与大数据产业上下游各环节的关系。

（4）网络数据挖掘服务。提供出售网络舆情、网站商业信息挖掘等服务。

（5）专业分析服务。提供专业行业分析报告。

（6）政府购买服务。为政府提供大量非核心、非优势的公共服务，如教育、公共卫生、社会（区）服务、养老服务、就业促进等，政府购买公共服务，从而促进政府转变职能、提高政府效能、扩大公共服务，为民间社会组织的成长提供宝贵的空间，开创社会管理。

（7）其他增值服务。利用企业往来数据、信用情况、客户评价数据等进行预测，为小额贷款公司提供服务。

## 三、平台架构

以视频大数据为研究对象，突破异构海量视频数据融合、视频数据结构化描述、视频数据挖掘分析及处理等关键技术，成功研发基于 Hadoop 架构的大数据平台和基于 Docker 的云计算平台，最终形成可服务于社会安防、公安实战、城市管理、便民工程等诸多领域的城市视频大数据服务平台。该平台的总体架构如图 3.86 所示。

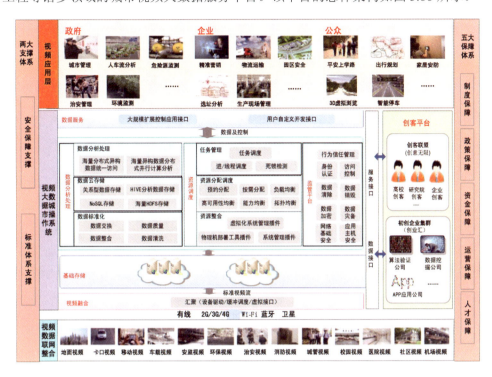

图 3.86　城市视频大数据服务平台

## （一）视频智能融合

通过建立多源多模态信息集成模型、异构数据智能转换模型。利用异构数据集成的智能模式抽取算法、自动容错映射和转换算法等，解决城市异构海量视频的融合接入难题。通过对视频码流的标准化转换，实现对城市各类视频资源的统一接入，统一管理，全市共享，分权限使用，为视频资源的后续的深度应用提供支撑。支持ONVIF、GB/T28181 等国际/国内主流的传输协议，支持 MPEG-4、H.264、H.265、SVAC 等国际/国内主流编解码方式，同时支持非标准的传输方式和编码方式，能够快速高效的集成各类视频资源。视频智能融合示意如图 3.87 所示。

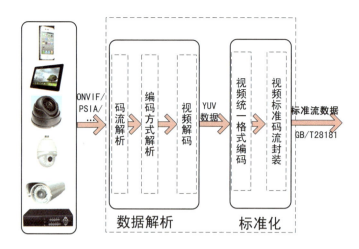

图 3.87　视频智能融合示意

**（二）视频存储及分析处理——城市视频大数据操作系统**

城市视频大数据服务平台的核心是城市视频大数据操作系统，实现对城市大数据的融合及综合处理，并提供各种应用程序的安装与运行环境。城市视频大数据操作系统可对底层各种基础设施、传感设备进行兼容，通过提供各种硬件接口并基于网络服务实现数据的抽取、过滤、清洗、存储和对多结构数据的统一管理，基于 Hadoop框架和 Docker 引擎提供大数据、云计算服务，实现对整个平台资源的调度管理。

1. 海量视频存储

存储层包括基础视频存储和大数据存储两部分。基础存储基于通用存储设备提供对原始视频的不间断循环存储。大数据存储采用分布式存储架构，将结构化和半结构化数据存储在 HDFS 中，提高索引的可靠性和检索效率，并为其他系统提供数据服务，实现较高的并发访问能力。大数据存储示意如图 3.88 所示。

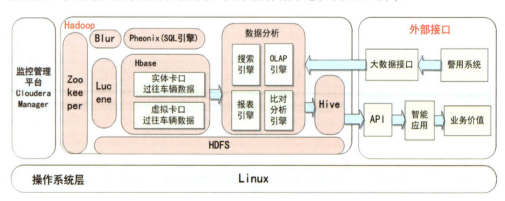

图 3.88　大数据存储示意

2. 大数据分析处理部分

采用基于 Docker 的云计算技术（见图 3.89），灵活调度任务及分配资源。另外，利用 CoreOs 系统，提供分布式并行计算能力。研究智能分析算法将视频图像关键帧中的视觉特征进行提取、分类，产生视频图像内容和属性的描述性数据信息，建立视频结构化描述数据和视频原始数据之间的对应关系；研究视频大数据的有效镜头切割技术，实现基于有效镜头内容的结构化描述；建立视频索引和检索机制，实现视频检索的高效精确定位。可对视频中人、车、物信息进行有效的分析提取及处理，帮助使用者更便捷、高效的获取相关价值信息。

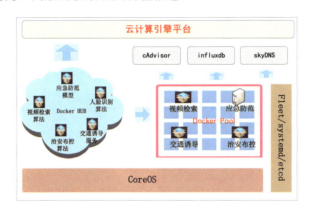

图 3.89　基于 Docker 的云计算

3. 为第三方提供创客服务

城市视频大数据操作系统还为第三方提供多种类的接口服务和集成开发环境，可集成国内外先进的视频分析算法，为创客团队提供数据应用和开发平台，方便第三方用户的二次开发及各种应用程序的快速部署。将大数据服务平台积累的视频数据资源脱密处理后对外开放，可为中小微创新企业和个人创业提供丰富的数据资源、良好的开发环境以及项目众筹的平台。

4. 面向城市的视频服务

城市视频大数据服务平台面向政府、企业、工作提供视频基础服务、视频分析服务和视频开放服务。视频基础服务具体包含视频检索、视频调阅、视频回放等服务。视频分析服务是集视频指挥、图像侦察、智能分析于一体的综合集成方法，可实现视频浓缩、行为分析、车辆轨迹分析、运动目标跟踪、人脸识别等视频大数据分析，实现实时分析智能化、视频指挥多样化、线索追踪可视化。视频开放服务主要侧重视频个性化服务，针对上层不同的应用需求提供开放的视频分析接口或视频数据接口。

### （三）视频应用

通过视频信息的数据化方式沉淀海量数据，以数据为驱动，挖掘有价值的数据，探索合理的商业模式，给政府、公众、企业提供以数据为中心的创新服务。

面向政府，视频大数据的共享开放为城市的管理带来新的机遇，为其带来更多的管理创新技术手段，促进政府治理能力和公共服务水平的不断提升。在智慧城市管理领域内，将视频数据与城市部件、城市活动、人的活动等数据进行有效结合，为城市管理、交通管理、环境监测等提供视频应用服务。

面向企业，基于大数据的视频监控云服务，让海量的视频数据通过互联网连接云端的视频监控托管服务，通过快速、智能的分析部署在云端的大数据，为企业提供基于视频内容的分析报告，如客流统计、人群密度、商业选址等，为企业提供更加精准营销，并推动企业自身的转型与变革。

面向公众，为公众提供及时准确的交通信息、道路查询信息、平安上学路服务、家居安防服务等更视频服务，形成新的商业模式及盈利点，实现共赢。

### 四、关键技术

（1）单域单节点同时管理 5 000 路监控资源，支持横向扩展，可管理视频数据规模达 PB 级。

（2）至少能兼容 90%的市面国内外主流品牌厂家的摄像机、存储等设备。

（3）单个计算节点支持 100 路视频并发智能分析。

（4）支持单级 100 个数据节点的分布式计算，支持千亿级文本数据全文检索秒级响应。

（5）视频特征文本数据检索召回率达到 100%。

## ■ 企业简介 ┄┄┄┄┄┄┄┄┄┄┄┄┄┄┄┄┄┄┄┄┄┄┄┄┄┄┄┄┄┄┄┄

安徽四创电子股份有限公司 2004 年 5 月，公司在上海证券交易所挂牌上市，是首批国家技术创新示范企业、国家火炬计划重点高新技术企业、全国电子信息行业优秀创新企业、中国"平安城市"建设优秀安防工程建设企业，是首批安徽省创新型企业、安徽省产学研联合示范企业、安徽省重点软件企业。

公司现拥有国家认定企业技术中心、国家级博士后科研工作站、安徽省公共安全信息技术重点实验室。公司拥有全国"百千万工程"人才、国家 863 专家、政府特殊津贴专家、安徽省学术技术带头人、合肥市拔尖技术人才等各类高端领军人才。

## 专家点评

"城市视频大数据服务平台"以视频大数据为研究对象，突破异构海量视频数据融合、视频数据中人车结构化分析、视频数据高速访问等关键技术，形成可用于城市好了视频管理的核心平台，为整个各个部门的多源异构视频数据、建立城市级统一视频服务平台提供了很好的解决方案。同时，平台采用的开放性架构为城市视频开放应用提供丰富的数据。资源和接口服务、为创新企业和创业团队提供良好的城市视频大数据开发环境，为开展"双创"提供了一个很好的技术开发平台。

**吴曼青**（中国工程院院士）

## 16 面向全行业的数据能力成熟度评价解决方案
### ——中国电子技术标准化研究院

数据能力成熟度评价模型（Data Capability Maturity Model，DCMM）是通过一系列的方法、关键指标和问卷来评价某个单位或者企业数据管理的现状，从而帮助企业查明问题、找到差距、指出方向、并且提供实施建议。数据能力成熟度评价模型是数据管理和应用的基础，通过数据能力成熟度评价模型的建立，可以规范和标准化企业数据管理方面职能域的划分，明确数据管理方面相关的工具集、技能集，帮助企业准确评估目前的现状、差距和发展方向和理解数据治理的组织架构需求，建立数据管理方面相关的最佳实践。

### 一、应用需求

当前，数据资源已成为重要的战略资源和核心创新要素，许多国家政府和国际组织纷纷将开发利用大数据作为夺取新一轮竞争制高点的重要抓手，实施大数据战略。国务院于 2015 年 8 月正式印发了《促进大数据发展行动纲要》，在纲要中明确指出了大数据已经成为推动经济转型发展的新动力，大数据持续激发商业模式创新，不断催生新业态，已成为政府、企事业单位促进业务创新增值、提升核心价值的重要驱动力。但是，随着大数据行业的蓬勃发展，国内的相关部门正面临越来越多的挑战。

首先，大数据作为相对较新的行业，理论发展相对滞后，特别是数据管理理论，目前国内各家单位更多是采用国际咨询公司的理论框架或者国际数据管理协会的数据管理知识体系作为引导，但是这些理论基本没有考虑国内数据行业发展的现状和特性，同时，普及程度也有待提高，导致目前国内很多行业在数据管理方面的意识薄弱，管理方式各异，发展相对落后的局面，不利于数据资源的管理和利用。

其次，由于目前在数据能力成熟度评价模型的研究中缺少统一的、系统的、适应现代信息环境的数据管理和质量保证体系的专业标准（如类似制造业的 ISO9000 等），因此国内外的学者在借鉴软件能力成熟度模型（CMM）的基础上，在不同研究领域尝试提出各种数据能力成熟度模型，用于研究、指导具体的数据生产过程的数据管理，在国际上比较有名的数据能力成熟度模型有 IBM 的数据治理能力成熟度模型等，该模型在充分借鉴 CMM 的基础上，针对数据管理的不同领域进行详细的定义，每个领域都按照 CMM 的模式进行阶段划分。

随着数据应用的逐渐增多，国内对于能力成熟度模型的研究也在逐渐的增多。目前，针对数据能力的评价依然没有一个完整的、全面的模型，现有的模型有的本身就存在特定的倾向性，有的是针对数据管理的特定领域。由于信息化的快速发展，数据的重要性已经体现得越来越明显，特别是大数据、物联网的时代，数据已经成为一个国家、企业的战略资源。针对这样的一种战略资源，我国迫切需要建立一种通用的能力评价模型，从而可以帮助各个企业、单位更好地进行数据资源的评估和规划，进而使我国的信息化在国际上占据更有利的位置，在国际信息化的标准化领域有更大的话语权。

## 二、应用效果

该解决方案对于行业和企业的收益体现在以下几个方面：

（1）培养大数据发展人才。大数据产业的发展是技术驱动式的，对人员的技能和素质有很高的要求，通过 DCMM 的评估可以对各地方和单位的数据从业人员进行培训，提升数据管理和应用的技能，进而从整体上促进地方和单位数据行业的整理发展。

（2）规范和指导大数据行业发展。大数据行业是相对较新的行业，理论和知识都处于发展阶段，特别是数据管理和应用的知识体系，通过 DCMM 的评估可以规范和指导大数据行业的发展，提升从业人员的数据资产意识，提升数据技能，推广和传播数据管理最佳实践，从而促进整体行业的发展。

（3）建立数据能力基准库。通过对于各行各业数据能力成熟度的评估，可以积累大量的数据管理发展实践经验，收集数据行业发展现状，从而有利于主管部门准确掌握国家大数据发展的情况，促进数据管理应用最佳实践的推广和应用，进而推动整个行业的发展。

（4）提升数据管理意识。通过企业数据能力成熟度相关的培训以及评估，可以统一企业相关人员对于数据管理相关概念的认识，提升对于数据资产重要性的认识。

（5）建立数据管理体系。通过企业数据能力成熟度相关的培训以及评估，可以帮助企业建立全面的数据管理能力体系，促进企业内部数据管理相关的组织、制度、流程、标准和规范等内容的建立，为数据价值的全面提升打下基础。

（6）建立演进计划路线图。通过对于企业数据管理现状的分析以及和业界最佳实践的对比，可以明确企业数据管理方面存在的差距，并且根据企业战略发展的需要，整体制定企业数据管理的发展蓝图以及逐年的演进、建设计划。

该解决方案已经成功在通信、化工、政府、传媒等领域具有代表性的企业开展应用。以某通信企业数据能力成熟度评价作为典型案例进行分析如下。

为了应对大数据环境下数据资产整合、数据标准化管理、数据质量提升等多方面的挑战，某通信企业于 2015 年 9 月成立了大数据中心，统一负责某地区大数据相关业务，包括大数据管理、应用产品开发和业务运营，为内部数据服务和外部数据变现的统一提供支撑，并于 2016 年 4 月开展了数据能力成熟度评估，评估结果如图 3.90 所示。

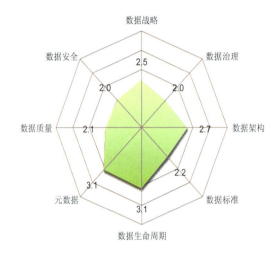

**图 3.90　某通信企业数据能力成熟度评估情况**

通过评估发现该企业制定了明确的数据战略，并且结合元数据、数据架构、数据标准等内容实现了数据资产全生命周期的管理，明确了数据管理组织和职责，对三域数据实现了统一的管理，提升了数据质量，奠定了数据应用和分析的基础。同时，在评估过程中也发现了一些存在的问题，在数据质量考核、数据安全标准、数据标准落地等方面需要进一步地加强和提升，需要在大数据中心平台建设的过程中重点进行关注和改善。

通过数据能力成熟度的评估，该企业更加准确地发现了自身存在的问题，以及相关公司数据管理、应用方面存在的差异以及自身存在的优势，明确了下一步的改进的方向，为数据资产的价值变现和提升奠定了基础。

### 三、产品架构

数据能力评价模型是一个综合标准规范，管理方法论，评估模型等多方面内容的综合框架，目标是提供一个全方位组织数据能力评估的模型，在模型的设计中，结合数据生命周期管理各个阶段的特征，对数据管理能力进行分析、总结，提炼出组织数据管理的八大能力，并对每项能力进行二级过程域的划分、发展等级的划分，以及相关功能介绍和评定标准的制定。

数据能力成熟度模型（见图 3.91）精炼地描述了一个数据的发展过程，通常将其描述为几个有限的成熟级别。每个级别都有明确的定义，并设定一定标准，其实现包含了若干个必要条件，从第一级发展到最高级，各级别之间具有顺序性，每个级别都是前一个级别的进一步完善，并形成向下一个级别前进的基础。在发展过程中，事物从一个层次到下一个层次，是一个层层递进不断发展的过程。

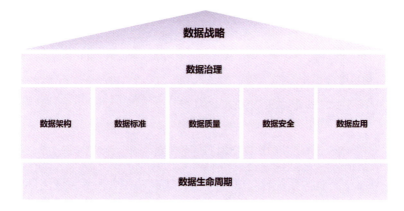

图 3.91　数据能力成熟度模型

## 四、关键技术

本解决方案将数据能力成熟度评价划分为五个等级，包括初始级、受管理级、已定义级、量化管理级和优化级。在此基础上，确定每个层次的基本特征，数据能力成熟度等级划分如图 3.92 所示。

1. 等级一：初始级

组织没有意识到数据的重要性，数据需求的管理主要是在项目级来体现，没有统一的数据管理流程，存在大量的数据孤岛，经常由于数据的问题导致低下的客户服务质量，繁重的人工维护工作等，具体的表现如下：

（1）当用户不相信数据的时候，业务管理者和 IT 管理者不知道问题的根源在于数据。

（2）组织在制定战略决策的时候，没有获得充分的数据支持。

（3）没有正式的数据蓝图规划，数据架构设计，数据管理组织和流程等。

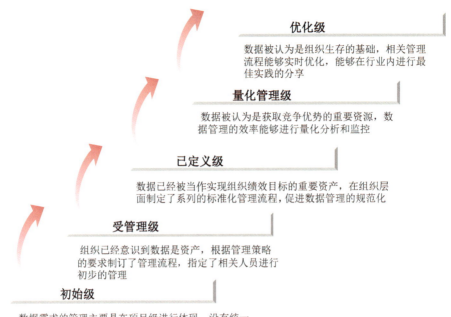

**图 3.92　数据能力成熟度的等级划分**

（4）每个部分，业务系统独自管理自己的数据，各个业务系统之间的数据存在不一致，或者冲突的现象。没有人意识到数据管理或者数据质量的重要性。

2. 等级二：受管理级

组织已经意识到数据是资产，根据管理策略的要求制订了管理流程，指定了相关人员进行初步的管理，并且识别了数据管理、应用相关的干系人，具体的特征如下：

（1）管理者已经意识到数据的重要性，制定了一些数据管理的规范和岗位，想要促进数据管理相关工作的规范化。

（2）已经意识到数据质量和数据的孤岛问题是一个重要的管理问题，在进行数据分析的过程中，发现大量的数据不一致和重复的问题，但是找不到问题的根源或者为此要负责的人。

（3）组织进行了一些数据集成的工作，尝试整合分散于各个业务系统的数据，也设计了一些数据模型和管理的岗位。

3. 等级三：已定义级

数据已经被当作实现组织绩效目标的重要资产，在组织层面制订了系列的标准化管理流程，促进数据管理的规范化，数据的管理者可以快速地满足跨多个业务系统的、准确的、一致的数据要求，有详细的数据需求响应处理规范、流程。具体的标志如下：

（1）管理者已经意识到数据的价值，在组织的层面明确了数据管理的规范和制度。

（2）数据的管理及应用能够充分地参考组织的业务战略、经营管理需求以及外部监管需求。

（3）建立了规范的管理组织、流程，能够推动组织内各部门/子公司来按照流程开展工作。

（3）组织在日常的决策、业务开展过程中能够获取充足的数据支持，显著提升了工作效率。

（4）能够定期开展数据管理、应用相关的培训工作。

4. 等级四：量化管理级

数据被认为是获取竞争优势的重要资源，组织认识到数据在流程优化、工作效率提升等方面的作用，针对数据管理方面的流程进行全面的优化，针对数据管理的岗位进行 KPI 的考核，规范和加强数据相关的管理工作，并且应用相关的业务进行对 KPI 考虑的工作进行支撑，具体的特征如下：

（1）管理者已经认识到数据是组织的战略资产，已经了解数据在流程优化，绩效提升等方面的作用，在制定组织业务战略的时候可以获得相关数据的支持。

（2）在组织层面建立了可量化的评价指标体系，可以准确地测量数据管理流程的效率，并且及时进行流程优化。

5. 等级五：优化级

数据被认为是组织生存的基础，相关管理流程能够实时优化，能够在行业内进行最佳实践的分享，具体的标志如下：

（1）整个组织可以把数据作为组织的核心竞争力，可以利用数据创造更多的价值和提升改善组织的效率。

（2）能够参与国家、行业等方面相关标准的制定工作。

# 企业简介

中国电子技术标准化研究院（简称"电子标准院"），创建于1963年，是国家从事电子信息技术领域标准化的基础性、公益性、综合性研究机构。该院以电子信息技术标准化工作为核心，开展标准科研、检测、计量、认证、信息服务等业务，为政府提供政策研究、行业管理和战略决策的专业支撑，为社会提供标准化技术服务。

## ■ 专家点评

　　数据能力成熟度评价模型填补了国内数据管理领域的一项空白，特别是将数据标准作为一个管理域，具有独创性。这个工作对于帮助企业建立完整的数据管理评价体系、培养国内数据管理方面的人才、规范和推动国内大数据行业的发展具有重要的意义。同时，本标准具备市场推广价值。数据已经成为政府、企事业单位的核心资产，通过数据能力成熟度评价工作的实施可以保证数据管理和应用过程的规范，切实提升自身的价值。建议结合各地大数据发展政策进行重点推广，可以帮助各地区的单位更好地管理和应用数据。同时也可以帮助大数据主管机构更全面地掌握地方大数据发展的情况，从而制定更有针对性的措施。

杜小勇（中国人民大学教授）

大数据

# 17 非结构化大数据产品解决方案
## ——福建亿榕信息技术有限公司

### 一、应用需求

数据已成为企业、社会和国家层面的重要战略资源，其深度应用不仅有助于提升企业经营管理水平、衍生新的商业模式，还有利于推动国民经济发展。企业建立集信息传输、存储、处理于一体的信息平台，是承载业务应用，实现业务融合的基础工作。实现业务应用深度集成，并最终走向融合，不仅需要以基于二维表的结构化数据作为支撑，也需要大量无法采用二维表表示，但却蕴藏有对提高业务运行质量有重要指导意义的非结构化数据来支撑，在企业结构化数据与非结构化数据这两种数据类型中，非结构化数据占比高，且非结构化数据中至少70%上数据来源于人与人的互动与协作，是以人为中心产生的。这些非结构化数据蕴涵着公司对提升业务质量的经验与思考，是非常宝贵的数据资产。

结构化数据与非结构化数据在企业有不同的应用侧重点。结构化数据通过分析可以用来制定商业战略、预判趋势。但实际上，与企业内目前大量用于交易记录、流程控制和统计分析的结构化数据相比，非结构化数据具有特定和持续的价值，这种价值在共享、检索、分析等使用过程中得以产生和放大，并最终对企业业务和战略产生深远影响。

因此，要达到智能化企业发展目标，首先必须将结构化数据和非结构化数据以业务为纽带实现融合，博采众长，建设非结构化数据管理平台才能真正满足平台集中、业务融合、决策智能、安全实用的目标。统一的非结构化数据管理标准，将分散在各个系统中的企业非结构化数据进行集中存储和有效整合，逐步消除数据孤岛，促进业务流程规范融合、运营管理高效协同，将非结构化数据贯穿企业日常生产、经营、管理和决策全过程，集中体现了企业信息化建设的整体工作思路。

### 二、应用效果

#### （一）实现数字资产有效管理，大幅度提升业务运行效率

非结构化大数据解决方案，能将企业历史上的非结构化数据文档实现统一管理。

实现企业对非结构化数据统一标准、统一集中管理、统一海量存储。企业非结构化数据在实现管理标准化、应用规范化的同时，辅以平台提供的多样化应用工具，定将大大提高公司的工作效率。

**（二）为智能决策等高级应用创造条件**

非结构化大数据解决方案不仅是提供一个数据存储平台，更是一个内容深度加工及利用的解决方案。实现统一存储，统一管理是实现内容深加工的前提条件。内容深加工技术包括内容分类、索引、聚类等加工处理、深度挖掘和分析；涉及信息抽取技术、智能分词技术、自动摘要技术、文档聚类技术等。通过内容深加工技术，将实现非结构化文档从数据、信息、知识的转化，形成基于知识的智能决策与分析，使非结构化数据的价值实现深度展现，为实现智能决策创造条件。

**（三）推进企业业务融合**

业务深度互动是将相关联的业务通过有机组合，使业务信息和数据形成良性流动，提升业务运行的整体效益。企业诸多业务可以实现深度互动，并趋向融合。例如，某企业资产全生命周期管理过程可细分为规划设计、采购建设、运行检修、技改报废这四大紧密相连的子业务，如图 3.93 所示。目前，这些业务系统都是各自独立运行，相关资料未能实现在业务系统间合理流动。由于非结构化数据管理平台将提供各业务系统接入功能，因此，当各业务系统逐步实现与平台的接入后，势必促进非结构化数据文档在相关联业务系统之间合理流动，为业务融合创造条件。

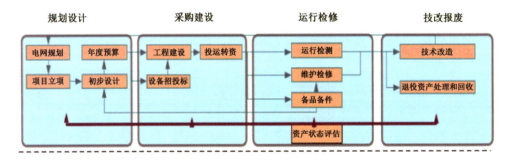

图 3.93　资产全生命周期管理中的相关业务示意

**三、产品架构**

非结构化数据解决方案以"数据发现价值"为核心，围绕"数据采集、数据存储、数据管理、数据服务、数据分析"五大关键环节，采用"业务分析、技术设计、整体实施"三位一体的综合服务模式，确保各解决方案可定制，可扩展，切实落地，助力客户 IT 管理水平和业务质量提升。

经过十年自主研发与行业实践，亿榕信息公司逐步打造出"三四三"的非结构化大数据产品及服务体系，形成了"多源数据处理（三大数据对象）、产品套件齐全（四大产品套件）、应用领域先进（三大应用领域）"的综合服务能力，为电力、政府、金融、公安等行业客户提供了优质的非结构化大数据管理服务（见图 3.94）。

图 3.94　非结构化产品及服务体系

非结构化解决方案由多源非结构化大数据存储解决方案、无纸化业务办理解决方案、图像视频智能识别解决方案、基于 Web 智能客服解决方案、基于非结构化数据的辅助业务监测解决方案、企业互联网舆情分析解决方案和海量非结构化数据智能检索解决方案等七大部分组成。总体解决方案概述如图 3.95 所示。

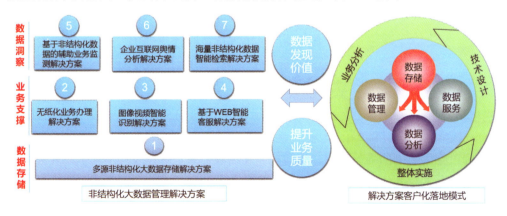

图 3.95　总体解决方案概述

## 四、关键技术

### （一）专业数据采集

涵盖互联网、应用系统、纸质文档、腾退下线系统等的数据接入与采集方案，具备多源非结构化数据集中接入技术支撑体系，如图 3.96 所示。

（1）互联网数据采集：全分布式架构，配合独有的反监控、网页内容提取技术，支撑各类门户、微博等互联网站点的定向采集。

（2）企业应用数据接入：支持 Web service、http、J2EE 等多种主流应用集成协议和开发平台，适配复杂异构的企业应用体系。

（3）线下数据接入：提供软硬件一体的技术套件，支撑纸质数据电子化、腾退系统历史数据接入需求。

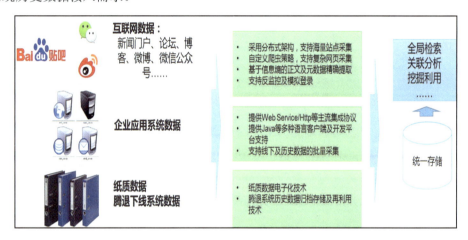

图 3.96　专业数据采集

### （二）企业级非结构化大数据存储

自主研发非结构化数据管理核心组件（见图 3.97），能够完全替代 EMC Documentum、IBM FileNet 等软件，满足大型企业 PB 级非结构化数据的统一存储需求；通过全网数据的唯一标识、访问控制和权限体系、分发及共享功能，构建企业的全网非结构化数据传输和利用通道；具备独有的异构存储分级使用能力，顺应企业存储技术路线演进趋势，降低整体数据存储成本。

基于业务场景的动态存储变更，最大化自动分配存储资，提高硬盘利用率，降低成本。支持对异构存储系统进行统一虚拟化管理，最大化既有投资保护，投资回报率提升。

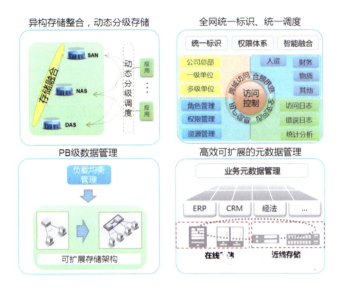

图 3.97　企业级非结构化大数据存储

利用可扩展的存储架构设计，支持 PB 级数据管理。利用负载均衡管理机制，实现存储管理的高可用性。快速故障恢复机制，保障数据访问安全。

面向企业级非结构化数据平台，实现数据智能布局。面向海量数据存储融合架构简化生命周期管理。多级存储唯一标识，统一调度。完善的访问控制权限体系。

针对不同的业务元数据提供在线存储和近线存储，具备高效的元数据读写能力。视化的各类型元数据统一管理，直观监控、化繁为简。

### （三）高效的数据处理

集丰富、高效的文本/图像/视频数据处理工具集（见图 3.98），面向不同应用场景，提供非结构化数据深加工能力；基于统一的分布式调度框架，实现支持异构任务、可伸缩的分布式计算能力，支撑在线、离线数据处理场景。

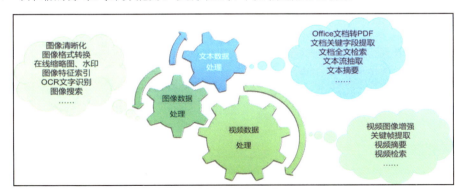

图 3.98　高效的数据处理

### （四）独特的数据分析挖掘

非结构化数据是构成"大数据"的主体，相对于结构化数据，存在价值密度低、结构复杂、难以分析等特点。数据分析套件综合应用了自然语言处理、机器学习、语义网等技术的前沿研究成果，提供了一系列面向文本分析、图像视频分析的算法、模型和功能，能够广泛支撑各类非结构化数据的分析挖掘利用需求，如图 3.99 所示。

图 3.99　独特的数据分析挖掘

### （五）部署随心所欲

平台部署在 X86 服务器集群上。核心架构设计思路如下：采用"微服务架构"（Micro-Service Architecture），将平台及各组件按最小功能集拆解成可分布式部署的若干"微服务"（如权限管理服务、文件传输服务），微服务均可部署为多个实例，从而实现整体软件的分布式部署和水平扩展；支持全局负载均衡。基于分布式协调中间件，设计了适用于所有微服务的负载均衡方案，从而通过部署多个微服务实例即可提升特定点的性能，并避免了单点故障。灵活高效的部署架构如图 3.100 所示。

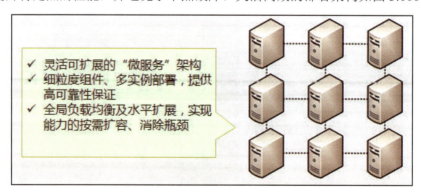

图 3.100　灵活高效的部署架构

# 企业简介

福建亿榕信息技术有限公司创立于 2002 年，系国家规划布局内重点软件企业，总部位于福州软件园内，现有员工 500 余名。公司相继建立了福州、北京、华中、西北四个技术中心，成立了包括新疆、西藏等在内的 26 个省级技术服务处，服务网络遍布全国。公司紧跟国家软件国产化战略、电子文件战略、大数据战略、物联网和能源互联网战略，结合企业自身发展需要，形成了大协同办公、电子文件、大数据、智慧城市和新能源等五大核心业务体系。

# 专家点评

亿榕非结构化大数据产品以结构化、非结构化数据融合为基础，以统一的非结构化数据管理标准为导向，打造出具有鲜明特色的"多源数据处理、产品套件齐全、应用领域先进"非结构化大数据产品及服务体系，推动大数据+行业应用，创造新的经济增长点。产品体系技术架构完整，业务承载能力强，充分考虑了数据采集、数据存储、数据管理、数据服务、数据分析过程中的关键环节。产品使用的异构存储整合、动态分级存储、微服务架构、弹性扩展技术体现了创新性，能够有力支撑大数据开放合作业务。整体来说，该产品的创新性、功能性、技术能力均达到较高水平。

王建民（清华大学软件学院党委书记、副院长）

大数据

# 18 基于云智能交互系统的大数据机器人平台

## ——上海云信留客信息科技有限公司

云信留客基于云智能交互系统的大数据机器人平台（以下简称"云信留客 WinRobot 机器人智能清洗服务平台"）是结合云计算、大数据处理、语音识别等技术，构建面向金融、电商等特定行业的大数据清洗平台。平台以多样化数据来源为依托，采用语义分析和概率生成模型等相关技术，结合分析用户的反馈数据，可有效地进行数据的迭代式清洗。

### 一、应用需求

云信留客 WinRobot 机器人智能清洗服务平台，一方面，面向企业或者公共政府部门，提供数据清洗的服务。定位在某一具体行业，通过大量数据支持，对数据进行挖掘分析后预测相关主体的行为，以便开展业务；利用数据挖掘技术帮助客户开拓精准营销或者新业务。另一方面，面向个人，提供基于数据清洗的服务。面向零售商、政府部门、公共机构提供基于地点的人员流动数据：以时间为维度（小时/天/月/年），在特定区域的人员人口统计数据（性别、年龄）和行动等数据。

### 二、应用效果

#### （一）技术创新及行业应用

该平台典型的实用案例为海淘，从国外寄送到国内的货物，因报关的身份信息不正确、国内地址不正确、联系方式不正确等，导致出现无法报关、无法收货，而货物退回海外成本非常高，通过云信留客 WinRobot 机器人智能清洗服务平台可以有效解决此问题。

1. 地址标准化

国内用户在海淘网站上下单后，服务平台立即自动对配送地址进行标准化和清洗,将用户输入的非标准地址标准化为 xx 省 xx 市/区 xx 路/街 xx 楼 xx 号（见表3-8）,。

并与服务平台的全国地址数据库进行匹配，对于匹配不到的地址信息，将启动智能语音交互核对。

表 3-8　地址标准化

| 序号 | 地址（清洗前） | 地址（清洗后） | | |
|---|---|---|---|---|
| 1 | 淮北市花园路 1 号 | （省/直辖市）安徽省 | （市）淮北市 | （区/县）杜集区 |
| | | 安徽省淮北市杜集区花园路 1 号 | | |
| 2 | 上海市之俊大厦 1802 室 | （省/直辖市）上海市 | （市）上海市 | （区/县）徐汇区 |
| | | 上海市徐汇区斜土路 1223 弄斜土路 1802 室 | | |
| 3 | 西城区复兴门南大街 2 号 1201 室 | （省/直辖市）北京市 | （市）北京市 | （区/县）西城区 |
| | | 北京市西城区复兴门大街 2 号 1201 室 | | |
| 4 | 保定建国路 125 号 | （省/直辖市）河北省 | （市）保定市 | （区/县）北市区 |
| | | 河北省保定市北市区建国路 125 号 | | |
| 5 | 玄武区龙蟠路 159 号 | （省/直辖市）江苏省 | （市）南京市 | （区/县）玄武区 |
| | | 江苏省南京市玄武区龙蟠路 159 号 | | |

**2. 报关信息清洗**

报关需核对用户的身份信息，服务平台将用户提供的身份证姓名信息，与公安数据库进行比对（见表 3-9），对于匹配不到的用户身份信息，将启动智能语音交互核对。

表 3-9　身份证姓名信息比对

| 序号 | 姓名 | 身份证号码 | 公安数据库匹配结果 | 后续操作 |
|---|---|---|---|---|
| 1 | 王小帅 | 341181****0425601X | 匹配成功 | 验证成功 |
| 2 | 张大伟 | 421548****05065164 | 匹配成功 | 验证成功 |
| 3 | 赵五毛 | 320651****12125462 | 匹配不成功 | 语音核对 |
| 4 | 郑二两 | 341889****0630521X | 匹配成功 | 验证成功 |

**3. 智能语音清洗**

通过智能语音交互与消费者进行确认，得到正确的身份、地址和邮编等信息。客户提交的注册信息包括会员姓名、邮箱、收货地址，需要对每个会员的这三条信息进行数据清洗。

例如：

> 大数据清洗服务平台：您好，这里是海淘网客户服务中心，您是【王小帅先生吗？】（语音播放 ＋TTS）
> 客户：是的（语义识别）
> 大数据清洗服务平台：【41**85127@qq.com】是您的邮箱地址吗？

（语音播放 ＋TTS）

客户：对的（语义识别）

大数据清洗服务平台：【上海市徐汇区斜土路之俊大厦 1802 室】是您的收货地址吗？（语音播放 ＋TTS）

客户：不是，换了。（语义识别）

大数据清洗服务平台：您现在的收货地址是哪里？（语音播放）

客户：徐汇区斜土路之俊大厦 9**室 （语音播放 ＋ 地址标准化）

大数据清洗服务平台：您的收货地址更改为【上海市徐汇区斜土路之俊大厦 905 室】（语音播放 ＋TTS）

客户：嗯，对的（语义识别）

大数据清洗服务平台：感谢您的接听与配合，海淘网祝您购物愉快，再见！（语音播放）电话结束，根据电话的结果，通过 ETL 标准化流程将此客户的信息优化为

姓名：王小帅

邮箱：41**85127@qq.com

收货地址：上海市徐汇区斜土路之俊大厦 9**室

海淘网每年平均新增会员数量为 100 万，如果利用传统的呼叫中心进行数据清洗工作的话，每条信息需要 5 分钟语音通话，总共需要 1000 万分钟语音通话。呼叫中心以 500 分钟/人/天，每年按照 250 天工作计算，则总共需要 40 个客服人员一年的工作量。而利用云信留客 WinRobot 机器人智能清洗服务平台部署 1000 条并行线路，则只需要 10 天即可完成所有的工作。大幅度提升数据清洗效率的同时也大大减少人力消耗，相应减少企业的办公场地、办公用品等费用，从而极大地减低了企业大数据清洗的成本。每年可以节约因地址无效导致的货物损失的数百万元费用。

可见，通过云信留客 WinRobot 机器人智能清洗服务平台，在需要和人进行沟通核实数据的清洗环节，运用现在已有的技术实现人机对话，对人的回答进行识别和判定并及时给出答复，同时完成数据的校验和"蛀点"修复。将通信地址出现的种种错漏问题，高速地自动删除、归类、补充，转换之后，最终将输出一套标准的绿色的数据库。利用云信留客 WinRobot 机器人智能清洗服务平台代替传统以人工电话的数据清洗方式，显著提高数据清洗工作的效率，同时减少人力成本，从而实现数据清洗的高效率低成本。

### （二）促进产业升级

云信留客 WinRobot 机器人智能清洗服务平台，利用大数据清洗创新技术，打造大数据清洗先进产品，同时会带动原始数据采集行业（如摄像头/传感器等硬件设备采集数据，人工数据收集等），原始数据加工（如人工处理纸质文档为电子文档等）

等整个大数据清洗产业链发展。既会带动下游劳动力密集型企业发展，又会带动相关技术型大数据清洗企业的发展。

### （三）商业模式创新

凭借公司在技术能力、行业领域、解决方案积累，分别从其关联的垂直行业提取技术框架、行业共性而形成的通用产品，平台为产品交易提供可行、便捷、安全、省心、高效的商业模式。

### （四）经济/社会效益提升

有利于对未来大数据清洗技术新技术的研究，积极推动国内企业和研究院所参与到国内标准过程中，将理论技术与实际应用相结合，打造一批大数据先进产品，培育一批大数据骨干企业，为将来的产业化解决关键技术难点积累经验。因此，对于本平台的执行将预期在这一新兴技术领域取得较多具有自主知识产权的技术成果，不仅能推动该技术标准化的过程，还能推动我国大数据清洗技术的标准化，形成若干新的大数据清洗技术标准。云智能大数据清洗技术会带动原始数据采集行业（如摄像头/传感器等硬件设备采集数据、人工数据收集等）、原始数据加工（如人工处理纸质文档为电子文档）等整个大数据清洗产业链发展。同时，数千亿级别的大数据清洗市场将会带动近万人的就业。

### 三、产品架构

云信留客 WinRobot 机器人智能清洗服务平台（见图 3.101）兼具语音识别回应、文本抓取优化、多形态数据跨库比对互通等功能，是一款集成多格式辨别、高速自动化处理、多样数据适配功能的智能清洗平台。

图 3.101　云信留客 WinRobot 机器人智能清洗服务平台架构

## （一）语音智能识别清洗功能

通过智能语音识别模块，加载计算机机器人控制系统，实现对会员手机号码的零干扰自动测拨，运用信号音自动分析和处理技术，将模拟信号转化成数字识别信号，实现对会员手机号码进行包括正常号码、关机、停机、空号、来电提醒、已设置呼入限制、暂时无法接通、受限数据等十余种状态识别反馈，并提供完整数据报告，方便企业对会员留存状态进行及时掌握，并可通过会员手机号码状态执行属性分类跟踪管理。

## （二）传统地址清洗功能

通过集成海量公开地理信息数据库，内嵌230个地理属性词库、9 800万条地址信息核心词汇、860万组错误词条，构建了大规模的地址数值模型，基于模型匹配原理，可针对会员通信地址字段出现的缺漏、错误进行智能补齐，并运用数据标准化技术，将杂乱、重复的地址数据进行系统自动整理和规范。此外，系统还集成了全国最新最全的邮编数据库，通过加载运行自主研发的地址信息字段智能读取识别系统，可实现数据库自动访问，进行邮编查询工作，完成邮政编码精确地校对、补齐和匹配。

## （三）互联网数据清洗功能

通过邮箱域名逻辑判断及检测模块，加载计算机机器人模拟发送系统，可针对网易、雅虎、新浪等在内的个人和企业公开邮箱域名进行智能检测，通过集成海量公开邮箱域名数据库，运用逻辑运算技术，对格式错误的无效地址进行剔除，同时还可基于邮箱域名数据库，对失准域名进行近似值匹配，并进行正确域名智能补齐，为企业提供更人性化的数据清洗工作。

## 四、关键技术

### （一）ETL 数据抽取

当平台接收到文本、图片、视频等信息，会自动运用 ETL 技术提取有效信息，运用各种分类算法在大数据平台上将其转换为可分析模型，再进行判断处理。

例如，对于"徐汇区斜土路1223号"和"上海市之俊大厦"这两条数据，平台通过调用地理信息数据库很快能判定为同义数据，甚至之后遇到"上海市黄浦区斜土路1223号之骏大厦"这样的数据时，平台还能将其中的分区错误"黄浦区"和错字"骏"识别出来，同时结合全面的邮政编码库进行邮编查询，最后调动"四肢"，将其标准化输出为"上海市徐汇区斜土路 1223 号之俊大厦，200032"

再如，当看到 Ber ry.zh@iclud.com 这样的邮件地址，平台也会迅速调用域名逻辑判断系统进行检测，再结合邮箱域名数据库进行逻辑运算，删去空格，更正域名，自动将其输出为 Berry.zh@icloud.com。

### （二）TTS 语音合成和语义识别技术

语音辨识系统对原本的手机号码清洗领域中，凭机器测拨进行正常号码、关机、停机、空号、来电提醒、呼入限制等十余种号码状态识别反馈的系统进行了有力补充，不仅可以判断号码的状态，还能判断人与号码的匹配状态，完成了分辨机器信号到分辨真实语音的巨大跨越。

为了对语音进行准确辨识，平台还集成全国八大方言语系，共计二十余种小方言的语法特征和海量语音库，由机器自动记忆及学习系统理解掌握；再用每一次清洗结果来"反哺"机器大脑。由此，平台也可以在不断的学习及验证中得到优化。

### （三）自然语言处理和智能语音识别

平台对接收和判断的结果完成输出反馈。在与数据相关人核实信息时，根据不同的应答结果，通过自然语言处理和智能语音识别，会做出个性化的不同应答。

如相关人确认这条数据，平台会在表明来意后，将需要分步传达的通知信息一次送达，比如相关人希望了解的活动或账户变动的通知信息；对于错误的相关人，平台会礼貌性解释情况并结束沟通；对不确定的信息，还会用其他问题进行二次验证。另外，这些应答语音的拟真程度和反应速度都与真人无异，保证整个沟通过程顺畅快速，不会造成对数据相关人的困扰，更加人性化。

### （四）ETL 标准化技术

数据清洗的最终目的是让数据库恢复健康，并千方百计提高它的质量，所以四肢的存在尤为必要。平台可以在辨识出清洗结果后，运用 ETL 标准化技术调动数据模型对数据库的"蛀点"进行修补优化。如前文提到的电子邮件地址和通信地址出现的种种错漏问题，高速地自动删除、归类、补充，转换之后，最终将输出一套标准的绿色的数据库。

同时，平台的多线程并行系统还将数据清洗提升到前所未有的效率。它能以每分钟百万字的处理速度，24 小时不间断运转，高速准确过筛人力无法负荷的数据。这也是大数据清洗机器人相对于人力的独特优势。

### （五）机器识别和机器学习系统

作为赋予整个平台灵性的大脑，在整套系统中承担了最核心的调配指挥职责。它不仅要"记住"所有形态的数据所对应的匹配信息库和机器学习库，通过机器深度学习来"理解"每种数据所需的规则，还要"学会"按需分工，并在一次次的清洗过程中不断优化系统。

## ■ 企业简介

上海云信留客信息科技有限公司（以下简称"云信留客"）成立于 2013 年，隶属于拓鹏营销传播集团（以下简称"拓鹏"，拓鹏专业于数据库营销，拥有逾 10 年的大数据精准营销经验），注册资本 1000 万元，继承了拓鹏的会员营销事业部的所有产品、资产及团队，截至目前，云信留客拥有逾 300 人的团队，总部位于上海，业务分布国内多个地区，在北京、杭州、成都、西安、宁波、广州、深圳等地设有分支机构及办事处，公司技术研发实力雄厚，研发人员占比超过 40%，学历 100% 大专以上，硕士以上学历 20 人，拥有高级工程师 12 名。公司致力于开发开放式的大数据会员沟通技术平台，闭环实现会员数据的一站式清洗、增值和应用。目前云信在大数据清洗领域已成功获得 14 件软件著作权、2 项注册商标，及十多项专有技术。

## ■ 专家点评

云信留客的 WinRobot 机器人智能清洗服务平台是结合云计算、大数据处理、语音识别等技术，构建面向金融、电商等特定行业的大数据清洗平台。平台以多样化数据来源为依托，采用语义分析和概率生成模型等相关前沿技术，提出一套完整的数据质量评估维度及度量方法，并结合分析用户的反馈数据有效地进行数据的迭代式清洗。平台创新性地从数据清洗标准化入手，引入智能语音识别和机器学习，在类人化自动交互的过程中，从而达到会员信息核实、数据分析的目的。平台以智能全自动化系统的方式取代人力工作，运行一台 WinRobot 相当于雇佣了一万人 7×24 小时不间断工作，在节省成本的同时提高了数据处理的效率，保证数据处理结果的精确可视化，在行业内具有先进示范性效果。

张斌（中科院软件所研究员）

# 19 智慧能源大数据采集分析平台
## ——珠海派诺科技股份有限公司

　　智慧能源大数据采集分析平台是基于现代电子与信息技术，对能源的使用进行有效控制的智能监测系统，系统在智能仪表端按《国家机关办公建筑和大型公共建筑能耗监测系统分项能耗数据采集技术导则》中的"能耗编码规则"对每一个采集量进行编码，智能仪表将采集的参数加上时间戳和编码后形成一个信息点。智能网关通过有线或无线方式收集智能仪表采集的信息点，经过打包和加密后通过 Internet 或移动网络传输到云端存储和处理，并将结果反馈给用户。其平台创新性在于采用云技术进行能耗自动化处理，建立了内容全面、结构新颖、模型先进的专业化大型能效数据平台，实现了企（事）业（单位）能源监控、管理及分析过程的在线化、标准化、可视化、自动化，最后通过专家评估企（事）业（单位）能耗情况，针对性地提出节能诊断方案实现节能。

## 一、应用需求

　　建筑耗能、工业耗能、交通耗能是我国能源消耗的三大"耗能大户"，随着我国城镇化的进一步发展，建筑能耗所占的比重也将逐步加大。"全球 70% 的节能潜力在 30% 的建筑中。在下一轮全球化竞争中，物联网和大数据极有可能成为发达国家间竞争的利器"。因此，下面将着重分析智慧能源大数据采集分析平台建筑领域的市场需求。

　　据悉，2014 年我国建筑节能方面投入将超过 40 亿元；2015 年，全国新增绿色建筑面积达到 10 亿平方米以上，2020 年我国城镇绿色建筑占新建建筑在比重将提升至 50%。《建筑能耗标准》在 2014 年年底生效，并在"绿色建筑"推广方面进一步确立以市场为主体的地位，从而逐渐取代过去政府强制推广的方式。

　　"没有测量就没有管理"，智慧能源大数据技术使获得建筑以及建筑内大型机电设备的能源消耗数据变得成本越来越低，实现越来越容易。以纽约市为例，在物联网和大数据的背景下，通过对建筑年度能耗数据的共享与对标，已经实现了对纽约市建筑耗能的全面监控。因此，市场的需求首先来自政府的能源宏观管控需求及社会各界对美好自然环境的诉求。其次，市场的需求还来自企（事）业单位主自身对降低运营成本、提高能源精细化专业化管理的需求。近十年中国出现的一大批绿色建筑，实际运行能耗都高于一般建筑。企（事）业单位业主没有专门的系统和专业的人员来进行能源的分析和大型机电设备的运维，绝大多数业主只知道每月的总电费，但对于如何分析来自于不同设备、不同分类下的能源数据一无所知，也无从优化和提高能效。

综上所述，我们认为基于国家宏观政策的导向、社会大众对环境的诉求、整体经济增速放缓及因竞争加剧导致用户本身对能源管理越来越重视这三个主要因素，在未来，用户对成本低、可以快速部署、专业高效的基于云端大数据的能源管理系统的市场需求会越来越强烈。

## 二、应用效果

### （一）实际效果

项目成果投入使用后，实现了优化能源运行，提高能源利用效率，节约能源和资源消费，降低能源及人工成本，从源头控制并消减温室气体及废弃物排放量，提高工业现场作业人员的安全性，促进能源管理的技术进步，取得显著的经济和社会效益的目标。

技术进步是优化节能降耗的根本出路。事实上通过智能化的电力监测分析系统，对电能进行科学的能源管理，就能使企（事）业单位获得10%~20%电能效率的有效提升。实时监测用电系统各种参数，使能源使用时间、环境和使用量清晰展示在用户面前，使用户及时发现能源使用过程中出现的问题，及时采取具有针对性的、有效的解决方案和改进措施，堵住能源浪费的漏洞。同时，通过能源管理系统，建立能源管理测试平台和评估体系，真实掌握本建筑能源消耗情况，检验各种节能措施的效率，才能公正客观地评价建筑能耗水平，才能使节能降耗有的放矢，才能使节能降耗落在实处。

### （二）典型案例

中南大学湘雅三医院总建筑面积 153023.4m$^2$。随着医疗业务的增加，医院各类能耗逐年增大：2012 年的年综合能耗为 4664.6，2013 年的年综合能耗为 4615.6tce，2014 年的年综合能耗为 4710.4tce，2015 年的年综合能耗为 4793.5tce。通过分析发现，能耗计量体系不完善、能耗统计与分析弱、节能意识不强、医院缺少统一的能源管理平台等，都是造成医院能耗管理及节能工作不能顺利推行的原因。

1. 系统设计思路

中南大学湘雅三医院采用本公司基于大数据的能源管理平台。该系统通过安装能耗计量设备（智能电表、水表、空调冷/热量计、蒸汽流量计、氧气流量计等各种表具，温湿度、压力等传感器），对电、水、冷、气等各类能耗数据进行采集和数据处理，分析耗能状况，核算节能量，为医院实施定额控制、制定节能方案、提高节能效率、核定节能收益提供科学、有效的管理手段。

2. 系统架构及功能应用

湘雅三医院系统架构如图 3.102 所示。

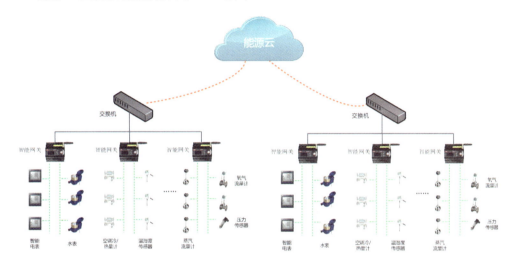

图 3.102　湘雅医院系统架构

（1）感知层系统：本项目感知层安装有智能电表、水表、空调冷/热量计、蒸汽流量计、氧气流量计、温湿度传感器、压力传感器等计量器具，对湘雅三医院现场的各科室和重点能耗设备的电、水、冷、气等能源的各种数据进行采集，智能网关设备通过 Internet 将数据加密后上传到"能源云"后台中，在"能源云"后台对海量能耗相关数据进行大数据分析。

（2）平台层系统：本项目平台系统层部署了 Web Service 服务器、服务器阵列及云计算中心。通过 Web Service 服务器提供统一的 Internet 接口，供智能网关上送医院各类能耗数据，数据经过清洗、汇总后存储至非关系型分布式文件系统。在云计算中心通过分布式存储、负载均衡等技术，实现大数据的存储和多用户的高速并发访问。

（3）应用层系统：本项目应用层系统充分考虑了湘雅三医院后勤部门设备管理、能源使用管理、能耗数据分析等相关需求，在此基础上进行数据采集设计、数据模型设计以及各类业务工具及服务的设计。

系统部分应用层界面如图 3.103~图 3.105 所示。

图 3.103　项目概览

图 3.104　区域能耗分析

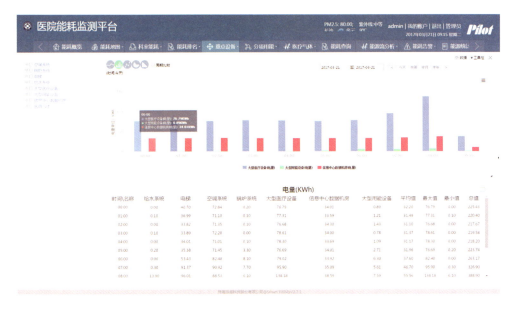

图 3.105　设备能耗分析

## 三、产品架构

系统从逻辑维度可分为感知层、平台层、应用层三个层次，产品架构示意如图 3.106 所示。

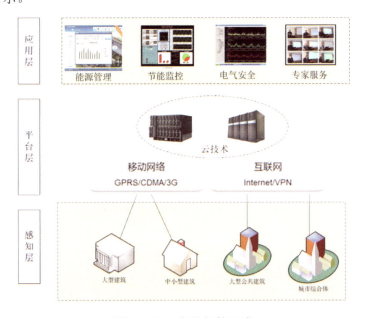

图 3.106　产品架构示意

### （一）感知层系统

感知层系统完成电、水、气、吨煤和燃油、温度、电力系统参数的采集、压缩与加密上传，同时接受云服务下发的告警信息、调度信息、分析报告等数据。感知层系统架构如图 3.107 所示。

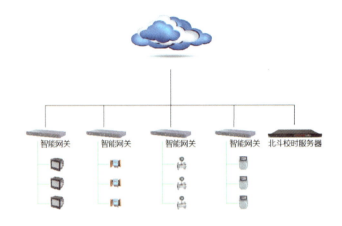

图 3.107 感知层系统架构

智能网关通过 RS485、PROFIBUS、ZIGBEE 等现场总线采集各种智能传感器数据，接收 NTP 对时协议给数据打上时间标志，通过 GRPS 或 Internet 等将数据加密上传到"能源云"中，接收"能源云"下发的告警信息、调度信息、分析报告等数据。

### （二）平台层系统

平台层主要由采集系统和云计算中心组成，如图 3.108 所示。

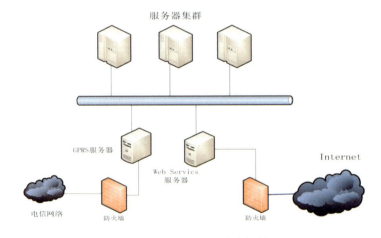

图 3.108 平台层系统架构

（1）GPRS 服务器：通过与电信的服务接口将传感器层的数据汇集，存入云存储中。

（2）Web Service 服务器：提供 Internet 接口，接收传感器层的数据，存入云存储中。

（3）服务器阵列：采用 MongoDB 非关系型分布式文件系统实现云计算中心。

（4）云计算中心：具有良好的弹性、扩展性、自动化、数据移动、空间效率和对虚拟化的支持。整个云计算中心包括网站服务器、管理节点、管理节点备份及工作节点。

按系统划分，可分为三大部分：Web 服务器负责为客户端提供服务；调度服务器负责原始数据的分配，分析统计过程的调度，备份过程的调度等；数据库服务器负责数据的存储和计算。

### （三）应用层系统

应用层采用数据仓库技术将云计算中心的数据按模型分别抽取建立数据仓库，并通过可视化技术将能耗数据用各种图表展示。应用层系统架构如图 3.109 所示。

应用层是一个软件系统，运行在服务器集群中。可以为不同的模型建立数据模型，如按地区、企（事）业单位类型等，也可以单独为每个企（事）业单位建立能耗分析系统，通过不同的权限识别其范围。

（1）数据层：确立模型的数据源，可以是传感器采集的能耗数据，也可以是其他系统抽取的能耗数据，部分数据需要手工录入。

（2）模型层：根据用户需求选择不同的能耗模型组合。

（3）知识（工具）层：根据用户关注的重点搭建程序界面，满足用户使用要求。

（4）知识（业务）层：不同行业有其业务重点，业务层综合多年工程经验提炼出典型业务。

（5）服务层：系统通过后台专业人员定期提供的有偿服务。

### 四、关键技术

本项目采用分布式采集、集中式分析与个性化节能的思路，采取了以下技术路线：

（1）自底向上通过物联网网关汇聚传感器网络数据（分布式采集）。

167

图 3.109　应用层系统架构

（2）基于云技术的数据挖掘将各企（事）业单位的能耗数据集中处理，得到能源分析结果与报告（集中式分析）。

（3）自顶向下反馈，针对不同企（事）业单位实际情况，以节能专家加终端设备方式反馈用户，以达到节能与安全的目的（个性化服务）。

### （一）大数据海量监测数据的自动化处理

（1）海量数据预处理技术。通过对传感数据进行预处理可以有效去除明显的错误和冗余数据，清洗所选数据中的有用部分。

（2）数据存储技术。数据存储于大量网络节点上，为了减小数据批量同步迁移时对网络带宽资源的占用，采用智能网关进行就近存储，将传输负载均衡化。同时借鉴 Bloom Filter 算法的思想，避免洪泛式查询。

（3）数据索引技术。大数据包括时态流数据和空间流数据，对于时态流数据，主要查询类型为间隔查询，可以采用 B-Tree、Bitmap 索引等。对于空间流数据，常用查询操作是寻找某个区域内所有符合某个条件的对象，可以采用多维索引技术，如 R-Tree 等，在有限存储空间里建立最优索引，使系统满足效率要求。

（4）多源、多层次数据融合技术。基于云计算的大数据能源管理系统中，有效聚合多源异构数据的重点是建立数据参考模型，大数据可以分为结构化数据、半结构化数据和非结构化数据，对于结构化数据一般采用关系数据库的方式进行管理，非结构化数据采用数字对象的方式进行管理，而半结构化数据则采用 XML 的方式进行管理。通过目录交换体系可以建立不同类型数据之间的联系，为多源数据融合提供标准的格式。

### （二）智能网关（XGate）

智能网关是物联网万物连接的"神器"，是系统和云服务的"翻译官"，本公司自主研发的智能网关（XGate），对于不同的感知层设备（电能表、水表、燃气表、热能表等）的数据和参数都能通过现场总线到达智能网关，并经过其内部 A8 的高速处理器进行校验、错误及异常处理、数据打包解包、数据加密解密、数据重传处理等多个模块的处理，形成可以在 IP 网上传递的分组，然后通过 Ethernet/GPRS/3G/4G 等通道上传到云端服务器和主站系统。

为了保证客户数据的安全性，对于上传的数据可选用国际对称加密标准 AES 或者国内的 SM1 进行加密。

向下支持 ModbusRTU、DL645、 IEC101、IEC104、61850 等协议，保证千差万别感知层的数据和参数都能通过智能网关上传云端和主站系统，真正做到"物联"。

### （三）基于采集量编码的数据挖掘分析技术

大数据的能源管理云平台通过智能仪表完成能耗相关数据的采集，采集量主要包括电量数据、水信号数据、气信号数据、温湿度等环境数据等，相关数据经由网关和控制器进行汇总、压缩和加密处理，并通过 GPRS 上传至云平台。

为保证能耗数据可通过云平台自动识别和处理，保证数据得到有效的管理和支持高效率的查询服务，实现数据组织、存储及交换的一致性，本项目对每个采集量进行统一编码，由采集量编码和时间戳组成一个能耗信息点，通过能源管理云平台对海量能耗数据信息点进行集中统计和分析处理，生成能源评估报告，为节能整改提供数据支撑和决策辅助。

## 企业简介

珠海派诺科技股份有限公司（简称"派诺科技"，证券代码：831175）成立于2000年，注册资金6811万元，拥有员工531人，派诺科技以"智慧用电、绿色用能"为使命，是能源管理全生命周期解决方案提供商，主要为办公楼及商业楼宇、大型公共建筑、医院、学校、轨道交通、工业、数据中心等行业服务，帮助用户更加精准的掌握能源的使用状况，创造更加高效、节能、安全、智慧的工作、生产环境。以自主研发的智能设备、物联网关、软件平台等产品为核心，拥有方案设计、系统集成、运维服务等技术能力，为用户提供全生命周期的能源管理系统解决方案。随着公司发展战略由智能电力仪表研发及制造向全生命周期的能源管理解决方案转型，目前公司产品及方案架构归整为四大类：硬件、软件、行业解决方案、服务。

## 专家点评

本项目通过建立基于大数据的能源管理云平台，实现了能耗数据的实时监测和挖掘分析，相比于传统的能源管理系统，具有建设成本低、可扩展、易维护、灵活性强等特点，平台架构支持海量用户数据的接入，为后续能耗大数据分析提供支撑。另外，相比于传统能源管理系统只提供软硬件产品的模式，该平台通过云托管代运维以及专家服务的运营模式，有利于带动行业产业链升级，使企业由卖产品向卖服务转型。

建议本平台在收集海量行业数据的基础上，重点着眼于建立行业指标库，通过大数据分析技术，提炼行业指标，为企（事）业单位能耗指标对标提供数据支撑。另外，可考虑将能源管理云平台与楼宇自动化、电气火灾、视频监控、智能照明等进行集成，提供致力于安全、绿色用能的管控一体化平台服务。

黄河燕（北京理工大学计算机学院院长）

# III
## 行业应用篇

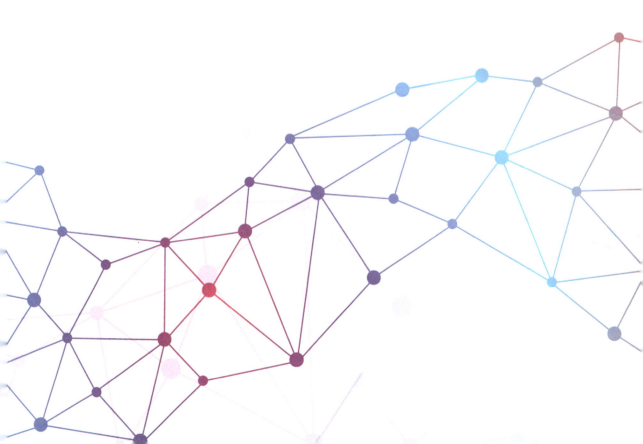

# 第四章  工 业 领 域

大数据

# 20 面向制造业的全流程数据管理平台

——青岛海尔股份有限公司

为了支持海尔网络化战略及互联工厂的实现，海尔提出打造制造业全流程数据管理平台，以应对制造企业对全流程大数据技术应用的需求。本方案设计的全流程数据管理平台包含"3 个数据流、5 个功能层、12 个业务模块"，可以完整支撑海尔互联工厂生态体系，帮助传统制造企业实现数据驱动的转型升级。

## 一、应用需求

近年来，大数据如浪潮般席卷全球，并深度改变人们的生活、工作和思维方式。世界上越来越多的国家开始从战略层面认识大数据，在政府治理、电子商务、信息消费、工业制造等领域融入大数据可视化思维和技术。中国制造业正面临严峻的挑战和难得的机遇，面对资源环境压力加大、劳动力成本上升的现状，中国制造业必须寻求新的发展方向和路径。中国制造业与西方国家制造业的差距在于，制造业全流程的数据（产品不可见的部分）不能分析挖掘，无法驱动产品决策。要想使中国制造业在世界之林有立足之地，必须使制造企业"产品的数据"进化为"数据的产品"，帮助企业实现精益制造乃至"中国制造 2025"的数据驱动。

海尔集团承接"中国制造 2025"、"互联网+"的国家战略，由原来的以企业为中心转变为以用户为中心，从大规模制造转向大规模定制，积极探索基于"物联网"和"务联网"的互联工厂模式，这样工厂不再是传统的生产线串联流程，而是为满足用户个性化需求的全流程生态系统，与用户、供应商等利益攸关方构建共创共享的商业生态圈，满足用户最佳体验。

为了支持海尔网络化战略及互联工厂的实现，海尔提出打造"制造业全流程数据管理平台"产品，以应对制造企业对全流程大数据技术应用的需求。针对制造业大数据的分析技术核心是要解决重要的三个问题——隐匿性、碎片化及低质性，本大数据解决方案将"物联网"与"务联网"配合起来，向海尔上千家上下游企业提供数据服务，促进中国制造业的大数据发展进程。

## 二、应用效果

随着海尔向互联网转型、人单合一双赢模式变革、互联工厂探索的深入，海尔联合第三方软件企业和数据分析企业、大学、科研院所，针对海尔集团互联工厂生态体系建设需求，面向上下游供应商、经销商和各类合作伙伴，共同研究和推广面向离散制造企业的全流程数据管理平台，推动大数据在制造、经营管理、市场营销、售后服务等产业链全流程各环节的应用。

海尔全流程数据管理平台建设前瞻性地规划了四大目标：一是客户数据可视化，提高工作效率、监控风险预警；二是数据资产化，依靠软件系统来实现对数据精确和智能的管理；三是用数据驱动互联工厂发展，利用这些大数据，实现对设备预警及检修，工艺配比优化，质量问题追溯，甚至排产等进行分析，提高效率和质量；四是实现用户付薪，信息实时显示驱动决策。将用户在网上的评价评论进行语义分析和结构化，最终变为可衡量用户评价的指标，以指标对员工进行考核，驱动实时决策。

海尔全流程数据管理平台已实现海尔互联工厂体系内 100 家企业的数据服务，并通过发掘产业链间的数据价值，实现上下游超过 5 000 万元的收入增长。

## 三、解决方案架构及关键技术

本解决方案以海尔为制造业代表，设计的全流程数据管理平台包含"3 个数据流、5 个功能层、12 个业务模块"，完整支撑海尔互联工厂生态体系，帮助传统制造企业实现数据驱动的转型升级。全流程数据管理平台全景如图 4.1 所示。

### （一）3 个数据流

（1）在海尔互联工厂生态系统中，用户、资源、设备、系统、应用之间的互联交互中产生的数据落入到海尔各专业业务系统中。

（2）全流程业务支持系统的数据，包括结构化和非结构化两部分，通过 ETL 过程装载进大数据平台的数据源层。

图 4.1　全流程数据管理平台全景

（3）数据在大数据平台中，经过建模、整合、分析，对上层数据产品提供数据服务。

**（二）5 个功能层**

（1）数据源层：来源于企业内各业务系统及外部网站媒体信息，包括结构化和非结构化。

（2）数据整合层：包括贴源存储部分 ODS、企业数据仓库 EDW、企业 ERP 部分 BW 和外部非结构化数据存储平台 HADOOP。其中，结构化数据通过企业级 ETL 工具（Informatica）调度抓取；非结构化数据通过 Mapreduce 采集。

（3）模型区：统一整合数据建立以用户、条码、资源、员工为索引的 360°全景视图。

（4）数据分析平台：本层提供完善的数据分析工具进行建模分析。

（5）应用产品层：形成模块化的数据产品，可独立对外提供服务。

**（三）12 个功能模块**

1. 信息门户模块

信息门户模块整体设计架构（见图 4.2）包括数据源管理层、指标库层、权限管理层、工具层和显示层，通过几层的配置和管理操作，即可完成信息可视化系统的建设工作。

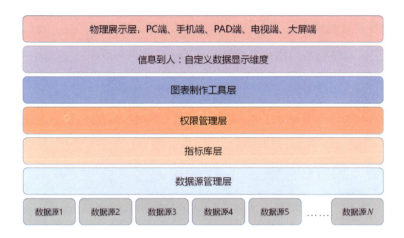

图 4.2　信息门户模块系统架构

2. 渠道全景视图模块

渠道全景视图模块采用三层结构（见图 4.3），采用 Oracle 进行数据存储，使用 ETL 进行数据抽取和清洗，以及 R 语言进行数据挖掘。

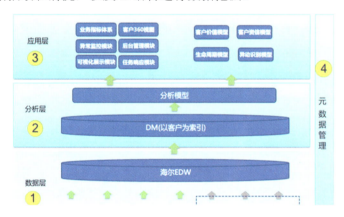

图 4.3　渠道全景视图模块系统架构

（1）数据层：绿色椭圆体代表 EDW 中已存在的系统数据，灰色椭圆体代表待抽取的系统数据。

（2）分析层：在 EDW 之上建立数据集市（DM），以客户为索引来支撑分析模型的数据需求。

（3）应用层：以数据集市为支撑，主要包括模型结果的展示与客户 360° 全景视图，同时还支持指标库的查询与展示。

（4）元数据管理：以 Metaone 软件作为技术支撑，独立于其他模块之外，实现元数据系统的各种功能。

3. 用户多维透视模块

采用四层技术结构实现用户多维透视模块，如图 4.4 所示。

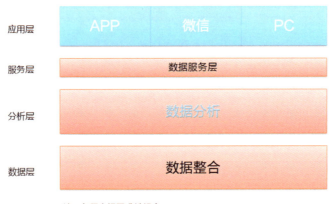

图 4.4　用户多维透视模块系统架构

（1）数据层，即数据采集及存储层：负责处理结构化数据和非结构化数据的采集、清洗、整合、存储工作。建设开放性的采集接口、清洗规则引擎、数据整合引擎，最终形成用户的 360°全景视图。

（2）分析层：包括数据分析环境的建设及分析工具的内嵌、数据仓库。主流软件包括 SAS，R，SPSS 等。

（3）服务层，即数据共享服务层：包括数据共享接口的开发、数据共享流程的开发、数据订阅接口的开发，最终实现数据的灵活、安全共享。

（4）应用层，即数据应用展示层：微信、APP、PC 等多种形式适配，灵活、可读的展示方式，所见即所得的展示手段。

4. 产品全流程追溯（条码大数据）模块

本模块采用四层架构（见图 4.5），基于大数据平台，通过 EDW 实施方法论，根据业务蓝图及数据需求将海尔供应链各节点条码、二维码数据以及海尔用户各方面行为数据使用 ETL 工具按照数据规范统一收集至大数据平台中 ODS 中；并使用基于 3NF 的实体—关系建模方式在 DW 中建立条码大数据模型及用户大数据模型，采用手机 APP、Oracle BIEE 的展示方式将这些模型与售后信息关联显示，实现售后信息显示到人。

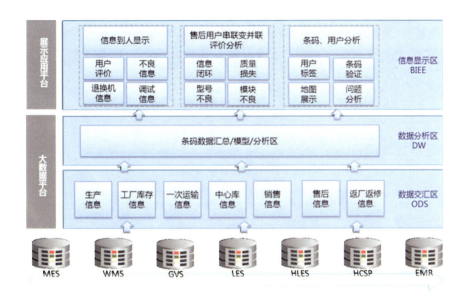

图 4.5　产品全流程追溯模块系统架构

5. 云图云识模块

采用云图云识模块系统（见图 4.6），能够按照一定的逻辑来分析任何纯文本类型的内容。它的分析包括自动识别文本信息中的热词、热点内容排行和按照人工逻辑设定来区分内容的所包含的情感。

图 4.6　云图云识模块系统架构

6. 供应链 SCOR 模块

供应链 SCOR 模块前端采用 Oracle 商务智能软件 BIEE，显示流程、显示 KPI

差、闭环推进；后端采用 Oracle 硬件存放基础数据，并使用 ETL 工具同 Informatica 对数据抽取、清洗和转换。供应链 SCOR 模块系统架构如图 4.7 所示。

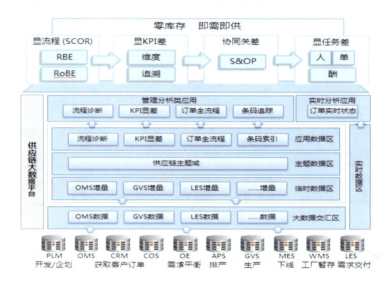

图 4.7　供应链 SCOR 模块系统架构

7. 智慧家庭 U+模块

智慧家庭 U+模块包括能力平台、U+接入应用服务及门户展现、大数据分析三部分，完成智慧家庭生态圈建设，如图 4.8 所示。

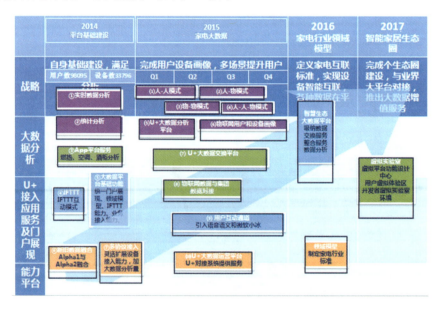

图 4.8　智慧家庭 U+模块系统架构

8. 销售网络化精益管理模块

产品为 B/S 架构，前端采用大数据显示技术包括 BO、BIEE 等与信息门户集成，同时支持手机/Pad 等移动互联网设备。销售网络化精益管理模块系统架构如图 4.9 所示。

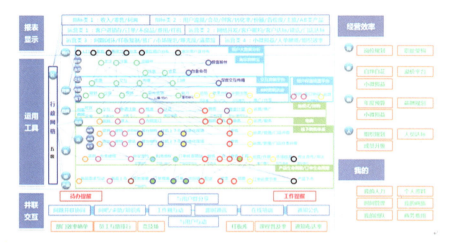

图 4.9　销售网络化精益管理模块系统架构

9. 供应商全景视图模块

供应商全景视图模块体系结构由四层组成（见图 4.10）：

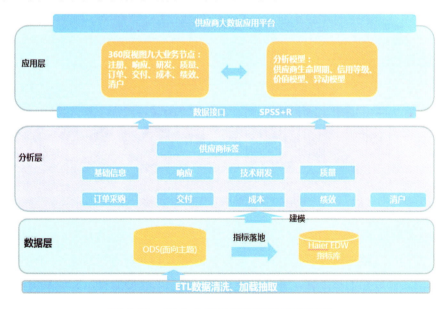

图 4.10　供应商全景视图模块系统架构

（1）数据层：整合几千家供应商十多套业务系统数据，通过 ETL-informatica

Powercenter 工具编写源系统到 ODS 的 ETL 脚本程序，实现数据清洗、抽取及转换加载等功能。

（2）分析层：以 Oracle Exadata 为物理设备，构建供应商数据中心，满足各种以供应商为索引的应用需求。通过模型搭建，对供应商进行分类，建立各指标标签。

（3）数据分析：使用多元线性回归、决策树、K-means 等算法，结合 IBM SPSS Modeler 工具，完成各种数据挖掘任务。

（4）应用层：基于 HOP 框架，结合 J2EE、SSH、Echarts 等实现前端 Web 模块的相关功能，包括数据挖掘结果展示、业务指标体系展示及客户 360°视图等。

10. 智能制造分析模块

智能制造分析模块前端（见图 4.11）采用互联网开源显示技术，包括 HTML5、CSS3、JS 等；后端采用 Oracle 硬件存放基础数据、DUBBO 进行系统间通信，并同时采用 Informatica 和 Oracle ogg 对数据抽取、清洗、转换。

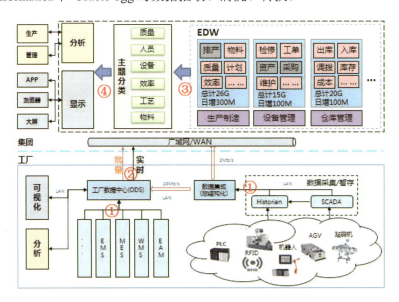

图 4.11　智能制造分析模块系统架构

11. 数据标准（数据治理）模块

数据标准（数据治理）模块技术架构（见图 4.12）通过对数据库统一管控，实现各系统之间数据的标准化，并通过各系统的提供的核心服务，实现复用，降低开发工作量。同时，通过企业数据模型的设计，整合系统功能。

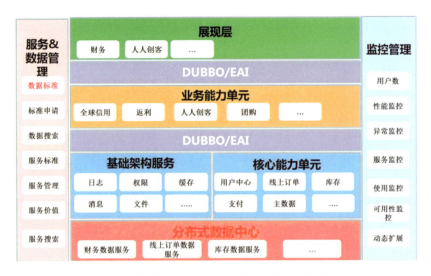

图 4.12 数据标准（数据治理）模块系统架构

12. 数据安全（数据脱敏）模块

通过数据脱敏平台形成 Data Hub，提供统一接口，为敏感数据共享提供平台化支持；通过数据脱敏平台保障敏感信息敏感度下降，从数据本身做好防泄露工作；将数据脱敏规范、规则形成电子流，规范数据共享，快速提供脱敏数据。数据安全（数据脱敏）模块系统架构如图 4.13 所示。

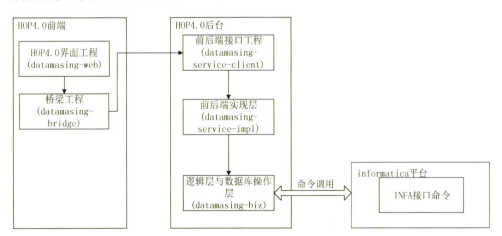

图 4.13 数据安全（数据脱敏）模块系统架构

## ■ 企业简介

青岛海尔股份有限公司成立于 1994 年 3 月，注册资本 30 4593.5134 万元，坐落于美丽的海滨城市青岛。以青岛海尔为主体的智能家庭平台，致力于推动从产品硬件到解决方案的转型，通过智慧家庭 U+生活平台、互联工厂构建并联交互平台和生态圈，提供互联网时代美好生活解决方案，最终实现用户的全流程最佳交互、交易和交付体验。

## ■ 专家点评

青岛海尔股份有限公司针对制造业大数据的分析技术核心是要解决重要的三个问题——隐匿性、碎片化及低质性，将"物联网"与"务联网"配合起来，设计了全流程数据管理平台，包含"3 个数据流，5 个功能层，12 个业务模块"，可以完整支撑海尔互联工厂生态体系。截至目前为止，海尔全流程数据管理平台已实现海尔互联工厂体系内 100 家企业的数据服务，并通过发掘产业链间的数据价值，实现上下游超过 5 000 万元的收入增长，具有极大的行业推广价值。同时，将"产品的数据"进化为"数据的产品"的推广，能进一步推动"中国制造 2025"的战略化进程，对中国制造业屹立于世界之林具有重大意义。

徐鸿（中国家用电器研究院总工程师）

# 21 联想大数据企业应用解决方案
## ——联想（北京）有限公司

联想依托自身软硬件一体化的优化能力，全球化的业务能力，打造了开放的、可信的企业级一站式大数据平台，为解决企业大数据问题，提供了一站式的解决方案。通过联想大数据平台，可以轻松完成异构数据、分散数据的整合，实现企业内部分散数据和外部数据的融合，进行供应链、客户经营、产品设计、质量等方面的优化，快速发掘隐藏在数据背后的巨大商业价值。

## 一、应用需求

以数字化转型为驱动的第四次工业革命已经悄然开始，它开启了一条大数据、云服务与智能技术并行的新航路。被誉为"大数据时代预言家"的维克托·迈尔·舍恩伯格在其《大数据时代》一书中认为："大数据开启了一次重大的时代转型"，毫无疑问大数据将带来巨大的变革，彻底改变我们的生活方式、商业模式。

但是大大小小的企业在面向新时代到来的时候，依然面临很多难题。首先，企业内各个系统数据无法共享，数据区块化现象严重，直接导致企业采购、生产、物流、销售等环节效率降低；其次，企业依靠传统经销商层层反馈的方式极难跟踪全生命周期产品，无法完成产品的持续跟踪和不断产生的优化需求，传统方式在完成产品质量迭代，提升客户忠诚度方面存在较大瓶颈。另外，随着互联网更新速度的加快，传统企业无法跟随大众的态度转变以及关注热点，极易出现产品与需求"南辕北辙"的现象。

随着国家各项政策的出台，如何在成本可控的前提下，借助大数据、工业互联网 4.0、"中国制造 2025"的契机，解决上述问题，借大好形势得到快速的发展，这是市场上各类中小企业的主要应用需求，也正是联想大数据企业解决方案的核心竞争力所在。

## 二、应用效果

联想结合自身实践通过搭建超过 2000 台服务器的集群来采集、存储、处理、分析数据，构建了以用户为中心的全球化大数据应用解决方案（见图4.14）。该方案的实施深入影响了联想产品从市场营销、生产制造、出货管理、渠道销售、代理商管理到用户使用和用户体验的各方面环节，深度优化了联想产品的全生命周期管理流程，帮助联想在全球160多个国家建立起符合全球法规监管的数据采集体系。

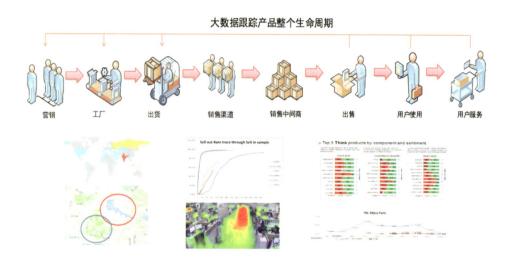

图 4.14　联想大数据企业应用解决方案

联想大数据企业解决方案指导了联想设备的研发、生产、销售、售后等部门的业务，提升了联想各个部门整体业务效率，并且帮助中国骨干企业实现全面的大数据业务能力构建。大数据应用解决方案具体实例如下：

**（一）联想设备销售激活分析系统**

联想作为一家制造业企业，从1999年开始实施众多主流企业信息业务系统，由于各个业务系统数据无法相通，数据壁垒问题严重。这极易造成生产能力的浪费和库存成本的增加。为提高采购、生产、物流、销售各环节的效率，降低运营成本，联想集团实施了设备销量分析和渠道优化系统的大数据应用项目。该平台通过数据采集、集成、分析调用等各类套件，可实现联想全线产品按地域的销量统计和分析，并可为店面选址提供科学的数据支持。

通过该大数据分析平台，联想集团完成了近5年生产、销售、物流和设备激活等数据存储和分析处理，实现了分地域、国家的设备销量的统计分析，生产和销售部门根据设备的区域销售情况及时合理调整生产和销售策略等重要功能。联想集团仅通过对印度地区的生产、物流和销售渠道的调整，便促进设备销量提升18%，节省生产物流费用近千万美元。

如图 4.15 和图 4.16 所示，联想可以对不同地域、国家、渠道的出货和激活进行跟踪，准确及时掌握渠道商的销售情况，进而掌握销售通路的经营效果，将有效资源及时的分配到优质渠道，有效激励渠道商的同时促进销量的大幅提升。

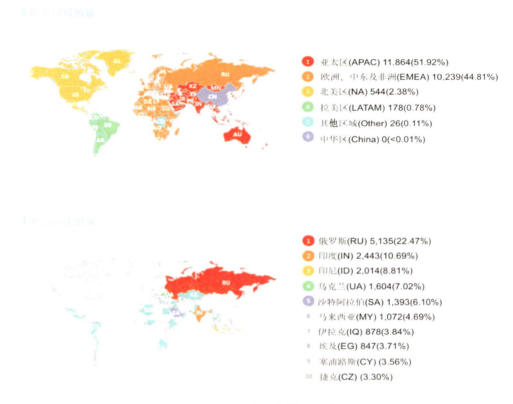

全球各区域销量

1. 亚太区(APAC) 11,864(51.92%)
2. 欧洲、中东及非洲(EMEA) 10,239(44.81%)
3. 北美区(NA) 544(2.38%)
4. 拉美区(LATAM) 178(0.78%)
5. 其他区域(Other) 26(0.11%)
6. 中华区(China) 0(<0.01%)

全球各国家销量

1. 俄罗斯(RU) 5,135(22.47%)
2. 印度(IN) 2,443(10.69%)
3. 印尼(ID) 2,014(8.81%)
4. 乌克兰(UA) 1,604(7.02%)
5. 沙特阿拉伯(SA) 1,393(6.10%)
6. 马来西亚(MY) 1,072(4.69%)
7. 伊拉克(IQ) 878(3.84%)
8. 埃及(EG) 847(3.71%)
9. 塞浦路斯(CY) (3.56%)
10. 捷克(CZ) (3.30%)

图 4.15　区域设备销量统计

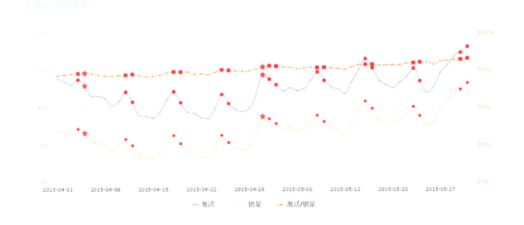

图 4.16　设备出库及激活数据对比

如图 4.17 所示，联想实现了按地域、国家、渠道的出货设备销售跟踪，客观分析不同产品在不同地域的销售效果，分析不同渠道的销售效率，合理配置生产和物流资源。

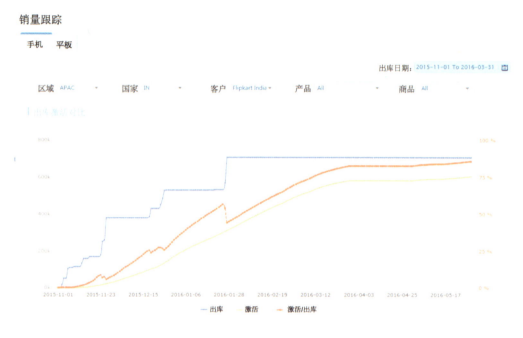

图 4.17　销量跟踪统计

（二）联想设备全生命周期管理系统

作为移动终端设备厂商，联想每年移动设备出货量达到数千万，而传统的数据采集方式，如销售渠道数据、用户维修数据，以及基于这些数据的手工报表等数据分析方法，已经远远不能满足企业对产品无接触的持续跟踪、优化需求。

联想设备全生命周期管理系统是基于联想大数据平台和数据挖掘技术，构建的一整套围绕产品设计、研发、生产、销售、激活、用户体验构建的大闭环，其主要解决以下问题：

（1）根据用户地域、性别、使用时间、应用偏好等设备使用习惯，精准定义用户画像以及对用户的产品诉求，来反向推动企业产品设计，进一步提升用户设备使用体验和满意度。

（2）通过采集设备关键质量数据（如稳定性、性能及电量消耗等），来发现产品缺陷，以改进产品软硬件质量。

（3）利用大数据分析技术来实现企业与消费者的"零距离"接触，第一时间发现用户在产品使用过程中的各类问题，解决企业的"众包"测试难题。

利用大数据，联想首次实现了 1~2 天完成一次产品质量迭代，远远优于基于传统方法一至几个月的迭代周期。每年节省六百万美金的设备维修费用，新版本发布速度提升 6~10 倍，产品投诉率下降 63.6%。

在采用大数据解决方案之前，提升产品质量的最大问题在于数据来源少，例如，对于一个典型的质量优化流程，从用户发现缺陷，到最终技术人员解决缺陷并发布到用户设备上，往往需要一个月甚至几个月，这大大降低了用户对产品的满意度。而通过利用大数据技术，联想可以通过在全量移动设备上的数据跟踪，实时/非实时获得产品软硬件数据，捕获产品各类异常问题。

以某款机型为例，部分用户反馈在某些地理位置移动信号偏弱，借助联想大数据平台，研发人员可以快速获取在该地理位置附近的基站数据。同时，根据设备连接日志，确定并修复设备缺陷，最终利用敏捷升级系统下发软件补丁到用户设备解决问题。整个流程仅仅需要 1~2 天，且对绝大多数用户透明，这极大提升了产品的用户满意度。

利用大数据，联想首次对消费用户有了准确的认识和划分，改变过去新产品研发靠领导拍脑袋做决策的方式，真正实现了用户需求推动产品研发。借助大数据技术，通过用户计算模型，可以更精准地对用户群体进行画像（见图 4.18），获取不同用户群体对产品功能的偏好，如听歌、看视频、拍照等；还可以有针对性地对不同的用户群体设计产品功能。实现了设计、研发、生产、销售及用户的"零距离"体验，真正实现了比用户更懂用户。

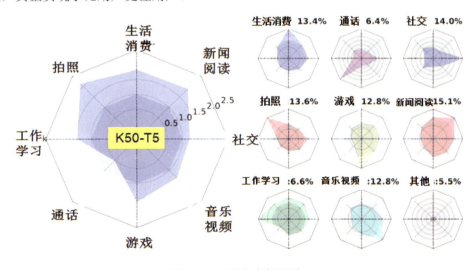

图 4.18 用户喜好雷达

### （三）联想利用大数据技术对设备质量进行评估

联想大数据平台需要利用手机业务的生产、出货、激活、使用、维修的数据源完成数据分析网站的设计。该网站需要支持在设定多维条件下实时查询生成相关质量分析图表，用来评估各个手机产品的质量。

联想采取的大数据解决方法如下：对接生产、出货、激活、使用、维修的数据源，将数据按天增量的方式导入大数据平台，并根据规则对数据进行清洗。根据手机行业领域自研的若干业务规则，通过联想大数据平台对整理好的大数据表进行加工处理，产生质量分析所依赖的输出结果表。搭建网站，设计用户交互的页面用于对输出结果表进行统计查询。

通过联想大数据平台中手机维修数据和手机退换机数据的分析，联想质量控制部门可以实时监测手机的质量情况，包括硬件及软件质量问题、同设备批次质量问题、单个机型质量问题及部件级别的质量问题。通过手机设备升级数据的分析图表，可以追踪用户的喜好流向，更好地和用户一起成长。通过用户流失数据和设备升级数据分析图表，可以追踪用户的忠诚度，找到影响用户忠诚度的问题所在。通过设备废弃数据的分析图表，可以追踪手机的使用寿命。通过对手机维修数据和手机退换机数据的挖掘分析，可以预测手机全生命流程的维修情况，以便于提前做好财务预算。图 4.19~图 4.22 是手机质量监测系统项目输出的部分图表。

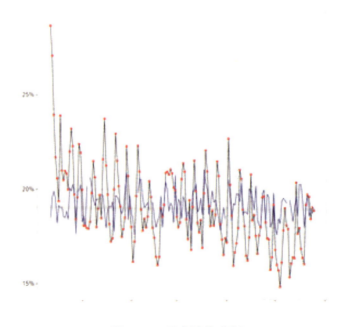

图 4.19　用户流失分析

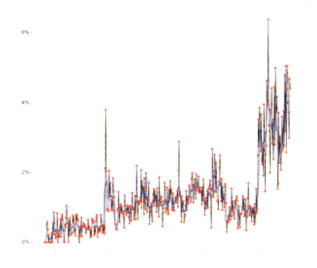

图 4.20　用户忠诚度分析

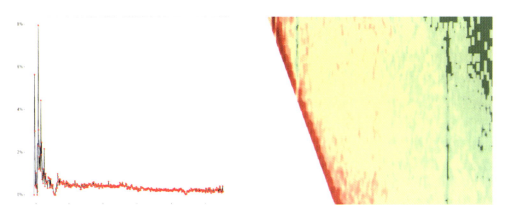

图 4.21　维修情况分析

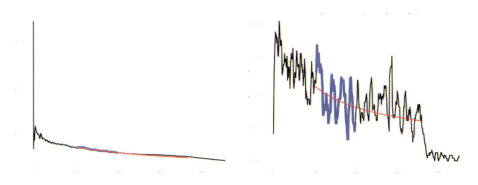

图 4.22　维修预测分析

通过联想大数据解决方案，联想手机的质量部门可以实时的监控各个手机的全生命流程的数据，更加便捷的获取到各产品质量的实时反馈，并将这些反馈信息反向回馈到研发、生产、销售、售后等部门，指导整个业务的优化，每台机器可以节省约 1 美元的研发、营销及售后维修费用，仅去年在印度市场就节省了近千万美元的成本费用。

### （四）联想大数据舆情分析

"互联网+"时代 6.88 亿的中国网民都在通过微信、微博等网络平台发表言论、参与交流，汇集成网络民意，形成网络舆论。而这些舆论能够更加真实、快速地反映民众对政府工作的满意度、对时事的看法及对任何一样商品的评价。从而互联网如今已经成为收集民意、洞察大众的态度、和测评产品优劣势的重要途径。

联想大数据业务的舆情分析系统基于强大的网络爬虫技术、海量数据的处理能力以及数据分析数据挖掘技术，使得在严格遵守法律法规的前提下，可以给出用户关注的舆论方向和舆论关注点，为企业掌握舆情动态、做出重大决策和正确的舆情引导提供依据。

联想大数据业务舆情分析系统旨在面向无任何数据分析挖掘背景的客户，只需要客户输入所关心的话题方向以及所需要的输出需求，即可自动化为用户设计和实施定制化舆情引导方案。

通过联想大数据舆情分析系统，可以有效帮助联想手机研发部门指导新款手机的研发重点，使得新一代手机相比同系列上一代手机销量提高 30%，用户忠诚度提高 2%。极大地帮助联想市场部找到用户的关注点和痛点，总计降低市场营销成本达 50 万美金。

### （五）成功案例

1. 某钢铁生产制造企业大数据分析平台

某钢铁制造企业是我国钢铁生产制造龙头企业。经过十多年的信息化建设，取得了丰富的成果，积累了大量有价值的数据。以汽车行业为例，其行业供应链系统已支持近 100 家汽车行业客户、管理近 900 个车型、近 4.5 万个零部件。

由于国家宏观经济下行，钢铁行业产能过剩，市场波动剧烈。而对钢铁行业来说，从订货到采购至少三个月时间，经常出现刚生产出来的产品已经面临下线停产的状况，多余的钢材只能低价处理，造成较大经济损失。在这个大环境下，此钢铁企业响应国家互联网+政策，尝试利用大数据来做到对市场需求的精准预测，建立以业务需求出发，技术驱动的面向全量数据和自学习的大数据分析应用平台。具体建设需求：

（1）搭建大数据平台，打通信息孤岛，实现内部已有数据、外部获取数据的整合。

（2）以数据为基础，通过机器学习等模型算法，建立分钢种的钢材需求量预测；

分汽车生产商的订货量预测；客户忠诚度分析等相关专题，指导营销，使企业具备业务领先的能力。

联想大数据为客户提供深度学习智能应用平台及全覆盖解决方案，包含大数据硬件、大数据软件、大数据咨询及建模开发等服务，如图 4.23 所示。

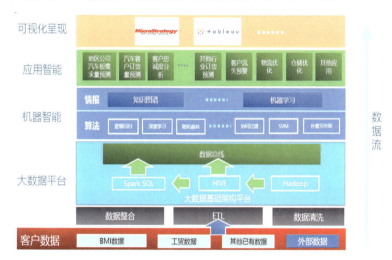

图 4.23　系统整体技术架构

通过大数据分析系统，整合了内外部各类相关数据，借助机器学习和知识图谱来发现和探索，发掘出数据和业务之间的联系，支撑企业业务和管理的发展和转型。产品需求量预测模型体系结构如图 4.24 所示。

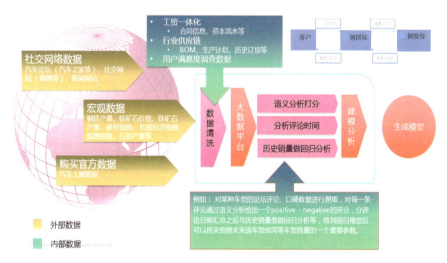

图 4.24　产品需求量预测模型体系结构

预测准确度提升：相对于过去采用首席专家凭经验预估市场需求量，机器智能预测的方案大幅度提升了预测准确率和客观程度。

例如，针对主要 6 个区域，利用历史数据为评测指标，针对给定的某一个历史时间点，预测以它为起点一个月后的需求量相对误差＜15%，6 个月后的相对误差＜30%；针对主要 6 个大客户，利用历史数据为评测指标，针对给定的某一个历史时间点，预测以它为起点一个月后的产量相对误差＜20%，6 个月后的相对误差＜35%。

客户画像更加精准：经过大数据分析，对钢铁客户的人群特性进行用户画像根据客户订购信息计算客户忠诚度，结合满意度调查表把客户聚成四类，完成每类用户的标签画像，从而达到精准营销的目的。

整个系统运行平稳，给出的预测结果合理。通过大数据分析，帮助钢铁企业降低了成本、提升了利润。

2. 某汽车企业大数据 BI 系统建设项目

随着云计算大数据等各类新技术的兴起和普及，电子信息领域技术也在向汽车行业渗透，与此相关的车企营销预测分析、产品质量分析、车联网等成为目前助力车企整体业务发展的关键性因素。对于一个年产 15 万台发动机的某汽车企业而言，随着自身产品线的日趋复杂，汽车市场变化的风起云涌，以及竞争对手的信息化建设日益壮大，希望通过建设大数据 BI 系统平台而帮助其走在中国乘用车品牌的前列。

构建大数据分析系统，实现本企业各类数据的快速融合、集中管理和透明开发。同时借助大数据提供的分析预测等功能，实施有效的推广策略，实现精准营售。与传统营销模式比较，营销费用降低约 26%，营销的成功率提升近 8 个百分点。图 4.25 为大数据分析平台可视化工具生产图表示例。

通过大数据平台，接入车联网数据，整合所有车辆联网数据采集，实现对车辆全生命周期数据分析和质量、故障、维修分析预测等功能。图 4.26 所示为大数据分析平台可视化工具生成图表示例

3. 某能源企业大数据分析平台

能源是全球经济快速发展的原动力，全球能源消耗不断增长。如何利用科技的创新提效率、降低成本，是能源企业共同关注的话题。2013 年 3 月中国电机工程学会信息化专委会发布了《中国电力大数据发展白皮书》，掀起了电力大数据的研究热潮。在此大背景下，国内外的众多电力企业已经将大数据提升到企业战略层面。国内某能源企业希望通过建立企业级大数据平台以实现能源数据的采集、传输、存储和高效处理，在如电力设备预测性维修与服务、电气设备智能化管理等方面，提高企业的运营效率，降低系统故障风险，有效支撑管理和运营决策。

图 4.25　大数据分析平台可视化工具生产图表示例

图 4.26　大数据分析平台可视化工具生成图表示例

联想大数据针对客户需求，从大数据基础架构、分析应用功能层面，为客户提供完整的解决方案和服务。图 4.27 为某能源企业大数据分析平台整体架构。

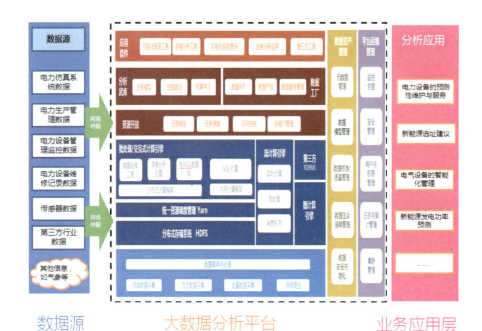

图 4.27　某能源企业大数据分析平台整体架构

以电力设备的预测性维护与服务应用为例：

它是以联想大数据分析平台为基础，集成 ERP、维修等 IT 数据及 OT 数据（包含 Sensor 数据、MES 和 SCADA 等），全面梳理所有设备台账、故障历史、维修成本、状态变化等各类信息，重新对各类风险因素进行定义、识别、量化、分析、定级和监视等操作。通过深度数据挖掘与风险模型构建电力设备的预测性维护与服务平台。

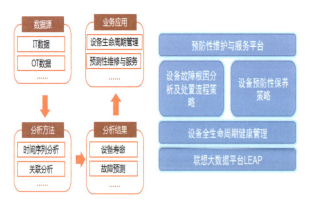

图 4.28　电力设备的预测性维护与服务功能

通过电力设备的预测性维护与服务，电力单位与企业能将设备纳入到全生命周期管理的范畴内，掌握设备的过去、现在甚至未来，为企业的智能化管理之路打好根基。此外，预测性的维护与服务可将设备突发故障的概率降低 40%，减少因故障而造成的突发性事故，降低电力机构的经济损失。

### 三、产品架构

联想企业级一站式大数据平台（见图 4.29）不仅提供海量数据存储和多种高性能计算框架，还为大数据分析应用提供数据挖掘平台、数据分析和开发平台，同时为保障数据的安全性提供了完整的安全保障体系，包括统一的身份认证和权限管理、分级分层的权限控制以及数据加密和脱敏等实时增量数据同步工具。

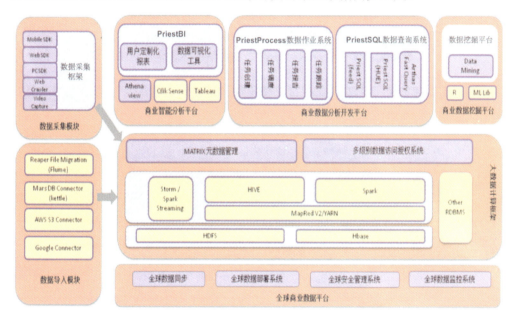

图 4.29　联想企业级一站式大数据平台架构

联想企业级一站式大数据平台已经实现了全球化部署，超过 2 000 个节点的超大计算集群，支持联想全球业务及专业化的数据分析能力，如图 4.30 所示。

联想大数据平台相关核心模块功能特点如下：

### （一）商业智能可视化工具

商业智能可视化工具为企业提供多种商业级的数据可视化方案，方便决策人员在庞杂巨大的数据基础上，能用一种更容易理解的方式查明问题，并在数据中发现趋势，尤其是跟信息图表和可视元素用在一起时，能够更清晰快速地发现问题的答案。

图 4.30　联想企业级"一站式"大数据平台全球化部署

同时商业智能可视化工具支持直接使用统计语言对数据进行分析，充分满足多样化的数据分析需求，如图 4.31 所示。

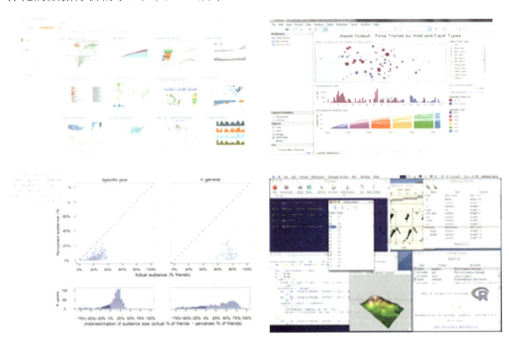

图 4.31　商业智能可视化工具生成图表示例

商业智能可视化工具有以下主要作用：

（1）使管理者及时洞察到实际运营中的低效问题，快速识别并定位问题。

（2）使管理者随时保持对整个企业的可见性，第一时间协调各个分公司、部门、合作伙伴以及用户之间的活动。

（3）随时提供具有深度的分析结果，使管理者能够轻松捕捉造成企业盈利的异常变化及其根本原因。

（4）最大程度调度企业资源，使资源得到最充分的利用。

### （二）数据作业系统

数据作业系统是联想统一大数据存储和处理的作业平台。该系统是基于联想企业级大数据平台的全链路数据集成、存储管理、处理分析的大数据作业平台，其中包含了任务创建、任务调度、任务报告、任务跟踪等模块。该系统通过全界面的方式提供给用户使用，仅需经过简单的拖拽和参数配置，便可完成数据处理工作流程。企业信息技术人员可根据实际自主定义自动化数据作业流程，以完成数据清洗、数据迁移、交叉分析、提炼分析等数据作业。

数据作业系统拥有成本低、速度快，操作简单方便，处理流程一目了然等突出特点。数据作业系统开发界面如图 4.32 所示。

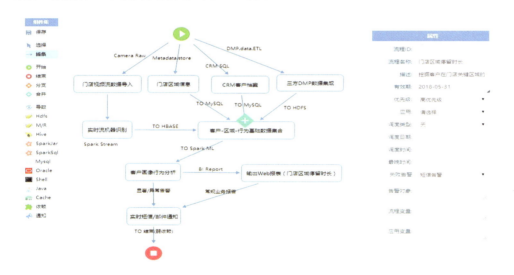

图 4.32　数据作业系统开发界面

### （三）元数据管理平台

由于企业数据复杂，用元数据来描述企业数据可以大大提高管理和利用企业数据的效率，让抽象的企业数据变得具体化，对于企业数据的利用也更加的准确和方便，对于企业数据的管理也更加的规范化，当然管理的手段就更加丰富。建立一套元数据管理系统，提供对元数据的采集、管理、维护与网络发布，是大数据实施的首要任务。

通过元数据管理平台可快速搜索元数据的定义，从逻辑视图和物理视图了解数据的属性，并管理访问权限，如图 4.33 所示。

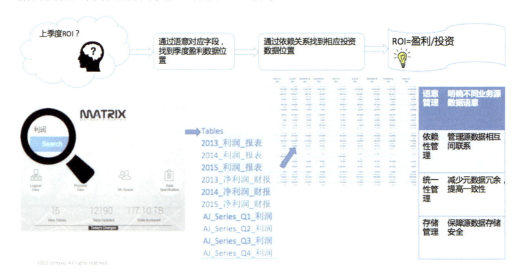

图 4.33　元数据管理平台逻辑视图

### （四）数据采集模块

为快速收集企业信息系统外的设备、用户交互和社交数据，联想大数据平台将提供支持不同系统和设备的开发工具套件。另外，为了获取企业外部的数据，联想大数据平台也将提供网络爬虫来获取企业外部的相关数据，如同行业商店的访问量和评分，再如对某一款产品在网站上的评测报告统计等。

### （五）数据导入模块

为了快速导入企业已有信息系统的数据，以实现与已有系统的快速集成，联想大数据平台将开发与不同的主流信息系统和数据库系统对接的连接器。

## 四、关键技术

联想大数据企业应用解决方案的关键技术可以分为如下六类：

（1）实现端对端的解决方案。

（2）实现各层独立解耦设。

（3）实现 80% 的编程问题可以通过图形化拖拽来解决。

（4）实现自然语言访问数据。

（5）实现开放接口，支持多数据源融合。

（6）实现灵活分享故事机制，和办公软件、Social CRM 集成。

## 企业简介

联想是个人计算机厂商，国家高新技术企业，拥有国家级企业技术中心、博士后流动站等扎实的科研团队，2016 年《财富》世界 500 强企业中排名 202 名。目前，联想员工数接近 7 万名，客户遍布全球 160 多个国家，凭借创新的产品、高效的供应链和强大的战略执行，2015—2016 财年，联想集团以 21.6% 的全球市场份额，成为全球 PC 行业第一名；联想集团凭借 x86 服务器全球 14% 的市场份额，成功跻身全球前三名；联想云存储服务平台业务凭借 41% 的中国市场份额，成为中国企业网盘市场第一名。联想大数据平台已为联想的上亿台设备及联想应用商店的上千个应用提供服务，帮助联想各类软硬件产品进行设备及用户体验优化。

## 专家点评

联想大数据企业应用的决策方案依托于联想软硬件一体化的优化能力，通过深入优化开源和硬件创新，打造了一个开放的、可信的全球大数据和云计算的基础业务平台，通过企业内部分散数据和外部数据的融合，实现了企业的管理和创新能力提升，具有很高的应用价值和行业示范效应。联想大数据平台涵盖大数据领域的多个核心技术，并构建了面向骨干企业的供应链优化、客户经营、产品优化、质量控制等诸多方面的全面大数据和云计算创新行业解决方案能力，有力地支持了产业转型升级和企业间数据合作。整体来说，联想大数据开放平台的创新性、性能、技术能力均达到了国内领先水平。

王建民（清华大学软件学院党委书记、副院长）

# 22 岸海一体的智能船舶运行与维护系统
## ——中国船舶工业系统工程研究院

智能船舶运行与维护系统（Smart-vessel Operation and Maintenance System, SOMS）是一款面向运行与维护过程的智能系统软件。SOMS 以船舶工业大数据为基础，以 CPS（Cyber-Physical Systems）技术体系为框架，通过 PHM 技术和人工智能技术的综合应用，构建的以数据驱动为特点的自认知、自学习、自成长的智能信息分析与决策支持系统。

SOMS 通过对船舶运行数据的全面感知，在岸基 CPS 认知与决策系统（CCDS）的支持下，提供知识认知、决策优化等服务，从而减少设备自身或人为因素造成的安全事故和燃油消耗；提供基于船舶自身数据分析的运维优化方案，从而降低运营成本；并通过岸海一体服务能力，向用户提供从集控室/驾驶室到公司总部的无缝交流与管理。通过两型试装船舶的试用与迭代升级，船舶智能运行与维护系统形成了智能信息平台+智能应用的模式，基于船舶工业大数据的 CPS 工业智能探索在船舶航行优化与健康管理上取得显著效果。

## 一、应用需求

在全球经济增长乏力的大背景下，航运业市场持续低迷，长期处于买方市场，而之前航运业的快速扩张也导致目前运力过剩的现象突出、企业运营成本大幅提升。在航运业不景气的大环境下，如何提高船舶运营效益，实现航行的高效、可靠，已成为船舶运营企业生存发展的巨大挑战。

传统的船舶基础功能系统已有成熟的基础应用，如自动化、网络、机务、通导等产品已极为成熟，MAN、康斯博格、瓦锡兰等各大海事公司长期占据着较大的市场份额。这些应用不仅价格昂贵，而且相互独立、分散、数据分离，可扩展性差，并仅限于船基的应用，造成了新加系统的成本居高不下。同时，船东无法全面掌握船舶信息，难以做到管理的优化、更难以从这些成熟分散的应用中节省成本和提升效益。

因此，本产品在充分利用已有船舶设备的监测信息基础上，增加少量低成本的专用传感器，综合利用中国船舶工业系统工程研究院（以下简称"中船系统院"）在多源监测、预诊断、趋势预测、性能优化、精确运行、自主保障、供应链管理等方面的优势，针对船舶工业大数据的挖掘与分析，对装备当前及未来的状态进行定量化评估，并结合运营用户的决策活动需求，实现"精确设备"到"精确信息"的转变与应用，为不同层次用户的使用、维修、管理等活动提供科学的决策支持。

## 二、应用效果

作为中国最早开展 CPS 研究的船东之一，招商轮船在劳氏船级社的支持下，率先与中船集团签署战略合作协议，共同在船舶智能化、航运管理智能化、岸海一体智能信息体系等方向展开全面合作，并创造条件，推进"SOMS 群体解决方案"的实船试装与实践应用。目前，"SOMS 群体解决方案"已在招商轮船 VLOC、VLCC 等主力船型开展了实船试装与测试工作，并取得了阶段性成果。2016 年底，招商轮船和中船系统院在北京成功召开智能船项目年度总结会。双方总结了 SOMS 与智能管理的实践经验，认为项目的效果好于预期，并借此机会签署战略合作协议，进一步扩大 SOMS 的实船安装范围和智能管理内容。

SOMS 系统在招商轮船开展了船舶智能化、管理智能化和岸海一体三个方向的应用，取得效果如下：

### （一）船舶智能化

（1）通过在 6.4 万吨散货"明勇轮"安装运行 SOMS 系统，累积航行数据 5.79GB，有效地完成了数据模型训练、功能完善、仿真验证和实船应用优化验证（见图 4.34）。针对转速优化的实船数据仿真验证，可在宏观节油 5% 的基础上达到 6% 的理想海里油耗节省空间；针对转速优化的实船航行验证，在巴西—印尼航段环境恶劣的条件下，全航段转速调整前后仍能够到达平均 1.87% 的燃油节省，且在 SOMS 认知范围内有效调整建议最高达到了 3.2% 的油耗节省（见图 4.35）。

图 4.34　明勇轮 SOMS 全系统安装测试

（2）通过在 30 万吨 VLCC "凯恒轮"智能超大型油轮安装运行 SOMS 系统，实现了数据模型训练、实船更新与反馈收集不断推进系统的完善升级。凯恒轮的 SOMS 系统现场安装如图 4.36 所示，凯恒轮数据模型训练如图 4.37 所示。

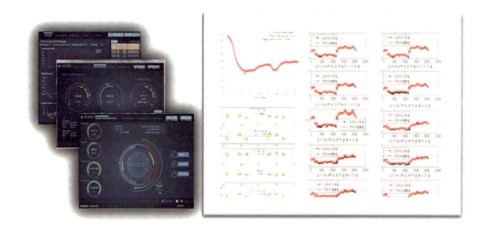

图 4.35　SOMS 界面、转速优化模型和健康管理模型的更新结果

图 4.36　凯恒轮的 SOMS 系统现场安装照片

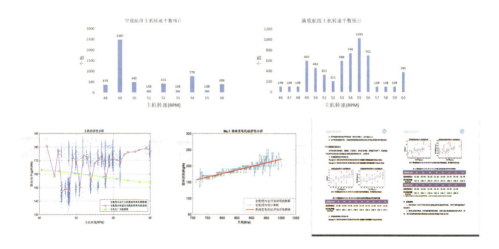

图 4.37　凯恒轮数据模型训练

通过试装船舶智能化系统，在船舶营运中的表现证明了能效优化管理和设备健康管理的健康异常提醒都取得了令人满意的效果：

（1）试装于两型船舶上智能运行与维护系统可靠稳定运行，验证系统可靠性设计合理，系统组成设备集成与安装设计符合海事环境要求，并通过技术审查可达到船级社要求。

（2）智能运行与维护系统提供的能效优化管理决策支持系统已具备实船应用条件。在实船验证航段支持有效率达到 70%，综合航行海里油耗降低 1.87%，且在 SOMS 认知范围内有效调整建议最高达到了 3.2% 的油耗节省。

（3）智能运行与维护系统提供的健康管理系统为船舶设备视情维护与视情使用提供了一个全新并有效的解决方式。在实船试用过程中通过设备健康状态模型，实时分析评估设备及部件状态识别异常状态，给出的异常识别正确率在试装船舶中达到近 100%，充分验证了工业大数据的健康管理技术实船应用适用性与可靠性。

（4）智能运行与维护系统提供的工业大数据轻量化传输技术模块，依托船岸一体的信息平台，成功解决了岸基实现船舶监控的数据量与高昂卫星通信资费的突出矛盾，实现了 3% 的卫通数据压缩量，使得每月仅花费几十兆卫星通信流量就能监控近千测点的船岸通信传输，极大降低船舶运营的卫星通信资费成本。

### （二）岸基管理智能化

通过在"明勇轮"和"凯恒轮"应用 SOMS 岸基船队智能运行与管理系统和船队运维管理 SOMS 系统移动端手机 APP，实现岸基管理的智能化，取得了很好的应用效果。

岸基船队智能运行与管理系统（见图 4.38）已具备完善的船位监控、海洋气象台风监控、航迹与航速监控、船舶机舱设备状态与能效监控等基本信息系统功能，同时也成功应用于航线数据分析、船舶航行大数据分析报告、航速优化等方面。尤其在实船航行阶段充分验证了 SOMS 在船舶高效定量化管理方面的可行性与有效性。

### （三）岸海一体化

在岸海一体的智能信息服务体系建设方面，通过连接岸基航运管理业务系统的船基智能系统（以 SOMS 为代表），借助船岸一体的工业大数据轻量化传输技术等手段，通过定期或实时的智能信息服务形式，实现岸海互通与活动协同，进而实现船基活动支持系统与岸基服务管理系统的紧耦合，达成岸海一体的智能航运支持能力，形成航次数据分析服务报告推送、船舶状态事件报告推送的有效模式，如图 4.39 所示。

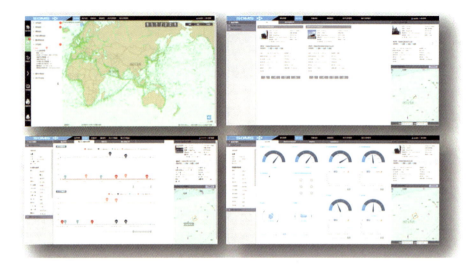

图 4.38　SOMS 岸基系统基本版的界面

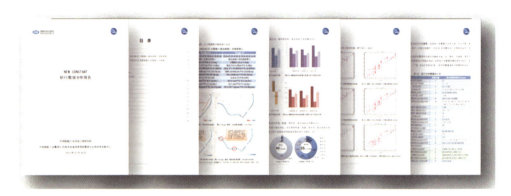

图 4.39　航行数据分析报告

### 三、产品架构

SOMS 产品由三大要素组成，即智能感知、智能分析和智能决策，其架构分为集成信息平台、专用模型分析库和多个定制化辅助决策应用。

#### （一）智能感知：SOMS 拥有一个集成的信息平台

集成信息平台（见图 4.40）能够集成包括主机、电站、液仓遥测、压载水、ECDIS、VDR 等全船已有航行、自动化监测、控制与报警信息，以及视情增加包括燃油流量、轴功率、主机瞬时转速、轴振动等传感器，形成 SOMS 信息运行平台，并在平台中统一数据标准、有效存储管理、提供开放接口，可实现船上系统之间和船岸之间信息共享。

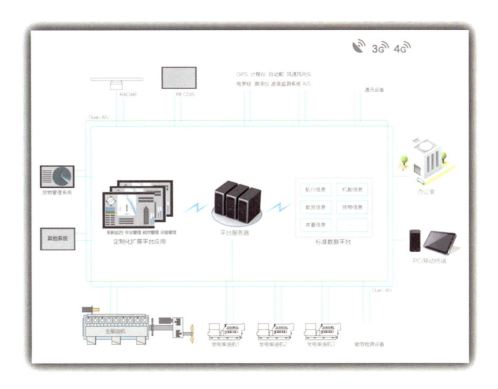

图 4.40　SOMS 集成信息平台

平台的数据具有集中性，船舶自身、海洋环境、用户活动、物流/港口等方面的数据汇集，形成船舶万物互联的基础。

**（二）智能分析：SOMS 平台上搭载专用数据分析模型库**

SOMS 具备一定数量的智能数据分析模型，形成 SOMS 的每一个特色功能（如设备安全预警、燃油消耗优化、岸海传输压缩等），并通过船舶航行过程自动模型训练与优化，实现感知、分析、评估、预测、决策、管理、控制、远程支持等一体化的智能化体系。

**（三）智能决策：SOMS"一个集成平台＋多个定制化应用"模式**

基于 SOMS 的统一信息平台与专用模型库，SOMS 可像智能手机的"平台＋APPs"模式一样，面向船舶用户活动的各类需求，重点解决价值分析与优化决策支持，以低成本、快速响应形式提供从船端到岸端的多个定制化应用，如图 4.41 所示。

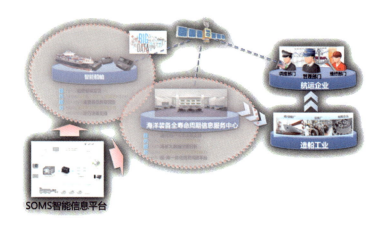

SOMS智能信息平台

图 4.41 "一个集成平台+多个定制化应用"的产品模式

## 四、关键技术

设备运行与维护智能系统关键在于以"视情"为核心的维护、保障、调度管理等决策支持，重点解决在对设备当前及未来健康状态定量、精确掌控的情况下，对设备的运行和维护给出科学有效的决策建议。针对项目核心重点，开展相关关键技术的研究与突破如下。

### （一）基于工业大数据挖掘的视情维护辅助决策支持技术

基于工业大数据挖掘的视情维护辅助决策支持技术主要由基于事件的在线大数据化处理、视情维护决策优化模型的建模及评估、视情维护决策优化模型的优化及建议 3 个关键步骤构成。在不改变船舶现有系统布局的情况下，考虑利用船舶系统已有的监测数据（温度、压力、电压、功率等）和加装的少量专用传感器（如振动加速度、上止点、电涡流等）数据，通过工程化的工业大数据挖掘手段，建立指标量之间的视情关系，并以此视情关系开展决策优化模型的建模、评估、优化及方案建议。

1. 基于事件的在线大数据化处理

提取数据中的有效信息，以合理的大小、格式进行储存、传输。而通过对于特征和事件的有效信息提取，建立指标量之间的视情关系，作为决策建模时的关键依据。具体步骤如图 4.42 所示。

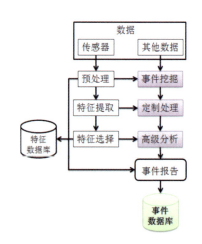

图 4.42 基于事件的在线大数据化处理具体步骤

2. 视情维护决策优化模型的建模及评估

根据基于事件的在线大数据处理得到结论，建立决策量和关键过程量之间的定量关系。然后，再建立关于及时性、经济性等指标的定量化关系模型，依据所得的指标模型，通过仿真等手段，对所建立模型的效果进行评估。

3. 视情维护决策优化模型的策略与建议

根据建立决策量和关键过程量之间的定量化关系，建立关于及时性、经济性等指标的定量化关系模型，依据所得的指标模型，结合相应的约束条件，对决策量进行优化求解。

### （二）数据驱动的设备维护与保障补给联合优化模型构建技术

主要开展设备性能趋势建模技术和设备维护与补给联合优化模型构建技术的研究。

1. 设备性能退化建模技术

以设备形成的船基大数据为基础，通过数据清洗、工况识别、特征参数提取等数据分析手段，提取出反映设备状态变化的性能参数，并建立相应参数的趋势变化模型，以提供设备状态当前及未来的变化信息；

2. 设备维护与保障资源补给联合优化模型构建技术

面向设备维护与保障资源补给活动，结合设备性能趋势模型，通过随机滤波、更新定理、Markov 过程建模等手段，建立与船舶设备运行经济性相关的目标函数模型，以及与安全性、环保性、舒适性相关的约束函数模型，并最终构建起数据驱动的设备维护与补给联合优化模型，为寻找船舶设备状态与船舶使用、维修和保障活动之间的最佳匹配点提供模型基础。具体解决途径如图 4.43 所示。

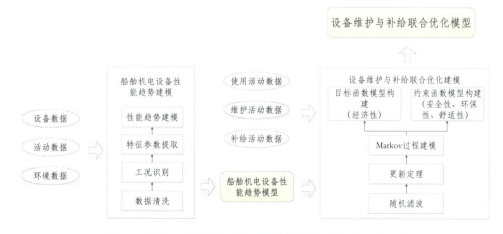

图 4.43　数据驱动的设备维护与补给联合优化模型构建技术解决途径示意

207

## ■ 企业概况

中国船舶工业系统工程研究院成立于 1970 年 4 月，隶属于中国船舶工业集团公司。凝聚多专业研究所的科研能力和各地布局的子公司产业化力量，形成了从研发、设计、试验到产品生产及售后的全产业链架构，覆盖体系研究和顶层规划、系统综合集成、系统核心设备研制三个层次，在航海、航空、防务与执法、海洋工程、机电、信息等方向加速推进产业发展，负责国家重大专项工程多项任务，完成了多型舰艇千余台套系统和设备的供货，大力发展电子与信息高端战略新兴产业，提供定制化一揽子解决方案、一体化系统集成、一站式产品支持和一条龙服务保障。

## ■ 专家点评

中国船舶工业系统工程研究院申报的"岸海一体的智能船舶运行与维护系统（SOMS）"突破了大数据简单堆砌罗列的传统模式，通过工业大数据手段实现了从数据到知识的转化，挖掘工业大数据的真正价值，形成了感知、认知、分析、决策等具有自主知识产权核心技术，构建了面向船舶运维的赛博空间，实现了物理实体、意识人体和数字虚体一体化的智能模型，并针对三大主力船型进行了长期实船验证，是信息物理融合技术在船舶领域的典型实践，对于正确地认识工业大数据，挖掘工业大数据价值，贯彻落实"中国制造 2025"与促进两化融和起到了良好的示范带动作用。

**宁振波**（中航工业集团信息技术中心首席顾问，航空与国防领域信息化、智能制造专家）

# 23 宁夏工业大数据综合管理与应用系统

大数据

## ——宁夏回族自治区经济和信息化委员会

以往政府各部门因为分工的不同，各部门信息化建设都是着眼于本部门业务功能视角，所以部门数据往往容易形成一个个数据孤岛。大数据技术的提出就是为了打破这些数据孤岛，把它们串起来形成有价值的"综合情报"以便帮助决策。但是，如果政府大数据项目本身又制造出了数据孤岛，这无疑与大数据应有的初衷相背离。故本系统采用"五个一"的设计思路：由"采集一套表、数据一个库、公共一平台、决策一张图、安全一把锁"，形成一个基于宁夏经信委的企业公共大数据体系，在统一的应用开发与集成平台上根据梳理的部门业务流程，快速完成业务应用的开发及部署。

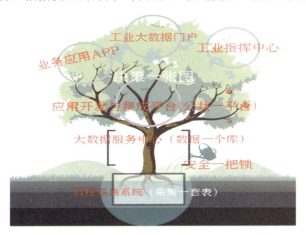

图 4.44　系统设计"五个一"思路示意

## 一、应用需求

李克强总理在《关于实施大数据国家战略研究》的批复中指出："推进政府及大型公共信息服务平台建设。发展和利用跨部门的政府信息大平台，提高行政工作效率，降低政府运行成本。利用政府信息大平台，提升政府治理能力，提高政府决策的科学性和精准性，提高政府预测预警能力以及应急响应能力。"

近两年来，宁夏回族自治区经济和信息化委员会面临着保增长与保降耗双重压力，同时承担着产业升级、培育大园区和大企业、发展非公经济、信息化这四大战略任务，并担负着推进电力市场改革的重任。政府需要调控的社会经济问题非常复杂，用行业及部门固定的传统经验和直觉已经很难找到"规律"了。社会经济因为涉及的利益相关者众多，所以目标也是多重的，不像技术问题，目标往往是单一的，而最新的大数据处理技术为此提供了一个适时的解决途径。针对工业经济越来越多的数据累积，采用大数据技术通过海量数据的分析和建模，形成多维度的工业大数据分析、预测模型，结合各业务处/室的特点，向各级管理人员提供多维度、多视角的数据，辅助领导决策，以此来服务工业的产业升级与经济转型。

宁夏工业大数据综合管理与应用系统是一个高成本的综合大项目，在数据采集上物联网设备造价高数量多，故宜采用分步实施方式实现。首先，采用企业填报与电力侧物联网采集相校验结合，实现"最小系统"的建设就可以验证实现系统功能。其次，通过与宁夏回族自治区的政务共享基础库及相关工业企业管理单位对接，把企业的注册、经营、纳税、污染排放、财政补贴、信用、用水、用电、用气、土地资源占用及安排就业等信息，全都纳入本项目的采集系统。通过各项数据组合与校验，逐步减少企业的填报次数。最终我们就可以做成两件事情：一是为政府相关领导提供决策支持，二是建立政府和企业之间，以及产业链上下游之间的交互通道，通过信息交互能力的提升，提高整体的经济运行效率。

## 二、应用效果

"宁夏工业大数据综合管理与应用系统"利用互联网和信息技术，对工业企业、工业园区和电厂的相关数据进行采集和统计分析，从中提炼出企业经济、能耗状况、企业运营状况、产能库存数据以及宏观经济数据。这些数据的意义是非常重大的，由此带来的经济效益和社会效益也是巨大的。

### （一）经济效益

1. 科学指导用户节能减排，提高能效水平

通过对用户的用电行为进行监测和分析，指导用户科学用电、节约用电、高效用电，减少能源消耗总量，节约生产成本，有利于企业和社会可持续发展。我们通过开展电力需求侧管理工作，利用电能管理系统进行诊断，使工业企业平均节电达到2.5%。某公司电力侧系统效果如图4.45所示。

图 4.45 某公司电力侧系统效果

平台为企业提供实时数据查询、数据同比环比、电力数据日报、电能分析月报等实用性高的功能模块。例如，银川佳通轮胎 2015 年实现永久性减少负荷约 414kW，年度直接节电量 237.196 万 kW·h，年度直接节约成本约 106.7432 万元。

2. 削峰填谷，保障电网平稳运行

利用平台搜集的负荷数据和负荷特性数据，可以有针对性地制订有序用电和需求响应方案，更加科学地削峰填谷，保障电网平稳运行。

以北京、江苏、广东等地的工业企业为例，通过参与有序用电和需求响应，企业平均削减最大负荷达到 5%，按照比例测算，如果全国的工业企业都参与有序用电和需求响应，将削减最大负荷 2 500 万千瓦，相当于 25 个 100 万千瓦的机组，可以节约或延缓投资 2 000 亿以上。图 4.46 为宁夏某软件园区 2015 年 10 月用电量棒图。

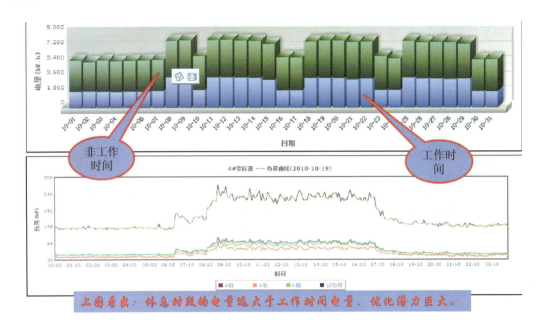

图 4.46　宁夏某软件园区 2015 年 10 月用电量棒图

3．打造中立数据平台，支撑新型产业发展

平台汇集了工业企业的能耗数据和产能数据，可以支撑众多的现代服务业发展，延长产业链条，创造更多就业岗位。支撑的新型产业包括产品制造、设计施工、运行维护、检修服务、应急服务、设备租赁、培训、评测等。

经初步测算，如果平台在全国推广，并覆盖大部分工业企业，将形成 1 000 亿元以上的产业规模并提供超过 300 万个就业岗位。

（二）社会效益

（1）及时掌握有关数据，使政策更加有针对性。通过平台，政府部门可以准确及时地掌握有关数据，为更好地制定或完善政策提供有力依据。

（2）通过电力消费数据，反映宏观经济形势。电力需求侧管理大数据在一定程度上可以反映社会经济发展的状况和趋势，这在当前错综复杂的经济形势下显得特别有意义。

（3）通过电力消费数据，助力供给侧改革。通过监测工业企业的用电数据，可以掌握工业企业的经济运行状况、产能库存情况、能源消耗水平等，为去产能、去库存、调结构提供数据支撑。

三、产品架构

宁夏工业大数据综合管理与应用系统如图 4.47 所示。

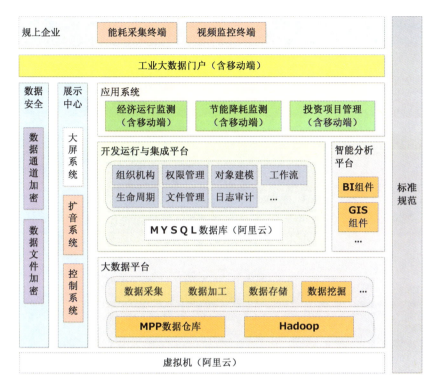

图 4.47　宁夏工业大数据综合管理与应用系统

## （一）数据采集系统

宁夏工业大数据综合管理与应用系统的一期采集系统，采用企业填报与电力侧数据采样校验的方式。目前，宁夏电力需求侧公共服务平台已经接入 175 户重点工业企业，安装终端采集系统 11 614 套。同时，通过多次改造升级，宁夏电力需求侧管理采集系统已经积累了 5T 以上的工业企业用电和生产数据，可以准确地了解企业、行业、地区的产能和经济运行状况，初步形成了宁夏工业企业用电大数据库。在该数据库的支撑下，可对 1200 家宁夏规模以上企业填报数据采样比对和分析挖掘。首先，可以通过对比判断企业填报统计数据的真实性；其次，逐步建立大企业用电量与经济效益的模型。

全区工业企业电力负荷、平台数据基本及企业电子分布如图 4.48 所示，工业企业登录首界面如图 4.49 所示，数据采集信息如图 4.50 所示。

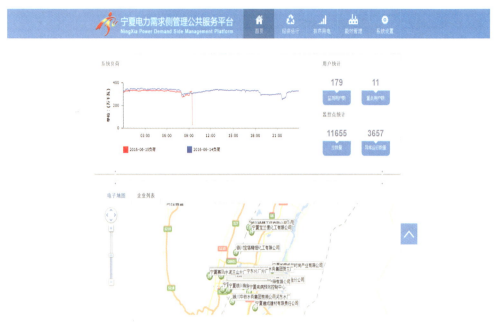

图 4.48　全区工业企业电力负荷、平台数据基本及企业电子分布

图 4.49　工业企业登录首界面

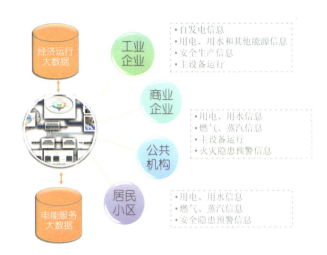

图 4.50　数据采集信息

### （二）工业运行监测应用

工业经济运行应用基于工业大数据服务构建，提供工业经济运行数据分析与预警、工业经济运行视频监测结合 GIS 展现等服务，将各个功能模块集中于运行监测业务子门户；工业经济运行数据分析展示展现全区工业运行的趋势以及现状，从行业、地域、工业园区、产品、企业等不同的角度展现全区工业经济运行情况；采取由总体趋势展示，然后逐级向下穿透的方式，让整个展现更加有条理性。由全区总体趋势，根据不同的关注点，向下穿透到市级，再继续向下穿透到园区以及企业，同时提供跳级穿透的方式。

### （三）节能降耗监测应用

实现企业与宁夏回族自治区相关部门如节能中心、政府机关、社会的信息沟通，提供与接受服务、获取信息和广泛交流等。节能降耗监测一级指标体系见表4-1，主要指标综合分析如图 4.51 所示。

表 4-1　节能降耗监测一级指标体系

| 指标类别 | | 指标名称 | 指标单位 | 备　注 |
|---|---|---|---|---|
| 能源消费量 | 综合指标 | 能源消耗总量 | tce | 适合所有企业 |
| | | 综合能耗 | tce | |
| | 能源消耗指标 | 用油量 | t | 根据每个企业消费的能源品种进行指标监测 |
| | | 用煤量 | t | |
| | | 用电量 | kW·h | |
| | | 用水量 | | |
| | | 用天然气量 | $m^3$ | |

续表

| 指标类别 | | | 指标名称 | 指标单位 | 备　注 |
|---|---|---|---|---|---|
| 能源消费单耗指标 | 综合指标 | | 万元工业产值综合能耗 | tce/万元 | 适合所有企业 |
| | | | 万元工业增加值综合能耗 | tce/万元 | |
| | | | 万元工业产值电耗 | kWh/万元 | |
| | | | 万元工业增加值电耗 | kWh/万元 | |
| | | | 万元工业产值水耗 | $m^3$/万元 | |
| | | | 万元工业增加值水耗 | $m^3$/万元 | |
| | 产品单耗指标 | 电力行业 | 发电标准煤耗 | kgce/kW・h | 例如，宁夏大坝发电有限责任公司、国电石嘴山第一发电有限公司等 |
| | | | 供电标准煤耗 | kgce/kW・h | |
| | | | 供热标准煤耗 | kgce/吉焦 | |
| | | | 综合厂用电率 | % | |
| | | 石墨及碳素制品制造行业 | 碳素单位产品综合能耗 | kgce/t | 例如，宁夏华丰达碳素实业有限公司等 |
| | | | 碳素单位产品综合电耗 | kgce/kW・h | |
| | | 铁合金冶炼行业 | 铁合金单位产品冶炼电耗 | kW・h/t | 例如，宁夏荣盛集团银北铁合金有限公司等 |
| | | | 铁合金单位产品综合能耗 | kgce/t | |
| | | 煤炭开采和洗选业 | 原煤综合能耗 | kgce/t | 例如，宁夏平罗光辉煤炭有限公司等 |
| | | | 原煤综合耗电 | kgce/kW・h | |
| | | | 吨原煤生产综合能耗 | kgce/t | |
| | | | 吨原煤生产耗电 | kgce/kW・h | |
| | | 其他 | | | 建立各行产品单耗指标 |

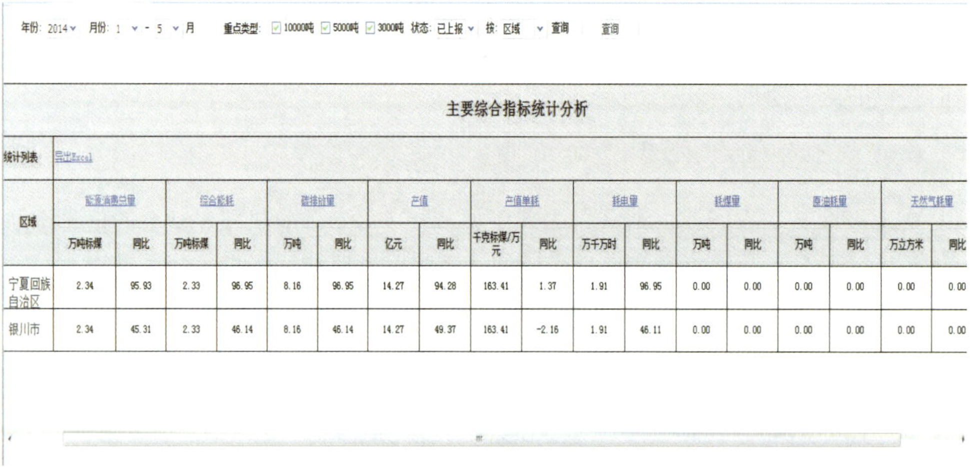
年份：2014 月份：1 - 5 月　重点类型：10000吨 5000吨 3000吨 状态：已上报 按：区域 查询 查询

主要综合指标统计分析

统计列表 导出Excel

| 区域 | 能源消费总量 | | 综合能耗 | | 碳排放量 | | 产值 | | 产值单耗 | | 耗电量 | | 耗煤量 | | 原油耗量 | | 天然气耗量 | |
|---|---|---|---|---|---|---|---|---|---|---|---|---|---|---|---|---|---|---|
| | 万吨标煤 | 同比 | 万吨标煤 | 同比 | 万吨 | 同比 | 亿元 | 同比 | 千克标煤/万元 | 同比 | 万千万时 | 同比 | 万吨 | 同比 | 万吨 | 同比 | 万立方米 | 同比 |
| 宁夏回族自治区 | 2.34 | 95.93 | 2.33 | 96.95 | 8.16 | 96.95 | 14.27 | 94.28 | 163.41 | 1.37 | 1.91 | 96.95 | 0.00 | 0.00 | 0.00 | 0.00 | 0.00 | 0.00 |
| 银川市 | 2.34 | 45.31 | 2.33 | 46.14 | 8.16 | 46.14 | 14.27 | 49.37 | 163.41 | -2.16 | 1.91 | 46.11 | 0.00 | 0.00 | 0.00 | 0.00 | 0.00 | 0.00 |

图 4.51　主要指标综合分析

1. 实时监测分析

实现自治区各重点耗能企业实时采集数据的趋势分析，及时进行能耗数据优化，通过专业判断对异常能耗指标及时做出报警，保证企业节能监管的动态性，实现政府开环到闭环的节能监控。企业厂级组态图监控如图 4.52 所示，企业工序组态图监控如图 4.53 所示，节能量预警如图 4.54 所示。

图 4.52　企业厂级组态图监控

图 4.53　企业工序组态图监控

| 区域 | 2012年 | | | | | 2013年 | | | | | 2014年 | | | | | 企业 |
|---|---|---|---|---|---|---|---|---|---|---|---|---|---|---|---|---|
| | 按产值单耗 | 按产品单耗 | CO2减排量 | 目标节能量 | 预警 | 按产值单耗 | 按产品单耗 | CO2减排量 | 目标节能量 | 预警 | 按产值单耗 | 按产品单耗 | CO2减排量 | 目标节能量 | 预警 | |
| 宁夏回族自治区 | 64.28 | 17.36 | 43.39 | 30.45 | | 265.67 | 17.75 | 44.38 | 30.40 | | -59.31 | 7.78 | 19.44 | 0.00 | | 明细 |
| 银川市 | -4.49 | 0.40 | 1.00 | 0.77 | | 2.47 | 0.92 | 2.30 | 0.77 | | 0.73 | 0.03 | 0.06 | 0.00 | | 明细 |
| 石嘴山市 | 2.16 | 0.58 | 1.44 | 1.02 | | 1.06 | 0.96 | 2.41 | 1.02 | | -0.45 | 0.41 | 1.02 | 0.00 | | 明细 |
| 吴忠市 | -0.70 | 1.48 | 3.71 | 0.48 | | 2.46 | -0.42 | -1.05 | 0.45 | | -0.35 | 0.05 | 0.12 | 0.00 | | 明细 |
| 固原市 | 4.01 | 1.50 | 3.75 | 1.35 | | 1.34 | 0.89 | 2.22 | 1.35 | | -1.11 | -0.29 | -0.74 | 0.00 | | 明细 |
| 中卫市 | -0.34 | 0.57 | 1.42 | 1.12 | | 4.26 | 1.01 | 2.52 | 1.12 | | 0.90 | 0.25 | 0.62 | 0.00 | | 明细 |

图 4.54　节能量预警

## 2. 专家智库

建立自治区对标标准库，包含工艺指标对标标准库、设备能效对标标准库、节能法律法规等标准，为自治区、各地市及企业对标提供参考依据。建立节能目标的地区分解理论模型，根据具体指标影响因素对自治区经济和能耗数据做出下一年度的区域分解目标，指导制订科学的节能计划。建立企业用能问题知识库和智能诊断模型，实现企业能耗问题的自动诊断。建立用能问题分析知识库和用能问题解决分析模型，针对企业用能诊断报告，自动分析问题，为企业提供优化调整建议，结合行业专家对诊断报告进行修正，智能生成解决方案。建立自治区综合用能问题知识库和自治区综合用能智能诊断分析模型，实现自治区综合能耗问题的自动诊断。

3. 企业端节能降耗监测

企业端功能建设包括综合分析、生产实时监测分析、节能管理、企业仿真组态监测等部分。

### （四）投资项目管理应用

工业投资项目管理系统具备完整的项目全生命周期管理能力。管理基于国际最先进的项目管理知识体系，以投资合同费用为控制核心，通过科学、规范的项目成本划分，将投资估算、设计概算、招标管理、合同管理、工程计划进度统一规划；可以随时反映项目任意时刻的动态投资与工程进度，从而全面实现对投资项目各个阶段的投资控制与工程进度的掌控，为各级领导提供方便、直观的分析、决策数据。工业投资项目管理系统是项目建设单位实现工程项目管理信息化、提高企业核心竞争力的得力助手。

## 四、关键技术

### （一）基于电能在线监测系统的数据采集

该系统严格按照国家工信部、发改委、中电联等行业主管部门的要求和相关技术规范，发动十多家社会服务机构，选择负荷标准的在线监测终端和标准通信协议，采用多种网络传输方式和传输途径，采集海量数据，使用结构化和非结构化相结合的数据存储模式，实现工业企业电力数据的实时采集和安全、有效的存储。

### （二）基于实时数据的数据处理和应用分析

填报与物联网采集体现的是企业这端的微观，汇合在一起，就是产业中观，政府在宏观层面要面向不同产业中观。这个过程要做好数据融合工作，同时也需要建好实证模型。但利用大数据建模，实际操作非常困难，因为每一个地区经济特点、发展规律、产业结构都不一样，要让实景图发挥作用，只能用数据和当地的环境做出一个适合当地情况的拟合模型。由于数据来源的多源性和设备运行、数据传输中的不确定性，平台采集的数据会存在无效数据和错误数据。平台通过对接收数据的进行辨析、抽取、清洗等操作，确保数据质量，并在此基础上，根据政府经济运行和行业管理的需求，建立政府数据挖掘、统计、分析模型，提炼成为政府应用服务；根据企业管理需要，建立企业应用模型，提炼成为企业应用服务。

### （三）系统安全

平台采用等级保护3级标准，注重边界防护，避免安全风险扩散，在网络安全、应用安全、数据安全、系统安全、物理安全、边界安全和终端安全等各方面都采用了针对性的措施。

### （四）多客户端支持

多客户端支持是指平台同时支持计算机、智能手机和大屏，但各自面向的应用场景有所区别，不是简单地照搬。限于手机屏幕的尺寸，手机APP重点面向信息互动，包括简单的查询、统计分析和告警等。同时，在与用户的互动中，捕捉更多的市场需求。

## 机构概况

宁夏回族自治区经济和信息化委员会是宁夏回族自治区工业和信息化领域主管部门，负责贯彻实施有关法律、法规、规章，执行国家工业和信息化方针、政策；拟订自治区工业和信息化发展战略、发展规划、产业政策、行业技术规范和标准并组织实施；并通过经济运行监测、技术改造、节能降耗、科技创新、两化融合等措施推动全区工业增长、转型升级。

## 专家点评

宁夏工业大数据综合管理与应用系统，依托流计算处理和大数据融合技术，充分利用大量累积的工业数据，通过科学的分析建模方法，形成了符合工业生产实际的多维度分析预测模型。从实施角度，该系统整体技术架构完整，共享设计充分，体现了一定的实用性和创新性；从应用效果来看，该系统有利于辅助相关主管部门领导决策和产业预警，同时，也建立起政府和企业之间、产业链上下游之间的信息交互通道，有助于工业产业升级和经济转型。

　　　　　　　　　　何小龙（国家工业信息安全发展研究中心（工信部电子一所）副所长）

# 基于工业大数据的设备全生命周期智能预警及诊断分析平台

**24** 大数据

## ——观为监测技术无锡股份有限公司

基于工业大数据的设备全生命周期智能预警及诊断分析服务平台致力于为工业企业提供智能化运维检服务。平台克服了异构大数据融合技术难度，预警系统误报率和漏报率问题，诊断系统无法克服工业设备复杂故障诊断及过多需要专家参与等问题。

## 一、应用需求

### （一）市场需求

服务平台是《中国制造业 2025》规划的重要实践产品，以电力企业为突出代表率先确立了"少人值班，无人值守"的要求，本平台的开发和应用，进入快速增长期。该项技术面向生产制造环节的转动设备，具有行业普遍适用性，在一个行业取得示范性应用，可以迅速在行业内推广，且技术容易移植到其他行业。

在核电、火电、水电、风电领域，基于大数据的工业设备智能预警与诊断分析平台走在其他工业领域应用的前列，2010 年电监会安全〔2010〕2 号文件要求大中型水电站安装设备在线监测系统。目前，全国大中型水电站 22 000 余座，潜在市场规模 200 亿以上；风力发电设备潜在市场规模超过 150 亿，有近 10 万台风机在全国各地运转；火电发电机组 2 000 余座，潜在市场规模超过 40 亿。

智慧型城市建设过程中供水和污水处理行业的机组监测、城市楼宇空调等冷却塔以及燃气供应当中的压缩机组监测等市政市场规模巨大，潜在市场规模超过 50 亿。煤矿设备潜在市场规模超过 10 亿；石油化工设备潜在市场规模超过 50 亿，军工设备潜在市场规模超过 20 亿。作为振兴我国海防建设的八大支撑装备技术之一的"装备保障与智能维护技术"已经在海装立项。平台和服务将为我国潜艇、舰船、航母、供给基地等提供支持和保障。

### （二）产品需求

基于工业大数据的设备全生命周期智能预警及诊断分析平台，是落实《中国制造 2025》智能制造思想和工业企业开展"提质增效降本"的科学运维方式的智能化服务平台的代表性产品。根据美国智能维护系统（IMS）产学合作中心的统计，智能维护技术每年可以带动 2.5%~5% 的工业运转能力增长，可以减少事故故障率 75%，降低设备维护费用 25%~50%。而即使在工业设备高度智能化的美国，每年关键设备的维护费用仍高达 2 000 亿美元。我国的维修体制仍然以事后检修和强制定期检修为主，企业生产普遍存在严重的"欠维修"和"过度维修"的情况，造成生产事故频发、维护成本居高不下、设备综合利用率低。本平台通过技术的创新带动中国运维方式的升级，也是国家供给侧改革的典型产品。

### 二、应用效果

以服务平台为依托，位于无锡市的设备健康体检中心已经远程接入 4 000 余台各工业企业设备，累计出具 35 000 余份诊断报告。本平台已经形成年产值 2 000 万人民币，并且以每年 150% 的增长率递增，形成各项著作权和专利 30 余项。平台广泛应用于石油、石化、电力、军工、煤炭、水利设施、冶金、烟草等行业。图 4.55 所示为平台应用地区和行业分布。

图 4.55　平台应用地区和行业分布

基于工业大数据的设备全生命周期智能预警及诊断分析平台通过技术创新促进工业企业维修方式的升级，同时将推动行业市场商务模式的改变。以技术服务模式为企业创造价值的市场，将替代设备销售成为行业新的商务模式：帮助企业提高设备使用率，降低设备维护费用，避免突发故障和关键设备的损坏，提高产品合格率，增强企业核心竞争力。

基于平台的实用性和用户良好评价，该平台长期服务于中国一流的集团企业，为它们的设备保驾护航，助力企业实现"提质增效降本"。

以 2015 年 3 月为某电力集团新能源投资公司布置预警及诊断分析平台为例。该项目接入 9 个风场和 586 台风机，通过预警系统 MWatchPort 实时掌握每台风电机组运行健康状态的实时监测。设备健康状态分四级：正常（绿色）——可长期运行，预警（黄色）——需观察运行，报警（橙色）——择机维修维护，高报警（红色）——应尽维修维护。图 4.56 为某风场设备健康运行状态。

图 4.56　某风场设备健康运行状态

2015 年 6 月 12 日某风场预警平台出现设备红色预警，发现 33 号风机发电机驱动端轴承磨损故障频率成分，诊断疑似轴承出现早期轻微磨损故障，需停机检查。图 4.57 为风机发电机驱动端轴承测点报警。

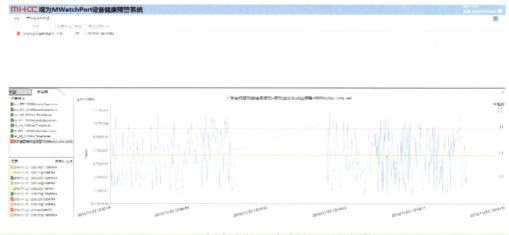

图 4.57　风机发电机驱动端轴承测点报警

根据智能诊断结论，对 33 号风机进行维修，从轴承拆解后图片情况，平台有效地对轴承早期故障进行了预警，避免了事故的进一步扩大和事故的发生。智能诊断系统管理软件如图 4.58 所示，现场轴承拆解轴承早期磨损照片如图 4.59 所示。

图 4.58　智能诊断系统管理软件

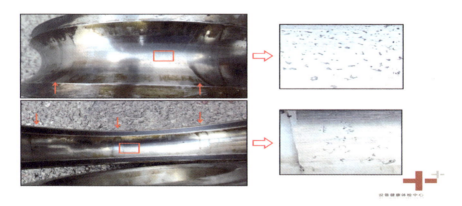

图 4.59　现场轴承拆解轴承早期磨损照片

## 三、产品架构

### （一）平台架构

基于工业大数据的设备全生命周期智能预警及诊断分析服务平台致力于为工业

企业提供智能化运维检服务，平台克服了异构大数据融合技术难度，解决了预警系统误报率和漏报率问题，诊断系统无法实现工业设备复杂故障诊断及过多需要专家参与等问题。平台采用顶层设计、分布式实施、集约化管理、量身定做的方式为工业企业构建以工业大数据为中心的智能化服务管理平台。将设备供应商的模式升级为技术服务商，将客户变成用户，共同挖掘和创造价值。服务平台典型应用模式如图 4.60 所示。

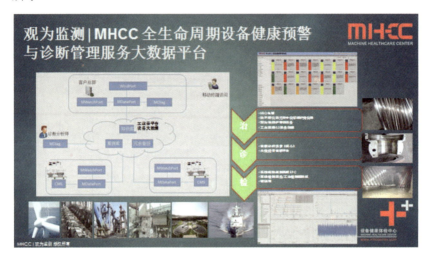

图 4.60　服务平台典型应用模式

### （二）平台组成

基于工业大数据的设备全生命周期智能预警及诊断分析平台通过 M-System 4.0 实现了底层传感器数据采集；MDataport 数据港系统实现了现场工业仪表数据、监控系统数据、非结构化数据等工业大数据的融合；通过云计算、物联网技术和可视化技术，融合先进的基于系统特征映射的智能故障预警技术，具有自学习、自适应、自优化、自管理特性智能故障诊断技术，MWatchPort 系统实现工设备的智能预警，MDiag 系统实现工业设备的故障的智能精准诊断；WindPort 系统实现设备全生命周期内的设备健康管理。

1. 数据采集设备 M-System 4.0

M-System 4.0 采集单元（见图 4.61）是公司自主研发的采集系统，实现工业设备现地机组振动、摆度、压力、噪声等监测量的实时采集、处理。输入信号、通信、电源全方位隔离，内置独特的 ANTI-SURGE 浪涌保护技术；采用实时采集和选择存储的优化数据处理机制。

图 4.61　M-System 4.0 数据采集单元

M-System 4.0 能够支持 36 通道同时并行采集，国内数据采集系统最高为 32 通道，国外一般为 24 通道。采集通道可灵活组态，国内外同类产品通道均预先定义，不具备组态功能，可实现加速度、速度、位移、包络信号等灵活定义。行业内通道定义单一，一个通道仅能实现预定好的单一信号采样和处理，定义后不可改变。

2. MDataPort 数据港

具有自主知识产权的 MDataPort 数据港系统（见图 4.62），将各系统数据进行融合和特征提取。MDataPort 实现多系统数据融合，扩展 CMS 系统至除振动、摆度、压力、噪声参量外，包含有功功率、无功功率、励磁电压、励磁电流、温度、油液、视频等的多维度状态参量，并将各种参量针对性的特征提取，实现工业大数据的融合。

图 4.62　MDataPort 数据港

MDataPort 数据港软件能支持包括 Web-Service 及 OPC 等多种数据转换协议。

### 3. MWatchPort 预警系统

MWatchPort 预警系统，实现设备故障的智能预警和报警，MWatchPort 预警系统通过建立实体故障特征直接相互映射模型，保证预警、报警的准确性，降低误报和漏报。设备预警曲线如图 4.63 所示，设备预警决策如图 4.64 所示。

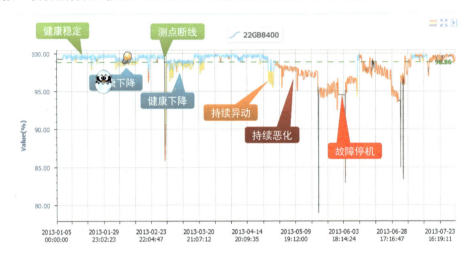

图 4.63　设备预警曲线

图 4.64　设备预警决策

MWatchPort 预警误报率 2%，漏报率 1%，并将故障预警时间提前至 10 天。

### 4. MDiag 设备健康诊断系统

MDiag 设备健康诊断系统可实现设备故障的精确诊断，确定故障发生的原因，从而避免盲目维修。通过波形图、频谱图、瀑布图、趋势图、级联图、伯德图等分析工具，实现机组动平衡、轴线弯曲、轴承故障、齿轮箱故障、基础松动、联轴器对中、润滑不良、气蚀故障等各类型故障的分析，如图 4.65 所示。

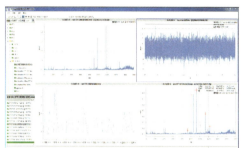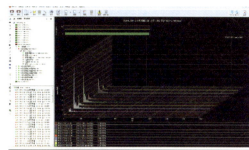

图 4.65  MDiag 设备健康诊断功能

MDiag 设备健康诊断系统故障诊断的符合率可达 98%。

5. WindPort 设备健康管理系统

WindPort 系统是基于设备全生命周期的智能管理系统，提供设备全生命周期的全部信息，特别在设备健康管理、预知性维护、辅助生产调度、安全生产方面，它是工业生产企业有效的管理系统。图 4.66 为 WindPort 软件功能样图。

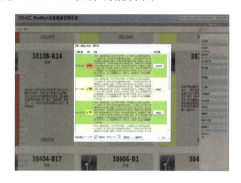

图 4.66  WindPort 软件功能样图

## 四、关键技术

基于工业大数据的设备全生命周期智能预警及诊断分析平台是将数据采集、数据通讯、数据处理、故障特征识别、故障诊断的技术、工业大数据融合、大数据挖掘等技术分步实施处理，运用先进的技术手段和智能算法，通过物联网、云技术、数据可视化技术，以系统平台的形式服务于广大客户。图 4.67 为服务平台技术路线图。

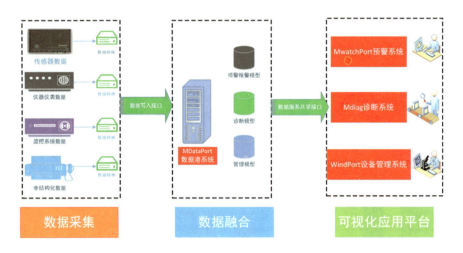

图 4.67　服务平台技术路线图

服务平台主要关键技术如下：

（1）多维度工业大数据融合技术。

（2）多目标地址的工业大数据同步技术和安全技术。

（3）基于故障特征之间的映射模型的智能预警模型和算法。

（4）故障诊断自学习、自适应、自优化、自管理特性，实现设备智能化诊断。

（5）诊断技术实现复杂多系统故障的智能诊断。

（6）建立企业运维智能感知的协同优化决策管理平台。

## ■ 企业概况

　　观为监测技术无锡股份有限公司（股票代码：838636）成立于 2013 年 9 月，注册资本 537 万人民币。公司以自主研发的新一代状态监测产品和智能诊断技术为核心、以物联网和云计算为应用支撑，面向生产型企业提供全生命周期的智能监测设备和"体检"服务，广泛服务于中石油、神华、中船重工、中车、华润、西门子等大型央企和外企。公司在大数据融合、云架构下多目标地址的数据远程同步、基于系统特征映射的智能故障预警技术，具有自学习、自适应、自优化、自管理特性智能故障诊断技术等产业前瞻、共性关键技术方面取得了二十余项自主知识产权和专利。

# 专家点评

　　观为监测技术无锡股份有限公司开发的基于工业大数据的设备全生命周期智能预警及诊断分析平台，面向工业企业提供转动设备健康预警和诊断服务，是工业运维 4.0 阶段具有代表性的优秀平台类解决方案。该平台克服了工业现场异构数据融合技术的难度，有效解决了常规预警系统误报率和漏报率较高等问题，实现了对设备健康状态的精准把握和预测性管理。

　　该平台已实现超过 4 000 台转动机组的覆盖，服务于神华、华润等大型央企集团取得宝贵的实践经验。平台能帮助工业企业提高转动设备综合利用率，显著降低维护费用，有效避免突发生产事故，是值得推广的优秀大数据应用示范项目，也是践行《中国制造 2025》规划的一项有益实践。

**褚君浩**（中国科学院院士、中科院上海技术物理研究所）

# 25 基于工业大数据的产品制造过程质量管控解决方案

## ——西安美林数据技术股份有限公司

质量和品牌是制造业综合实力的集中反映，也是中国成为制造强国的核心竞争力。本解决方案瞄准航空、航天、船舶汽车等高端装备制造业零部件加工装配过程精度要求高、制造过程依靠工人经验、产品批量小、质量问题样本少等重点及难点问题，利用工业大数据将多源异构的、碎片化的人/机/料/法/环/测等制造要素数据还原成完整真实的制造过程，一方面便于设计、工艺、制造、采购等不同环节进行质量跟踪和回溯；另一方面便于质量人员进行及时、准确的进行质量状态监测和质量异常控制，减少损失。此外，利用大量制造过程数据建立产品质量控制模型，优化加工装配工艺。

### 一、应用需求

以航空、航天、汽车船舶行业为代表的高端制造业是国家综合实力的象征，是在全球化竞争中赖以生存的资本和保障。为解决中国制造业大而不强的问题，我国推出了《中国制造 2025》规划：重点解决自主创新能力不强、产品质量问题突出、资源效率利用低、高端产品能力差等问题。据专家估算，我国制造业每年因质量问题造成的直接损失达 1700 多亿元，因产品质量问题对下游产业造成影响和市场份额损失等带来的间接损失超过 1 万亿元。面对当前世界经济复苏乏力和我国经济下行压力，通过提升产品质量来对冲经济增速放缓，显得尤为重要。

制造企业质量管理发展至今已经进入第四个阶段：第一个阶段是以质量检验把关阶段；第二个阶段是统计质量控制阶段；第三个阶段是全面质量管理的阶段；第四个阶段是质量体系管理阶段。这些质量管理方法及工具在中国高端装备制造企业质量管理领域得到了广泛的应用并取得了良好的效果。但随着制造业的主要特征向数字化、网络化和智能化的转变，企业的生产经营活动越来越依赖新兴的信息技术，工业大数据产生于研发设计、生产制造、经营管理、市场营销、售后服务等环节。工业大数据的数据量暴涨成了制造企业共同面对的严峻挑战和宝贵机遇。传统的质量管理思想和质量管理工具难以满足高端装备制造业在产品制造过程中质量控制的需要。

美林数据技术股份有限公司在工业大数据分析及落实解决方案方面积累了丰富的经验，以大数据前瞻性技术深耕行业应用，提出了基于工业大数据的制造业过程质量管控解决方案，实现制造要素和资源的相互识别、实时交互、信息集成，利用大数据分析技术、云计算技术和数据挖掘算法，开展生产过程质量监控、产品运行质量预警、质量追溯及管理、质量问题分析等质量大数据应用。

## 二、应用效果

基于工业大数据的产品制造过程质量管控解决方案在多个制造企业实施了验证，在企业增效、质量控制管理、质量提升方面取得了良好的效果。

### （一）案例一：某厂产品组装质量提升方案

某厂某型号产品组装需要应用惯性测量系统，惯性测量系统是由 G1、G2、G3（光学传感器）、A1/A2/A3（传感器）及电路板等部件组装而成。这些部件都是由其他部门所提供，提供时都会出具质检报告，只有质检报告结果是合格时，才会用来组装惯性测量系统。组装的惯性测量系统检测合格率比较低，只有 45%左右，造成很大的人力和成本的浪费。整体检测时会发现，有些检测不合格的原因与 G1、G2、G3 部件安装的轴向位置有关，可以初步判定不合格原因主要是组装问题（见图 4.68）。如何提高组装后惯性测量系统的成功率，是典型的制造业装配质量问题。

通过对装备过程数据进行采集、存储，以及数据分析及数据挖掘的分析方法，建立评估模型，在装配之前通过传感器相关的指标进行预判，指导装配，提升装配惯性测量系统的装配质量。通过使用质量管控，装配成功率从45%左右提高到了85%，减少了人力和成本浪费。

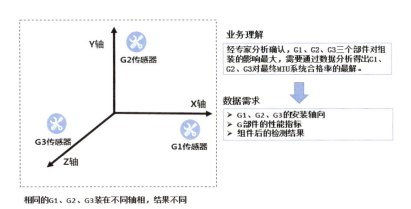

图 4.68  某厂产品组装质量分析

## （二）案例二：某厂毛坯质量控制方案

某厂某精密铸造车间的毛坯质量合格率仅能达到 40%，造成了原材料极大的浪费及成本损失。但由于毛坯精铸工艺流程属于复杂生产过程，影响质量性能的因素众多，传统方法无法给出影响因素；流程工艺质量数据集具有不平衡性、不相容性，传统分类方法失效。基于此场景，美林数据给出以一套基于大数据的毛坯质量预测及控制方案，如图 4.69 所示。

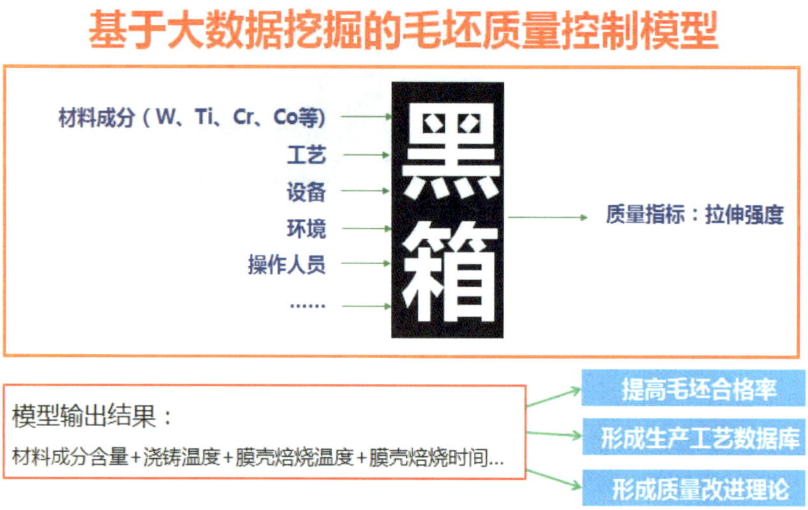

图 4.69　基于大数据挖掘的毛坯质量控制模型

基于此方案给出了几个重要参数的控制范围，毛坯铸造质量合格率由原先的 40%，可提升至 75%，极大地减少了原材料浪费。

## （三）案例三：某公司质量大数据分析系统方案

该公司某型号开关柜按照订单组织生产，包括设计、采购、装配、检测等诸多环节，由于各阶段数据均未完整记录与管理，导致质量问题频繁出现且无法快速进行问题追溯，严重影响了生产效率和产品合格率。基于此业务场景，美林数据制订了一套质量大数据分析系统方案以解决此问题，如图 4.70 所示。

基于此方案首先确定了影响质量问题的相关因素，并进行相关数据的严格记录与管理，应用大数据挖掘方法对参数进行了优化。鉴于此方案：一方面将各类测试的问题及解决方法固化为知识，提高解决问题的效率；另一方面，将各类质量问题定位到相关工位后，通过对装配工位的监控，大大减少了各类测试问题发生的概率。

图 4.70 某公司质量大数据分析系统方案

### 三、产品架构

基于工业大数据的产品制造过程质量管控解决方案在制造业质量管理应用创新主要包括以下几种应用模式：

（1）过程质量监控。

（2）质量大数据分析。

（3）质量体系管控。

（4）产品质量履历管理。

（5）专业质量分析（见图 4.71 和图 4.72）。

图 4.71 基于工业大数据的产品制造过程质量管控应用模式

233

图 4.72　基于工业大数据的产品制造过程质量管控解决方案的应用架构

基于工业大数据的产品制造过程质量管控解决方案的应用架构如下：

（1）数据采集层。主要完成产品全生命周期数据的采集，为质量问题的分析及管控提供数据源，主要包括业务系统数据：MES 系统、ERP 系统、PDM 系统、质量管理系统、TDM 系统等；围绕产品的相关上下游供应商及客户数据；产品研发过程数据；产品的制造装备的传感数据；产品服役过程的实时数据、维护维修数据等产品的全生命周期数据。

（2）数据存储层。主要作用是数据抽取，利用各种不同类型的接口，对各种形式的数据进行统一抽取和采集，完成结构化数据、非结构化数据、实时数据的存储。

（3）分析计算层。利用美林大数据分析及挖掘技术对采集的多个阶段多种形式的数据进行分析，形成研制过程的质量预测、质量问题追溯、质量预警等应用模型，形成产品故障树、质量知识系统等，提供基于实际应用场景的分析结果，并以高维数据可视化展现，响应多种质量控制需求。

（4）管控应用层。向用户提供全过程质量数据展示、质量数据统计分析、质量风险预警、质量履历管理、质量问题原因分析等应用场景。

本解决方案的技术架构不直接采用大数据背景下的分布式数据库结构，而采用传统的关系型数据与分布式数据库相结合的过渡模式，保证方案的可实施性及安全可靠性。基于工业大数据的制造业过程质量管理系统技术架构如图 4.73 所示。

基于混合架构的工业大数据的制造业过程质量管理系统，支持大规模、多源、异构数据的全面采集与存储，即包括关系型数据库、分布式数据库并存方式。其中，关系型数据库存储基础数据、模型数据、流程数据、一段时间内的业务数据以及分析计算的结果数据。分布式数据库主要存储两方面数据，一方面存储来自于关系型数据库的归档数据，另一方面存储来自于 ERP、PDM、MES 等各业务系统的结构化数据，音频、视频、产品图文档等非结构化数据，产品制造及产品服役过程中的物联网数据。

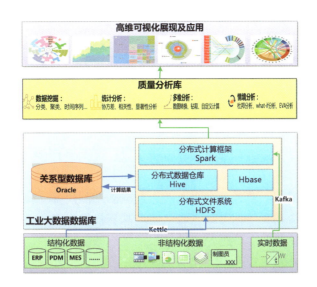

图 4.73　基于工业大数据的制造业过程质量管理系统技术架构

## 四、关键技术

基于工业大数据的产品制造过程质量管控解决方案关键技术研究及应用如下。

### （一）基于产品全生命周期数据的管理技术

产品全生命周期数据来源众多，如业务系统数据（ERP、MES、TDM、CAPP、物资管理系统等）、现场数据（研发、工艺、制造、检测、试验、服役等各阶段的物联数据）、归档数据（纸质的、电子化的等）、知识经验（无形数据）等，各数据多源且异构。本解决方案采用多源异构数据统一定义与管理，制定关于产品全生命周期数据的标准规范，基于此进行多样异构数据（包括业务系统数据、物联实时数据、线下数据等）的统一定义及存储管理。

### （二）基于产品研造过程及服役过程的物联数据采集技术

相比传统产品数据，基于工业大数据的产品制造过程质量管控方案，更多的数据将来源于产品研制过程及服役过程的物联实时数据，对于该部分数据的采集及预处理、存储也是本方案实施的关键技术。美林数据基于制造业生产管控方案的成熟应用，主要包括数据传感体系、网络通信体系、传感适配体系、智能识别体系及软硬件资源接入系统，实现对结构化、半结构化、非结构化的海量数据的智能化识别、定位、跟踪、接入、传输、信号转换、监控、初步处理和管理等，着重攻克针对现场数据源的智能识别、感知、适配、传输、接入等技术。

### （三）基于机器学习产品质量性能提升

通过构建挖掘模型可以从大量的实际应用数据中提取出隐含在其中的、对质量性能有影响的因素，综合相关的信息和知识，给出质量提升改进措施建议及参数范围；其中相关挖掘算法的应用及优化也是本项目面临的一项关键技术。美林数据的大数据分析 TEMPO 平台，内嵌多种业界领先算法及独有算法，可为本方案的实施保驾护航。其中，产品制造过程质量定量分析，以已经采集且存储管理的产品全生命周期数据为数据源，开展基于数据的产品质量问题追溯分析应用，及时确定质量原因并确定问题影响范围。此外，基于工业大数据的产品质量优化，以已经采集且存储管理的产品全生命周期数据为数据源，实现基于机器学习的质量指标提升优化，支持客户根据图像化分析和数据挖掘的结果归纳一些前瞻性的指导意见，进而辅助企业决策。

## ■ 企业简介

西安美林数据技术股份有限公司，是国内工业大数据领军企业，中国大数据企业 50 强。公司专注数据价值发掘，旗下有大数据分析产品运营、行业大数据解决方案、数据运营服务三大核心业务，拥有国际 CMMI ML5 认证，ISO9001 认证，具备承担军工涉密业务资格，是国家级高新技术企业、软件企业，国家两化融合管理体系贯标咨询服务机构。

## ■ 专家点评

美林数据基于工业大数据的产品制造过程质量管控方案，以传统制造业典型的产品质量问题为切入点，以先进的大数据应用技术为支撑，开展生产过程质量监控、产品运行质量预警、质量履历追溯及管理、质量问题分析等，建设方案具备可执行性，能够切实解决一些企业关于质量问题的诉求，节省质量成本，给企业带来效益；且对传统的制造质量问题的分析方法也是一种变革，企业可借此机会尝试实现自身的服务化转型；宏观上讲，对我国现阶段智能制造的建设也具有较好的促进作用。总体上，本方案具有一定的创新性、可实施性，建议在相关企业推广应用。

杨宜康（西安交通大学教授／博导

陕西省智能测控与工业大数据处理工程技术研究中心主任

宇航动力学国家重点实验室西安交大合作部负责人）

# 26 钢铁在线监测预警平台
## ——河北唐宋大数据产业股份有限公司

大数据

钢铁在线监测预警平台采用大数据技术，依托独创的 BDCPP（Big Data 大数据 +Cloud 行业云+Portal 垂直门户+Portable 移动电商）平台架构，对产业价值链进行深度解析，通过资产（商品）比价、企业征信和行业舆情三大系统，构建立足产业的大数据体系。该体系从底层打通数据流、交易流和金融流，最大化消弭市场中普遍存在的信息不对称现象，通过大数据优化商品交易和金融信用交易，实现数据、交易和金融的"三业融合"。

### 一、应用需求

当前，以大数据引领信息化带动工业化是科技、经济与社会发展的大趋势。大数据不仅拓展和丰富了工业化的内涵，而且为解决工业化过程中的矛盾、加快工业化进程提供了难得的历史机遇。唐宋大数据监测预警平台在"信息化带动工业化、以工业化促进信息化"两化融合方针的指引下不断推进各项工作。充分立足钢铁工业"两化融合"和"服务外包"的现实特征和实际需求，注重在实践中不断完善思路，积极探索和提炼具有独创性的理念和模式，研发取得成功并产生了一系列阶段性成果。

我国钢铁行业集聚了相对密集的生产要素，钢铁工业增加值在整个工业体系中占据相当大比重。但是从现实角度中，复杂多变的行业与市场格局为政府监控钢铁产业运行和发展提出了新的要求。为积极应对行业与市场中严峻的风险挑战，不断提高对钢铁行业安全合理有效保护的能力，我公司结合实际情况开展钢铁在线监测预警平台设计与推广工作，充分运用价格分析、成本分析、供求关系分析等基础方法与系统化工具，对钢铁行业运行状况进行监测和预警，从而为钢铁行业的持续、稳定、健康发展提供强大保障。

钢铁在线监测预警平台是针对钢铁产业要素高度聚集但科学管控不足、行业转型任务艰巨而信息不足、市场变幻莫测而预知不足的局面，而建立起来的全国首家专业化、科学化、智能化的钢铁产业信息化决策服务平台。在唐宋钢铁数据库、唐宋信息平台和唐宋钢铁经济研究院一系列研究成果的基础上，建立行业专家定期审定制度，利用一系列经济指标、技术指标建立起来的针对钢铁行业的"晴雨表"和"报警器"。

## 二、应用效果

钢铁在线监测预警平台已经获得钢铁数据库等 11 项软件著作权。平台运行基于唐宋钢铁数据库（CSDB）。该数据库以"数据→信息→应用→价值"理念为指引，平均每天更新超过 20 万条实时信息，涵盖经营、生产、库存、装备、市场、价格、行业、产业链、宏观、国际等各环节，形成多语种、多形态、多媒体、动态化的集成数据仓库。目前，平台用户群数据样本已超过 30 万（其中，3%为国外客户，活跃用户超过 60%）。参与数据采集人员总数超过 200 人。数据库企业库囊括全国 10 万家以上涉钢企业。

平台主要通过课题研究基础上的指标体系建设实现钢铁行业监测预警功能。其主要通过计量经济学（Eviews）与统计学模型（SPSS 等软件）实现。平台通过数据库运行和自动化监测预警等智能决策过程提供对政府、企业、金融机构与研究机构等应用需求。通过互联网与移动终端模式在数据库基础上形成 SaaS 软件平台应用，对接企业 ERP 等信息管理系统平台。

在市场应用方面，平台通过唐宋数据和信息服务等载体，促进矿山、煤焦、钢铁生产、钢铁贸易等钢铁产业链企业实现信息化提升、贸易流通效率提高，最大程度节约行业交易成本。在唐宋钢铁数据库（CSDB）基础上形成的唐宋钢铁基准价（TSBP）与唐宋价格指数（TSPI），为市场提供交易（采购和销售）价格标尺。

## 三、产品架构

### （一）平台系统及其功能

钢铁在线监测预警平台（见图 4.74）利用了 Orcale 数据库技术，运用通信设备、互联网设备、计算机设备等信息化设备完成 5 大系统的开发和集成工作。项目系统功能和性能需求分析概括为：以在线分析和课题研究需求为服务目标，以提供具有代表性、及时性和可靠性的信息（数据）基础上的行业与市场分析为核心任务，运用互联网技术、计算机技术并配以专业软件，组成一个从信息取样、预处理分析到数据处理及存储的完整系统，确保行业与市场在线自动监测过程、预警结果的实现。

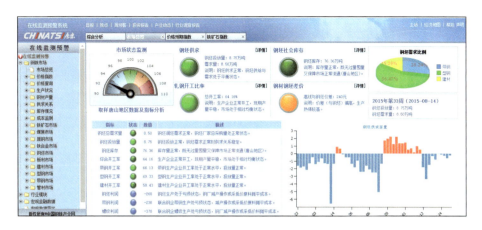

图 4.74　钢铁在线监测预警平台示意

　　平台包括数据采集、抽样、预处理过程，数据的加工、选择、在线监测分析、数据管理中心处理、自动控制（预警）过程等，这些过程既各成体系又相互协作，使整个在线自动监测平台连续可靠地运行。采用开放平台理念设计和构建钢铁产业数据库（CSBD），在数据库集成基础上完善数据采集、挖掘和分享体系。利用数学建模和数理统计理论（SPSS 等软件实现），设计和制作建立在数据库（Orcale）基础上的平台。数据库与平台体系无缝对接，实现数据从采集到数据后处理整体流程化。其系统利用基础数据采集，处理、挖掘、集成等数据库有关技术，全面地对钢铁行业和市场中的价格、供求强度、库存、开工率、原料、盈利状况、资金、产品流向、采购等钢铁市场运行状态参数；对经济总量、产能、装备、技术经济、投资、财务指标、节能减排、产品、人力资源、技术创新、经营等钢铁行业运行状态参数，对产业链平衡、资源、能源、下游行业、物流等产业链平衡参数；对全球指数运行、全球金融市场、全球经济数据、中国宏观数据、期货市场等宏观金融运行参数；以及对产量、价格、投资、指数、进出口等国际市场运行参数进行实时在线监测。在系统的运行过程中，判别市场与行业的劣化趋势，通过触发条件的设置进行触发器的设定（预警灯显示），使市场参与者与行业监管者能够及时了解和掌握市场运行状态，并做出相应的市场操作策略或行业调控以及窗口指导。平台具有数据窗口显示和存储报表打印、趋势曲线显示、预警灯显示和历史预警摘要显示查询、参数合理范围分析、市场分析、操作诊断和手动自动控制、参数值设定、用户及权限管理、操作记录、日志查询、在线联机帮助和数据导出等功能。

**（二）功能设计与实现**

1. 确立适当的信息收集渠道

　　监测预警信息数据主要来源于唐宋钢铁行业数据库（CSDB）。信息和数据收集渠道主要包括有关政府部门，行业协会、商会等组织，科研院所等专业机构，对钢铁企业和贸易商抽样调查，以及其他渠道。监测预警信息与数据的收集方式主要包括采集公开信息和商业数据、抽样调查、监测企业填报。抽样调查中重点监测企业样本的确定——产品中数据主要来源于重点监测企业，数据库通过企业定期（如每季、每月、每周、每日）或在某种条件下报送相关数据获取信息。选择钢铁在线监测预警样本企业的必要条件是其市场占有率是否较高，在行业内是否具有一定代表性。

2. 确立钢铁在线监测预警的预警制度

在建立科学的指标体系并对收集的数据进行梳理、汇总的基础上，编制钢铁在线监测预警报告、提出应对措施、上报行业主管部门，并适时向相关企业发布预警信息或钢铁市场监测预警报告。在数据库基础上形成各分项指标后，钢铁市场监测预警报告形成结合文字描述的综合分析体系和框架，定期发布最新市场监测结果，并对钢铁市场参与者提出预警或操作提示，并做到7×24×365实时运行。

3. 钢铁在线监测预警平台的系统保障

采用开放平台理念设计和构建钢铁产业数据库，在数据库集成基础上完善数据采集、数据挖掘和数据分享体系。利用数学建模和数理统计理论，设计和制作建立在数据库基础上的平台。数据库与在线监测预警体系无缝对接，实现数据从采集到数据后处理的整体流程化。

4. 结论呈现方式

监测预警指标体系包括各种影响钢铁行业因素指标。运用系统化原理对指标层级进行划分，钢铁在线监测结果采用国际通行方式呈现。主要分为 5 个层级，以 5 种颜色所对应区间对描述行业发展状况的一些重要指标所处的状态进行划分：红色表示过快（过热），黄色表示偏快（偏热），绿色表示正常稳定，浅蓝色表示偏慢（偏冷），蓝色表示过慢（过冷）。对具体指标颜色赋予不同的分值，将其汇总而成综合指数纳入颜色区进行显示。

5. 指标区间的设定

监测过程所涉及的 5 个主要区间运用统计学方法和历史经验值相结合的原则。通过统计学方法初步设定相关的五个区间界限值。具体方法如下：计算出历史数据一定时期内的平均值和标准差，以中值平均值为中心，一倍标准差为区间确定（某些指标根据实际情况会灵活调整标准差倍数）。5 个主要区间及蓝色、浅蓝色、绿色、橙色、红色分别对应为 $(-\infty, X-1.5\sigma)$、$(X-1.5\sigma, X-0.5\sigma)$、$(X-0.5\sigma, X+0.5\sigma)$、$(X+0.5\sigma, X+1.5\sigma)$、$(X+1.5\sigma, +\infty)$（$X$ 为平均值，$\sigma$ 为标准差；）。在此基础上通过经验值进行修正，得出 5 个区间界限的确定值。图 4.75 为指数指示灯示意。

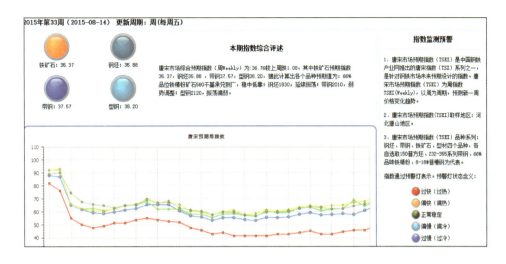

图 4.75　指数指示灯示意

## 四、关键技术

钢铁在线监测预警平台基于唐宋钢铁数据库系统。唐宋钢铁数据库（CSBD）是数据库体系结构基础上的关系数据库系统。唐宋钢铁数据库（CSBD）设计基于实体-联系模型、扩展的实体-联系模型和关系数据库的函数依赖理论。数据库包括物理存储结构、数据字典、关系代数操作算法、查询优化技术和事务处理技术。重点应用包括新一代数据库技术及应用、扩展的关系数据库系统、面向对象与对象关系数据库系统、分布式数据库系统和并行数据库技术，并运用了数据库领域的新进展数据仓库与联机分析、数据挖掘、Web 信息检索与 Web 数据管理技术等。

1. 实时数据库技术

唐宋钢铁数据库基于实时数据库 RTDB（Real Time Database）技术不断拓展。实时数据库即其数据和事务都有显式定时限制的数据库，在时间约束条件下保证共享数据的一致性，数据的正确性不仅依赖于逻辑结果，而且依赖于逻辑结果的产生时间和导出结果所使用数据的时间一致性。为获得对更新与查询的快速响应，满足实时应用的需要，将数据库和实时系统两者的概念、技术、方法和机制的无缝结合。

2. 分布式实时数据库技术

Chinatsi Database（CSDB）实时数据库系统目标是开发成为分布式实时数据集成与过程监控平台，提供了统一而完整的实时数据采集、存储、监控和 Web 浏览功能，提供了 API、OPC、ODBC 等多种数据服务方式。系统采用 COM/DCOM、系统容错、任务调度、压缩算法等多项先进技术，保证了系统在企业局域网环境下能高效、稳定、安全地运行。部分关键技术及功能如下：

基于 COM/DCOM 的组件技术可实现软件的组件化，还可实现动态链接。具体地表现在如下几个方面：客户端管理模块管理客户端软件的调度技术；实时数据库技术；多层分布式技术；统一数据管理与访问平台技术；高性能的实时数据库管理；具有多层分布式的客户/服务器结构；优良的扩展性；能动态地修改实时数据库中的组态信息；完善的备份与恢复机制；实时的分布式消息通信中间件；磁盘历史数据的旋转门压缩技术；容错技术；数据处理可以实现累积量计算及报警设置等。

在分布式应用方面，通过计算机网络和正确的 DCOM 配置和组态过程，CSDB可以连接不同计算机上或设备上的数据服务器（OPC/DDE），按照统一的数据格式采集数据，对数据统一管理。同时，CSDB 实时数据库允许同时运行多套实时数据系统，各个数据库系统分别采集不同的控制站位号，进行压缩处理和存储。之后，再进行集中调度管理，做到物理上分布，逻辑上统一。实时数据库软件和数据采集网建立了控制网和企业局域网之间的信息联系，实现了生产过程信息的综合集成。图 4.76所示为平台技术路线流程。

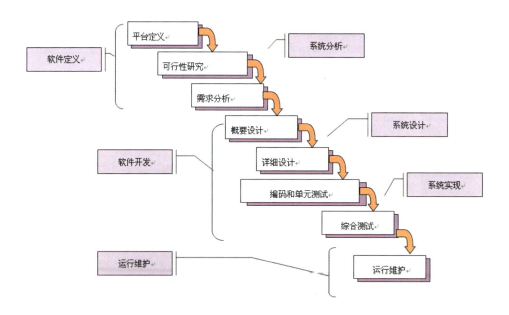

图 4.76　平台技术路线流程

## 企业概况

河北唐宋大数据产业股份有限公司（下简称唐宋大数据）成立于 2005 年 1 月，注册资本 516.66 万元，是唐山市政府引进的留学生企业。公司现有员工 127 人，其中博士生有 1 人，研究生有 10 人，本科生有 67 人，大专及以上学历占 100%。并拥有 40 余名实力雄厚的技术团队。唐宋大数据致力于打造大数据+互联网生态平台，在钢铁产业深耕十年，创立了商品定（比）价系统、基准价与指数系统与行业评估系统，打造了钢铁行业决策、商品定价和市场交易的引导平台。

## 专家点评

唐宋钢铁在线监测预警开放平台应用大数据、云计算、智能算法等先进适用技术，具有多学科交叉的特征。在此基础上，打造了具有开放、共享、合作显著特征的大数据平台，推动了大数据+行业的实际应用，将产生显著的经济与社会效益。

平台门户技术架构完整，业务承载能力强，充分考虑了数据开放共享、产品合作开发过程中的关键环节。平台使用的数据分析处理、系统整合技术体现了创新性，能够有力支撑大数据开放合作业务。

**吕卫锋**（北京航空航天大学计算机学院院长）

# 第五章 能 源 电 力

大数据

## 27 企业级电力大数据应用解决方案
### ——国家电网公司

数据已成为企业、社会和国家层面的重要战略资源，2013 年，国家电网公司适时提出大数据建设，在充分继承现有信息化建设成果的基础上，完成了总体架构设计，研制了集数据整合、存储、计算、分析、平台服务、数据安全等为一体的企业大数据平台，并全面推进电力大数据应用建设工作。利用大数据平台，从电网生产、经营管理和优质服务三个领域开展大数据应用建设，提升公司管理和服务水平，促进业务创新，探索构建新的业务模式、营销模式和服务模式。大数据的建设给公司信息管理方式带来了巨大变革，使得电网的运行水平和管理水平上了新的台阶，为社会经济稳定发展保驾护航发挥了作用。

### 一、应用背景

数据深度应用不仅有助于提升企业经营管理水平、衍生新的商业模式，还有利于推动国民经济发展。国家电网公司先后建设了结构化、非结构化、海量历史/准实时和地理信息数据中心，并积累了 TB 级的业务数据。随着公司业务发展，信息化管理手段、技术需要不断革新，需要大数据关键技术的研究、验证和示范应用来促进公司支撑一体化、专业化、扁平化、集约化管理，构建新型电网企业运营体系，增强价值创造力和核心竞争力。国家电网公司提出要实现全面建成"一强三优"现代公司的目标，电网智能化是未来的发展方向。云计算、大数据、移动互联等现代信息技术的广泛应用，能有效支撑传统电网向智能电网的全面升级。按照"统筹规划、协同推进、统一平台、规范建设"的总体策略，在充分继承现有信息化建设成果的基础上，推进大数据平台研发及示范应用，以提升公司内外部数据资源整合处理和价值挖掘水平，促进管理提升和业务创新。

在充分继承现有工作成果基础上，国家电网公司组织开展了配网抢修精益化应用、配变重过载预警分析、电力负荷预测应用等 20 余项电力大数据应用解决方案设计，形成电力大数据应用解决方案体系。

## 二、应用成效

### （一）电网生产领域

国网上海电力通过开展配网故障抢修精益化管理应用场景建设，故障量预测准确率提高 40%，抢修达标率提升 15%，抢修平均时长缩短 30 分钟，2015 年新增利税 2.9 亿元，如图 5.1 所示。

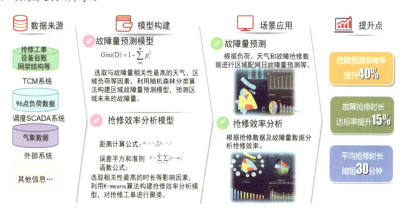

图 5.1　配网故障抢修精益化管理应用成效

国网福建电力通过开展配变重过载预警分析应用场景建设，重过载预测准确率由 50% 提升至 80%，主动采取措施，重过载发生率下降 4%，累计创造经济效益 117 万元，如图 5.2 所示。

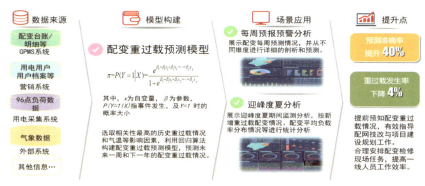

图 5.2　配变重过载预警分析应用成效

国网江苏电力通过开展电力负荷预测应用建设，2015 年初成功预测全年最高电力负荷，与实际情况相比，日期仅差一天，负荷仅差 40 万千瓦，预测准确率从 98.88% 提升到 99.53%，2015 年年增收节支总额约 5 亿元，如图 5.3 所示。

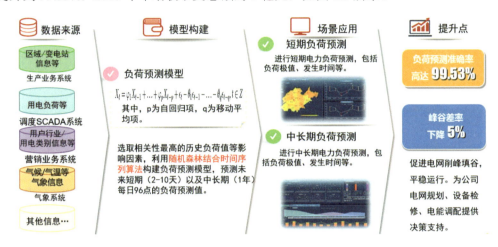

图 5.3　电力负荷预测应用成效

国网四川电力通过开展配网停电优化应用建设，预计全年配电线路可减少停电 132.98 条次，累计减少停电时间 1063.84 小时；预计因停电检修影响的居民户数约 106 万户，从而降低了因停电检修引起的优质服务投诉风险，提升公司社会形象和居民满意度，如图 5.4 所示。

图 5.4　配网停电优化应用成效

**（二）经营管理领域**

国网浙江电力通过开展用电行为分析应用建设，实现对不同客户群体的用电特性分析，客户识别率提升 30%，预计年增收节支总额达 2 100 万元，如图 5.5 所示。

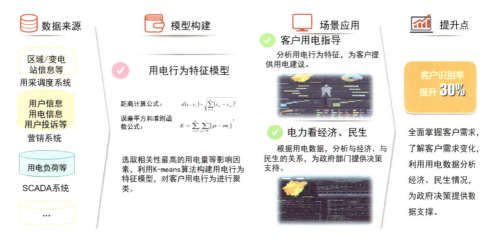

图 5.5　用电行为分析应用成效

国网安徽电力通过开展防窃电预警分析应用建设，实现窃电稽核命中率由 60% 提升至 90%，防窃电分析工作效率提高 4 倍以上，挽回损失电量 848.5 万千瓦时，如图 5.6 所示。

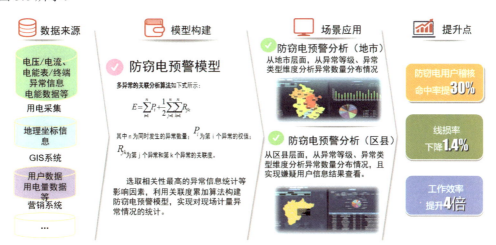

图 5.6　防窃电预警分析应用成效

国网湖北电力通过开展量价费损监测应用建设，实现低电压持续时间下降 112 分钟，台区线损率下降 0.4%，追捕电费 1257.3 万元，如图 5.7 所示。

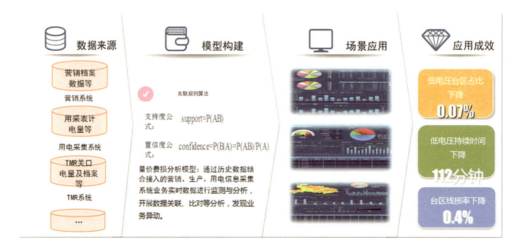

图 5.7　量价费损监测应用成效

国网辽宁电力通过开展政策性电价和清洁能源补贴执行效果分析应用建设，实现内外部数据关联分析能力提升 30%，工作效率提升 4 倍，如图 5.8 所示。

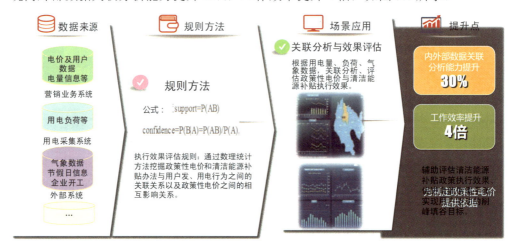

图 5.8　政策性电价和清洁能源补贴执行效果分析应用成效

国网浙江电力通过开展基于大数据预测的供电企业电费风险预控应用建设，实现对杭州地区大客户的欠费概率进行预测，利用 2014 年的数据，对 2015 年 4 月和 5 月欠费概率进行预测，命中率分别达到 80% 和 73%，如图 5.9 所示。

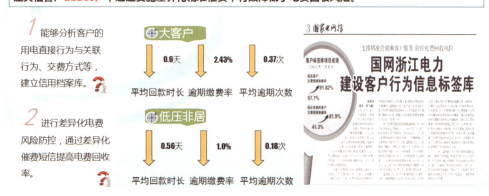

图 5.9　基于大数据预测的供电企业电费风险预控应用成效

## （三）优质服务领域

国家电网公司客户服务中心通过开展新型客户服务业务型态应用场景建设，实现话务量预测准确率由 60%提升至 90%，话务量预测偏差率为±10%，有效提高了座席排班的科学性和高风险客户的识别能力，如图 5.10 所示。

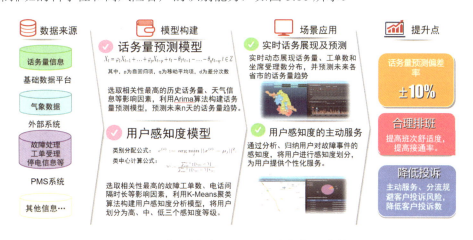

图 5.10　新型客户服务业务型态应用成效

通过开展基于 95598 海量服务数据的客户画像应用建设，提前识别用户潜在投诉诉求，从而有针对性为客户提供个性化服务，如图 5.11 所示。

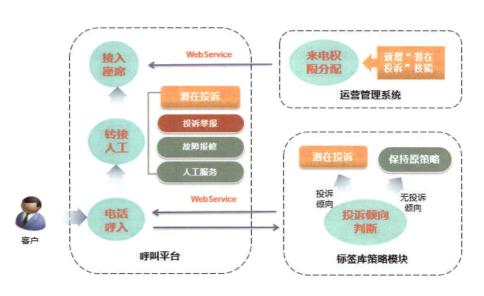

图 5.11　基于 95598 海量服务数据的客户画像应用经验效果

### 三、解决方案架构

#### （一）企业级大数据平台总体设计

大数据平台包括四个中心和五个功能组件，共计 9 大核心功能模块（见图 5.12），为分析决策类和实时采集类应用提供统一数据接入、存储、计算和分析服务。后期以此为基础，逐步构建公司分布式云平台，结合业务和数据特性，支撑事务处理类应用。

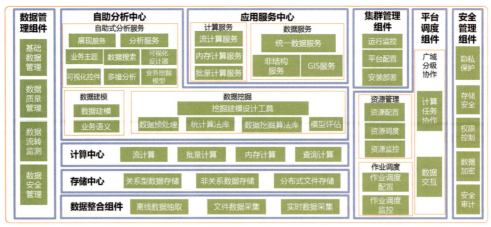

图 5.12　企业级电力大数据平台总体设计

## （二）电网企业一体化全业务数据模型设计

遵循 IEC 国际标准及规范，使用面向对象的建模技术，结合范式建模方法，完善公共信息模型 SG-CIM 企业标准，开展电网企业一体化全业务数据模型（见图 5.13）研究，构建了一套覆盖生产、营销、调控、企业经营管理等业务领域的统一数据模型，规范数据模型业务描述，建立数据同源标准，提升跨业务的数模业务关联度。

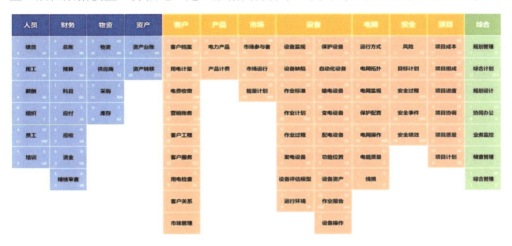

图 5.13　电网企业一体化全业务数据模型设计

## 四、关键技术

### （一）研制集中式和分布式混合架构的电力数据存储与计算服务平台

构建国家电网公司企业级数据归集中心，支撑企业各类型数据的统一集中存储；提供各类数据计算加工处理的基础组件与运行环境，实现了电力数据价值提升。利用分布式存储与计算技术，制定分布式集群框架。结合分布式协调技术，制定集群多节点状态与异常监控方案。基于集中式与分布式存储混合应用模式研究，制定企业级数据存储规划方案。研发分布式存储和计算框架，形成大数据存储和计算服务平台。支持可视化的数据管理和资源运维，降低数据管理运维成本；改进分布式文件元数据管理模式，解决海量小文件存储局限；支持多种计算模式的统一调用，实时计算处理速率大于 10 万条/秒，吞吐量大于 100MB/s；研发支持多种存储介质的分级数据缓存与计算机制，数据处理性能提升 20%左右。

### （二）提出多源异构电力数据融合模型并研制统一数据网关

研发基于分布式文件、列式数据库、分布式数据仓库、关系型数据库访问技术研究，制定各类存储统一的访问融合模型实现方案；在统一数据访问融合模型的基础上，研发数据路由和数据网关组件，提供标准 SQL 数据操作功能。数据路由支持多源异构数据的统一访问，解决不同数据存储的接口访问差异，降低应用开发难度；数据网关支持统一的认证、鉴权及审计，保证数据操作安全。

### （三）提出电网企业一体化全业务数据模型建设，实现横向业务关联与纵向模型贯通

全业务数据模型设计遵循 IEC 和国网 SG-CIM 的标准和规范，使用面向对象的建模技术，结合范式建模方法，建立逻辑模型到物理模型的映射机制，自动生成适用于大数据技术的可闭环迭代的物理模型。利用数据标签的方式将具有紧密业务关系的一组物理模型聚合形成统一的业务对象，提升数模设计效率和应用效果，形成 12 个一级主题域，96 个二级主题域，1 596 个实体，27 593 个属性；通过数据标签化应用，屏蔽底层复杂的数据结构和关系信息，降低数据使用难度，提升数据模型实际应用效果。

### （四）研发兼容多种计算模式的资源动态分配与隔离组件，实现计算任务合理化调度

基于批量计算、实时计算、内存计算、查询计算等框架的资源申请、启动、运行技术研究，制定开放的计算处理模型资源管理方案；研发资源管理和分配组件，保证群集资源的统一管理、共享分配、安全隔离。通过统一资源管理层，支持不同计算模式之间、相同计算模式下多任务之间的资源分配、隔离；支持自定义应用的资源申请、分配、运行，保证平台各应用的安全运行、避免资源抢占。

### （五）提出分时节、分行业的细粒度用电行为特征分析模型

针对不同时节、不同行业、不同用电类别的用户进行类别定位，进而提出针对性客户服务。基于大数据分布式技术，采用聚类、分布式聚类、随机森林、GBDT、1/2 稀疏迭代分类等算法，建立用电行为特征分析模型。多维度挖掘客户各类用户的用电行为特征，针对性提供用户用电建议，提升客户满意度。通过该创新，江苏省电力公司实现全省 3 600 万企业与居民两类客户的非侵入式用电行为分析，生成客户合理用电建议书，引导客户调整用电行为习惯，降低用电成本，辅助政府决策，取得良好经济和社会效益。

### （六）研制分行业、分地区的负荷预测模型

以行业、地区等方面从多个维度开展中长期、短期及超短期预测工作。基于大数据分布式技术，采用随机森林改进时间序列的算法，建立负荷预测模型。预判用

户未来的用电需求量，为提供有序用电做好准备，为公司电网规划、设备检修、电能调配等提供决策支持；电力负荷预测模型在江苏进行了成功应用，通过该创新，江苏省电力公司负荷预测准确率从 98.88% 提升到 99.53%。

## 企业简介

国家电网公司（State Grid），简称国家电网、国网，成立于 2002 年 12 月 29 日，是经过国务院同意进行国家授权投资的机构和国家控股公司的试点单位，连续 12 年获评中央企业业绩考核 A 级企业，在世界 500 强企业排名跃居至第 2 位，是全球最大的公用事业企业。公司作为关系国家能源安全和国民经济命脉的国有重要骨干企业，经营区域覆盖全国 26 个省（自治区、直辖市），覆盖国土面积的 88%，供电人口超过 11 亿人，公司员工总量超过 186 万人。

## 专家点评

该项目是国家电网公司积极应用"大云物移"信息新技术创新发展的重要实践。项目采用多源数据采集、海量异构数据存储、分布式计算等技术，建成了具有自主知识产权的、支持国家电网公司电网生产控制、经营管理、客户服务的电力大数据平台，所研发的关键技术指标优于国内外同类成果。平台开展了卓有成效的示范应用，形成了分时节和分行业的细粒度用电行为特征分析、分行业和分地区的负荷预测等一批应用模型与算法。该平台已在在国网总部和上海、江苏、浙江等电力公司共 10 家单位投运，实现了 10 个场景的电力大数据示范应用，在降低非计划停电时间、提升设备利用率、提高服务质量等方面，取得了显著的经济效益和社会效益。

**徐宗本**（中国科学院院士）

**沈昌祥**（中国工程院院士）

# 28 "远光数聚"企业级大数据管理应用解决方案

## ——远光软件股份有限公司

"远光数聚"是远光软件精研企业大数据管理应用需求的创新成果，以电力企业大数据典型应用为主导，采用开放、先进的互联网、大数据技术，构建大数据平台（EDT），建立全业务模型（基于 GFP 的宏观经济数据模型+电力企业业务模型）、打造新一代敏捷信息探索工具，全面覆盖数据采集、数据存储、数据安全、数据应用与分析等企业数据信息全流程业务管理，帮助企业提高从大数据中获取业务价值的能力。

### 一、应用需求

随着企业信息化持续深入，企业内外部数据呈现多源异构、海量增长、动态变化的特征。同时，随着企业精益化管理和快速市场决策的需要，用户对海量数据的深度挖掘和实时反映提出了更高要求，传统的数据采集、处理、分析方式已经无法满足业务发展与企业管理的需求。

（1）数据的复杂性对企业数据采集、存储和处理能力提出了更高要求。企业内外部数据呈现成倍增长的态势，已达到 PB 级；同时，企业数据来自多个不同业务系统，这些系统采用不同的技术架构，数据之间的对接难度大。另外，数据格式多样化，不易整合利用。

（2）企业快速决策精益管理对数据挖掘分析提出了更高要求。传统分析方法对海量数据进行建模需要将数据集被迫减少到能够管理的范围，简化模型不能全面准确地反映运营数据，导致预测、分析效果欠佳；高价值的数据洞察需要使用复杂的算法，但传统的数据分析方法无法达到用户期望的响应时间和效果。

（3）传统数据处理技术难以满足应用需求。大量数据集中存储/计算很难获得令人满意的效果；传统数据处理技术在难以在极短的时间内完成海量数据处理；传统数据分析技术难以满足实时分析的需要。因此，企业需要搭建集大数据采集、大数据存储、大数据计算、大数据挖掘和应用开发服务等为一体的大数据技术平台，并在此基础上构建大数据分析挖掘应用，帮助企业实现可视化洞察。

## 二、应用效果

目前，"远光数聚"已在国内多家省电力公司上线应用，通过构建企业内外部网状数据体系，构筑全面的数据资源池，实时与财务、风险管控、业务系统融合，实现立体化的数据收集分析，大大提升企业对经营业务的前瞻预测。

### （一）电网领域大数据应用

某电网公司为满足业务发展与管理提升的要求，适应输配电价改革形势，借助大数据技术，建立对外、对内，多维度、多口径的信息披露及反映平台（见图 5.14）。通过使用"远光数聚"，该公司实现企业的运行过程与结果进行多个维度的分析，满足监管报告与内部报告需要，为管理层经营决策提供实时、透明的数据支持。此外，针对该公司贯通业财数据，以资产组为核心，综合平衡电网安全性、可靠性、经济性的需求，"远光数聚"借助大数据技术，为其建立基于营运调财一体化的电网资产运营效率科学评价体系，实现深化业财融合，优化财务资源配置，提升电网资产运营的效益和效率。

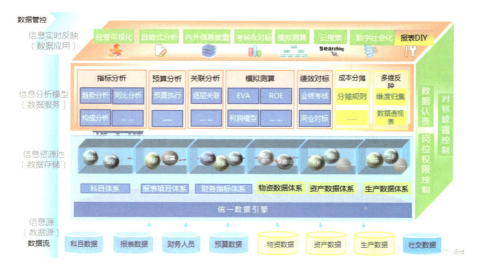

图 5.14 某电网公司大数据应用平台

### （二）发电领域大数据应用

智能电厂为解决设备故障早期征兆轻微、不显著、不典型，以及传统报警系统误报多、报警晚等问题，某电厂借助"远光数聚"对设备数据的实时采集、海量存储、高效建模计算，实现更为准确、及时的预测性检修服务，如图 5.15 所示。

利用"远光数聚"设备预测性诊断模型，早期发现故障，防患于未然，保证设备安全、可靠运行；提供最优设备检修建议，减少设备停运时间，降低设备更换、人工等费用，节约企业运维成本，显著提高设备运行的可靠性、安全性和运维经济性。

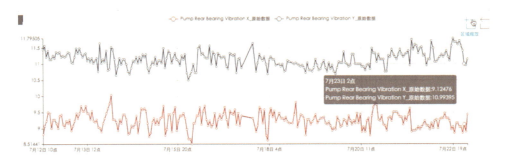

图 5.15 "远光数聚"设备预测性诊断模型

### （三）政府宏观大数据领域

"远光数聚"被用于构建和支撑某省级的宏观经济大数据仓库及应用。该省政府计划通过整合政务、互联网和社会等各方数据资源，建设支撑政府宏观决策、增强信息透明度、提高社会与经济运行效率、促进经济与产业发展和改善民生等各类应用。"远光数聚"为其提供了多源异构系统的数据采集能力、互联网数据的抓取能力、PB级数据的存储能力、分布式大规模并行计算处理能力和大数据应用开发支撑能力，进而保障了政府落实国家大数据战略，促进政府与社会共建共享大数据应用，实现了良好的社会和经济效益。

### 三、产品架构

"远光数聚"采用开放先进的互联网、大数据技术，构建的企业级大数据产品，为电力企业带来专业、智能、直观的数据价值分析、挖掘、展示。"远光数聚"产品架构分为三层，分别是大数据技术平台层，全业务模型层和信息实时反映应用层，如图 5.16 所示。

图 5.16 远光数聚产品体系架构

## （一）大数据技术平台

大数据技术平台（见图 5.17）利用 Hadoop 和 Spark 核心技术，引入底层平台与架构，为企业提供一站式的大数据技术平台搭建服务，主要包括 6 个模块。提供 GB 级到 PB 级的存储能力、亿位/毫秒级的搜索能力、亿位/毫秒~秒级的多维分析能力和海量数据挖掘能力。

（1）数据接入模块。面对企业内外部多系统、多来源、多形式的数据，提供数据源管理、监控管理、爬虫管理和实时采集和离线上传功能。

（2）数据管理模块。支持数据的全生命周期管理，提供元数据管理、数据目录管理、数据质量管理和数据共享发布管理功能。

（3）数据存储模块。支持各种类型的数据存储，提供文件存储、元数据存储、缓存存储、结构化存储功能。

（4）数据计算模块。支持海量分布式并行计算、内存计算和流计算，提供离线计算、实时计算和查询计算等功能。

（5）接口服务模块。支持各种协议，提供数据服务、技术服务、分析服务、算法服务和搜索服务功能。

（6）平台管理模块。支持一站式平台管理，提供安全认证、数据安全、任务管理、集群管理、资源管理、服务管理和日志管理功能。

图 5.17 远光数据大数据技术平台

## （二）全业务模型

业务模型的构建作为"远光数聚"的核心，依托强大的数据分析能力，深入挖掘与分析宏观经济与电力大数据典型应用场景，构建了一套成熟的场景业务模型，实现大数据技术向业务应用的价值变现。"全业务模型"（见图 5.18）是远光数聚"从电力看经济，从经济看电力"理念的集中体现，包括宏观经济模型和电力企业业务模型两个层次。

图 5.18　"远光数聚"全业务模型流程

1. 宏观经济模型

深度融合政务、电力、社会和互联网数据，面向政府治理、公共服务、宏观调控、产业发展等宏观经济主题，构建宏观、中观、微观各类业务模型。模型包括全行业的宏观经济态势的月度频率描述、各行业主要经济指标的半年内趋势预测、互联网海量数据抓取与解析的关键指标高频拟合、基于电力与经济数据的指数化分析等，如图 5.19 所示。

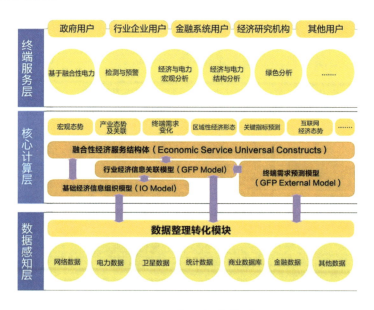

图 5.19　宏观经济模型

2. 电力企业业务模型

沉淀远光软件深耕电力行业二十多年的信息化实践经验，经过梳理、归集和创新逐步形成电力行业的典型业务模型。该业务模型（见图 5.20）分别从电网经营、运行和发展三个业务领域梳理出 10 个典型分析业务场景，形成超过 50 多个业务模型和上千个系统物理数据模型等，通过这些模型帮助电力企业快速完成数据分析应用。

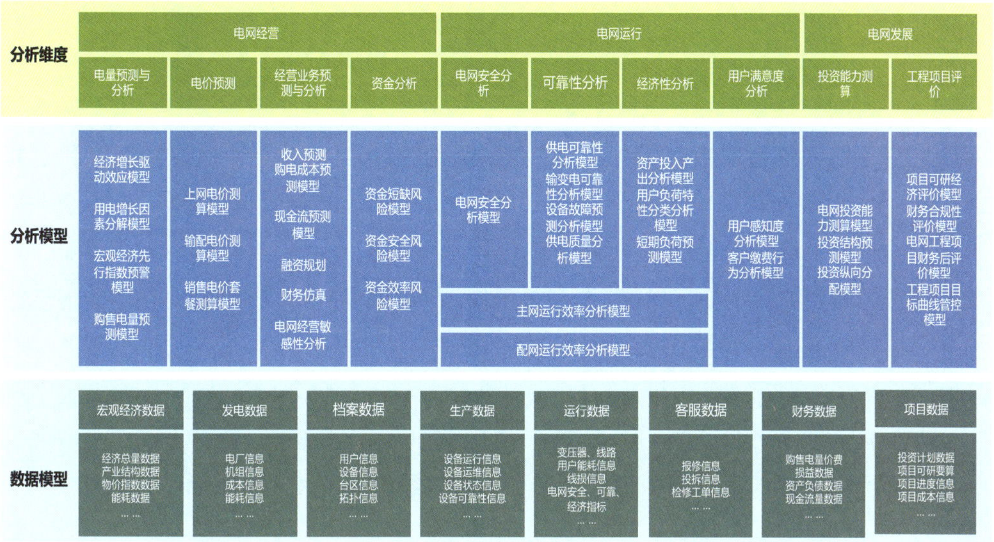

| 分析维度 | 电网经营 | | | | 电网运行 | | | | 电网发展 | |
|---|---|---|---|---|---|---|---|---|---|---|
| | 电量预测与分析 | 电价预测 | 经营业务预测与分析 | 资金分析 | 电网安全分析 | 可靠性分析 | 经济性分析 | 用户满意度分析 | 投资能力测算 | 工程项目评价 |
| 分析模型 | 经济增长驱动效应模型 用电增长因素分解模型 宏观经济先行指数预警模型 购售电量预测模型 | 上网电价测算模型 输配电价测算模型 销售电价套餐测算模型 | 收入预测 购电成本预测模型 现金流预测模型 融资规划 财务仿真 电网经营敏感性分析 | 资金短缺风险模型 资金安全风险模型 资金效率风险模型 | 电网安全分析模型 | 供电可靠性分析模型 输变电可靠性分析模型 设备故障预测分析模型 供电质量分析模型 主网运行效率分析模型 配网运行效率分析模型 | 资产投入产出分析模型 用户负荷特性分类分析 短期负荷预测模型 | 用户感知度分析模型 客户缴费行为分析模型 | 电网投资能力测算模型 投资结构预测模型 投资纵向分配模型 | 项目可研经济评价模型 财务合规性评价模型 电网工程项目财务后评价模型 工程项目目标曲线管控模型 |
| 数据模型 | 宏观经济数据 经济总量数据 产业结构数据 物价指数数据 能耗数据 …… | 发电数据 电厂信息 机组信息 成本信息 能耗信息 …… | 档案数据 用户信息 设备信息 台区信息 拓扑信息 …… | 生产数据 设备运行信息 设备运维信息 设备状态信息 设备可靠性信息 …… | 运行数据 变压器、线路 用户能耗信息 线损信息 电网安全、可靠、经济指标 …… | 客服数据 报修信息 投诉信息 检修工单信息 …… | 财务数据 购售电量价费 损益数据 资产负债数据 现金流量数据 …… | 项目数据 投资计划数据 项目可研数据 项目进度信息 项目成本信息 …… | | |

图 5.20 电力企业业务模型

### （三）信息实时反映应用

运用云搜索、大数据、微应用、移动应用等新技术，向企业各级人员提供可视化、自助式的实时分析平台，将数据快速转化为洞察力，支撑企业实现更好地决策。

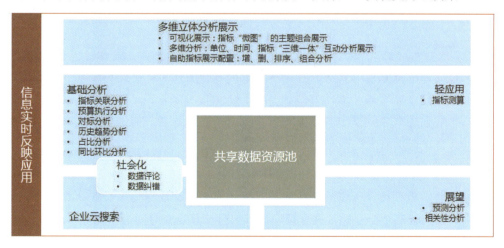

图 5.21 信息实时反映应用平台

（1）数据资源池模块。针对企业海量数据归整和存储的问题，构建数据资产管理资源池，优化数据架构，提供指标化存储与融合技术、数据情景值应用、自定义的关联分析模型等功能，实现对数据进行全面、统一、标准化的管理。

（2）云搜索模块。依托大数据平台的能力，将互联网搜索技术用于企业应用，进行信息快速搜索（亿位/毫秒级）。采用关键词搜索方式直接搜索查看相关的数据和分析结果；分析用户特征和行为，运用智能算法（YGRANK）精准匹配排序。

（3）自助式探索模块。基于数据资源池，搭建了十多个预置分析套餐，适应不同场景与角色的分析需求；另外，对任意指标提供了趋势分析、关联分析、预算执行分析、同业对标分析、在线测算等多种分析模型，实现数据分析、测算的随需定制。

（4）多维分析模块。支持拖拽式操作，突破报表二维的固定展示方式，可以任意维度的报表 DIY，实现了管理报表多层次、多视角，多口径的应用和随需展示，满足数据探索需要。支持连接多源数据，轻松实现数据融合，探索数据蕴藏的经营价值信息。

（5）社会化协作模块。社会化协作具有开放、用户创建内容、共享、即时的特点。通过将数字社会化，使数据鲜活起来，实现数据价值分享、应用的最大化。

（6）轻应用模块。轻应用为用户提供资产可视化、工程可视化，多层次、多视角、多口径的展示等便捷特定功能，有效解决了优质应用和服务与移动用户需求对接的问题。

## 四、关键技术

### （一）大数据平台关键技术

1. 数据接入、存储与服务技术

支持以离线批处理或在线实时接入各种来源的结构化、半结构化、非结构化数据。支持多种存储方式，提供数据仓库用于存储面向业务主题的数据，提供列式数据库用于存储缓存、计算中间结果等需要快速访问的数据，提供分布式文件系统用于存储文件，提供索引数据库用于存放索引。

2. 分布式内存计算技术

构建基于内存计算引擎的离线计算、流计算、查询计算为核心的计算能力，支持离线、实时、高速交互的数据处理应用。实时计算响应时间为 0~5s，查询计算响应时间为 5s~1min，解决行业数据规模大幅增长所带来的数据处理压力；离线计算响应时间在分钟级以上，用于解决传统的离线数据处理问题。

3. 分布式全文搜索技术

使用分布式文件系统存储索引文件；使用分布式内存计算技术实现索引的创建、

修改、检索。通过 Schema 提供搜索对象的模型定义，文档管理提供数据格式分析、重复数据删除和文本提取，查询过程及缓存提供检索、切片、高亮、统计组件，分析器提供的词元切词、停用词、同义词。通过 RESTful、JAVA API 方式使用搜索服务，需要搜索的数据通过数据接入工具，进入到平台，索引模块和搜索对象模块对数据建立索引，并存入文件系统。查询引擎通过 REST Server 提供搜索服务。

4. 多租户的权限认证与数据隔离相关技术

平台安全管理主要体现在数据隔离。运维管理人员在用户管理模块维护用户信息的同时，由数据安全模块自动分配对应的存储空间。数据仓库以分库的方式、列式数据库以命名空间的方式、文件系统以目录的方式进行数据隔离。外部系统通过认证网关身份验证后，根据相应权限访问权限内的数据分区。

5. 自动化集群监控、任务管理、数据管理相关技术

平台配置管理主要提供集群监控、任务编排、资源调度等相关服务。运维人员通过配置管理界面进行集群监控，应用开发人员上传任务后，由数据分析人员进行任务定制、编排和计划执行。

### （二）信息实时反映应用关键技术

（1）指标关联分析及测算。利用 HTML、CSS、JavaScript 构造无限层级的多叉树，并依据公式提供各指标值的关联分析及测算功能。通过层层递进汇总计算关系，确定指标的计算逻辑，构建网状的数据关系模型，为相互孤立的数据建立关联，实现关联分析模型定义的高效灵活。

（2）用户行为分析。利用内存数据库记录用户的操作信息，在后端进行实时的统计运算，挖掘用户的访问或点击模式，优化与提升关键模块的转化率，使得用户可以便捷地依照产品设计期望的主流路径直达核心模块。

### （三）企业数据云搜索核心技术

（1）关键词搜索。云搜索采用自动聚类、分类生成、智能导航、自然语言检索等技术，针对搜索关键词，通过运用疑问修正和推荐，查询搜索结果。另外，企业云搜索采用拼音识别技术和疑问推荐技术，通过在自然语言分析处理、数据挖掘和机器学习领域的技术革新，帮助和引导人们快速找到目标信息。

（2）YGRank 智能排序技术 YGRank 智能排序技术实现在搜索过程中实现按照业务规则排序，无需在数据导入时构建排序数据，满足更加广泛的业务需求；实现业务规则排序可配置化，不断适应客户的需求；实现排序的业务规则可精确到数据的片段，或根据用户的自定义内容如单位的优先级，不再仅限于字段值整型或字符型的大小和顺序排序。

## ■ 企业简介

　　远光软件股份有限公司专注企业管理信息化，是国内企业管理和社会服务信息系统供应商，在能源企业管理软件领域处于领先地位。公司聚焦"云物移大智"等新兴技术，以博士后科研工作站、三大研发中心为技术创新动力，拥有 13 家下属公司，全国 37 个分支机构，为能源、航天航空、高端装备等集团企业提供持续创新的解决方案和服务。

## ■ 专家点评

　　"远光数聚"以电力企业大数据典型应用为主导，基于多年的业务实践，构建的信息实时反映工具，在多源实时数据获取与整合、自助式探索数据挖掘、多维立体分析、海量数据实时查询及模拟预测方面达到行业领先水平。"远光数聚"打通了大数据技术开发平台与业务应用全链路，形成一套完整的企业级大数据解决方案，帮助电力企业深挖数据价值，推动数据资产变现，实现精准洞察、高效决策。

林宁（中国电子技术标准化研究院党委书记）

# 29 电力大数据分析平台

大数据

## ——内蒙古云谷电力科技股份有限公司

电力大数据分析平台主要应用于电力行业，解决电力信息化过程中的信息孤岛问题，不断完善数据基础、增强分析能力，深度挖掘电力数据资产价值，为电力企业战略转型与服务升级提供有效的决策支撑。

### 一、应用需求

目前，中国正处于两化融合的关键时期，电力信息化、智能化是"互联网+电力"的必然产物。随着电力企业的不断发展，各个业务部门系统分立，导致电力信息孤岛化越来越严重。电力大数据分析平台，利用大数据的思维解决各个业务系统的信息孤岛问题，同时解决海量数据的存储问题。通过顶层设计的思路将逐步消除信息孤岛分立带来的一档多源的问题。

我国电力系统已从以往类型较单一、增长较缓慢的数据时代逐渐步入海量、多源、异构、分布控制产生、复杂、动态内联的大数据时代。电力大数据分析平台作为未来智能电网建设的重要支撑，在结合现有建设能力的基础上，充分整合企业内部系统的计算能力、存储资源、数据资源等，大幅提升电力系统运行能力，实现企业数据价值最大化。电力大数据分析平台的建设，有利于电网安全检测与控制（包括大灾难预警与处理、供电与电力调度决策支持和更准确的用电量预测），客户用电行为分析与客户细分，电力企业精细化运营管理等等，实现更科学的需求侧管理。

电力生产销售的"实时性"，使得电力企业不得不靠基础设施的过度建设满足电力供应的冗余性和稳定性，这种过度建设带来的发展方式是机械的，也是不经济的。在电力企业需求日益攀升、政策紧急响应的今天，经济性的可持续发展理念必然是电力企业无法回避的问题。

电力企业痛点表现突出，具体如下：

首先，在电力生产环节，风光储等新能源的大量接入，打破了传统相对"静态"的电力生产，使得电力生产的计量和管理变得日趋复杂。

其次，电能的不可储存性，使得电力企业面临极其复杂的安全形式，电能的"光传输"特性、瞬间的电网失衡会造成无法挽回的损失。再依靠"人工+设备+经验判断"的半自动生产经营方式，电力系统的生产经营人员将面临着无法承受之重。

最后，在电力经营环节，随着下一代电力系统的逐步演进，高度灵活的数据驱动的电力供应链将逐步取代传统的静止电力供应链。这种灵活性来自于电力系统管理者们对电力设施真正运行状态的洞察力，通过电力大数据分析平台获取质量更好，颗粒度更细的数据，才能真正提升电力行业对当前电力供应链的"能见度"，电力生产供需管理才能变得更为有效，电力的经营管理者可以通过这些信息记录，了解电力基础设施的历史、可靠性和成本、来整体优化电网，进而完成高度准确和精确的预测需求。电力消费者可以通过对功耗的实时了解，有意识地调整自己的用电方式，这能够显著地节约能源。

## 二、应用效果

电力大数据分析平台的统一建设，一方面可以满足电网内部数据的总体运行需求及专业领域的规律分析和挖掘需求，提升电网经营现状洞察力，及时调整战略方向，促进电力行业健康、科学发展；另一方面，大数据平台的建设可以高效利用电网公司多年积攒的历史数据和生产经营实时数据，形成指标体系并挖掘其更深层次的价值，提供大量高附加值服务，产生创新性业务，提高公司核心竞争力，增强公司在行业内外的影响力。

通过对电网数据的深度挖掘分析，目前电力大数据分析平台已完成地区房屋空置率分析、电力供需分析预测、电量预测、峰谷情况分析、交费偏好分析、客户信用评分、线损分析、营业厅流量分析等业务分析。

### （一）电力大数据分析总览图

通过建立电力企业数据分析中心（见图 5.22），对消费者相关数据进行研究分析，有效增强了市场应对能力，支撑了企业快速发展，取得了良好社会与经济效益。

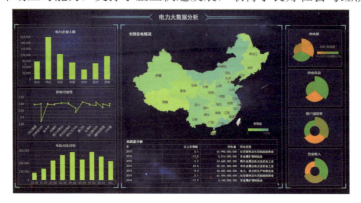

图 5.22　电力大数据分析总览

1. 强化数据资产经营管理理念

电力企业在长期对消费者提供服务过程中，积累了大量的数据资源。通过大数据分析平台，强化电力企业数据资产利用及管理理念，实现紊乱的数据资源向有效的数据资产的转化通道。同时，也提升电力集团的服务、降低成本，促进了企业管理优化与高效发展。

2. 提升数据分析处理能力

数据分析处理能力是挖掘数据资产价值的关键。电力大数据分析平台为电力数据分析处理和数据建模提供了方法和工具，为推进电力企业成功实行转型与发展提供了强有力的支撑。

3. 促进数据资产价值增值

通过对电力数据分析、转化、开发、利用，为企业带来了直接的经济效益。同时，通过对市场变动与消费者行为等大数据深层次分析，为企业拓展业务领域、创新盈利模式、推进企业转型升级提供了有效决策支撑。

**（二）具体应用**

1. 房屋空置率分析

房屋空置率过高、房屋空置率是房地产供给超过真实需求的集中体现，国际公认的警戒线是 10%。通过对某省 2011—2016 年用电情况信息深度挖掘及分析，可以预测地区房地产泡沫，可以直接反映一个地区的房地产情况，为地产投资领域提供投资决策依据。图 5.23 是某省各地区房地产泡沫分析。

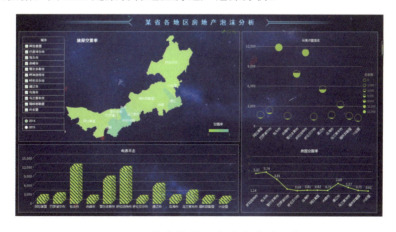

图 5.23　某省各地区房地产泡沫分析

2. 客户的信用分析

电力公司规避电费拖欠风险的有效办法是加强对客户的信用分析（见图 5.24）。

在对电费数据库所反映出来的众多电力客户复杂的、有差异性的缴费行为进行深入剖析的基础上，根据信用评价客观性、公正性、一致性要求，设计合适的评价指标及该指标计算方法，以准确度量电力客户不同缴费行为所反映的信用状况，增强评估客观性。

图 5.24　某省各地区客户信用评分分析

3. 营业厅工作饱和度分析

通过对往年 95598 各类业务受理情况及客户投诉数据的分析得出营业厅工作饱和度模型，如图 5.25 所示。

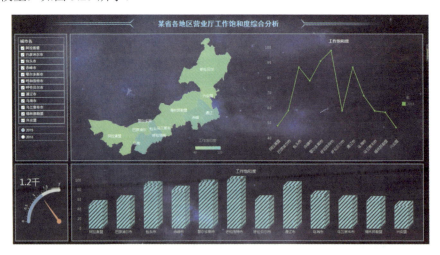

图 5.25　某省各地区营业厅工作饱和度分析

4. 客户满意度分析

通过对来自客户的问题进行区分，确定哪些问题是最重要的，哪些是比较耗费时间的问题，从而使客户服务中心的响应速度提高 10%，如图 5.26 所示。

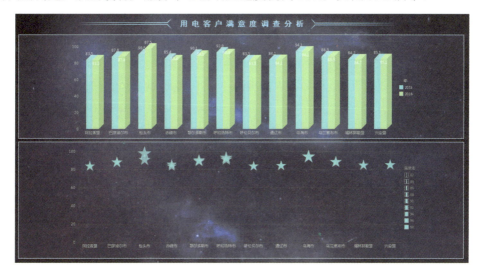

图 5.26 某省各地区用电满意度调查分析

5. 电力供需分析预测

按照客户领域和销售渠道预测各类中小企业和家庭住户的电力消耗和需求趋势，营业收入、成本和利润率（见图 5.27），从而帮助营销部门更精确地找准目标客户，推出更具盈利性的新产品。

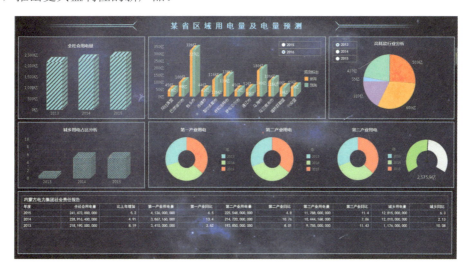

图 5.27 某省各地区区域用电量及电量预测分析

### 三、平台架构和技术架构

#### （一）平台架构

电力大数据分析平台架构如图 5.28 所示，具体说明如下。

（1）管理子系统：主要包括集群管控、元数据管理、调度管理、数据服务管理、系统管理五个功能模块。

（2）ETL 子系统：ETL 以元数据驱动的方式提供强大的抽取、转换盒加载（ETL）能力。

（3）计算子系统：以 HDFS Federation 和 YARN 为核心，在 YARN 集成了各种计算组件，包括 HBase、Hive、Tez、Storm、Kafka 等。

（4）服务配置工具：通过可配置式个性化开发，大大降低了平台实施和使用的技术门槛，对平台的大部分二次开发不再需要专业的开发人员，业务人员就可以实现对数据计算的定义、脚本实现并通过定义规则驱动数据计算。

（5）报表和分析工具：包括自定义报表工具和自定义分析工具。

（6）数据服务子系统：对外提供各种数据服务，开放多种数据接口，外部系统/用户可通过服务认证、数据 API 等方式按权限访问相应的数据。

图 5.28　电力大数据分析平台架构

#### （二）技术架构

通过采用当前业界先进的大数据处理技术和模式，构建与具体业务松耦合的中间性的大数据统计、分析和挖掘平台。利用大数据平台，通过资源的线性扩展，可以实现单条信息秒级的在线处理性能、TB 级数据离线分布式处理、PB 级数据的存储。电力大数据分析平台技术架构如图 5.29 所示。

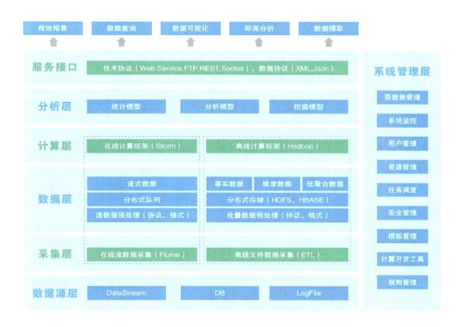

图 5.29　电力大数据分析平台技术架构

## 四、关键技术

电力大数据分析平台核心技术包括高性能计算、数据挖掘、统计分析、数据可视化。

（1）高性能计算。通过 Hadoop 分布式计算技术采用 MAP-REDUCE 模型建立分布式计算集群，对电力大数据进行分布式计算和处理。

（2）数据挖掘技术。数据挖掘技术是通过分析大量数据，从大量数据中寻找其规律的技术，主要有数据准备、规律寻找和规律表示 3 个步骤。数据挖掘的任务主要包括关联分析、聚类分析、分类分析、异常分析、特异群组分析和演变分析等。

（3）统计分析。统计分析分为描述统计和推断统计，主要包括对收集到的有关电力数据资料进行整理归类并进行解释的过程。

（4）数据可视化技术。数据可视化借助于图形化手段，清晰有效地传达与沟通信息。平台基于 Hadoop 和 Spark 实现大数据的分布式存储和分布式并行计算，现海量数据的秒级处理。

# ■ 企业简介

内蒙古云谷电力科技股份有限公司是内蒙古自治区首家也是唯一集能耗智能计量、能耗数据采控及相关智能产品的研发、生产、销售、服务为一体的"国家级高新技术企业"，2016 年新三板挂牌上市（股票代码：838752）。公司技术研发机构被评为"自治区级电网数据采集应用研究开发中心"、"自治区级企业技术中心""城市精细化管理大数据国家工程试验室"。作为自治区知名的专注于能耗数据精细化管理的高新技术企业，公司的智能产品已覆盖内蒙古自治区各区域，现阶段正在开拓国内外市场，并已获得"国家电网"、"南方电网"、欧洲市场入网销售资格。

# ■ 专家点评

电力大数据分析平台依托物联网和大数据基础，打造大数据能力开放、共享、合作平台，推动大数据+电力行业应用，创造新的经济增长点，平台技术架构完整，业务承载能力强，充分考虑了数据开放共享、产品合作开发过程中的关键环节。平台使用的数据处理、系统整合技术体现了创新性，能够有力支撑大数据开放合作业务。整体来说，电力大数据分析平台的创新性、功能性、技术能力均达到较高水平。

电力大数据对电力数据进行分析挖掘，得到信息，然后将信息转化为知识，最后通过可视化展现与表达，与人们进行分享。电力大数据对于分析电力技术与各项应用效果来说非常重要，也是社会发展的必然要求，通过云计算提高电力数据源的准确可靠性，进而明确电力工程发展方向与电力设备等使用标准，这些都具有重要的意义。

**樊会文**（中国电子信息产业发展研究院副院长）

## 30　基于集团企业信息系统集成的大数据应用方案
### ——中国石油天然气股份有限公司规划总院

基于集团企业信息系统集成的大数据应用方案以生产、经营、管理和客户服务为导向（见图5.30），搭建集团公司统一、集成、共享的数据平台，构建统一的KPI、报表和绩效分析体系，实现报表、绩效分析、指标预警、预测分析、辅助决策等应用。为中国石油总部、专业公司及各级企业运营、管理提供及时有效的支撑。通过大数据平台，提升数据管理、数据运营、信息共享和对外服务能力，实现信息化从业务支撑向提供决策支持服务转变。

建设原则是充分利用中国石油现有信息化成果，借助系统集成、云技术、内存计算、分布式存储和计算、非结构化数据处理等技术，实现以ERP为核心的生产经营数据集中管理、存储与分析挖掘，满足集团、专业公司及所属企业三级管理组织的数据应用需求。

图 5.30　提升数据管理、运营、共享和服务能力

### 一、应用需求

中国石油产业链长、地域分布广及业务多样的特点决定了信息化建设的长期性

和复杂性，中国石油自2000年起遵循"六统一"原则，在信息技术总体规划指导下开展信息化建设。经过近二十年的持续建设，建成和应用了以ERP为核心的50个集中统一的信息系统，全面支撑了中国石油的经营管理和生产运行。

统一信息系统的建成和应用，积累了种类繁多的海量数据，既有传统数据库易于处理的结构化数据，也有设备文档等非结构化数据；既有采购、销售、财务等传统的管理数据，也有设备运行、地质勘探等实时数据。由于不同系统管理的内容和范围、系统建设时间及周期差异，这些数据存于不同系统中，数据标准及业务规范不完全统一。因此，数据的使用效率及准确性存在一定的问题；同时传统数据查询及分析工具的局限性也很难满足企业各级人员对数据应用的需求。总之，建立统一的大数据平台势在必行。

通过调研、分析，中国石油对大数据平台建设和应用需求主要体现在六个方面：

（1）实现对全量明细数据的存储。考虑到中国石油上下游业务的整体性及关联性，需整合上下游数据，满足集团生产和经营整体优化要求。

（2）提升数据处理速度。中国石油各类业务数据已达数百TB，仅以油品销售零售交易明细数据为例，数据总量目前已达40TB，且每天保持8GB左右的数量增长。庞大的数据量使得传统的数据库无法满足数据存储、查询、计算、展示等方面的需求，需要运用大数据技术来解决数据存储、计算速度及系统性能问题。

（3）提升对各种类型数据的存储及处理能力。中国石油业务复杂，需要处理的数据种类多，传统数据库不支持非结构化数据的存储，施工图纸、原始票据、合同文本、现场图像、传感器、社交网站等数据均未进行采集或纳入到分析范围内，影响数据分析和应用的深度，因此需要有一个数据平台可以支持多种数据类型的存储和处理。

（4）整合资源，提供统一的数据分析服务。随着公司管理精细化程度不断加深，对数据分析需求也在不断增长。目前分析软件和分析人员分散在多个系统及项目中，一方面难以沉淀核心技能，另一方面增加了重复投入。通过搭建统一的平台整合分析资源，提供统一的算法模型库，为业务人员提供业务场景分析，提供模型算法服务。

（5）对电子销售、客户管理等平台提供实时流数据的计算和处理能力。传统的数据仓库不支持实时流计算、图计算等复杂运算，需要新技术和方法满足新的管理需要。

（6）满足集团企业各级单位对数据应用的个性化需求。中国石油业务种类多、地域分布广，因此对数据应用需求也千差万别，很难通过提供几套固定报表、几个分析、预测模型和业务分析场景满足所有单位的要求。因此，一方面要建立灵活的数据存储及分级使用机制，通过推送数据和推送服务的方式满足用户要求；另一方面提供灵活、可配置的分析展示工具，开放用户自助服务功能。

## 二、应用效果

基于信息系统集成大数据平台的建成应用，实现了中国石油内外部各类数据的集成中存储和关联分析，提高了数据获取能力和响应速度（在经营管理数据处理方面，数据抽取时间缩短 70%；实现业务统计报表速度提升 8 倍，终端销售业务明细分析由原来的数小时变为几分钟）。丰富了数据分析应用手段，充分挖掘了数据价值，在中国石油生产监控、业务分析、客户服务、经营决策等方面发挥重要作用。

### （一）主要建设成果

（1）建立统一的决策支持指标库，共设计集团指标 95 项，专业公司指标 151 项，下属企业指标 1240 项，并建立了指标间的关联，实现指标集中动态管理、分解和追溯。

（2）设计基于底层交易报表千余张，服务于各级单位、各类业务管理中，同时系统还提供报表灵活定义工具。满足不同用户对数据查询、统计的需要。

（3）结合中国石油战略目标，设计了关于战略、风险、财务与资产、人力资源、投资、社会责任、科技创新、供应链管理、设备运行和销售市场 10 项分析主题和应用场景，满足总部、专业领域及所属企业对业务整体和分维度分析需求。

（4）实现对业务运行的实时监控，可分析、查看、追溯每笔业务操作行为，有效规避业务风险。

（5）实现业务领域的典型应用，为生产运行、客户服务、经营预测等提供数据服务。

### （二）典型应用案例

在销售领域，进行成品油销量预测、客户流失分析、促销量价分析等，对未来销售趋势进行研判，为销售企业制订销售计划和资源配置提供参考。目前省公司销量预测平均准确率能达到 87% 以上；利用分析 30 亿条，15TB 的加油站小票数据，分析客户消费习惯，实现精准营销。在炼化领域分析设备运行数据，提高设备故障维修效率，节约成本。在天然气管网运行方面，利用机器数据、信息系统业务数据及仿真数据加强管网实时状态、重点设备工况和能耗等分析工作；勘探生产技术数据为 2 726 个研究项目提供数据支持，缩短项目数据准备时间 15%~30%，提高工作效率 10%~20%。审计业务从每日百万笔交易记录中，筛查异常记录。通过穿透底层交易明细和远程视频，实现"实时监控、精确稽查"。

### 三、产品架构

#### （一）总体架构

中国石油大数据应用总体架构（见图 5.31）分为数据源、数据总线、数据存储（统一数据基础平台）、数据分析应用（按需数据分析平台）四个层次。按照数据集

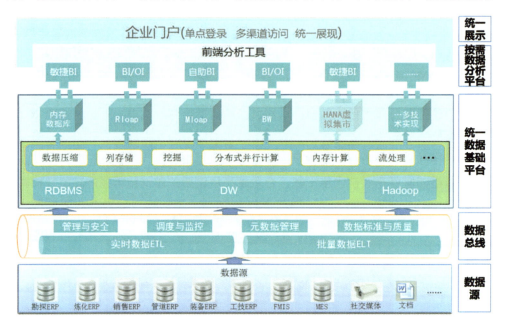

图 5.31　中国石油大数据应用总体技术架构

中、应用分散的原则设计，即集成企业全景数据，实现数据集成、规范和标准化的存储管理；数据应用按需灵活部署，实现单点登录，多渠道访问，界面统一。其中，数据源包括支撑中国石油整体运营的 50 个统建的集中系统的数据（50 个系统几乎囊括了中国石油总部及所有业务领域的计划、财务、生产、采购、销售、人力资源等生产经营、供应商、客户等数据）。此外，还包括视频监控、传感器、智能监测等实时采集的数据，以及社交媒体、电商零售、合作伙伴等外部数据。

#### （二）架构特点

##### 1. 数据源层

通过集团公司级公共数据编码平台（简称 MDM）统一信息系统主数据，规范业务数据标准，保证数据的准确性，提高数据质量。在此基础上利用集成平台实现 ERP、勘探生产运行、炼化生产运行、管道生产及加管系统，合同、办公系统及供应商、

客户管理等系统的应用和数据集成,将集团公司分布在 50 套系统的异构数据有效整合。

2. 数据总线层

采用 ETL、SLT、数据文件接口、Web Service 及 ODBC/JDBC 连接等方式,实现历史数据及实时数据的抽取和导入。数据转换以 MDM 为标准,对 MDM 管理范围内的源系统,数据可直接导入大数据平台,对源系统与 MDM 主数据标准不一致的,以 MDM 为标准,在数据平台中对数据进行转换;源系统中未在 MDM 管理的主数据,以 ERP 为标准,在数据平台进行转换。通过这一机制,有效建立不同源系统数据的关联性。通过主数据标准化实现数据间关系的标准化,关联标准的大数据可为企业带来了更大的价值。同时强化对业务数据的标准化和管控,保障了数据的真实性和一致性;

3. 数据平台(存储)层

数据集中部署,利用内存计算(SAP HANA)、近线存储及 HADOOP 技术提高数据存储、计算能力和响应速度,将数据按用户使用频率及对数据提取速度要求分成热、暖、冷三个级别,"热数据"采用列式和行式方式存储在内存数据库中,实现对数据的高速访问和调用;采用 SAP IQ NLS 近线存储技术将"暖数据"放置在硬盘存储,实现同内存存储一样的完全读/写访问;将归档数据、非结构化数据、实时工业数据及其他一些原始数据存放在 Hadoop 生态系统中。同时部署统一的非结构化数据管理服务器用于存储与统建系统业务相关的非结构化文档,与相关应用系统集成,实现内容管理、搜索、应用、归档及目录服务。

4. 数据分析应用层

提供和支持多种数据分析及挖掘工具(SPASS、R、SAS 等)的使用,满足针对不同业务场景进行建模和分析要求。借助成熟的数据分析、展现工具(OBIEE、BO 等)及自主开发的报表软件、展现门户等实现报表、业务查询及预测、指标监控及预警、关联分析、现场视频监控等前端应用。

5. 云计算技术架构部署

大数据平台采用采用标准 X86 服务器,实现了硬件设备的全部国产化,与 UNIX 相比降低设备采购和保有成本 50%左右。基础架构上采用中国石油统一的云计算技术架构,实现了资源可控、状态可知、规模可调、策略可定制、操作可回溯;利用虚拟化、Core-Edge 架构、大二层网络、软件定义数据中心等技术池化基础架构,实现对计算、存储、网络资源的统一管控、充分共享、灵活调度和弹性伸缩;建立纵深防御、立体防御和主动防御体系,从多层级保护平台的安全稳定运行;实现典型 IaaS、部分 PaaS 的服务体系。

系统基础架构、数据源层、数据平台层、数据处理层及数据分析应用层遵循国际通用标准设计及部署，各自独立，可灵活组合、配置及扩展，具有较强的复用性和可推广性。

**（三）主要功能**

中国石油大数据应用平台为集团公司总部、专业公司及 150 余家下属企业提供应用服务。主要功能有管理驾驶舱、图表分析、报表（固定、灵活）、监测预警、报告、预测模拟、关联分析、即席查询、专题分析等，如图 5.32 所示。

图 5.32　中国石油大数据应用总体技术架构功能说明

## 四、关键技术

中国石油大数据企业应用解决方案的关键技术可以分为如下五类：

（1）通过标准化平台，采用统一主数据标准或建立主数据对照表两种方式，实现不同系统数据的互通。

（2）支持开放接口及多种数据抽取方式，实现不同系统、不同类型的数据的抽取和导入。

（3）基础架构、数据源层、数据平台层、数据处理层及数据分析应用层各自独立，可灵活组合、配置及扩展。

（4）采用多租户的方式，实现二级企业数据在逻辑上各且独立。

（5）构建多种企业级数据模型，为企业直接推送分析结果。

# 企业概况

中国石油规划总院（CPPEI）成立于 1978 年，是中国石油重要的决策支持机构，是集战略研究、规划、可行性研究、咨询评估、经济研究、科技开发与设计、信息技术服务、行业管理和技术归口管理为一体的综合性研究机构。规划总院下设炼化、销售、管道、综合四个信息化部门，现有信息化人员 1 100 人，拥有教授级高级工程师 4 人、集团公司高级信息技术专家 5 人；博士 50 余人、硕士 300 余人；是石油石化行业内重要的应用解决方案与技术服务提供者。规划总院先后建立了 ISO9001 质量管理体系、ISO20000 信息技术服务管理体系、CMMI 3 级管理体系、ISO27001 信息技术安全管理体系，取得了信息技术服务管理等认证资质，具备丰富的信息技术管理与服务经验。规划总院作为中国石油信息化建设的重要内部支持队伍之一，按照业务"做专、做精、做强"的要求，为集团公司提供信息规划、可行性研究、信息技术跟踪、解决方案咨询、信息系统实施、系统运维、系统集成及信息系统后评价等服务。

# 专家点评

中国石油以生产、经营管理和客户服务为导向，在企业信息系统集成基础上，借助云技术、内存计算、分布式存储和计算及标准化等技术和管理方法，搭建了全集团共享的大数据平台，实现以 ERP 为核心的 50 套统建系统数据共享，实现集团内外部几百 TB 不同种类数据的集中存储和关联；构建具有统一 KPI、报表和绩效分析体系，建立多种具有自主知识产权的业务模型，实现绩效分析、指标预警、预测、辅助决策、专题分析等应用。充分挖掘了数据价值，在生产监控、业务分析、客户服务、经营决策等方面发挥重要作用。

大数据平台充分利用已有信息化成果，同时融入最新的技术，分层设计，系统基础架构、数据源层、数据平台层、数据处理层及分析应用层遵循国际通用标准设计及部署，各自独立，可灵活组合、配置及扩展，技术领先，应用面广，具有较强的复用性和在其他企业的推广性。

**孙家广**（中国工程院院士、原国家自然科学基金委副主任、清华大学信息学院院长）

# 第六章 政务服务

## 31 城市大数据综合服务与应用

——数据堂（北京）科技股份有限公司

随着我国城镇化建设的推进，城市逐渐面临着人口涌入、交通拥堵、环境恶化等一系列问题，数据堂通过构建以城市大数据驱动的、具有新型商业模式和服务模式的"城市大数据综合服务与应用支撑平台"，可以提供以"城市大数据"为基础的、面向惠民、善政和兴业等内容的综合服务，为培育社会管理、经济发展和民生建设等各方面的应用创新和推动城市转型与升级提供支持。

### 一、应用需求

城市数据是城市大数据综合服务与应用支撑平台建设的基础，在当前信息化技术飞速发展、大数据理念日益普及的背景下，全面、翔实、及时的城市数据已然成为提升城市管理、产业发展和公共服务水平的核心要素。

城市商业活动、教育科技、医疗卫生、文化娱乐的高度集中，出现城市人口增多、交通拥堵、城市资源供应不足、城市环境变差等一系列问题，严重阻碍城市的建设与发展。传统的社会管理理念、技术、方法和模式已经无法适应城市快速建设与发展需要，由此，"城市数据"的理念孕育而生。政府、企业和社会人众等各类城市活动主体，不仅是"城市数据"的重要源头，而且充分体现着数据种类型多、数据量大、整合处理复杂度高的大数据特征，如图6.1所示。

目前，通过有效的采集与深度整合分析，大数据可以助推城市数据在善政、惠民和兴业等综合服务中发挥巨大作用。

（1）用于"善政"服务（见图6.2），可有效提升政府办公、监管、服务、决策的智能化水平。

图 6.1  城市数据来源示意

图 6.2  城市数据的"善政"服务需求

（2）用于"惠民"服务（见图 6.3），在交通出行、公共卫生、智慧校园、社区管理、居民办事等方面提高效率。

图 6.3  城市数据的"惠民"服务需求

（3）用于"兴业"服务（见图6.4），洞察区域经济运行状况、规律和未来趋势，为合理配置市场资源、转变经济结构、推动创业创新、实现产业升级提供巨大动力。

图6.4　城市数据的"兴业"服务需求

就目前而言，城市数据在实际利用方面主要存在以下三个痛点：

（1）城市数据共享水平亟须提高。城市大数据涵盖政府大数据、行业大数据、互联网数据和线下数据等。各级政务部门、公共服务机构及企业等单位已拥有数据构建信息化系统，且大多自筹自建自用，加之体制上的条块分割，导致信息资源共享难、互动程度低；信息孤岛普遍存在，信息资源缺乏整合，数据分割，数出多门，数据质量难以保证；数据格式不统一，可用性差，信息安全度不高，城市数据共享水平亟须提高。

（2）城市数据资源缺乏统筹管理。各级政务部门和公共服务机构等单位都采集和拥有城市大数据，但标准不一，权威性差，可用性不高，缺乏统筹管理，数据整合水平有待提高，需要对信息资源进行统筹管理，形成标准统一、具备权威性和高可用性的城市数据资源库。

（3）城市数据应用能力有待加强。政府各级部门以及各类社会企业在工作中积累了大量数据，但缺乏有效利用，导致了大量的数据浪费。需要以应用导向，强化开发应用，进行融合共享，结合大数据等信息技术，为精细化管理、跨部门跨企业业务协同、完善公共服务等提供有效支撑。

## 二、应用效果

平台所提供的大数据采集、处理和运营服务，能够切实促进政府数据开放，进而带动大数据产业发展。同时，以高质量的数据为支撑，还能够有效提升城市管理和社会治理水平、推动经济转型和产业升级、促进全社会创业创新。截止到目前，平台已累计从各级政府、企业、互联网及线下获取数据超过 3000TB。

## 一、灵活的商业模式

平台面向互联网、人工智能、通信产业、金融类、信息产业、智能交通、生物高科、医疗健康、安防行业、能源行业、影视媒体、教育科研等众多领域提供大数据综合服务和应用支撑，主要商业模式有以下几种：

（1）数据 API 接口。平台在对各类数据进行处理后，封装成多类具有针对性的数据 API 服务接口，供用户调用。目前，平台已有金融征信、智能交通、气候环境、商品贸易等 100 套以上 API，2016 年至今总调用次数超 600 万次，覆盖近百家各类应用开发商。

（2）数据整体交付。平台数据服务的另一种模式是对数据进行结构化处理、构建样本、开发应用案例，然后以数据集的形式对外提供。本项服务的收费模式为按套收费，需求方主要为传统产业、技术研发企业、科研机构等。

（3）数据定制。针对客户特殊的数据需求，平台为客户提供高效且成本可控的定制化服务。本类服务的主要需求方为语音、图像类的高技术企业以及相关科研院所等。典型需求案例包括语音产业链对特定口音数据的需求、服装业对人体体型数据的需求等。

## 二、多类型客户

平台已经上线服务（http://www.datatang.com/），截至 2016 年 12 月，平台服务的客户已超过 1000。其中，具有代表性的客户见表 6-1。

表 6-1　典型客户列表

| 客户名称 | 数据服务项目 |
|---|---|
| 北京三星通信技术研究有限公司 | 日语手机语音数据、中国人说英语语音数据…… |
| 中国互联网信息中心 | 多领域知识库、海量垃圾邮件数据、运营商位置信息数据…… |
| 北京百度网讯科技有限公司 | 欧美明星脸图片数据、多姿态人脸关键点标注图像数据、多角度人脸表情图像数据…… |
| 北京云知声信息技术有限公司 | 韩语手机录音数据、方言手机语音数据…… |
| 中国科学院声学研究所 | 手机普通话录音数据 |
| 北京旷视科技有限公司（face++） | 人脸位置及粗略朝向数据、人脸关键点标注数据，人脸 3D 朝向标注数据，人脸区域分割标注数据…… |

续表

| 客户名称 | 数据服务项目 |
|---|---|
| 苏州思必驰信息科技有限公司 | 中文语音识别转写…… |
| 海信集团有限公司 | 95 点人脸关键点图片数据、北京出租车 GPS 数据…… |
| 中国科学院自动化研究所 | 事件微博采集数据…… |
| 大连理工大学 | 多型号相机拍摄图片数据、亲属关系数据集…… |
| 北京林业大学 | 全球降水估计数据、全球空气质量指数 AQI 数据…… |
| 北京小孔科技有限公司 | 人脸图片数据、视频数据采集…… |
| 天津大学计算机科学与技术学院 | 国内知名购物网站上的用户评论和商品数据、细粒度的评化论标注语料…… |
| 加拿大尚德商学院 | 北京市出租车 GPS 数据 |
| 清华大学计算机科学与技术系 | 微博句法树库、微博用户信息及内容数据…… |

该平台以数据产品和行业领域应用的方式，向政府和企业提供数据支撑服务。典型应用示例如下：

（1）平台集各层面城市大数据形成了多种数据产品，包括人脸识别、智能行车、电子商务、智能语音、智能交通、智能安防等各个类别，如图 6.5 所示。

图 6.5  平台 PC 端——数据产品界面示例

（2）平台集合政府、企业及互联网相关的城市数据，形成了面向金融风控领域的分控反欺诈产品，如图 6.6 所示。

图 6.6 平台手机端——反欺诈数据产品界面示例

该平台以城市数据为驱动，通过汇集、整合政府、企业及互联网的数据服务于城市发展与建设，可有效提升社会治理和公共服务能力。同时，推动创业创新、拉动就业、促进区域融合发展，带动各地大数据产业发展和产业转型升级。

### 三、平台架构

城市大数据服务与应用支撑平台由基础设施、采集汇聚平台、大数据加工处理、数据资产运营和应用培育体系五大部分组成。以适应海量数据存储和管理的平台架构为基础，通过采集、汇聚和获取反映城市运转的核心信息，经过加工处理环节将原始数据转变成能为需求方所用的数据，最终通过数据资产运营，搭建城市数据流入各应用场景的桥梁。

具体而言，通过基于全面、一体化的大数据体系，城市大数据服务与应用支撑平台立足于与政府、公众和企业三类城市活动主体建立起密切的互动关系，在从活动主体处采集数据并进行处理和分析后，通过"善政"、"惠民"、"兴业"三类应用，助力政府决策、民生建设和企业运营，形成推动城市发展的价值闭环。城市大数据服务与应用平台总体架构如图 6.7 所示。

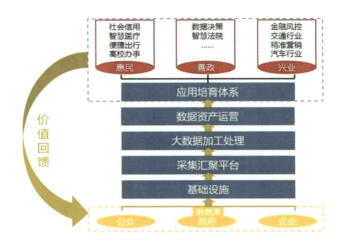

图 6.7　城市大数据服务与应用平台总体架构

## （一）基础设施

在基础设施服务方面，平台充分发挥云计算的可靠性、通用性、可扩展性，以及快速、按需、弹性的服务特征，构建机房资源、计算资源、存储资源、网络资源、灾备资源等基础设施支撑服务，实现基础设施的快速交付，从而实现对多源、异构、海量数据的存储、管理和高效使用。

## （二）采集汇聚平台

采集汇聚部分的主要功能包括政府/行业数据获取、线下数据采集和网络数据抓取三方面，如图 6.8 所示。

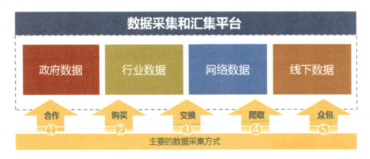

图 6.8　数据采集汇聚平台

（1）政府/行业数据获取。针对我国政府数据壁垒森严、开放不畅等问题，平台设计了安全、可信的对接模型，通过运行于政府现有数据平台内的数采模块，实现工商、公安、税务等部门数据向安全私有云平台的汇聚。同时，在出口处设置必要的安全机制，确保数据经审核后再正式进入应用领域。对于各类企业所保有的数据，也通过类似模型达成向平台的聚集。

（2）线下数据采集。目前，诸如市场价格等线下数据往往通过人工方式定期获取，导致数据质量、价值含量和实时性等多方面的问题。平台开发的数据采集 APP 和后台支撑系统，以众包模式借助社会化力量采集各类线下数据。支撑系统以主流分布式非结构化存储为基础，支持海量数据的并发读写、锁定和标注操作；众包数采 APP 则支持对音频、图像和视频等线下数据的采集、缓存和提交。平台已积累了50 万社会兼职人员（众客），采集了海量、高价值的各类线下数据。

（3）网络数据抓取。散布于网络上的图文影像对于感知社会动向、理解公共诉求、及时发现社会隐患具有重要作用。平台开发的大规模分布式爬虫和实时解析模块，从互联网广泛采集与特定主题相关的信息，并实现基本的校验、抽样和统计。

### （三）大数据加工处理

大数据加工处理主要包括基本处理以及对文本、图像、视频和语音等数据的结构化处理（见图 6.9），是提升数据质量和价值，确保原始数据转化为各领域可用数据的关键环节。

图 6.9　大数据加工处理

（1）基本处理。在基本处理环节，平台基于统计、分析和建模等技术，实现了对各类数据中错误、异常、缺漏以及不一致等情况的自动发现与纠正。例如，不符合企业命名规则、乱码、错误企业名称、同一数据中的重复记录或不同数据中的重复条目、地址/日期/数字等格式的错误或不一致等。

（2）结构化处理。非结构化城市数据的典型加工处理场景包括以下几方面：对报警或急救等服务热线通话数据通过特征参数提取、模式匹配及模型训练和语音识别单元选取等技术实现语音内容的识别和理解，自动抽取通话中涉及的人、时间、地点、事；对证照图像、监控视频等数据通过图像变换、复原、分割以及编码压缩、关键帧提取等技术，自动地快速识别特定对象或行为，比如针对各类证照和监控视频实现人脸特征、区域场景、车牌号码的识别；对政府通告和司法判决等文本数据基于简单向量距离法、朴素贝叶斯法、KNN、支持向量机、神经网络等算法，实现文本的自动分类和快速抽取，对新闻、短信、微博、微信、政府公文、司法判决等进行深加工，快速获取所需关键信息。

### （四）数据资产运营

数据资产运营（见图 6.10）阶段的核心目标是通过对数据的合理组织、无缝融合、服务构建和资产评估，使应用开发方能够以便捷地方式获得价值深化的产品或服务，提升全社会对数据价值的认知，为数据的交易流通提供基本商业条件。

图 6.10　数据资产运营

### 五、应用培育体系

经过以上几个环节的处理，数据已经被改造为可被应用开发方直接利用的产品或服务。因此，最后一步的工作就是秉持开放创新、百花齐放的理念，吸引全社会参与到对城市数据的挖掘和运用中，并将各类专业知识和洞察运用到城市发展的各个方面，如图 6.11 所示。

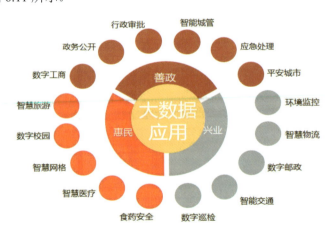

图 6.11　应用培育体系示意

## 四、关键技术

### （一）支持 PB 级数据量的大数据基础架构

城市大数据综合服务与应用支撑平台开发了支持 PB 级数据量的大数据基础架构，日数据处理规模达 10TB 以上；平台以分布式系统和传统存储的融合支持文本、语音、图像、视频等异质数据的存储和管理；以 Hadoop 和 Spark 模型为框架，实现海量、异构数据的快速抽取和实时分析。大数据基础架构如图 6.12 所示。

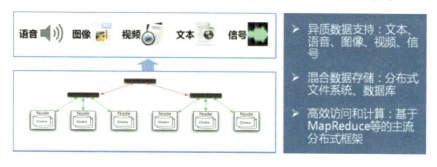

图 6.12　大数据基础架构

### （二）海量数据即时查询

当数据超过 500 万条时，使用 MySQL 查询性能会大大降低。平台利用 Phoenix 技术适当封装，可有效提高查询速度，以数据超过 1000 万条为例，可以在 0.025 秒内返回查询结果。

### （三）基于特征参数提取的语音分析

平台包含大量的语音和文本数据，如报警、急救等服务热线通话数据，数据处理模块利用基于特征参数提取的语音分析技术（见图 6.13）对普通话、英文的语音识别率达 85% 以上；对中文、英文和日文的语义分析识别率达 85% 以上。

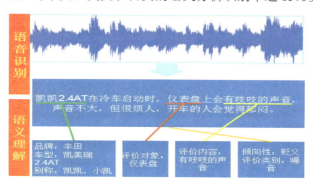

图 6.13　语音识别&语义理解

## （四）基于图像增强和复原的不同粒度人脸识别

政府、企业和互联网上都有大量的人脸图片数据，平台通过去除噪声、强化图像高频分量、滤波等方法，恢复或重建原来的图像，并将图像中有意义的特征部分提取出来，可支持人脸区域、表情、性别、年龄、人种等特征的识别，准确率达 90%以上，如图 6.14 所示。

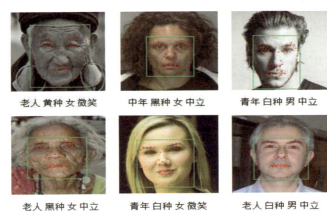

老人 黄种 女 微笑　　　中年 黑种 女 中立　　　青年 白种 男 中立

老人 黑种 女 中立　　　青年 白种 女 微笑　　　老人 白种 男 中立

图 6.14　人脸识别

## （五）自动 OCR 识别

城市数据包含大量线下数据，如超市的购物小票数据；数据处理模块中的 OCR 自动识别技术（见图 6.15）能够自动处理倾斜、光线暗等拍摄不佳的图片，识别率达 90%以上；识别率比传统算法提高 10%，效率提升近 30 倍，成本降低约 85%。

图 6.15　自动 OCR 识别

## ■■ 企业简介

　　数据堂（北京）科技股份有限公司（简称"数据堂"）成立于 2010 年 8 月，2014 年 12 月 10 日正式在全国中小企业股份转让系统（新三板）挂牌上市，由此成为中国大数据交易及服务行业第一家挂牌新三板的企业（股票简称：数据堂，股票代码：831428）。数据堂始终秉承"专注数据 共享价值"的企业理念，依托技术研发优势及丰富的市场运营经验，打通数据获取、数据处理、数据服务环节，融合和盘活各类数据资源，实现数据价值最大化，推动相关技术、应用和产业的创新。公司在北京、南京、天津、保定建有专业数据处理中心。数据堂客户包括百度、腾讯、阿里巴巴、奇虎 360、联想、科大讯飞、微软、NEC、佳能、英特、三星等。

## ■■ 专家点评

　　该平台针对当前我国城市发展中的海量数据在善政、惠民及兴业等方面的综合服务和应用支撑问题以及在社会治理、产业发展和民生建设中所面临的痛点难点，以城市数据为驱动、以市政服务为场景，提出了整体性的解决方案，实现了对城市数据采集、处理、分析和资产化运营等关键环节的全覆盖。其中，城市数据众包采集和海量非结构化数据处理构成了本方案的最大亮点。方案在申报企业自身业务基础上进行提升，理念新颖，是对新型智慧城市建设和大数据应用实践的有益探索，在数据规模、行业覆盖、创新融合和持续运营等方面位于国内先进水平，并已在贵阳等地进行推广，具有较好的市场前景和重要的示范意义。

**赵国栋**（中关村大数据产业联盟秘书长、北京大数据研究院副院长）

# 32 云上贵州系统平台
## ——云上贵州大数据产业发展有限公司

云上贵州系统平台是贵州省委省政府为推进全省政府数据资源集聚、共享、开放和应用，自主搭建的全国首个全省政府数据和公共数据"统筹存储、统筹标准、统筹共享、统筹安全"的云计算和大数据基础设施平台，是推进全省大数据战略的核心载体，是提升政府社会治理能力、服务民生和发展大数据产业的重要支撑。

### 一、应用需求

云上贵州系统平台可为政府部门提供信息化项目建设所需的计算、存储、网络资源，转变了传统的信息化建设模式，实现对数据的存储、计算、带宽进行集约管理，节约资源、提升效率，并逐步实现政府数据资源整合、开放和利用，提升政府治理能力，给贵州省大数据产业的长远发展带来经济价值和社会效益。

### 二、应用效果

图 6.16 显示了云上贵州系统平台资源消耗情况，截至目前，云上贵州系统平台已承载 66 个用户共计 418 个应用系统。其中，54 家政务用户总计部署 392 个应用系统，20 朵云单位部署 290 个，其他 34 个政府部门总计部署 102 个应用系统，12 个非政务用户部署 26 个应用系统，对数据存储资源、计算资源和带宽资源实施有效集约化管理。

图 6.17 是云计算与传统模式的成本对比，相比传统机房，云服务系统大大减少了建机房、购买服务器、网络等硬件设备的一次性建设投入，并大大缩短了信息化项目的建设周期。按目前云上贵州系统平台投资 1.3 亿元所拥有的承载能力，相当于传统建设模式投入 2.4 亿元形成的能力。与传统模式相比，同一信息化项目建设和运维成本节约比率为 45%，随着平台建设和应用规模的扩大，成本优势将更为突出。

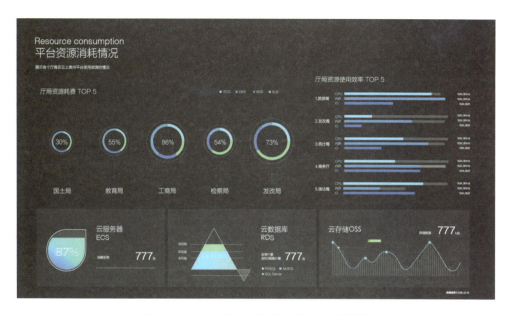

图 6.16　云上贵州系统平台资源消耗模块

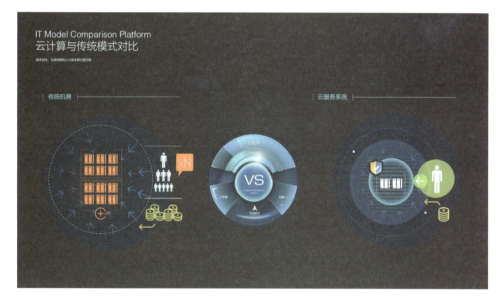

图 6.17　云计算与传统模式成本对比

图 6.18 是云计算与传统模式的效率对比，使用云服务能够做到按需获取、动态调整、灵活计量计费，让资源都能得到合理利用。

图 6.18　云计算与传统模式效率对比

　　图 6.19 是云计算与传统模式在数据统一方面的对比，使用云上贵州系统平台能有效整合、共享和开放政府数据资源，打破"数据壁垒"和"信息孤岛"，是实现贵州省"聚、通、用"战略目标的重要基础。

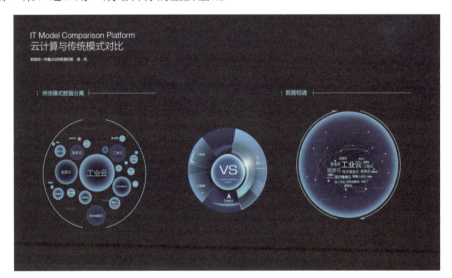

图 6.19　云计算与传统模式数据资源统一对比

　　图 6.20 显示了云上贵州系统平台上已迁移的云工程单位应用系统的网络访问情况，整个平台内部的应用系统以及平台本身，日均访问量达到 10 亿次，日均访问流量达到 500GB。

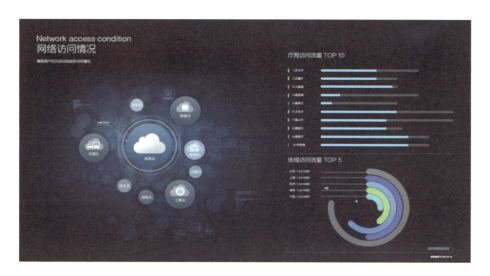

图 6.20 云上贵州系统平台网络访问情况

图 6.21 显示了云上贵州安全态势感知系统，实时反映了来自世界各地对平台的攻击情况。云上贵州系统平台采用阿里的"云盾"和第三方安全加固服务，自上线运行以来已成功抵御了 4100 万次不同类型的安全攻击，从未发生过信息安全事故，这比原来各部门分散建设的系统更加安全。

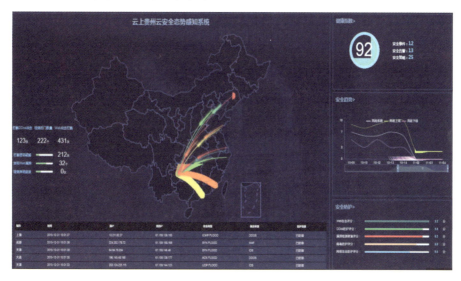

图 6.21 云上贵州系统平台安全态势感知系统

图 6.22 显示了数据共享交换情况，各部门数据在平台上实现互联互通和对公众开放。

图 6.22　云上贵州系统平台数据共享交换情况

## 三、平台架构

### （一）平台服务项目架构

云上贵州系统平台采用标准的云计算架构（见图 6.23），使用阿里飞天云操作系统进行搭建，将弹性计算集群、开放存储集群、负载均衡集群、关系型数据库集群整合为统一资源进行调度管理。

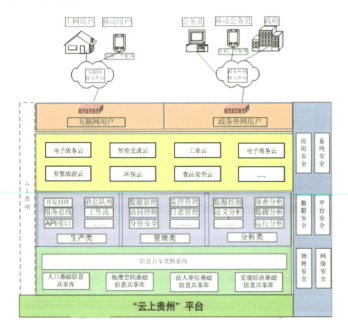

图 6.23　云上贵州系统平台架构

部署云盾并采取安全策略，实施物理安全管控。提供网络访问控制与防 DDOS 攻击，实现网络层安全防控；采用主机安全隔离、主机入侵防御系统、端口扫描等实现了平台和系统安全；采用网站安全漏洞检测与网站木马检测等手段，实现应用安全；构建了数据访问、数据传输、数据存储到数据销毁各环节的云端数据安全。

规划接入省级单位、市级单位以及县级乡镇单位。电子政务外网传送承载层汇聚到核心层，核心层通过专线与系统平台核心路由器相连接，提供基于电子政务外网和互联网出口的云计算服务，实现各级各部门应用系统整体上云。

### （二）平台数据共享交换架构

为进一步扩大云上贵州系统平台的应用价值，为实现政府数据的"聚、通、用"提供技术支撑的平台，以云上贵州系统平台统一的数据资源为基础，搭建云上贵州数据共享交换平台，如图 6.24 所示。

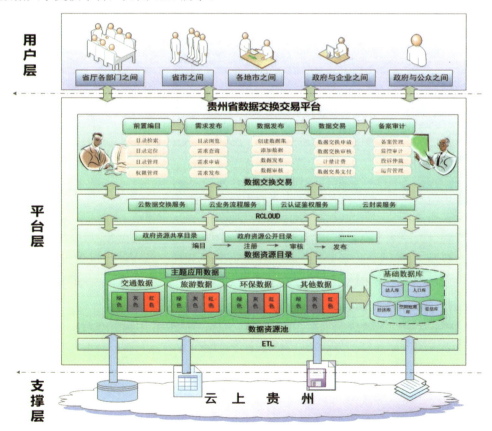

图 6.24 云上贵州系统平台数据共享交换架构

在总体思路上，该平台主要通过数据收集，形成统一的数据资源池；通过数据管理，梳理政府数据资源目录；通过数据交换，搭建数据交换平台。在架构上，该平台基于 J2EE 构架设计和开发，采用分布式的软件体系架构，将整个系统划分为各个独立的功能模块，每个模块采用组件化的设计理念，并实现了组件的实时管理与动态加载，充分利用了各种缓存技术来提升系统的响应速度。平台功能模板如图 6.25 所示。

图 6.25　云上贵州系统平台功能模块

## 四、关键技术

云上贵州系统平台采用具有自主知识产权的阿里云飞天操作系统和国产服务器、交换机等产品，将弹性计算集群、开放存储集群、负载均衡集群、关系型数据库集群整合为系统平台，实现自主、安全、可控。目前，云上贵州系统平台拥有云计算服务器 3 168 台，关系型数据库服务器 972 台，数据存储容量 5000T，可为政府、企业、大众用户提供云计算、云存储及数据交换服务。

2015 年，云上贵州大数据产业发展有限公司依托云上贵州系统平台，开始自主研发并搭建完成了全省统一的数据共享交换平台，在 2016 年数博会前完成了数据共享交换平台的优化升级。目前，已有 26 个省直部门基于云上贵州数据共享交换平台发布共享数据集 150 个，总计共享交换数据 270 万条。下面具体从网络、弹性计算、关系型数据库、开放存储、负载均衡等方面进行详细阐述。

### （一）网络技术

云平台整体架构由弹性计算区域、分布式存储区域、关系型数据库区域、负载均衡区域、专线接入区域、互联网接入区域和核心交换路由区域构成，如图 6.26所示。

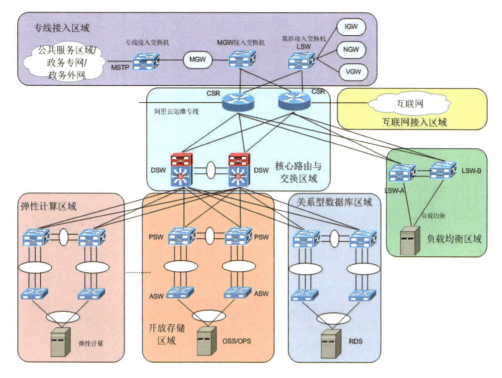

图 6.26　云上贵州系统平台网络架构

（1）配置两台核心路由器（CSR）作为系统平台生产网核心路由器，采用外部边界网关协议（EBGP）路由协议相互宣告私网 IP 地址路由，私网 IP 地址由阿里云统一规划和分配；核心路由器分别采用 2×10GE 上联主流运营商，用于提供公有云业务服务，采用外部边界网关路由协议相互宣告公网自治域（AS）号及 IP 地址路由，公网自治域（AS）号及 IP 地址由合作伙伴提供。

（2）配置两台核心路由器（CSR）作为系统平台生产网核心交换机（DSW），两台 DSW 之间采用 4×10GE 链路互联，采用虚拟专有云（VPC）大二层虚拟化架构进行部署，同时部署 MPLS-VPN 技术，用于接入多协议标签交换（MPLS）虚拟私有云业务；两台核心交换机（DSW）与核心路由器（CSR）之间采用共 8×10G 上联，运行开放最短路径优先（OSPF）路由协议，部署在运行开放最短路径优先（OSPF）路由区域内。

（3）汇聚接入层以两台汇聚交换机（PSW）加若干台接入交换机（ASW）作为一个最小交付单元（Pod），每个最小交付单元（Pod）上联 160G 带宽，下联最多 576 台千兆双网卡服务器，跨最小交付单元（Pod）三层转发性能按 1:3 收敛比进行设计，最小交付单元（Pod）内二层转发性能无收敛（线速转发）。

（4）每套标准 DSW 网络最多可接入 4 个 Pod，其中 2 个 Pod 用于部署弹性计算

（ECS）、1 个 Pod 用于部署 1 套（主控节点+关系型数据库（RDS）+带外网管节点+云盾节点），另外一个 Pod 用于部署 OSS。

（5）ASW 采用 FEX 的方式上联到 PSW。每台 ASW 采用 4×10GE 上联到其中一台 PSW，每 2 台 ASW 为一组，采用 HVPC 方式接入 48 台服务器，每台服务器采用双活上联到两台 ASW 交换机，在 IDC 网络内做到无单点。

（6）政务外网以及公共服务区域可以通过 MSTP 专线接入交换机，通过带双万兆口的接入网关集群（MGW）接入交换机，再通过 CSR 接入核心交换机，完成网络物理上打通。

### （二）弹性计算技术

EC 弹性计算机平台模块如图 6.27 所示，主要模块功能介绍如下。

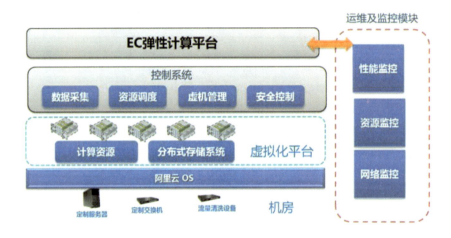

图 6.27　EC 弹性计算平台模块

（1）弹性计算采用虚拟化技术，将物理资源进行虚拟化，通过虚拟化后的虚拟资源，对外提供弹性计算服务。

（2）控制系统是弹性计算平台的核心，它决定弹性计算服务启动的物理服务器并负责处理与维护服务的所有功能及信息。

（3）数据采集系统负责整个弹性计算平台的数据采集，包括计算资源、存储资源及网络资源等使用情况。

（4）资源调度系统决定弹性计算服务启动的位置，创建时根据资源负载情况合理地进行调度。且在弹性计算服务发生故障时，决定弹性计算服务再次启动的位置。

（5）弹性计算服务管理模块管理及控制弹性计算服务以及提供相关增值服务功能。

（6）安全控制模块提供整体集群的网络安全监控与管理。

（7）快速数据恢复提供基于快照的快速数据备份与恢复。磁盘快照是弹性磁盘在某一特定时间点的副本，可有效恢复磁盘数据。

### （三）关系型数据库技术

云数据库目前兼容 MySQL 与 SQL Server、PGSQL 三种商用数据库，如图 6.28 所示。

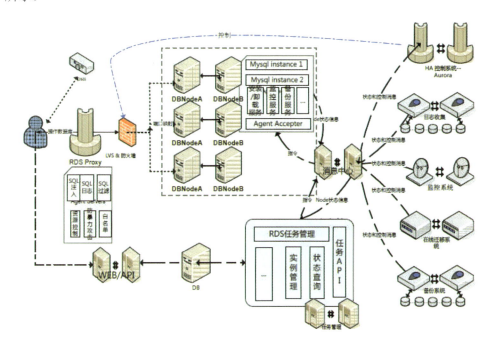

图 6.28　云上贵州云数据库模块

云数据库主要包括 7 大核心组件：云数据库代理模块、数据链路服务（DNS 与 LVS）、调度系统、备份系统、高可用控制系统、在线迁移系统和监控系统。

（1）云数据库代理：主要通过对 SQL 语句的分析，可以做到对 SQL 注入监测、具有防暴力攻击、SQL 日志查询和慢 SQL 日志查询等功能。

（2）数据链路服务：本组件主要负责用户访问实例时，数据链路的问题。其中 DNS 模块负责 DNS 的解析功能；而 LVS 模块则负责 IP 映射和端口转发，并提供防火墙及流量控制等功能。

（3）调度系统：这是最核心的部分，全面负责整个系统中所有任务的调度，以及各大组件之间的协调工作；首先要处理的是各个任务之间的互斥关系，防止因并发任务带来的任务之间的冲突。

（4）备份系统：主要负责所有集群内所有实例数据的备份，并进行集中存储；系统自身有高可用保护，在多个备份管理机之间有健康检查。

（5）高可用控制系统：负责所有实例主备之间的健康检查以及实时切换。同时对于集群扩展，新节点会自动探测压力大的节点，并接管任务。

（6）在线迁移系统：在线迁移系统主要负责实例在不同主机之间的迁移工作，触发迁移作业一般是物理机已接近饱和时，为保障用户使用，会主动将部分实例进行迁移。

（7）监控系统：负责系统正常运转的检查，以及实例相关状态和性能数据收集。

**（四）开放存储技术**

云上贵州系统开放存储模块如图 6.29 所示。

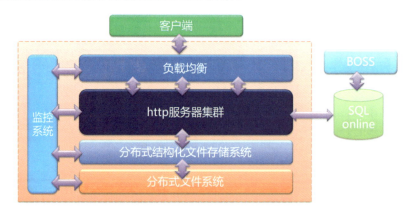

图 6.29　云上贵州系统开放存储模块

（1）负载均衡：负责云存储所有请求的负载均衡，后台的 HTTP 服务器故障会自动切换，从而保证了云存储的服务不间断。

（2）HTTP 服务器集群：负责处理请求，并将请求产生的计费计量信息写入到统一计量库中进行计费。

（3）分布式文件系统：云存储的核心，基于 Key-Value 的分布式文件存储系统。

（4）分布式文件系统：高可靠的分布式文件系统。

（5）监控系统：监控整个云存储的运行状态。

（6）云存储：存放在云存储的每个文件，云存储都会保持 3 份副本，分别保存在不同交换机，不同机架，不同的服务器上。

（7）海量数据存储能力：在上层将小数据归并成大文件转换为顺序写入请求将数据写入分布式文件系统模块，提供 PB 级别存储能力。

（8）用户安全验证：当用户完成云存储注册之后，云存储会提供一对 AccessID
（访问 ID）和 AccessKey（访问密钥），称为 ID 对，用来验证用户。

### （五）负载均衡技术

SLB 系统由四层负载均衡，七层负载均衡和控制系统组成（见图 6.30），根据业
务的不同，提供 4/7 层负载均衡服务。

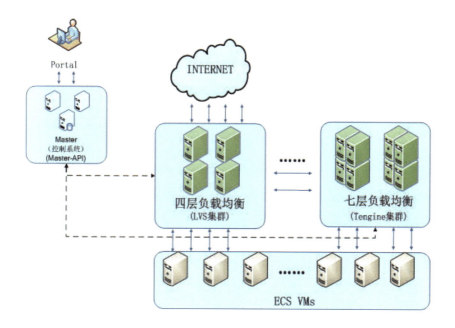

图 6.30　云上贵州系统平台负载均衡技术

（1）负载均衡。通过设置虚拟服务地址（IP），将位于同一地域（Region）的多
台云服务器（ECS）资源虚拟成一个高性能、高可用的应用服务池；再根据应用指定
的方式，将来自客户端的网络请求分发到云服务器池中。

（2）异常监测。SLB 服务会检查云服务器池中 ECS 的健康状态，自动隔离异常
状态的 ECS，从而解决了单台 ECS 的单点问题，同时提高了应用的整体服务能力。

（3）安全防护。除标准的负载均衡功能之外，SLB 服务还具备 TCP 与 HTTP 抗
DDoS 攻击的特性，增强了应用服务器的防护力。

## ■ 企业简介

云上贵州大数据产业发展有限公司是以推动贵州大数据产业发展为主要职责的国有独资公司，是云上贵州系统平台的建设及运营主体，是贵州大数据产业发展的主要投融资平台。主要负责贵州大数据电子信息产业投融资平台搭建，发起管理大数据电子信息产业基金，孵化培育大数据电子信息产业企业，承担建设和运营云上贵州系统平台任务，构建大数据产业生态体系，促进贵州大数据产业发展。

## ■ 专家点评

云上贵州系统平台采用云平台架构，实现了全省政府和公共数据的"统筹存储、统筹共享、统筹标准和统筹安全"，可对全省各级、各部门提供云计算、云存储、云安全服务。同时，依托该平台自主研发的全省统一的数据共享交换平台，打破了政府数据壁垒和信息孤岛，实现了政府数据的统一共享和交换，为全省大数据产业发展提供了支撑，具有积极的行业带动作用和示范效应。

何小龙（国家工业信息安全发展研究中心（工信部电子一所）副所长）

# 大数据

# 33 警务云大数据应用解决方案
## ——浪潮软件集团有限公司

　　警务云大数据基础环境包括计算资源池、存储资源池、网络资源池及灾备资源池等基础设施，建设充分考虑高新技术和高性能设备的选择，以及现有设备的整合与利用，有效提高资源利用率，解决硬件资源浪费并提高整体运算性能，扩展存储容量，有效改善新应用上线问题。

　　平台即服务层（PaaS）可以对应用程序进行统一管理，提供标准化的开发环境和运行环境，可以提供操作系统、数据库、中间件等基础软件，还可以提供计算服务、数据服务、工作流引擎。PaaS层由大数据基础环境支撑平台、开放服务平台、大数据应用商店，以及管理平台等几部分组成

　　数据即服务层可以针对公安内外部海量数据进行整合、存储、管理及应用，高效的数据中心将成为提升公安信息化水平的关键。这就需要在市局原有数据建设的基础上，使用大数据处理、云计算等新技术，扩展信息资源整合范围和数据量，建设"警务云大数据"平台的数据服务层，对海量数据实现归集、整理、共享、分析等处理，建立数据服务接口和数据交换、请求服务，提供基于大数据、云计算的通用或专题数据处理服务等。

## 一、应用需求

　　随着公安信息化建设要求的不断提升，公安用户对于资源整合共享、业务横向打通的需求愈发强烈，传统的公安业务系统存在着条块化建设的现象，很难适应新时期下公安的业务变革需求。由于公安的业务特性，各警种均建有自己的业务系统。通过整合后的公安资源虽可以灵活地进行资源分配，但科信部门面对各业务警种的IT需求时，仍会在资源分配、资源管理、资源监控方面捉襟见肘。利用浪潮警务云大数据的建设规划以实现IT资源的独立自治和精细化管理，利用弹性扩展、快速部署、秒级响应的云计算特性，结合传统公安数据中心的物理安全、网络安全、数据安全、应用安全、访问安全，为公安提供全方位的整体警务云大数据解决方案。

## 二、应用效果

根据公安信息化应用建设的需求，为了不断整合、拓展公安信息化应用范围，改变业务系统传统条线建设的方式，不断提升全警应用水平和为民服务能力，需要在"警务云大数据"平台数据整合的基础上，利用大数据、物联网、移动互联网等先进技术，建设以大数据应用、移动警务、地理信息、视频分析和惠民服务为核心的警务应用服务。

警务云大数据应用的开发集成各大平台和有关业务系统，形成更具广度、深度、高端的合成应用，实现以下功能：

（1）情报信息主导警务机制更加完善，多侦联动、多轨联控、多库联查、多警种同步上案的实战效能进一步显现。

（2）立体化社会治安防控体系更加严密，基层基础、治安防范、虚拟社会和公共安全管理手段有力有效，信息化在打防管控中的贡献率明显提高。

（3）网上执法办案、执法监督、执法公开的机制更加完善，社会管理和服务民生的网络化、信息化水平实现新突破。

（4）重大安保、应急和处理突发事件的保障能力进一步增强，指挥调度、地理信息、图像信息有机整合，公安机关合成作战、快速反应能力提升。

### 典型案例一：全国第一个省级警务云案例——山东省

山东省警务云大数据作为全国第一个省级警务云案例在一期 259 项工程项目建设任务中，攻关研发出 28 项技术创新、9 项自主知识产权核心技术和 128 个实验室成果，打造了资源共享、服务共享、应用共享、数据共享的警务云大数据生态环境。建立了全省公安大数据中心，整合全省各级公安机关结构化数据 284 类 178 亿条，开发 196 个数据服务，提供专题应用、通用工具、社会服务、队伍管理等四大类 58 种云应用，面向全省 10 万民警和各警种提供大数据一体化应用服务。

### 典型案例二：全国地市警务云样板——济南市

2012 年以来，济南市公安局坚持顶层设计的理念，按照强力整合内外部海量数据、科学搭建数据系统架构、深入研发应用平台的建设思路，大力推进济南公安大数据云计算数据中心建设。

"济南公安大数据云计算数据中心"的建成并投入使用，搭建了以服务实战为目标的基础工作信息化框架，通过数据集成加工系统、数据资源管理系统、数据资源服务系统三大系统的建设与应用，为全市公安机关各类数据的大整合、大应用，提升警务工作效能奠定了坚实基础。

基于大数据云计算数据中心，济南市局已整合243类公安内部信息资源、互联网数据资源和社会企业数据321.81亿条，每月新增近7亿条数据，并对已经整合的数据资源进行编目对外共享。对全局应用系统开放200余个数据服务接口，共提供数据服务3.57亿次。云搜索通过梳理整合38类公安内部、外部数据，建立了5639万人员档案，同时对14类57种类数据建立了索引并对外提供服务，自上线以来共提供搜索查询服务577万次。

基于整合的数据，先后建成了以警务新闻、业务简报、警务应用为主体功能的个人中心；以应用发布、下载为主要功能的应用中心；以数据服务、数据源标准、资源服务目录、数据字典为主体功能的资源中心；以人员、案事件、车辆搜索为核心的云搜索系统；以重点人员比对及自定义比对为核心的云比对系统。

### 三、产品架构

警务云大数据系统架构如图6.31所示。

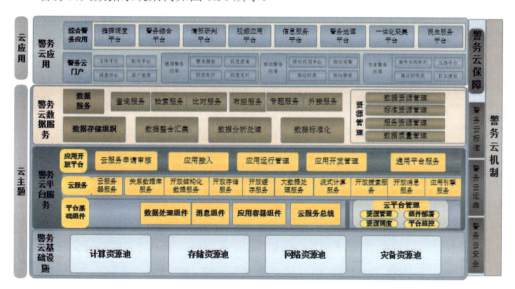

图 6.31　警务云大数据系统架构

警务云大数据主要有六部分组成。

（1）警务云基础设施（IaaS）建设，利用云计算池化技术，建设计算资源池、存储资源池、网络资源池、灾备资源池，根据应用情况随需拓展，实现动态拓展、按需分配，资源共享。

（2）警务云平台服务（PaaS）建设，利用云平台技术，建设开放式数据中间件、处理中间件、服务中间件、开发工具包等服务模型，为云应用开发提供标准统一、开放共享的警务云服务平台。

（3）警务云数据服务（DaaS）建设，利用云计算大数据处理技术，汇集各类公安和社会数据，形成海量的数据中心。

（4）警务云应用（SaaS）建设，包括云通用服务和专题应用。具体包括警务指挥、实有人口管理、治安管理、情报分析、案件分析、网络安全、队伍管理、打防控一体化等应用，建设移动警务云终端，建设社会服务、个性化开发服务、民警自助开发服务的云应用，集成云平台和有关业务系统，形成更具广度、深度的合成应用。

（5）云保障建设，包括云标准、云运维、云安全三个部分。根据应用的需要和科学布局，主要在市局一级建设部署，通过网络和终端提供给各级民警使用。

①云标准：采用国际、国家和公安部已发布的标准，申报制定新标准。

②云运维：不断强化云基础、云平台、云数据、云应用等运维工作。

③云安全：通过完善安全技术设施，健全安全规章制度，提升安全监管能力。

（6）云机制建设，进一步完善建设、采集、应用、共享、培训、考核和监督等工作规范。

由于各警种业务的独立性，各云应用采用独立开发建设，但各应用所需求的基础资源，包括计算资源、存储资源及网络资源等，由警务云计算平台统一规划、统一管理，通过虚拟化技术为各应用提供警务云基础资源支持。

## 四、关键技术

浪潮警务云大数据应用解决方案主要依托虚拟化、分布式计算、分布式存储等技术实现行业信息化的云计算架构和大数据环境支撑，整体方案技术先进，同时具有多项核心关键技术。

在基础设施服务层采用浪潮云海 OS 云操作系统，通过计算、存储、网络虚拟化形成按需分配、弹性扩展的基础资源供给；分布式存储系统通过 HDD/SSD 混合存储，数据智能分层，热数据自动识别，QOS 选择性限制 I/O 资源请求等专利技术有效解决了公安行业海量不均衡数据存储问题。

在平台服务层基于独有的组件工厂技术，LXC 内核虚拟化容器隔离机制，SDN 反向代理技术等核心技术为警务应用快速部署提供全方位的 PaaS 服务。

在大数据服务层基于分布式集群 Yarn 资源隔离技术，分布全文索引技术，渐进式搜索过滤技术等，为公安大数据高效存储、快速检索提供支撑。

方案具备完善的符合大数据和云计算特点安全技术，通过虚拟网络防火墙技术、主机加固技术、WAF 防火墙技术等为主机、网络、数据、应用等提供全面安全防护。

# 企业简介

　　浪潮软件集团有限公司成立于 2000 年，是浪潮集团的核心产业单位之一，一直专注于软件与系统集成服务产业。公司注册资金 2.3 亿元，是高新技术企业、软件企业，通过了 ISO　9001、14001、28001 管理体系认证以及 CMML5 级成熟度认证，拥有系统集成一级资质、涉密信息系统甲级资质及涉密软件开发单项资质。

　　公司多次实施重大信息化工程，在软硬一体化系统集成方面的拥有强大实力，是工信部首批授予计算机信息系统集成特一级企业资质的四家企业之一，具备承担党政、军队、金融、电信、交通、能源等重要领域安全可靠信息系统建设和保障的能力。2015 年，公司实现销售收入 203 475 万元，实现利税 6 519 万元。

　　目前，公司共有从业人员 5 000 余人，其中硕士以上 502 人，博士 10 人，获得项目经理资格的有 115 人，高级项目经理资格 55 人，本科以上学历占员工总数的71.6％，拥有强大的研发团队力量。公司拥有授权专利 40 多项，取得软件著作权 50多项。截至目前，公司共申请软件产品登记 50 多项，软件产品测试、3C 认证等科技转化成果 70 多项。

　　公司自主研发的软硬件产品得到国家、省、市政府的肯定，近年来多次获得省、市级信息产业发展专项基金，省、市级技术创新项目基金，多年来连续获得省、市级工程技术研究中心荣誉。2011 年 12 月，公司 "INSPUR 浪潮牌高清晰度有线数字电视机顶盒" 获得山东省名牌称号。2012 年 10 月，公司 "浪潮网络发票综合管理服务平台系统 V1.0" 获得了山东省优秀软件产品的称号。同年 11 月公司取得企业信用等级证书（AAA）级，公司 "自助办税终端" 项目同时获得了山东省级学技术奖科技进步奖和济南市技术发明奖。2013 年 1 月，公司被济南市国家税务局、济南市地方税务局联合授予企业 AA 级纳税人称号。

# 专家点评

　　浪潮警务云大数据应用解决方案依托云计算和大数据技术基础，打造公安大数据能力开放、共享、开发平台，构建了公安大数据+警务应用的公安信息化建设模式。平台技术架构完整，业务承载能力强，充分考虑了数据集成、数据管理、数据开放共享、应用服务支撑过程中的关键环节，有效提升了公安信息化基础资源服务、信息资源服务、软件开发服务、数据处理服务及安全保障服务能力。

黄罡（北京大学软件所副所长）

# 34 公安大数据情报分析系统
## ——北京明略软件系统有限公司

明略数据 SCOPA 公安大数据情报分析系统，基于尖端的存储和运算能力、图数据库技术和大量的预测模型和战法，对全量数据进行关联关系挖掘，通过交互的可视化方式，为公安民警提供情报研判分析、重点人员管控、重大事件预测等警务工作所需的重要的功能。该系统致力于解决实际警务工作中面临的许多问题，如数据接入过程繁复冗长、数据系统与警种应用割裂、数据间的关系挖掘和关联推演效率低下、缺乏符合研判人员逻辑的人机互动系统等。

## 一、应用需求

社会安全方面一直是"全球和平指数"关注的重要方面，其中城市化与社会安全的关系是最重要的研究课题。据 2015 年"全球和平指数"（Global Peace Index，GPI）报告，在主要以社会安全、国际国内冲突和军事化为衡量标准的排名中，中国在 162 个国家中排名 124。此排名中世界最安全的国家前三名分别为冰岛、丹麦和奥地利；亚洲最安全的国家为日本（第 8 名），而美国排名 94。报告中提到，在过去的八年中，世界整体安全指数下降了 2.4%，世界安全形势仍然面临诸多挑战。

具体到各地实际警务工作中，公安机关单位面临着许多大数据时代的现实的问题：

（1）数据来源多，形式复杂，接入过程繁复冗长。虽然公安系统采集的数据来源丰富（见图 6.32），但是采集环节的质量把控不规范、情报信息归口处理不统一导致了数据的可信度低，数据治理困难。

（2）数据系统与警种应用割裂。各警种部门拥有自己的数据、自建的系统和供应商，导致了部门间的数据难以打通汇总，无法采用全面而统一的分析手段。

（3）数据间的关系挖掘和关联推演效率低下。传统关系型数据库只能满足小数据量的单一维度查询，而无法进行海量的数据和多维度复杂关系的查询。

（4）没有符合研判人员逻辑的人机互动系统。传统报表是以数据为中心，展现形式以图表为主，不符合情报人员办案时的思维逻辑，导致无法快速找到关键线索。

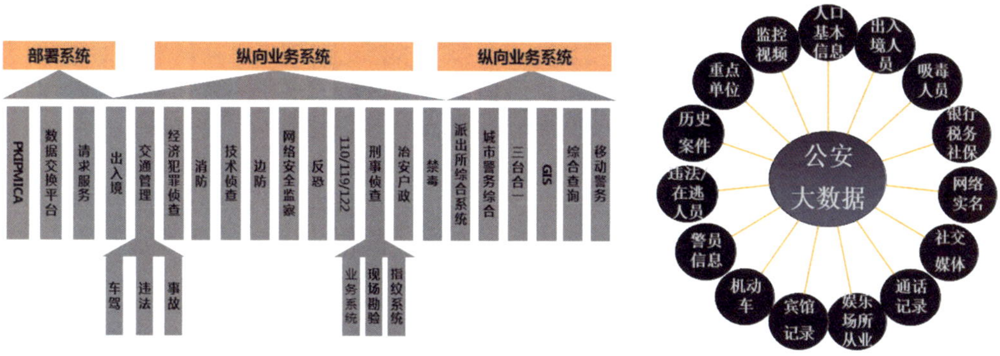

图 6.32　纷繁复杂的公安大数据

因此，公安部对情报系统提出"数据汇聚、手段集成、权限集中、警种联动、智能实用、安全可靠、成果共享"的要求。各省市地方公安机关纷纷开始规划运用大数据、云计算技术，搭建大数据平台来汇聚各类数据资源；从顶层设计的角度规范整体技术架构，建设集约化的技术支撑体系；建立实战化的情报研判体系，运用数据关联关系挖掘等技术创新研判手段，提升研判效率；建立情报合成机制，实行手段高度集成，成果全警共享。同时，优化流程机制，形成情报信息深度研判、实战应用的运行模式，提升情报主导警务的能力。

## 二、应用效果

海外警察局多年来一直在使用大数据技术维护社会安宁与稳定。洛杉矶警方使用预测类软件，盗窃犯罪率下降 33%，暴力案件发生率下降 21%，财产犯罪率下降 12%。在英国，使用了预测分析软件的地区，特拉福德的盗窃犯罪率下降 26.6%，曼彻斯特的入室盗窃犯罪率下降了 9.8%。国外利用大数据情报分析应对恐怖袭击的案例如图 6.33 所示。

聚焦到中国的社会安全领域，随着城市化进程的加快，超容量人口规模的膨胀加剧了生存资源的竞争，引发资源分配的矛盾，对社会治安构成严重威胁。因此近年来，全国的公安机关持续贯彻落实习近平总书记的重要指示，在公安部"情报主导警务"的方针指引下不断完善大情报系统建设的总体部署，加强立体化社会治安防控体系建设工作，打造真正的"平安中国"。先进的信息系统和技术尤其是大数据技术，能够帮助警务机构拥有对海量数据的控制、分析、处理的主导权，并且转化为公安的决策优势和治安优势，提高总体智慧警务的能力和效率。金盾工程的竣工和四项建设的推进，以及大数据时代的信息爆炸，为公安机关运用大数据技术提高破案效率、预警重大事件、管控重点人员和团伙等方面创造了良好条件。

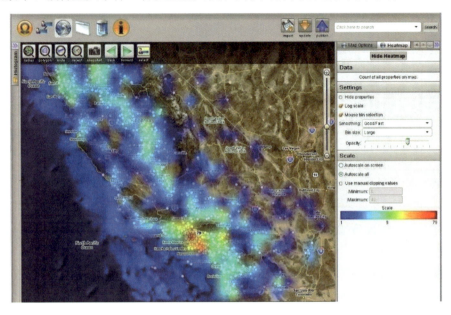

图 6.33　国外利用大数据情报分析应对恐怖袭击的案例

### 三、产品架构

#### （一）解决数据治理难点

金盾工程把全国人口的八大信息库已经初步建立完善，除此以外，公安系统的常规轨迹类数据，如火车出行、飞机出行、宾馆住宿、交通卡口等信息也有一定的积累。但是这些数据存储形态犹如孤岛林立，之间没有"立交桥"，有限的几座桥上"红绿灯"又太多，导致数据几乎无法打通融合，加之数据质量的问题，要实现数据的整合与关联分析难上加难。因此，如何有效快速地把多源异构的数据归一为业务人员（或公安人员）理解的语言和对象，合理地存储及展现，是首先需要解决的问题。利用大数据还原真实世界的关系网络如图 6.34 所示。

在 SCOPA 平台，通过有效的 ETL 工具，所有的数据被转化成以"人、事、地、物、组织"为核心要素的数据形式，为进一步构建业务模型和战法提供了灵活有弹性的基础平台。基于某省公安厅提供的八大库信息以及火车出行、宾馆住宿等相关的几十亿条数据，我们将所有数据转化为"人事地物组织"的信息对象，以图数据库为核心进行混合存储，建立了以人为关联要素的全省范围的警务关系网，能够实时看到任何人—人、人—案、人—车、人—号、车—车、号—号之间的关联。

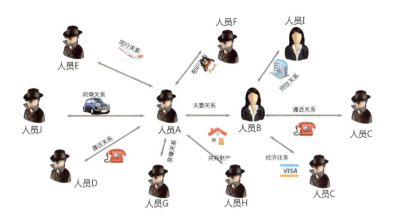

图 6.34　利用大数据还原真实世界的关系网络

### （二）解决数据系统与警种应用割裂难点

目前的公安 IT 系统在数据库与业务应用之间缺少了有效的业务数据模型，导致在具体警务应用中无法调用全部数据。SCOPA 本身是融合数据和情报分析的工具集，通过构建能支撑业务应用的数据库来支持多警种应用的数据主题和应用服务。

某市公安局的刑侦处只提供了较少的线索，即一辆可疑的面包车、车牌号、车主身份、事发地点周围摄像头数据。在已构建好的关联关系库中分析拓展，迅速锁定了此车主密切相关的 8 位可疑人员。将这几位可疑人员的图像信息与监控录像中模糊出现的司机图像信息进行比对，迅速确定了犯罪嫌疑人。如果利用常规手段进行线索的分析排查，至少需要 2~3 位公安民警两到三天的工作量才能确定的线索，而通过与业务融合的大数据手段，仅用了 1 分钟。利用 SCOPA 系统找到隐藏嫌疑人（示意）如图 6.35 所示。

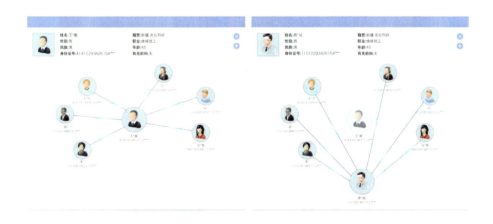

图 6.35　利用 SCOPA 系统找到隐藏嫌疑人（示意）

### （三）数据挖掘和关系推演

以一个中等省会城市为例，全省 7000 万常住人口，3000 万流动人口，各种关系信息多达六七亿条，在这样的海量数据集上做研判时，多层次的推演几乎无法实现。利用大数据平台的处理能力，系统可以定期在后台对千万级实体进行自动的关系构筑。而且构筑的方法是引擎化的，我们称之为"战法引擎"，随着警种业务的不断充实，可以积累形成"战法集市"，能够进行基于全量数据的实施关系挖掘、路径推演、全文检索等运算与分析。

基于图数据库的经典算法，标注出大量关系密切的群体。根据多次往返毒源地、活动时间多发于晚间、有抢劫和犯罪案底等特征，通过机器学习算法，预测出疑似犯罪态势的团伙 20 多个。经过多层关系推演最终锁定一个巨大犯罪团伙。在数亿实体和数十亿的关系网中，只需秒级即可获得运算返回结果，极大提升警员分析研判效率。

### （四）符合研判人员逻辑的人机互动系统

图数据库与传统关系型数据库处理关系计算时的性能对比如图 6.36 所示。

| 关系深度 | 关系型数据库耗时（秒） | 图数据库耗时（秒） | 返回记录数 |
| --- | --- | --- | --- |
| 2 | 0.016 | 0.01 | ~2500 |
| 3 | 30.267 | 0.168 | ~110,000 |
| 4 | 1543.505 | 1.359 | ~600,000 |
| 5 | Unfinished | 2.132 | ~800,000 |

图 6.36　图数据库与传统关系型数据库处理关系计算时的性能对比

现有的许多研判应用系统对于警务人员的技能要求过高，导致了系统使用率低下，使得公安行业建设的大量 IT 系统无法有效运转，警察办案仍然处于"汗水警务"的状态。SCOPA 的设计理念充分尊重人类心理认知模型，用户在可视化分析过程中能够灵活地依据自身经验和逻辑进行关联推演、信息挖掘和迭代分析，在最短的时间内找到破案关键。案件研判交互系统界面如图 6.37 所示。

图 6.37　案件研判交互系统界面

### 四、关键技术

可扩展的并行存储和并行计算，使得大数据时代下的数据量和计算性能不再是系统瓶颈，而是能够快速响应公安侦查的需求。以某市局为例，在原有的 3 台服务器基础上，引入了车辆卡口、Wi-Fi 围栏、通信话单等几十亿条数据后，服务器的数量扩充到 14 台，扩容的代价只有几十万的硬件成本；而且扩容过程中，在线的业务没有受到任何影响。

图数据库的技术，打破传统的基于线性的关系构建，用二维关系网将全量数据之间的关系以图数据的形式存储下来，从而便于关系拓展等关系挖掘。使得原有系统基于一个人查找一度关联的人员需要几分钟，SCOPA 可以在秒级扩展二度及以上的人—车—物的关联；并且能够在海量数据中迅速秒级找到两个对象的联系路径。这在传统的数据库是无法完成的。

关联战法的计算，具备复杂行为模式识别能力，通过机器学习算法集成大量犯罪和预测模型来提升整体的预测预警的精确度。将传统不足千分之一的预测准确率提升了数十倍，有效为一线人员提前预警，指导实战警务。

最后是交互可视化技术，既要充分发挥计算机的特性，又要模拟人脑的思维方式，将人工智能和大数据推演等复杂的交互过程尽可能的简化到用户习以为常的体验上，才能将大数据的挖掘价值无障碍且最大化地体现出来。SCOPA 公安大数据情报分析系统解决方案架构如图 6.38 所示。

图 6.38　SCOPA 公安大数据情报分析系统解决方案架构

## 企业概况

北京明略软件系统有限公司（简称：明略数据）是一家具有自主知识产权的中国大数据科技公司。明略数据通过自主研发的数据产品实现数据到智慧的转化，衔接行业数据和人工智能的鸿沟，形成垂直领域的行业人工智能，让政府和企业客户更加了解各自领域的数据价值，释放行业大数据的商业潜能。明略数据深入行业，通过构建知识图谱和在垂直行业的实践与积累实现人工智能，通过行业知识工程驱动企业资产增值变现，深入传统行业，为传统行业增添新功能，解决实际问题，切实服务于国计民生，加速传统行业智能化升级。

## 专家点评

明略数据 SCOPA 公安大数据情报分析系统依托先进的开源大数据平台和技术组件，采用了基于领域业务需要的、科学的架构设计，具备智能应用、安全可靠、开放共享等优异性能，具备快速数据关系挖掘能力，能够极大地提升公安民警的工作效率，良好地推动公共安全行业提升信息资源的连通共享水平，持续完善各部门协同机制，从而打造立体的一体化的社会治安防控体系。

SCOPA 公共安全系统具备 PB 级海量数据秒级响应的处理能力、高效的数据融合技术，快速响应公安侦案要求，能够支撑大数据时代背景下公共安全领域的情报分析工作。系统的技术架构完整、业务承载能力强，充分考虑了与行业的公有云、私有云进行开放的、深度的合作，包括产品合作开发过程中的关键环节等。

整体来说，明略数据 SCOPA 公安大数据情报分析系统的技术创新性、产品功能性、专业性均达到较高水平。

**樊会文**（中国电子信息产业发展研究院副院长）

# 智慧银川大数据基础服务平台

大数据

35

## ——银川智慧城市产业发展集团有限公司

智慧银川大数据基础服务平台通过集约化建设和科学化管理运维，在全面建成后将进一步完善银川市市政信息、空间信息、人口数据信息和企业资源信息等各类信息的存储、交换与挖掘分析。其直接服务对象主要是政府、企业、市民，通过面向政府提供数据决策支持服务；面向个人提供信息资源服务、数据交换服务、公共应用服务；面向企业提供企业内部运行所需的各类软硬件服务、企业之间信息共享交互服务，以及针对性的数据主题挖掘分析服务，带动当地产业升级。

## 一、应用需求

智慧银川大数据基础服务平台作为智慧银川建设的数据汇集及处理平台，是智慧城市建设的大脑，智慧银川通过大数据采集、存储、清洗、挖掘分析形成标准数据，同时标准数据反馈到城市政务、交通、环保、旅游、安保、医疗等各模块，支撑各模块管理水平的提升，形成智慧政务、平安城市、智慧交通、智慧环保、智慧旅游等行业应用，为政府、企业和个人等三类用户提供服务，最终实现化解"城市病"、惠民惠企、科学管理及带动城市产业转型升级和地方经济发展。

## 二、应用效果

### （一）智慧银川大数据基础服务平台应用场景及效果

1. 智慧政务

以"为民、便民、利民、惠民"为出发点，分一站式审批、网上审批、备案制三个阶段建设。

目前智慧政务模块取消审批 105 项，下放职权 112 项，行政审批职权在西部最少。减少审批环节 265 个，办理时限减幅达 86%，48%的审批事项实现网上（掌上）审批，将 103 项审批事项改为备案管理。银川市行政审批效率极大提高，公司注册由原来的 5 天压缩到 1 天，审批效率提高了 78%。2016 年 2 月 2 日，李克强总理考察银川市民大厅称赞银川行政体制改革切实做到了"简政放权到位，放管结合到位，优化服务到位"。

2. 平安城市

通过物联感知多样化，包括无人机、应急指挥车等信息采集渠道，覆盖全市范围内城管、交通、环保、社区、公交等重点监控点位，打造天地空一体化监控体系。采集的城市数据汇集于智慧银川大数据基础平台，经过数据挖掘分析处理，输出为城管部门可参考数据。同时，建立城市应急管理平台，平台对接大数据基础平台，打通数据流。城市运转各项数据直接反映城市状况，确保在重大突发事件处置过程中具备智能联动的预案自动执行。同时，可实现与相关部门端到端的跨部门指挥联动管理。

3. 智慧交通

通过发行交通环保卡（相当于车辆的电子车牌），借助每条道路安装的接收器采集车流量数据，数据汇集到智慧银川大数据基础平台后经过清洗分析，输出为交管部门可视可参考数据，从而实现动态出行诱导、交通仿真模拟、红绿灯即时调控、潮汐车道、绿波带、限时限段收费以及停车智能引导等功能，为交通管理部门合理配置运力、科学规划路网提供决策支持，解决交通拥堵问题，实现交通资源整体优化。此外，经过大数据对黑车、套牌车、黄标车以及特种车辆的轨迹分析和准确定位，实现对违法车辆的精确管控。

4. 智慧环保

利用信息化环保监测设备实时监测影响市民生活的生态环境参数（水、气、声）。针对存在环保隐患的污染企业及重点区域进行源头监测管控。将检测数据汇集于智慧银川大数据基础平台，进行数据分析挖掘，输出相关数据到城市环保部门，为环境定向治理、出台环保措施和制度提供决策依据。同时结合城市污染历史数据，建模仿真，为城市治理污染提供决策依据。

5. 市民一卡通

具备一卡多能、全城通用、信息采集三大亮点，涵盖公交出行、医疗健康、水电气代缴、免费 Wi-Fi 上网等多种惠民功能。同时利用 MIS 云附带的管理系统为商家提供进销存管理，还可获取和采集市民消费明细数据，相应调整供给，维护物价稳定，为政府经济决策提供支撑。

6. 智慧旅游

通过大数据建模分析游客旅游数据（行为消费、评价与投诉）、景区数据（游客流量、定位、轨迹与景区收入）及产业数据（旅行社、导游、购物及餐饮），输出标准数据，反馈至旅游局等政府部门以及相关旅游协会，完善行业管理，助力产业链发展，构建商家诚信联盟，实现产业聚集。

7. 企业云

发布"中兴云"产品，针对中小企业面临的资金、管理、经营等问题，通过集约化经营融资、IT、法律和人事等云化服务，为企业提供法务、财务、人事等服务，通过线上云平台和线下专业服务结合，降低企业运营成本，提升企业竞争力。同时通过采集企业经营数据，输出政府管理需要的指标数据，为政府掌握地区经济形势、开展经济决策提供重要依据。

8. 智慧社区

部署人脸识别门禁、远传智能水表等 11 项智能设备，打造惠民服务新社区，建设微商圈+冷链生鲜配送柜的线上+线下社区服务模式，打通大型商超等周边商业资源，形成汇聚商业服务资源的新社区格局，在服务居民的同时采集居民日常生活各类数据。部署社区医院、网络医院及远程诊断等健康惠民设施和技术，为社区居民提供便利的医疗、养老、保健等服务，采集居民医疗数据。这些数据汇集至智慧银川大数据基础服务平台，经过分析处理，输出标准数据至相关部门，可反馈社区舆情，将市、区、街道、社区的层级管理模式扁平化，缩短干群距离，实现亲民管理。

9. 城市管理指挥中心

银川智慧城市管理指挥中心，集合智慧城市日常运营、应急指挥、城市综合管理、便民服务四大功能于一体，堪称智慧银川的"大脑"，肩负着城市指挥中心、应急指挥中心、城市管理副中心三大职责。

作为智慧银川的城市指挥中心（见图 6.39），这里汇聚城市各类信息，百姓通过 12345 市民热线反馈各类意见或建议、网络热点等信息，平台进行城市各类信息的日常管理及分析研判，并将分析结论（建议）提供给对应委办局，为领导决策、决判提供有效依据。

图 6.39 银川智慧城市管理指挥中心内景

当发生应急事件，这里则变为应急指挥中心，会立即启动应急指挥系统。实现从危机判断、决策分析、命令部署、联动指挥、资源调度等于一体的自动化应急处置方案。应急指挥系统提高了政府保障公共安全和处置突发公共事件的能力，最大限度地预防和减少了突发公共事件及其造成的损害，保障了公众的生命财产安全。

### （二）智慧银川大数据基础服务平台亮点与创新点

（1）顶层设计理念先进。规划设计与建设体现了大数据开发及共享的理念，超前于国务院印发的《关于促进大数据发展的行动纲要》相关要求，其中数据共享超前纲要要求2年实现；数据开放计划2017年实现，超前纲要要求3年。同时已经联合TMF启动标准国际化工作。

（2）国内首个城市级数据运营中心。城市中可利用的数据资源统一集中到大数据中心，存储真实的城市大数据，通过政府增信，构筑"政府大数据资产"，催生大数据存储新产业；同时建立大数据分析、挖掘系统，"行业+大数据"模式对传统产业进行改造，全面实现互联网+战略。

（3）高安全性高可靠性。使用国内自主研发的微模块、高集成运行环境、智能化运维管理等领先方案和技术，采用高等级设计标准，通过专网专用、防火墙等手段，有效保障政府、企业及市民的数据安全性。

（4）绿色环保节能。能源使用效率（PUE）理论设计控制在1.4以内，投产后数据中心机房PUE值达到了1.25～1.35范围，相对于大多数数据中心PUE2.0以上的设计，节约了大量运营成本。2015年12月智慧银川大数据中心获评"国家绿色数据中心试点单位"称号。

（5）专业监管创新。在自治区党委政府的大力支持下，银川市成立了智慧城市大数据局，负责智慧城市整体规划建设，制定大数据产业发展规划、大数据安全规范（系统安全、隐私安全、商业机密安全）和大数据标准（共享、开放、交易），统筹协调信息资源的互联互通和资源共享，对大数据进行集中监管和挖掘分析，让数据产生价值，实现精准监管和服务优化。

### 三、平台架构

根据智慧银川大数据基础服务平台总体发展目标，其建设总体框架以数据采集为基础并通过多源数据整合来实现数据的准确唯一性，并通过可视化界面来展示挖掘分析的成果，从而简单方便地为政府和公众提供各类服务。整体建设分为大数据云平台建设和大数据中心建设两个方面。

### （一）大数据平台建设

大数据平台是集数据交换、信息存储、大数据分析挖掘及能力支撑服务于一体的综合中心。ETL 数据采集平台，是一个高速、安全、可靠、互联互通的支撑平台，它实现相关部门业务与数据平台之间的相互通信，采集、处理及存储等功能，实现信息共享与交换，并通过数据挖掘和分析，为上层业务提供决策支撑关键数据。同时，通过其丰富的数据对接接口为上层应用的快速定制化开发提供了可靠的技术基础。

根据平安城市、智慧交通、智慧政务等业务系统对数据分析的具体要求，定制"个性化主题"的数据挖掘、数据分析，为政府管理决策提供了有效的数据支撑；并可以根据各业务间互访和数据交换的法律法规要求，定义数据共享的流程规范。银川智慧城市大数据中心整体方案架构如图 6.40 所示。

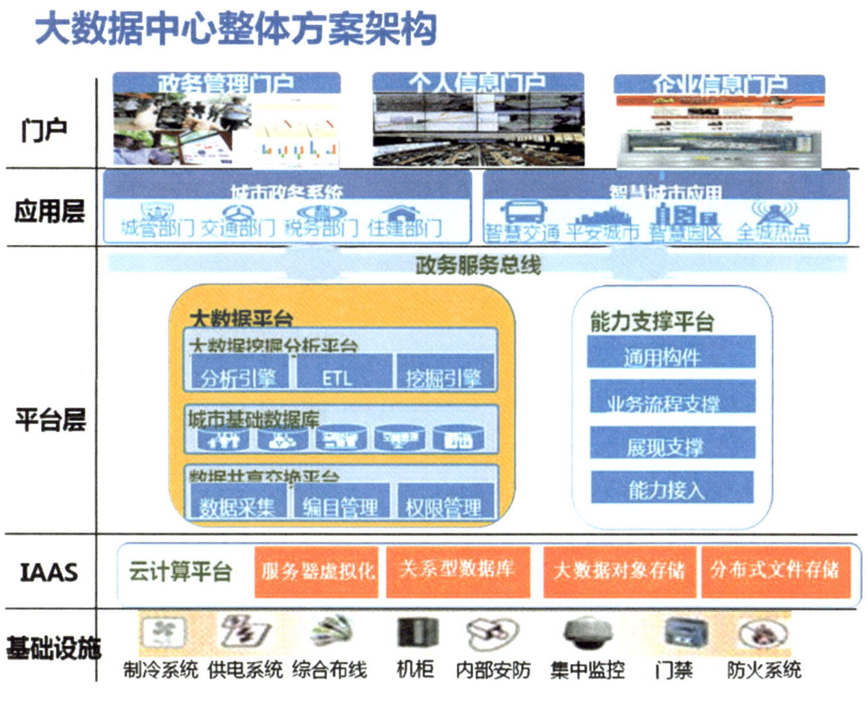

图 6.40　银川智慧城市大数据中心整体方案架构

### （二）大数据中心基础建设

智慧银川大数据基础服务平台基础设施建设一期占地 50 亩，总建筑面积 2.6 万平方米，规划建设 1 000 个机柜，具备承载 2 万组标准服务器的能力。已建成 508 个机柜，具备承载 1 万组标准服务器的能力，其中的 3 000 组服务于智慧银川，剩余部分根据行业云端业务需求灵活分配。二期项目规划占地 86 710m²，总建筑面积 41 272m²，规划建设 4 000 个机柜，具备承载 8 万组服务器的能力。

智慧银川大数据基础服务平台从规划到建设始终注重绿色能效管理。在能效利用方面：采用了业界领先、国内自主研发的微模块化设计，使用了高效的低压变频离心式冷水机组、品质国际一流的方形逆流冷却塔、变频水泵等优质和高能效主设备。

### 四、关键技术

智慧银川大数据基础服务平台以一图一网一云为基础骨架，它是一个当期可应用支撑、未来可扩展延伸的智慧生态系统。"一图"，是通过部署的各类物联网感知终端，结合全景真三维地图，对城市各要素进行空间节点定位。"一网"，就是 8 000G 的城市光网络，将这些节点连起来，把"一图"的数据传到"一云"。"一云"，就是大数据中心云平台，把"一网"送过来的数据进行存储和挖掘分析，让数据产生价值。

#### （一）智慧银川大数据基础服务平台数据采集机制

大数据基础服务平台的数据源主要包括四类，即政府数据、企业数据、居民个人数据、空间节点数据。

（1）政府数据采集。通过与银川市各委办局进行数据对接，已完成 29 个委办局中 24 个委办局的业务数据采集。

（2）企业业务数据采集。智慧银川项目企业云平台为入驻的企业提供法务、财务、人事等专业服务，同时通过采集入驻企业在使用过程中产生的各类数据，对企业进行用户画像，为用户精准推送平台服务内容（云应用、云资源、专业服务等）。

（3）市民个人数据采集。智慧银川项目通过市民一卡通、智慧医疗等平台，可以将市民的消费信息、出行信息及医疗信息等传输到大数据云平台。通过个人数据分析向政府管理提供支撑，向企业提供精准营销，为市民提供自我信息定位打下了良好的基础。

（4）空间节点数据。通过"一图"把车、物、建筑等空间要素进行定位，如地下管线、道路、电子门牌、下水井盖等基础设施数据的静态数据收集；通过交通环保卡、积水数据传感器、无人机、摄像头等采集实时动态数据。把采集上来的数据整合以后进行地图展示和分析。

#### （二）智慧银川大数据基础服务平台数据存储机制

智慧银川大数据基础平台按结构化和非结构化对数据进行分类存储，数据存储模式主要分为基础数据库、业务数据库和主题数据库三类。智慧银川云平台与现网其他系统对接情况如图 6.41 所示。

图 6.41　智慧银川云平台与现网其他系统对接情况

### （三）智慧银川大数据基础服务平台数据处理与分析机制

在通过数据采集、存储、交换后形成的银川市基础数据库和整合后的业务数据库的基础上，上层应用可以通过大数据挖掘分析子系统做大数据分析工作。大数据挖掘分析子系统利用 Hadoop、CEP 及 OLAP 等技术对城市各类数据进行智能化分析挖掘，为各级管理部门领导决策提供依据，提高决策的及时性和有效性。大数据交换分析平台技术框架如图 6.42 所示，大数据挖掘分析子系统架构如图 6.43 所示。

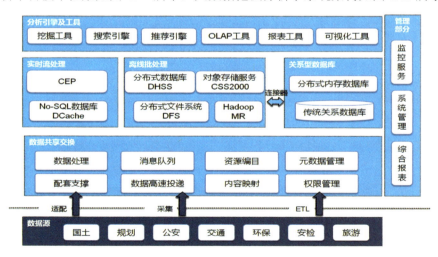

图 6.42　大数据交换分析平台技术框架

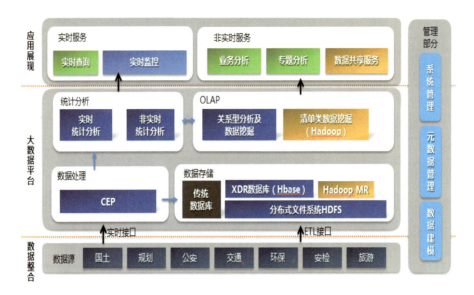

图 6.43　大数据挖掘分析子系统架构

## 企业简介

　　银川智慧城市产业发展集团有限公司是银川市政府为建设"智慧银川"项目而成立的国有企业，注册资金 100 000 万元。公司在"智慧银川"建设过程中获得多项奖励，其中智慧银川大数据中心被国家工信部评为"国家绿色数据中心试点单位"，智慧银川项目荣获 TMF 2014 年度智慧城市总裁大奖、2015 亚太区智慧城市顶层设计奖、2016 年中国数字化转型领军用户奖等多项大奖。

## 专家点评

　　大数据既是财富也是新兴生产力，在各个领域都有广泛的应用前景。银川大数据平台支撑了社会的精细化管理和智慧城市的建设，是提升管理和服务的重要抓手。

　　**万碧玉**（中国城市科学研究会智慧城市联合实验室首席科学家）

# 第七章　金　融　财　税

## 36　反欺诈大数据产品"蚁盾"
### ——蚂蚁金融服务集团

针对互联网金融、传统金融、电子商务等行业存在的各种欺诈行为，蚂蚁金服研发出一款基于大数据的反欺诈产品——蚁盾。该产品基于蚂蚁金服体系的海量数据、积累多年的风控模型经验，实现了一整套灵活可配置的风险决策引擎，面向互联网金融、传统金融机构、电子商务等行业，帮助客户识别交易欺诈、支付欺诈、商户欺诈、网络信用欺诈、企业内部欺诈等风险，以帮助提升风险识别和管理能力，降低风险成本。产品面世以来，在蚂蚁金服内部各业务线的核身、风控等场景，以及包括兴业银行、阳光保险、一号店、滴滴等外部的很多家金融、电商平台成功应用并持续产生价值。

### 一、应用需求

近年来，互联网、尤其是移动互联网发展迅猛，各行业和互联网的融合逐渐加深。从 B 端看，电子商务行业从传统的 PC 端应用逐渐向移动端迁移，客户量日益增加，传统金融行业也逐步触网，把互联网作为获取客户、服务客户、维护客户的重要渠道。另外，随着互联网和金融的结合，涌现出大量互联网金融企业，如大量涌现的 P2P 平台。从 C 端来看，互联网用户基数不断增加，广大网民通过互联网，尤其是移动互联网获取各类服务的成本越来越低，对互联网服务的依赖程度越来越高。

但是，在电子商务、互联网金融服务、传统金融互联网化欣欣向荣的背后，也伴随而来各类风险。例如，对于金融行业，由于其管理大量资金的行业特殊性，以及网络数据泄露、用户身份认证带来的挑战等原因，成为欺诈分子的重点目标。金融机构面临如何有效降低各种身份冒用、账户盗用、盗卡、伪卡交易、洗钱、套现等风险，同时保证良好的用户体验的问题。同时，互联网上的电子商务企业也面临多方面的风险挑战，一方面，通过各种营销活动提高网站流量拓展业务，要防止营销中的作弊行为，防止营销费用浪费；另一方面要从成千上万的交易中甄别出欺诈交易，将由此带来的损失降到最低。同时，由于网站数据库信息泄露、钓鱼网站、木马软件等较为恶劣的外部网络环境，商户正面临着包括账户盗用、盗卡、虚假交易、卖家信用炒作、商户欺诈等多种风险问题。

在这样的背景下，蚂蚁金服基于多年的大数据积累，以及风险识别技术能力和基础平台，研发出一款反欺诈的大数据产品——蚁盾。该产品基于支付宝体系海量的数据，积累了十年以上风险模型技术经验，以及灵活可配置的风险决策平台，构建了面向金融机构、互联网金融企业、电商客户的安全服务解决方案。蚁盾致力于利用大数据帮助客户识别交易欺诈、支付欺诈、商户欺诈、网络信用欺诈、企业内部欺诈等风险，以帮助客户提升风险识别、防控和管理能力，有效地降低风险成本。

## 二、应用效果

经过两年的发展，蚁盾产品无论在蚂蚁金服内部还是外部合作伙伴以及商业客户领域，都得到了广泛的应用，为内外客户及整个行业带来了巨大的商业价值和社会价值。

在蚂蚁金服内部，蚁盾产品成功应用到平台登录、找密、认证、风险核身等核身环节，作弊、欺诈账户和行为检测，异常环境发现等业务风控环节。整体涉及数十个业务和场景。在外部，蚁盾的风险评分、KBA、风险报告等产品在传统金融、互联网金融、电商等各行业数十家客户平台广泛应用，用于作弊和欺诈检测、核身、异常环境发现等业务和场景。蚁盾产品总调用量达到数十亿，日均调用量千万以上。

### （一）BIS（基于生物特征的用户鉴识）服务的应用

（1）实时实名认证：用户上传身份照片并采集活体人脸图像后，与公安网人脸图像一并进行身份证人脸图像/活体人脸图像/公安网人脸图像三者之间两两比对，若人脸比对通过且银行卡验证通过则实时认证成功。通过应用，成功降低 50%人工审核工作量，降低 50%以上人工求助量。

（2）自动化证件审核：使用人脸识别技术对用户上传的凭证图片（身份证照片）与其公安网的人脸图像比对，比对结果输出给人工参考，提高审核速度。

（3）找回密码：提供人脸认证作为找回密码一种方式，根据风险策略在某些场景下替代原有的认证方式（如短信验证码、安保问题）。通过应用，有效提高找回密码成功率，防范用户丢手机后被重置密码的风险，降低 20%以上的人工求助量。

（4）风险交易解限：支付宝风控体系检测到风险交易并限权后，实时向用户输出人脸检测服务，与其公安网人脸图像比对后确定是否解除用户的限权措施。资损率不变的前提下，降低客户端打扰率至万分之一，提高用户体验。

（5）签约绑卡：在用户在支付宝绑定实名银行卡时，实时向用户输出人脸检测服务，与其公安网人脸图像比对后确定是否绑卡成功。

（6）刷脸登录：在用户登录支付宝手机客户端时，通过刷脸替代输入密码的过程，进行身份验证。独一无二的生物特征成为用户天然的密码，用户不用记忆繁琐的密码。

## （二）KBA 服务的应用

在支付宝平台和外部客户平台的登录、找密、限权核身等各类核审环节，KBA和其他各类合身方案形成充分的互补方案，通过 KBA，大大提升核身成功率，降低人工审核成本。以支付宝平台各合身场景为例，截至目前，KBA 服务累计调用超过19 亿次，在找回登录密码、登录二次验证、支付二次验证等环节，整体覆盖率超过85%，通过率超过 85%，风险率低于 0.1/万。

## （三）风险评分（RAIN 评分）服务的应用

### 1. 某电商网站反作弊应用

某电商网站为国内一线电商网站之一，随着业务量的增长，在各类营销活动和商品促销时，存在恶意用户大量注册账户，批量领取优惠卡、代金券、红包等行为，使得大量营销资源未用到正常用户上，造成资金流失。蚁盾 RAIN 评分服务在本平台的注册环节、交易环节对套取营销资源的用户进行识别和拦截，帮助客户平台拦截了约 45% 的恶意用户。

**某 O2O 平台业务员虚假交易套取营销资源应用案例：**

某O2O平台存在大量快递人员，由于业务漏洞，快递人员中存在大量建立虚假订单，套取平台营销资源的情况。该平台接入RAIN评分，帮助识别虚假交易的订单，并对高危支付账号涉及的快递员进行账户余额冻结，限制其提现功能。效果评估显示，RAIN评分服务识别出了约42%的账户存在风险。

**某出行行业平台虚假打车订单识别案例：**

某出行平台是领先的打车平台。由于促销频繁，出现了大量通过虚假订单套取平台补贴的行为，且形成了产业链。平台迫切需要有效的虚假订单和刷单用户的识别和防控。平台接入RAIN评分服务，在订单创建、订单结算等环节进行刷单识别，准确率达95%以上。

### 三、产品架构

蚁盾产品充分利用了蚂蚁金服体系多年积累的大数据能力和风控模型技术能力，提供服务化接口和图形化的安全评估的运营界面。签约的客户通过调用云端服务接口，或者传入必要的用户信息，从而实时的获得风险评估结果，用于商业活动的决策参考依据。

蚁盾整体产品结构如图 7.1 所示。

图 7.1　蚁盾整体产品结构

蚁盾专注于提供四类服务：风险评分服务、身份核实服务、风险查询服务以及风险报告服务，如图 7.2 所示。

图 7.2　蚁盾提供四类服务

## （一）风险评分服务

蚁盾风险评分服务，即 RAIN 评分。通过实时查询接口，提供针对各类主体（如手机号等）轻量级的风险评分服务，为客户判断手机号等主体是否存在作弊、欺诈等风险提供判断能力。

风险评分具体服务包括手机 RAIN 评分服务、账户 RAIN 评分服务、拒付 RAIN 评分服务、银行卡 RAIN 评分服务等。

（1）手机 RAIN 评分：基于大数据分析，综合手机号价值、稳定性、互联网活跃程度、关系网络等多维度综合评价手机号的欺诈风险，输出量化分值。手机风险评分（0~100 分），风险评分越高，手机号的风险程度越高。

（2）账户 RAIN 评分：从支付宝账号的基本信息、行为、网络关系等三个维度，刻画一个账户作弊刷单的风险，返回量化分值。账户风险评分（0~100 分），风险评分越高，账户的风险程度越高。

（3）拒付 RAIN 评分：基于支付宝行为数据，判断该账户是否具备代扣扣款成功的可能性，以及是否存在作弊的嫌疑。拒付风险评分（0~100 分），风险评分越高，风险程度越高。

（4）银行卡 RAIN 评分：银行卡 RAIN 基于支付宝体系内银行卡大数据分析，综合银行卡使用、各个业务场景中银行卡与账户的关系、账户与账户之间的关系等多维度综合评价银行卡的作弊风险，输出量化分值。银行卡风险评分（0~100 分），风险评分越高，银行卡的风险程度越高。

## （二）身份核实服务。

蚁盾提供的身份核实服务包含 BIS（基于生物特征的用户鉴识体系）、KBA（基于记忆的用户鉴识体系）和 IVS（基于用户关联信息的用户鉴识体系）一整套的核身服务，解决开户、身份验证中面临的问题，证明填写的信息是否是申请人本人等验证风险。

### 1. BIS（基于生物特征的用户鉴识体系）

基于人脸验证的生物识别核身服务产品，该产品通过安装在移动智能终端的人脸活体采集技术与图像脱敏技术拍摄用户的人脸图像，再与权威机构的人脸图像库做人脸比对，从而远程核实用户的身份。既通过人脸验证满足了身份核实所需要的高安全性，同时也具备随时随地完成身份验证的便利性。BIS 以世界领先的人脸比对算法为基础，研发了基于人脸眼部细节的辅助识别技术和活体采集、判断技术，研发了基于自主知识产权的人脸图像脱敏技术，并设计了满足高并发和高可靠性的系统安全架构，以此为依托的人脸验证核身产品提供服务化接口。

2．KBA（基于记忆的用户鉴识体系）

KBA 产品通过海量数据支撑的用户脱敏信息，生成验证问卷，然后提供给商户用于客户身份核验。

通过合作和数据共享的方式，KBA 汇集了各行各业脱敏后的用户身份和行为信息，主要包括以下几方面：

（1）政府机关、公共事业机构等。

（2）金融行业，如信贷、支付等。

（3）电商行业。

（4）合作伙伴，有意于共同建立大数据核身生态的权威数据提供商。

通过问题引擎处理，用户在各个数据源中的脱敏信息可以转化成"本人知道但他人不知道"的核身问题，通过组合，形成基于交叉校验理念的问卷，供用户回答。

基于身份唯一标识（身份证号、护照等）和姓名，商户调用支付宝身份核验服务接口获取验证问卷，并引导用户本人完成答题流程，接口会根据答题结果返回"是否本人"，商户可在此基础上做出后续业务决策。

3．IVS（基于用户关联信息的用户鉴识体系）

信息验证（IVS）产品，通过商户提交相关的用户信息组合（至少 2 项身份信息或身份关联标识），经过后台身份信息综合模型的有效性判断，提示这些用户信息的整体完整度和可信度，从而帮助商户判断用户在业务申请过程中提交的基本报名信息是否正常或真实可信。由商户根据自己获得的用户信息，基于有效验证的需要，自主选择提交至少 2 项的用户基本信息集合，通过 IVS 产品的后台验证模型，判断信息的整体有效性和可信度，并输出综合验证评分、相关信息提示内容等，供商户评判。

（三）风险查询服务

蚁盾风险查询服务以 IP Profile 产品为核心。IP Profile 是蚁盾旗下的智能 IP 产品，可以综合描述出每个访问用户的 IP 画像，以此帮助识别出访问者的作弊、欺诈、攻击风险。

通过 IP Profile 产品，用户只需传入需要查询的 IP 地址，IP Profile 产品会基于底层大数据，实时返回关于 IP 的完整画像。信息包括 IP 归属、注册地、使用地、是否属于服务器 IP、是否属于代理 IP、IP 的网络属性、IP 的恶意属性、IP 的地域属性、活跃人群属性等几十个具体属性信息。通过这些信息，调用者可以获取 IP 的完整画像，尤其是帮助识别 IP 是否存在作弊、欺诈、攻击等风险。

### （四）风险报告服务

风险报告服务通过定制化的方式给出专业的咨询服务，有两种方式：

（1）利用商户支付宝渠道上的交易数据，分析交易背后的账户资金关系涉及商户的全量资金流向图数据，基于交易聚集性进行分析和统计，产生交易级的报告，让商户对自己交易的风险类型及严重与否有一个直观的感受。

（2）商户提供日志数据，通过时序分析、异常检测等方法，识别异常行为、虚假交易、买卖家串通等欺诈。

### 四、关键技术

蚁盾包含多个子产品，不同子产品功能侧重不同，所使用的具体技术也有区别，但归纳起来，从整体上讲，蚁盾产品所用到的核心技术整体上包括以下几项。

### （一）数据分析和挖掘技术

数据分析和挖掘技术是大数据应用的核心。蚁盾的各子产品也都是通过大数据挖掘技术，从各个层面和角度，对数据中隐含的信息进行提取挖掘得到结果并应用的。蚁盾涉及的数据分析挖掘技术涉及以下几类：

（1）海量数据分布式抽取、转换、加载技术。通过蚂蚁金服自主研发的数据 ETL 平台，从海量数据平台中对蚁盾需要使用的特定基础数据进行分布式数据抽取、数据清洗和格式转换、向数据挖掘平台和产品应用平台加载。

（2）数据降维技术。数据降维技术，即对海量数据中提取和生成的大量的特征、变量进行分析、筛选、转换、组合等处理，从而筛选出对产品目标最有价值和预测力的特征，去掉无用信息，或者通过技术手段（如主成分分析等）提取多个特征中的信息进行组合，从而达到降维的目的。

（3）模型算法。模型算法是数据分析和挖掘技术的核心，也是蚁盾产品的核心技术。蚁盾产品使用蚂蚁金服自行研发的模型训练和预测服务平台，基于各类变量，综合使用有监督、无监督、深度学习等数据挖掘算法技术，从而获取需要挖掘和预测的目标。

（4）模型效果验证技术。通过模型效果验证框架，实现了准确率、召回率、AUC、ROC 等多个模型效果评估指标，以及同源数据测试、线下测试集测试、业务 OOT 测试等多类评估方式。

### （二）大规模数据存储技术

蚁盾产品背后依赖多个数据来源中的 P 级海量数据，大规模数据的存储技术尤其是海量数据分布式存储技术，是产品得以高质量实现的基础保障。蚁盾基于集团自主研发的 ODPS 分布式数据存储技术，实现了对海量数据的有效分布式存储，从而保证产品的训练数据、测试数据、反馈数据、线上运行实时数据的高效率存储，以及产品的稳定部署和使用。

### （三）实时计算技术

在产品的线上使用环节，需要强大的实时计算能力，来保证产品的稳定性、实时性和规模性。蚁盾各子产品充分考虑了用户在实时计算上的需求，在实时接口、分布式计算、服务集群方面针对性开发和优化。产品服务能力有充分保障，至今未出现调用和计算故障，实时计算时耗稳定在毫秒级。

### （四）风险评分（RAIN 评分）服务的层次化特征体系结构

RAIN 评分底层基于从海量大数据中提炼出的横向分类、纵向分层的特征体系，包括主体属性特征、主体行为特征、主体关系网络等三大类。保证每个评分目标的特征的全面性。

图 7.3　风险评分服务的层次化特征体系结构

### （五）BIS（基于生物特征的用户鉴识）服务的采集、脱敏、比对技术

通过活体采集技术，确保了采集的人脸来自于活人，以确保操作人确实为验证人本人。BIS 基于普通的手机摄像头，使得此技术的使用门槛大大降低，几乎覆盖目前市场上的所有智能手机。

通过人脸图像脱敏技术，使得变换后的数据不能恢复成原始人脸图像，同时也不能肉眼辨别人脸的相貌，保证了用户隐私的安全，即使传输的数据被截获，也不会泄漏用户的隐私。

人脸图像比对技术用来判断输入的两张人脸图像是否来自于同一个人，这也是人脸识别技术的核心算法之一。通过大量人脸图像的学习，在处理光线变化、表情、容貌变化以及年龄老化等人脸识别的传统难题方面取得突破进展，已基本具备了某种程度上超过肉眼分辨能力的人脸比对准确率。

## 企业简介

蚂蚁金融服务集团起步于 2004 年成立的支付宝。2013 年 3 月，支付宝的母公司——浙江阿里巴巴电子商务有限公司，宣布将以其为主体筹建小微金融服务集团，小微金融（筹）成为蚂蚁金服的前身。2014 年 10 月，蚂蚁金服正式成立。它致力于打造开放的生态系统，为小微企业和个人消费者提供普惠金融服务。蚂蚁金服旗下有支付宝、余额宝、招财宝、蚂蚁聚宝、网商银行、蚂蚁花呗、芝麻信用、蚂蚁金融云、蚂蚁达客等子业务板块。

## 专家点评

蚂蚁金服的蚁盾产品，是以大数据和云计算基础平台为依托，以海量数据挖掘为核心技术，自主研发的一套反欺诈大数据产品。整套产品提供了强大的风险识别智能模型体系，以及灵活可配置的风险决策平台，构建了面向金融机构、互联网金融企业、电商客户的反欺诈服务解决方案。蚁盾产品平台技术架构完整，产品功能实用，充分考虑了各行业反欺诈过程中的关键环节和核心诉求。平台所使用的数据整合、处理、挖掘技术体现了创新性。整体来说，蚁盾产品的创新性、功能性、技术能力均达到较高水平。

黄罡（北京大学软件所副所长）

# 37 国家税务大数据分析平台
## ——税友软件集团股份有限公司

"国家税务大数据分析平台"以税收专业知识为依托，以税务数据的共享汇聚与关联分析挖掘为技术手段，构建全国分布共享的税务数据分析平台，实现灵活、可扩展的电子税务智能分析业务应用，实现数据真实性验证、偷漏税源识别与跟踪，并为纳税人信息服务、税收政策评估等提供决策依据。

### 一、应用需求

自 20 世纪 80 年代起，发达国家就利用信息技术，开展税收征管、统计分析、税源监控、政府税收政策效应分析与决策支持等的研究与应用。我国自 1994 年起实施金税工程，历经 20 多年发展，电子税务已成为支撑全国约 4 000 万法人纳税人、5 万多个税务机构、年业务量超 15 亿笔、日峰值 2 000 万笔、年数据量超 70TB 的典型大数据应用。本项目承前启后，旨在充分利用海量涉税数据，围绕国家电子税务"降低征税成本、杜绝税源流失、服务企业发展、优化财税政策"的总体目标，重点突破我国电子税务面临的四项重大需求：

（1）电子税务数据失真问题，这是电子税务大数据计算与服务的基础性问题。因为操作失误、管理漏洞、特别是为谋取暴利篡改数据等造成严重的电子税务数据真实性问题。欧美发达国家基于税务、银行、社保等数据关联验证的方法还不适用于我国国情，结合我国广泛采用的发票制度，从税务发票真伪识别和发票数据一致性检验的角度，提出新的电子税务数据真实性验证体系和方法。

（2）跨省区税务数据难以共享问题。由于各省税务管理体制不同、数据格式和技术标准不统一，造成省际数据"孤岛"，难以实现跨省区的交易跟踪和税务审计、行业整体经济指标计算等，需要设计统一的存储、通信和计算标准，研究解决跨省区的共享和计算问题。

（3）偷逃骗税行为隐蔽化和团体化。以跨区域资产转移、关联交易等为手段的新型偷逃骗税行为是世界各国税务稽查的难题。研究如何从税务大数据中挖掘出隐蔽、多样、复杂的纳税人利益关联网络、发现利益社团、定位偷逃骗税疑点，突破传统凭人工经验的税务审计方法。

（4）税务大数据潜在价值有待挖掘。目前宏观统计和抽样调查的数据分析手段难以满足国家经济转型升级中科学化、精细化的管理需求。研究基于税务大数据的企业经营细粒度监管和税收政策效应分析，为企业、税务机关和行业管理部门提供新的决策支持服务。

## 二、应用效果

### （一）实际效果

项目针对税务数据真实性难以保证、跨省区税务数据难以共享、偷逃骗税行为发现困难、税务大数据缺乏分析利用等难题和国家需求，研制出国家税务大数据计算与服务平台，主要效果如下：

（1）提出了电子税务数据全生命周期的真实性检测与验证方法，实现从纳税人身份验证到售票、开具、受票验证、对账入账等发票数据的全生命周期真实性监控。解决发票使用过程中的监管问题；研制出开票宝、验票通等产品，已在全国推广使用。

（2）发明了跨省区税务大数据云存储共享与并行计算方法，解决了"总局+省局"多数据中心计算资源统一调度的难题。提出的"统一规范、集中管理、分布存储、并行计算"的税务大数据平台技术方案，解决了长期以来我国税务数据分省管理难以共享和分析的难题。

（3）针对偷逃骗税审计流程点多线长、数据穿越时空、关系错综复杂的问题，提出了"利益社团发现-可疑纳税人定位-疑点数据审计"三段式偷逃骗税检测方法。提出纳税人利益社团的概念和发现算法，以利益社团的检测结果为线索，缩小可疑纳税人和数据的规模；提出了基于相似度计算和多阈值多参数指数加权平均的异常检测方法，定位可疑纳税人和检测疑点数据，累计为各级税务局发现纳税疑点 200多万个，相关成果填补国内空白，已广泛应用于国家税务部门。

（4）提出了面向纳税人、行业和政府的税收信息服务与财税政策优化决策支持方法，与各级税务部门合作，选择了部分重点行业和领域，首次提出将税收数据与行业发展、地方财政统计和国家财税政策进行关联分析，生成面向纳税人—地方政府—国家的多级税收数据分析报告，为纳税人和行业的发展规划、地方财政体系调整和国家税收政策优化提供决策依据。相关成果填补国内空白，是我国税收服务理念转型的典型案例。

### （二）经济和社会效益

税务大数据计算与服务平台系列产品和关键技术在金税三期工程、国家税务总局大企业服务与管理、国家税务总局及省级税局数据分析决策支持类项目、省级地税局个税相关管理与数据分析和面向纳税人的服务应用项目、省级国税局网上纳税申报相关数据分析和面向纳税人的服务应用项目等五大应用领域进行了产业化推广。近些年内通过该系统，税局依法组织各类偷漏税源和反避税税源查补税款，实现新增税收近千亿元。

税务大数据的应用为深化税收改革、构建现代化征管体系提供了有效的信息化支撑，提升了税收专业化管理水平。成果依托金税三期工程，将在全国范围内推广应用，大大提升了税局依法组织税收收入的管理水平，有效地减少了税收流失，增加了国家财政收入。成果通过为企业经营发展提供辅助税收经济信息服务，有效推动了税局的服务职能转变；通过税收数据展示税收经济发展指数，引导产业转移、结构调整和投资方向，为政府经济决策提供服务，深化了税收信息服务，助推了经济转型升级。项目通过对区域、行业、产业等税收数据以及税收杠杆要素进行深度挖掘分析，为国家财税政策优化决策提供了有效数据依据和途径。

### 三、产品架构

在金税工程的支持下，国家税务大数据分析平台提出了"规范制定—技术攻关—平台研制—产业化应用"的总体思路，制定 15 项行业规范，攻克了 4 项核心关键技术，并在全国范围推广应用。税务大数据分析平台是实现全国统一管理决策的信息化依托，是税务数据服务企业经营决策、支持国家经济发展战略转型的重要基础。

（1）新老系统及业务不间断平稳升级。需实现业务模式和系统从地市或省集中向跨省区协同、从单省自治向全国统一标准的升级改造。累计分析更新原有功能组件模块 700 余个，在全国各级税务部门累计升级系统 180 套次以上，实现系统更新升级无事故。

（2）历史数据无差错平滑迁移。需将我国 71 个省局历年来 1580 种业务数据全部转化为金税工程统一标准。通过税务机关测试验证，实现数据迁移零差错。

（3）创新型服务推广应用。通过税务大数据的分析挖掘，实现从原有方便纳税人办税服务，扩展为面向企业、政府和第三方机构提供纳税信用评价、企业经营健康度诊断、偷逃骗税疑点发现、政策效应分析等创新型服务。这些服务已在我国 46 个省级国、地税务局推广应用，不但提高了政府的服务效能，还为国家挽回了巨额的税收流失。

### 四、关键技术

#### （一）电子税务数据的真实性检测与验证方法

电子税务数据的真实性是对涉税数据计算与分析、实现税源管理的先决条件。提出了发票与交易行为的特征选择方法，制定了能唯一标识电子发票的赋码标准，建立了"多重身份验证+多方实时握手+多次电子签名"的发票数据全生命周期（从发票的领用、开具、验证到入账）监控体系，从根本上解决了长期以来税务发票真伪识别及数据一致性检测的难题。研制出开票宝、验票通等产品，为纳税人企业和税务管理部门提供业务与发票一致性验证、发票数据真实性验证和发票在线验真服务。

## （二）跨省区税务大数据云存储共享与并行计算方法

跨省区税务数据共享与分析是本项目的基础，为此提出了"统一规范、集中管理、分布存储、并行计算"的税务大数据平台技术方案。首先需要统一的技术和数据规范，由国家税务总局主持，研究并参与制定了电子税务 5 大类 15 项行业规范。在此基础上，重点解决了数据中心之间因税务数据共享与分析引发的 I/O 与网络传输过载、计算失衡等问题，提出并实现了支持"总局+省局"多数据中心的税务大数据云存储共享与并行计算方法，实现了跨省区税务数据共享与计算资源的统筹调度。在相同硬件配置下常用税务指标（增值税额、预警值测算等）的计算速率由 1 400 个/秒提高至 6 600 个/秒。

## （三）纳税人利益关联网络（TPIN）生成方法

发明了基于 Hadoop 的多数据中心税务数据共享方法与并行计算框架，解决了各省区税务数据因"孤岛"而难以跨省共享与关联的难题；发明了"纳税人利益关联网络"（TPIN）及其并行生成方法，实现了从跨省、多源、异构的涉税数据中挖掘出纳税人之间潜在、隐蔽、多样的利益关联关系。TPIN 的目的是为了突破以往独立纳税人税务审计和数据分析的局限性，为偷逃骗税的延伸审计和多维税源监控提供技术支持。纳税人利益关联网络生成和社团发现示意（以上海市为例）如图 7.4 所示。

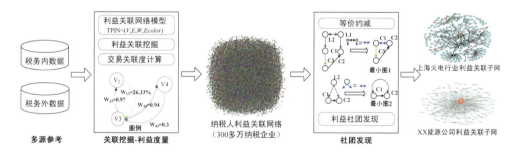

图 7.4　纳税人利益关联网络生成和社团发现示意（以上海市为例）

## （四）偷逃骗税疑点发现方法

疑点是税务审计和稽查的线索。针对偷逃骗税疑点审计流程点多线长、数据穿越时空、关系错综复杂、利益隐蔽关联的问题，设计出"利益社团发现-可疑纳税人定位-疑点数据审计"的三段式偷逃骗税疑点发现方法，突破了传统税务审计边界，提升了检测能力，降低了选案成本。

### （五）基于税务数据分析的决策支持方法

税务数据是国民经济的晴雨表，是企业发展规划和政府财税政策调整的决策依据。提出了以税收数据为主线，面向纳税人和政府的税收信息服务与财税政策优化决策支持方法。成果已为光伏企业转型升级、上海"营改增"试点等多个行业发展和财税政策改革方案提供决策支持。

## ■ 企业简介

税友软件集团股份有限公司是以软件研发、财税业务咨询、企业互联协作等为主营业务的综合性企业集团。公司成立于 1999 年 12 月，注册资金 2.1 亿元。自创立以来，集团秉持"专注税务、服务立身"的经营理念，专注于税务信息化建设，为全国范围内超过 500 万家企业和税务局提供财税咨询和信息化服务。集团凭借领先的技术优势和成熟的应用经验连续中标国家金税三期工程核心项目，继续全程助力我国税务信息化系统建设。

公司员工 4 000 余人，本科及以上的人员约占 80%，公司充分利用了西安交大的人才优势资源和扬州税局教育基地的人才输送，充沛公司的研发和管理实力。在全国设有 15 家分子公司、100 多个地市级服务网点、并在石家庄和扬州设立南北互为备份的远程技术服务中心，形成了覆盖全国的服务支持网络。公司已建立一套完整的产品链，包括综合纳税服务产品线、个人税收产品线、税务数据分析利用产品线、网络发票产品线、纳税人增值服务产品线及税收咨询筹划产品线等。现已成功将上述产品线应用于全国三十多个省市地区，全面参与国家税务总局及多个省市级税务系统的税收管理、税源监控、纳税服务等系统的筹划建设。税友集团先后通过了 CMMI ML4、系统集成一级等资质认证，并全面建立了 ISO9001、ISO20000 管控体系。

## ■ 专家点评

该项目紧密结合国家电子税务大数据计算与服务需求，创新性强，应用前景广阔，电子税务数据真实性检测与验证方法、基于"纳税人利益关联网络"的偷逃骗税识别与跟踪技术达到国际先进水平。

**胡才勇**（北京软件和信息服务交易所总裁）

# 第八章　资　源　环　保

## 38 "东方祥云"水资源云调度平台
### ——贵州东方世纪科技股份有限公司

"东方祥云"水资源云调度平台通过收集处理公开的全球卫星遥感、地形地貌数据、气象预报、用户特征等信息，依靠已获国家发明专利的洪水预报调度等核心技术，目前已实现全球范围内任意区域降水和来水的预报，并通过结合自主研发的洪水预报模型，可以为水库、水电站提供较长预见期的洪水预报及调度服务，减灾兴利。

### 一、应用需求

受强厄尔尼诺事件影响，近年来我国气候异常凸显，多种灾害性天气交替出现。在此形势下，除了进一步加强基础水利设施的建设和河道治理外，有效提升洪涝灾害预测预报预警和监控能力的要求仍然十分迫切。

传统的洪水预报信息化系统，是以水雨情信息采集系统为基础、通信系统为保障、计算机网络系统为依托进行建设，能做出降雨洪水情势分析，为各级防汛部门及时地提供各类防汛信息，为防汛决策和指挥抢险救灾提供有力的技术支持和科学依据。但也存在着许多问题，包括以下几方面：

（1）系统的基础是水雨情实时数据，需要建设大量的遥测站点来采集，建设成本高，覆盖范围有限。

（2）系统专业化强，涉及水利、电子、通信、信息处理等多个领域，运行维护工作量大，严重影响预报的稳定性和精确度。

（3）系统预报主要依据实时的水雨情数据，通常只能在洪水发生前数十分钟发出预警，投入大，数据运算处理尺度小、成果粗糙。

"东方祥云"是水利、气象、信息技术深度融合的结果，在涉水行业信息化建设中为首创。"东方祥云"不再依靠水雨情遥测站点获取数据，而是采用大数据手段，结合自主研发的洪水预报技术，分析和计算全球任意区域未来一段时间降水和来水情况。与传统信息化系统相比较，有如下优势：

（1）成本低。不再需要用户前期投入建设信息化系统，只需要通过互联网就可获得降水及来水预报服务，可为用户降低 90%建设及运维成本。以全国 14 万座水库、水电站估算，可减少信息化投入 1 900 亿元。

（2）运行维护简单。"东方祥云"的用户只需要接入互联网就可查询降水和来水预报成果，结合预报调度功能可得到区域未来洪水发生情况，不需要用户自己维护。

（3）预见期长。"东方祥云"可提供未来 72 小时降水和来水预报服务，极大地延长了洪水的预报预见期，为防洪决策争取更多的宝贵时间。

## 二、应用效果

"东方祥云"水资源云调度平台是对防洪工程措施的有效补充和支持，对于实现水利资源的优化调度，保证国民经济的可持续发展，意义深远。

目前，"东方祥云"项目利用公开的地形、地貌和气象数据为用户提供任意区域内降水和来水预报服务，宏观指导相关工作；同时获取用户工程特性参数，提供短期优化调度计划，指导工程运行调度；利用积累的项目运行数据，对工程项目的规模、运行方式等主要内容提供深度咨询意见，从系统的高度提高项目效益。

在该模式下，用户能用极低的成本获得优质的服务，企业采用云服务的模式突破了市场边界，同时核心技术的应用构架了较高的竞争门槛，避开了传统信息化项目建设的"红海"竞争，可实现收入和盈利的高速成长，开创了巨大的"蓝海"市场。"东方祥云"项目商业模式如图 8.1 所示。

"东方祥云"项目于 2015 年 4 月正式上线，到 2015 年底平台已覆盖贵州五大类水利工程设施（水库、水电站、重点防洪城镇、小流域、水文站）3900 个。2016 年 6 月，根据国家《水文情报预报规范 GB/T 22482—2008》要求，对 5 个观测点进行了总计十三场洪水预报精度评定，其中洪峰和峰现时间合格率为 100%，径流深合格率为 54%，总的评定精度为 87%，达到国家甲级标准。

"东方祥云"的预报成果还用于贵州省防汛抗旱指挥系统的运行中，该系统引入"东方祥云"的预报成果，结合其他数据资源，能够直观地反映洪涝灾害的形势，提高了预测预报的覆盖范围和准确性，延长了预警的预见期，为防洪决策提供依据。

至 2016 年 12 月，"东方祥云"已覆盖长江、黄河和珠江流域 2.3 万个水利工程设施，贵州、广西、广东、甘肃等省份的政府防汛部门、水库、水电站以及水利工程项目施工单位已开始试用，预计销售收入 2 000 万元，全球五大洲分别上线 10 条流域（流域面积排列前 10）及流域内的大、中型水库水电站。

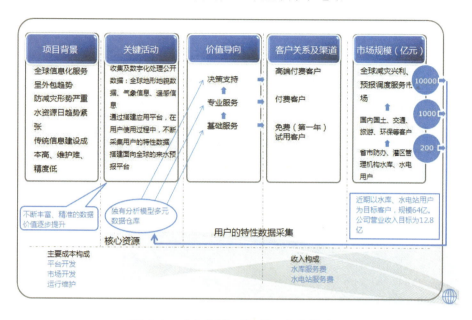

图 8.1　"东方祥云"项目商业模式

## 三、平台架构

图 8.2 为"东方祥云"平台架构，可分为数据采集、存储、处理和应用等四个层次。

图 8.2　"东方祥云"平台架构

## （一）数据采集

"东方祥云"数据的来源多元化，分为公开数据和行业专业数据两类。其中公开数据主要来源于互联网，目前收集的地形地貌、200米数字高程、人文社会等数据已达到60TB。同时与中国国家气象局、美国国家气象局、欧洲天气预报中心、日本气象厅建立数据通道，每日更新数据100GB。"东方祥云"主要数据类型如图8.3所示。

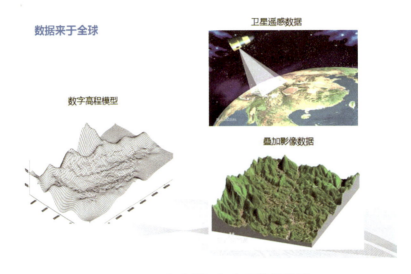

图 8.3 "东方祥云"主要数据类型

（1）公开数据：分为静态数据、动态数据两部分，静态数据主要包括美国国家航空航天局、中国科学院等机构所属科学数据库对外公开发布的关于地球科学、生命科学、天文与空间等方面的地理空间特征数据；动态数据主要指以上科学数据库计算机网络信息中心提供的实时地理空间采集数据与中国气象局数值预报中心等全球气象机构发布的实时气象数值预报产品，包括地理高程数据、Landsat遥感、MODIS遥感、NCAR镜像、ADOAP大气科学分析数据、T639模式预报产品等。

（2）行业专业数据："东方祥云"通过搭建应用系统，根据用户提出的个性需求提供专业应用服务。专业服务需要客户交互输入区域内社会经济数据、流域河道地形、水库及电站库容和发电能力、灌区作物种植等工程特性参数。

## （二）数据存储

作为"东方祥云"的核心之一的多元化数据仓库存储着所有的数据，为了存放如此海量的各种各样的数据，系统根据应用特点设计了基于地理区域分区的概念，将空间上按位置进行横向划分，作为一级分级机制，再将每个区域进行纵向划分，作为二级分级机制。通过这两级划分，已基本将地理环境按一定特点划分成微小的区域，在每个区域上又进行数据类别划分，作为三级分级机制。"东方祥云"存储结构如图 8.4 所示。

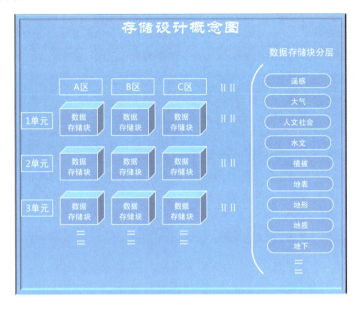

图 8.4　"东方祥云"存储结构

### （三）数据处理

数据处理的主要组成是数据模型中心，数据模型中心是"东方祥云"核心技术的体现，集成了公司自主开发并具有专利的技术产品，以及在国内外成熟的、较前沿的相关技术。

（1）公司自主开发并拥有专利的 EC 洪水预报、EC 洪水调度以及 EC 产汇流预报模型等，这些专利技术都是公司通过累积多年的行业经验后提炼得到的核心技术。

（2）国内技术方面系统采用了一些行业内较常用的计算模型，如多水源新安江模型、陕北模型等。

（3）在国外技术方面系统引进了丹麦水力研究所 DHI 开发的水力模拟模型 MIKE、瑞士 Pix 4D 公司基于航拍影像建立空间模型的 Pix3D mapper、法国 Acute3D 公司基于影像的三维空间建模环境 Smart 3D 等。

### （四）分析应用

（1）基于地理空间数据的应用。提供了一个空间分析、展示的应用环境，如地图浏览、查询、统计分析服务等，是成果数据的一个展示平台。如山洪预警应用，通过地理空间数据服务平台进行地图渲染后，得到具体的洪水流经范围、洪水深度、洪水时间等相关信息。图 8.5 展示了基于地理信息系统的可视化成果。

图 8.5　基于地理信息系统的可视化成果展示

（2）基于气象、水文与地理空间结合的模块化新型大数据应用。参考了美国洪水预报系统的设计思路，将降雨雷达替换成了现代气象研究模型中的得到的数值化预报成果，在高分辨率的地形特征数据基础上，运行先进的预测预报模型进行演算，得到预见期更长且同时预报质量也很高的预报成果产品。这些预报成果可以为许多行业中使用。气象、水文与地理空间结合的展示效果如图 8.6 所示。

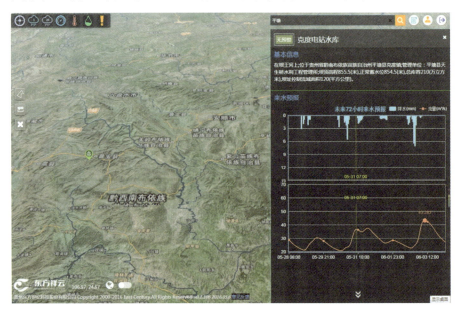

图 8.6　气象、水文与地理空间结合的展示效果

### 四、关键技术

#### （一）"东方祥云"的关键技术

（1）地表土壤含水量计算。根据地表湿度与地表温度之间的关系，以及气温变化对这种关系的影响分析，经过气象卫星热红外波段信息与地表温度的有效转换，建立起一个连续监测地表土壤含水量的遥感模型。

（2）水文模拟技术。各种流域水文模型的研究及应用于水文基本规律研究、水旱灾害防治、水资源评价与开发利用、水环境和生态系统保护、气候变化及人类活动对水资源和水环境影响等领域。

（3）水库（电站）优化调度技术。根据入库流量过程，遵照一定的调度准则和约束条件建立数学模型，运用优化求解技术寻求最优的水库调度方案，使发电、防洪、灌溉、供水等各方面在整个分析期内的总效益最大。

#### （二）"东方祥云"的突出的技术指标

（1）能分析得出任何区域未来 30 分钟、1 小时、3 小时、6 小时、24 小时、36 小时的洪水总量、洪水过程、最大洪峰等数据，结合实际情况对水库、水电站进行科学调度。

（2）将洪水预测期从传统的数十分钟提高到 72 小时。

（3）比国际通用的丹麦 MIKE 水分析软件速度提高 180 倍。

## ■ 企业简介

贵州东方世纪科技股份有限公司成立于 2000 年 3 月，16 年专业从事水利信息化行业。现注册资金 4 150 万元，员工共计 150 人，核心技术人员大多是水利及计算机技术复合型人才，是国家高新技术企业、省级创新型企业，省级企业技术中心，省现代服务业重点企业，贵阳市洪水预报调度工程技术中心支撑单位。

# ■专家点评

目前，气象预报应用服务十分广泛，但基本上以气象管"天"、水文管"地"的模式开展降雨洪水的预报服务，天地之间需要专业模型二次转化，以实现目标性气象应用服务。将气象、水文和其他专业技术和数据融合，形成天地相连、雨水一体的预报产品，是当前和未来水利的迫切需求。东方祥云利用气象、遥感、土地、地貌、水文等公开数据资源，运用应用平台采集专业数据，开展数值化、网格化、精细化降雨过程预报；植入自主研发的分布式通用化降雨产流模型，开展任意区域的实时降水、未来72小时预测降水和来水预测服务，实现了雨水预报一体化，定制区域通用化，预报服务实用化，有效提高了降雨洪水的预报时限，尤其是在小流域和无测报设施区域的降雨洪水预报，优势更为明显。东方祥云模式可为山洪灾害防御、水库（水电站）调度、防洪减灾以及水资源有效利用（供水、发电等）提供实用有效的技术手段。同时，这种雨水一体化预报模式的形成和推广，将有效提高气象、水利行业的应用服务水平；以大数据应用手段，降低监测设施投入，应用前景十分广阔。

**刘玉忠**（国家防总办公室原副巡视员、教授级高级工程师）

## 大数据
# 39
# 基于众源监测的城市大气环境大数据服务平台
## ——太原罗克佳华工业有限公司

基于众源监测的城市大气环境大数据服务平台，首先可为城市管理提供污染溯源，将网格化管理落到实处；其次还可以为市民提供身边的空气质量信息、起居出行指导、购房入托等的环境评价等服务；另外还可以商用于景区、大型赛事等活动之中。该平台可以真正做到政用、商用、民用的完美结合，建立城市生态环境大数据公共服务体系。

### 一、应用需求

当前，大气环境治理面临前所未有的压力。若一个城市传统的标准监测站点位少、数据来源单一、投资大、建设周期长、维护量大，就不能满足城市管理中的"治霾"需求，更不能提供社会化服务。基于众源监测的城市大气环境大数据服务平台用光散射、电化学等传感器，在城市中加密布点，每平方公里都进行布设微观监测点，实时上传数据，生成污染动态图，配合环境监测标准站，建立众源监测体系，并且同时开发大数据模型，在平台进行大数据分析。

具体而言，本项目通过为城市建立生态环境大数据管理体系，形成城市管理"天罗地网"式的监测手段，结合全市网格化执法手段，从而增加监管的深度和力度，提高环境监管工作效率和决策质量，促进新型监管机制和监管模式的建立，实现科学监管。系统建设完成后，主要特点是"实现四个一，解决四个痛点"：

### （一）实现环保工作的四个"一"

**一张网**：线上千里眼、线下网格员；

**一张图**：污染源分布地图、污染趋势分析、执法人员分布图；

**一张表**：环境质量排名表、工作问题表（超标信息、工作故障点）；

**一个库**：一源一档，从生到死，全部信息。

### （二）解决环保工作的四个"痛点"

**痛点一**：大气环境排名的压力分解；

痛点二：外地大气污染对我市的实际影响，城市大气污染源造成的成因和责任主体；

痛点三：各级网格化管理的实时数据来源和现场工作模式；

痛点四：突发污染事件的实时预警和应急预案。

## 二、应用效果

基于众源监测的城市大气环境大数据服务平台的建成，提供包括数据采集、存储、处理、挖掘、可视化展示等方面形成的大数据技术应用，并在北京的通州、房山等区域拥有典型的服务案例，系统技术架构先进，实用性强，具备可复制性，可以大规模推广，具有良好的应用效果。2015 年通州区 PM2.5 的日均浓度是 92.5，比 2014 年改善了 12.7%，居全市第二位，用一年的时间，改变了两项指标在北京市垫底的局面。2016 年 1~4 月 PM2.5 累计浓度下降 32.7%，跃居全市第一。其主要商业模式及带来的经济效益如下：

### （一）物联网大数据应用服务

通过城市大气环境大数据服务平台和手机 APP，开发一系列数据产品，政府、企业及公众输出服务。

1. 数据产品

（1）城市大气污染源实时定位、溯源分析。

（2）城市大气污染日分析报告、月分析报告、季分析报告。

（3）污染成因与变化趋势，环境预警和应急。

（4）城市大气网格化管理 APP。

（5）城市水质监测实时报告，预警和应急。

（6）建设工地扬尘监测和实时预警。

（7）餐饮油烟监测实时预警和分析。

（8）城市医疗废物监测"医废通"。

（9）放射源监测实时监测服务。

2. 应用服务

（1）城市管理数据服务。在全国布设物联网环境监测传感器，为一个城市的环保、城建、城管、园林、旅游、教育等各个部门提供数据服务。平台预计为 30 个城市服务，目前已经在这 30 个城市完成或者安装了试点设备（已经与当地政府达成协议），每个城市按照每年购买数据服务获得收益。

（2）企业用户数据服务。向大型环境关联度高的行业、事业及企业部门提供环境信息服务，目前在大型赛事、旅游风景区、连锁餐饮等都有应用。这些企业都需要通过宣传实时的环境数据对外提高知名度，打出绿色环保的品牌，因此物联网数据对他们的需求很大。

（3）居民数据服务。收益主要通过收取用户服务费的方式，同时附带一些衍生产品或配套产品的销售回收成本及创造利润。

已经开发完成的手机 APP"空气医生"已经上线运行，目前用户量 10 万人，空气医生 APP 拥有相关的室内监测设备和空气净化设备的数据服务模式，在一个已经完成物联网布设的城市中，每年通过定制"身边的空气预报"模式和"空气医生"的网上销售平台，提升收益。

### （二）互联网大数据服务模式

会员制或年费制。基于较全面的污染企业信息，可向环保服务企业提供营销匹配服务，汇集相应数据并按会员服务或年费方式收取服务费。例如向工程公司提供项目信息推送服务、目标用户信息推送服务、竞争对手分析服务、市场分析服务等。

（1）定制服务：为政府、企业、个人提供咨询规划服务；发布数据产品，收取增值服务费。

（2）广告投放：通过对企业、技术、产品的推广，向被服务者收取推广相关费用。

（3）交易佣金。为双创及电商平台上的环保商品交易提供服务，根据服务级别有不同的收费。

（4）投融资服务：平台可对污染企业进行环境信用评价，为金融机构提供环境信用评价信息以及架构环保服务企业与金融机构间的桥梁，提供投融资服务，收取相应费用。

此外，无论从改善环境质量、提高环境监管和环境应急能力、提升环保工作效率等方面，还是从保障人民生命财产安全和维护国家利益方面，基于众源监测的城市大气环境大数据服务平台产生的社会效益都十分显著。

通过基于众源监测的城市大气环境大数据服务平台的设计开发和运营，完成大气 PM2.5 自监测站点在北京市通州区的网格化部署。能全面有效直观地掌握区域内大气环境颗粒物浓度空间分布状况和动态变化情况，为环境管理和环境执法提供可靠依据，大大提高环保监管能力。

城市大气环境大数据服务平台也是社会化服务平台，公众可通过平台网站和手机 APP 获取到城市的空气质量参数，数据精度达到国控数据 90%以上。可获取城市的气象信息，包括温度、湿度等内容；可查看空气质量的分析和评估报告，包括趋势分析等。并可以利用智能设备向环保部门、城市管理部门等提供投诉和举报信息，从而达到共同维护环境的目的。

### 三、平台架构

城市大气环境大数据服务平台系统架构如图 8.7 所示。

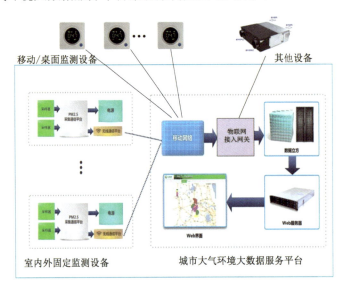

图 8.7　城市大气环境大数据服务平台系统架构

基于众源的监测设备是基于光散射、电化学等原理开发的气体传感器，传感器安装在城市中各个县区、乡镇及村镇在密集布点，通过无线网络，将数据传送到大气环境大数据服务平台，经过数据处理后提供大数据服务。软件系统架构如图 8.8 所示。

具体系统建设内容如下：

（1）"一张网"体系建设。在全市范围内（市区范围内为一级监测网络、县区行政区域范围内及每条道路烟尘严重的地方为二级监测网络、以乡镇和工业园区为三级监测网络），监测指标为 PM2.5、PM10、温度、湿度。

（2）"一张图"建设。以地理信息系统为依托，综合展示污染源点位分布，实时信息；污染源排放的趋势分析；网格化执法人员的定位等信息。

（3）"一张表"建设。按月、季度、年，形成针对空气质量，水环境质量，执法情况，工作进度等报表。

（4）"一个库"建设。从企业应用端开始建设，到环保局内部的各业务科室进行衔接，实时无纸化办公，最终将企业从"出生到死亡"的全过程管理。

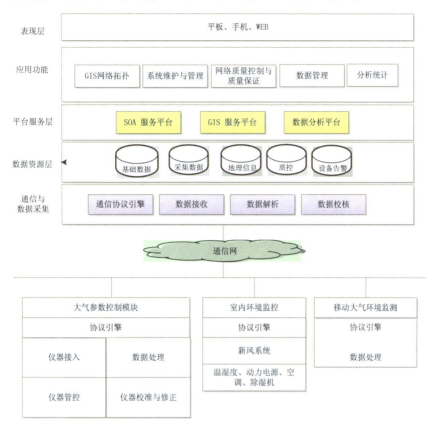

图 8.8　城市大气环境大数据服务平台软件系统架构

实现工作过程可监控、全程可追溯、公众可监督，实现综合、动态、事前、事中、事后相结合，最终形成一个全方位、多层次、规范化信息化监管模式。

同时，该平台数据还可以给企业和市民提供以下服务：

（1）Web 端应用服务平台：为个人、企业用户提供空气质量、天气环境查询、出行指定等的 WEB 服务，WEB 平台提供多样化查询，咨询信息，空气质量分析，引导公众关注环境、共建环保生态。

（2）移动终端应用服务平台：作为大气环境公共服务平台的移动端门户，移动终端承载大众用户交互、天气、空气数据呈现、天气实景信息交互、身边空气数据呈现等功能，能够根据用户位置提供各种健康指导。

### 四、关键技术

#### （一）网格化布点+多元数据融合+时空数据分析

重点研究和解决在空间面积较大、内部空间异质性较高的城市和地区的空气质量监测和分析。项目根据城市不同区位、不同的用地类型上、不同的小环境、不同的季节和时间，通过采用微观监测设备，大量布设网格化监测点位（比如每平方公里、每个小区、设置一个或几个监测点），进行大范围高频率的空气质量数据采集，监测点部署密度越高，数据分析的准确度也将越高。基于这些点位的实时监测数据，通过筛查、校准、统计分析，从不同时空维度和尺度对全区域的大气环境质量进行全方位时空动态监测和分析对比。运用基于 GIS 的后台数据分析系统，生成动态趋势图，从而分析全区域的大气环境质量时空变化状况。城市网格化布点如图 8.9 所示。

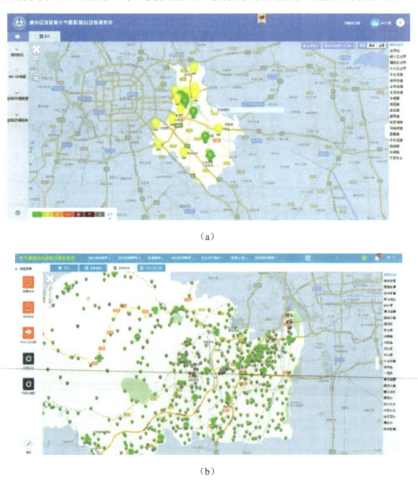

（a）

（b）

图 8.9　城市网格化布点

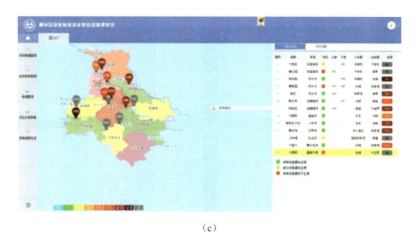

（c）

图 8.9　城市网格化布点（续）

**（二）监测数据有效性保证的设计与实现**

重点是依据相关环保标准并严格按照标准设计出一套保证监测数据准确性和有效性的科学方法。项目通过研发面向空气质量的大数据服务平台，解决现有空气质量传感器网络监测站有限、扩展性差、数据可信度低、计算能力低、成本高等问题，其创新点在于以下几方面：

（1）为了充分利用传感设备及数据，对感知节点采用众源模式在移动感知云端实现对节点的共享、控制和管理。

（2）采用面向服务和软件定义的技术实现大数据服务平台，实现对空气质量的报告、分析和评估。

（3）从灵活、可扩展、成本和可控性的角度，构建自主运营大气环境大数据服务平台。

**（三）城市区域空气质量空间数据曲面图的设计与实现**

重点是将大气质量监测数据，进行数据预处理、数据校准模块，以及数据插值模型等，生成城市区域空气质量空间数据曲面图（见图 8.10~图 8.13）。直观展示全区域范围的大气环境质量状况，动态展现城市区域大气环境质量的时空变化，追踪污染源及其扩散趋势。

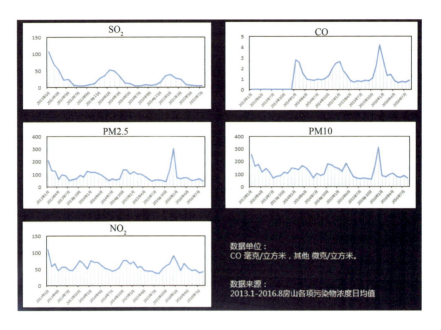

图 8.10　空气质量变化趋势判断——年度

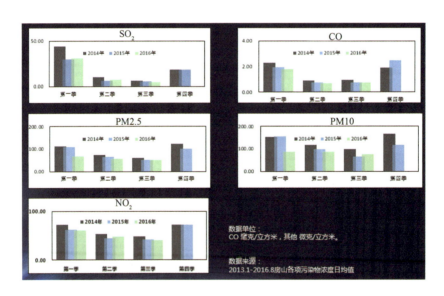

图 8.11　空气质量变化趋势判断——季度

图 8.11 空气质量变化趋势判断——小时

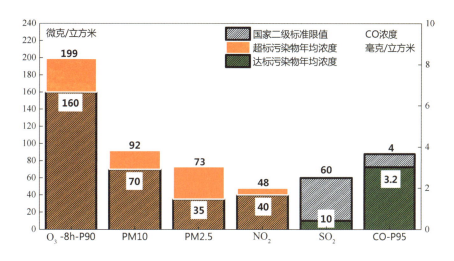

图 8.12 $SO_2$、$NO_2$、PM10、PM2.5等污染物年均浓度达标情况

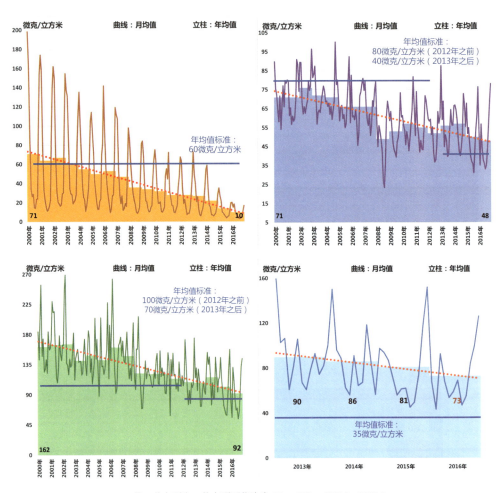

注：从左到右，从上到下依次为 SO₂、NO₂、PM10、PM2.5

**图 8.13  4 项主要污染物多年变化趋势**

## ■ 企业简介

　　罗克佳华集团是集设计、物联网软硬件、系统集成、大数据运营为一体的信息技术产业集团，全国拥有 12 个分支机构，产业基地总面积达 20 万平方米，技术研发人员 1 000 余名，核心技术团队为海外归国学者组成，包括 3 名中组部"千人计划"专家、国家特聘专家、数百名博士研究生，同时建有院士工作站、博士后工作站，是全国物联网、云计算及大数据的技术研发基地与人才高地。罗克佳华还拥有计算机信息系统集成壹级资质、国际软件 CMMI5 认证、国际 CE 等百余项资质和产品认证，拥有相关专利、软件著作权 580 余项，承担国家级课题 39 项，是国家环保物联网技术标准和技术规范的编制单位。目前，罗克佳华的空气质量监测、雾霾监测预报等环保物联网系统已经覆盖北京、上海、山东、贵阳等省市，拥有较高的市场占有率和较高的用户满意度。

## ■ 专家点评

  该项目是解决雾霾问题的"及时雨"，依托物联网和大数据技术，在城市中密集型建立微型监测站。通过应用价格低、易维护的传感器，在城市中广为布点，实时发现问题，解决问题，并进行环境分析和预测，这是真正将传感器广泛应用在环保领域的典范，通过低价格、易维护的微型空气监测站，像摄像头一样密集布点到城市各个角落，实施监测和分析，创城市环境管理的新模式。该平台技术架构设计严谨和开放，具有实时性、兼容性、开放性等特点。同时使用数据挖掘技术，创建数学分析模型，具有很强的技术领先型，其先进的理念、领先实用的技术和广阔的市场前景，是环保领域中新的创新和环保产业中新的经济增长点。

**王建民**（清华大学软件学院党委书记、副院长）

# 第九章 交 通 运 输

大数据

## 40 贵州省"大数据+"驾驶人评分系统

### ——贵州省公安厅交通管理局

2015 年来，贵州省公安厅交通管理局在贵州省委、省政府及省公安厅党委的领导下，牢牢把握省委、省政府发展大数据产业的良机，搭建了由 619 台服务器组成，具有一万个核运算能力的全国交警系统最大政务私有云——贵州交警警务云，以大数据为支撑，首创"大数据+"驾驶人评分系统，对全省 3.5 万重点驾驶人进行评分，并与交通、安监部门和运输企业共享重点车辆驾驶人评分数据，以评分管理形式牢牢管住了"两客一危"等重点车辆驾驶人。在全省人、车、路大发展，驾驶人每月新增 16 万人、机动车每月新增 13 万辆、高速公路通车里程同比增长 20%的情况下，2015 年的道路交通事故预防工作取得了"事故总量下降、高速公路较大交通事故大幅下降、'两客一危'等重点车辆交通事故大幅下降"的新突破。

### 一、应用需求

"十二五"时期，是贵州经济社会发展最好、综合实力提升最快、基础设施变化最大的时期，全省经济增速连续五年居全国前 3 位，经济大提速带来了交通大发展和人、车、路的爆发式增长。全省驾驶人保有量年平均增速达到 17.8%，将近全国平均增速 9%的 2 倍。为了在道路交通安全管理领域管住"人"这个关键因素，贵州省公安厅交通管理局借助大数据和云计算技术，通过对"交警六合一"系统中与驾驶人相关的各类信息（包括驾照类型、驾龄、活动区域、从业时长、学习情况、违法行为及前科等）进行归集、清洗、分析和建模，在全国首创"大数据+"驾驶人评分系统，形成一套对驾驶人进行评分管理的交通驾驶人评价体系。

## 二、应用效果

2015 年，贵州省公安厅交通管理局与独立第三方信用评估及信用管理机构"芝麻信用"联合开发了"大数据+"驾驶人评分系统，针对全省"两客一危"等重点驾驶人最核心的部分数据，根据驾驶人的违法记录、事故记录、从业情况、不良行为、资格培训、保险赔付记录等多维度设置指标，再把各指标细分成若干档次及具体得分，通过对驾驶人的信息数据和行为记录等变量进行汇总关联，应用 WOE 机器算法对海量信息进行科学计算，最后得出驾驶人的信用评分，以百分制计算，分数越高则代表这名驾驶人履职能力越高。以"大数据+"驾驶人评分系统为载体，真正形成了针对重点驾驶人的科学评价（见图 9.1 和图 9.2）、严把入口的准入机制和优胜劣汰、畅通出口的退出机制，筑牢了源头管控第一道防线。

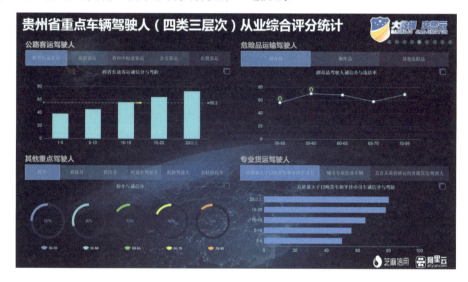

图 9.1　"大数据+"驾驶人评分系统可对各类重点驾驶人的信用评分、违法率与驾驶人年龄、驾龄之间的关系进行分析

毕节运输公司是一家拥有 491 台车辆和 760 余名驾驶人的客运公司，行车安全是公司运营的第一要务。过去，面对众多的驾驶人，管理和教育对于公司来说是一件大难事，而在公司将贵州道路交通安全综合监管云平台和"大数据+"驾驶人评分系统进行关联使用以来，已有 10 名因违法、违规，导致信用评分过低并进入监管系统"黑名单库"的驾驶人被公司直接解聘。自使用"大数据+"驾驶人评分系统（见图 9.3 和图 9.4）以来，毕节运输公司车辆违章违规现象较以前降低了 50%，驾驶人在行车过程中的自觉守法意识得到了明显增强。

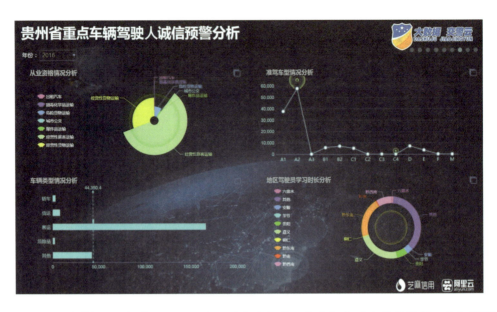

图 9.2 "大数据+"驾驶人评分系统可对全省各类重点车辆驾驶人从业情况、车辆类型情况、准驾车车型情况及各地区驾驶人学习情况进行分析

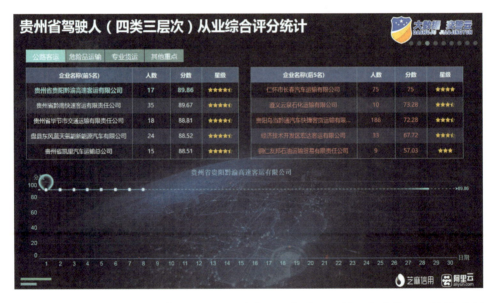

图 9.3 大数据+驾驶人征信体系可展示公路客运、危险品运输、专业货运及其他重点运输企业的详细信息及评定星级

图 9.4　大数据+驾驶人征信体系，根据"两客一危"企业内驾驶人的信用平均
分为企业定出最高五星，最低半星的综合评级

根据贵州道路交通安全综合监管云平台和"大数据+"驾驶人评分系统的积分预警，贵州省公安厅交通管理局锁定了全省因肇事逃逸、醉酒驾车等原因终身不得驾驶大中型客车、大型货车者 1.6 万人，注销了 2.1 万名吸毒成瘾未戒除人员和 1552 名吸毒驾人员的驾驶资格，并于 2015 年督促运输企业解聘了 1 055 名评分较低、进入"黑名单"库的重点车辆驾驶人，最大限度杜绝了不符合条件的驾驶人进入重点客货运领域，为"两客一危"等重点车辆系上了"安全带"。

2016 年，针对全省驾驶人保有量在"十二五"期间迅猛增长，新手驾驶人"驾龄低、素质低、技能低"问题突出，以及"神州专车"、"滴滴打车"、"U 步"、"E 代驾"、"货车帮"等"互联网+"从业驾驶人员日益增多的新情况，贵州省公安厅交通管理局主动将"大数据+"驾驶人评分系统的管理对象从"两客一危"重点车辆驾驶人延展至"互联网+"从业人员，并进一步扩展至全省 730 万驾驶人，对"大数据+"驾驶人评分系统进行升级改造，完善了驾驶人违法记录、事故记录、家庭病史、健康指数等 46 个维度指标，并尽可能地纳入了公安、保险、医院相关信息等社会信息资源，利用大数据和云计算技术对全省 730 万驾驶人的海量信息进行计算，精确得出驾驶人的个人评分，为每一位驾驶人"精确画像"（见图 9.5）。为进一步加强"互联网从业车辆及驾驶人"管理，贵州交警还与"神州专车"、"滴滴打车"、"U 步"、"E 代驾"、"货车帮"等企业签订协议，将脱敏后的驾驶人信用评分推送给企业，帮助企业屏蔽积分较低、接近预警线的驾驶人，提升互联网从业驾驶人的准入门槛，防止有不法行为、不良记录的驾驶人进入该领域。

图 9.5　"大数据+"驾驶人评分系统通过与互联网交通出行服务行业以及
金融服务行业共享共建驾驶人信用安全互动机制

同时，贵州省公安厅交通管理局还将驾驶人信用评分纳入了贵州省社会信用体系征信指标，以此为契机全面推进交通运输领域信用建设，完善以奖惩制度为重点的社会信用体系运转机制。由此，作为一个信用尺度，驾驶人的信用评分正式与个人信用、保险、职业准入等挂钩，信用评分较低的驾驶人将在求职、出行、购房、银行贷款时，受到一定限制。

### 三、产品架构和关键技术

#### （一）建模思路

在"大数据+"驾驶人评分系统模型建设的过程中，采用了蚂蚁金服旗下芝麻信用管理有限公司的大数据分析和建模技术，选用国际上最先进的分群调整、增量学习、平滑处理等技术，以及逻辑回归、随机森林、神经网络、梯度提升决策树等研究方法；通过多数据多算法的研究和比较，最终确定，以预测驾驶事故发生为建模目标，以驾驶人作为主要评估主体。通过关联某　评估主体各个维度的信息，把全量数据拆分为建模样本和验证样本，并对系统中可能出现的变量缺失值进行处理，构造不同变量的 WOE（Weight of Evidence，信息权重）。在此基础上，计算出各维度变量在建模样本的信息熵，再通过 StepWise（逐步回归）的方式筛选出显著的变量，最终训练出一个稳定的模型公式。

目前，针对贵州驾驶人最核心的部分数据，构建了从业、犯罪、事故、违法、保险等五大指数，汇总之后形成交通驾驶人诚信积分。未来，随着对驾驶人数据采集的不断丰富，模型会不断优化和完善，并通过引入芝麻信用的"特征工程研究"技术，对诸如滴滴、优步等私家车和代驾驾驶人进行评估，进一步增强交通监管的力度，提高道路安全的管理效能。

### （二）建模算法

"大数据+"驾驶人评分系统建模采取的优化算法为序列二次规划（sqp），loss类型为 logistic regression，优化的最大迭代次数为 100 次，收敛条件为 0.000001。通过模型计算出的预测评分的中位数为 70 分。若分数在 70 分以上，分数每增加 10 分，事故率下降 50%；若分数在 70 分以下，分数每减少 10 分，事故率增加一倍，依此类推。

#### 1. 单字段性能：IV 指标

通过把建模样本以随机抽样的方式分成 7：3 两部分，并在"7"上面进行建模，在"3"进行验证。变量的 IV 值如图 9.6 所示。

| 名称 ▲ | 类型 ▲ | 分箱方法 ▲ | IV ▼ |
| --- | --- | --- | --- |
| is_suspend | bigint | 等频 | 0.534 |
| driving_age | bigint | 等频 | 0.342 |
| district | string | 等频 | 0.336 |
| driving_type | string | 等频 | 0.303 |
| illegal_time | bigint | 等频 | 0.212 |
| plate_new | string | 等频 | 0.16 |
| colour | string | 等频 | 0.155 |
| vehicle_is_ovd | bigint | 等频 | 0.136 |
| is_bing_vehicle | bigint | 等频 | 0.117 |
| age | bigint | 等频 | 0.099 |
| is_zhuxiao | bigint | 等频 | 0.038 |
| is_ovd_shenyan | bigint | 等频 | 0.016 |
| last_1y_punish_credit | bigint | 等频 | 0.015 |
| is_drug | bigint | 等频 | 0.006 |
| is_ovd_huanzheng | bigint | 等频 | 0 |
| is_photo | bigint | 等频 | 0 |

图 9.6　变量的 IV 值

注：IV 是全称 Information Value，是衡量单自变量对于应变量显著程度的指标，通常 IV 值越高，变量的显著性越强。

此模型变量中 IV 值大于 0.1 以上的变量超过 9 个。

## 2. 模型整体性能：KS 指标

通过整体的评估，模型整体的 KS 指标如图 9.7 和图 9.8 所示。

图 9.7　KS 指标建模样本

图 9.8　KS 指标验证样本

注：KS 指标衡量的是好样本和坏样本的累计分布比例之间具体最大的差距。好样本和坏样本之间的距离越大，KS 指标范围为 0%~100%，KS 指标越高，模型的区分能力越强。

该模型的 KS 达到 40%+，性能较好。

## 3. 模型整体性能：ROC 指标

ROC 指标如图 9.9 和图 9.10 所示。

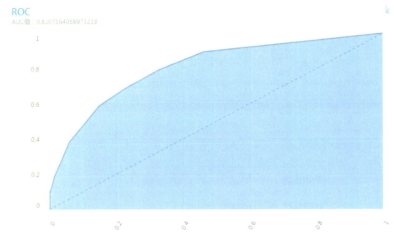

图 9.9　ROC 指标建模样本

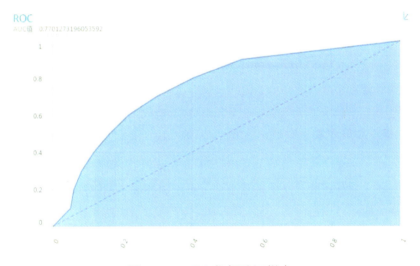

图 9.10　ROC 指标验证样本

注：ROC 曲线及 AUC 系数为评估模型对客户进行正确区分的指标。ROC 曲线描述了在一定累计好客户比例下的累计坏客户的比例，ROC 曲线越往左上角靠近，模型的分别能力越强。AUC 系数为 ROC 曲线下方的面积，数值范围为 0.5~1，AUC 系数越高，模型的区分能力越强。

该模型的 AUC≥0.77，性能较好。

### （三）评分计算采用云服务产品架构

由于评分计算涉及全省驾驶人海量信息数据，"大数据+"驾驶人评分系统对驾驶人的评分计算采用了 ODPS、ADS、RDS 等三种云计算服务。其中，海量结构化数据离线处理与分析采用 ODPS，ODPS 具有 PB-EB 级别的存储处理能力和每日 PB 级别的计算吞吐能力，支持多应用多实例并发同时计算并隔离应用数据和程序的能力，可以让多个用户在一套平台上协同工作。实时计算采用 ADS，可以在处理百亿条甚至更多量级的数据上达到甚至超越 MOLAP 类系统的处理性能，真正实现百亿数据毫秒级计算。云上关系型数据库采用 RDS，RDS 数据库平台在技术上采用成熟的技术和分布式架构体系，可以帮助为用户快速构建多租户 MySQL 的高可用数据库环境，按需分配资源，无缝弹性伸缩。云服务产品结构如图 9.11 所示。

图 9.11　云服务产品结构

### （四）模型应用方案

"大数据+"驾驶人评分系统模型评分主要功能是从统计意义上预测事故高危人群，并且监管这部分人群。通常意义上，可以对评分低于 50 分的用户进行密切的监控，因为从模型性能的角度，这部分用户发生主责事故的概率是平均用户的 4 倍以上。若这些用户正在申请应聘重点车辆驾驶人或滴滴/优步司机，交警部门可予以密切关注。另外，对于打分在 90 分以上的用户，由于其发生事故概率是平均用户的 1/4，高分可以成为这些用户在相关行业就业的绿色通道。

## ■ 机构简介

贵州省公安厅交通管理局（贵州省公安交通警察总队）为贵州省公安厅领导下的二级局，机构职级为副厅级。交管局内设纪委、政治处、办公室、交通事故处理处、交通秩序管理处、车辆管理处、交通安全宣传处、后勤财务处、法制处、科技处等 10 个处室和高速公路管理支队，机构职级均为正处级。

# 专家点评

　　"贵州省互联网驾驶人积分从业评估云平台"依托贵州交警云云计算和大数据基础，同交通管理部门、互联网企业等各部门深入合作共建平台，共同治理。双方依托交警云平台大数据分析及资源整合能力，共同推进贵州的创新创业、"大数据+交通"、"大数据+安全"、"大数据+服务"的发展，实现分享经济、安全管理、互联网服务等新业态的蓬勃壮大。平台门户技术架构完整，业务承载能力强，充分考虑了数据开放共享、产品合作开发过程中的关键环节。平台使用的数据处理、系统整合技术体现了创新性，能够有力支撑大数据开放合作业务。整体来说，大数据开放平台的创新性、功能性、技术能力均达到较高水平。"贵州省互联网驾驶人积分从业评估云平台"在大数据分享经济、大数据安全管理体系、大数据创新服务积累了丰富的经验和先进的技术。截至目前，交警云平台上共有超过全国 2 550 万司机，每日峰值数据交换达到 8 000 万。当前，每天处理超过 15TB 数据，20 亿次请求，1 亿次地图定位。

王建民（清华大学软件学院党委书记、副院长）

# 41 交通大数据分析应用平台

## ——厦门卫星定位应用股份有限公司

交通大数据分析应用平台基于采集各类海量交通数据，面向交通管理部门、公交行业、出租行业、交通运输企业等政企用户提供大数据分析应用服务，充分挖掘和利用数据价值，提升交通行业优化、服务管理水平。

### 一、应用需求

随着我国经济社会的快速发展，政府面临机动车总量急剧增长带来的日益突出交通拥堵问题，交通运输企业面临激烈加剧的竞争压力，交通智能化成为改善城市交通、提升交通运输企业竞争力的关键所在，由于交通异常复杂、瞬息万变，影响交通因素错综繁杂，传统的信息化手段和数据分析挖掘手段已无法满足智能交通应用需要，交通从数据贫乏的困境转向数据丰富的环境。如何及时、准确地获取交通数据并构建海量交通数据处理模型是建设智能交通的基础，如何从众多海量的交通数据通过智能处理模型提取挖掘价值也成为关键所在，大数据技术能很好解决这些难题。

我们通过将智能交通需求与大数据进行契合，研发针对智能交通的交通大数据分析应用平台，运用大数据技术的海量数据处理、高效分析挖掘和可视化分析等能力，为政府交通管理部门进一步提升城市交通运行效率、优化交通管理、缓解交通拥堵、提高交通管理水平提供强有力技术支撑和数据决策支持服务，为交通运输企业进一步提高企业工作效益、调优运营、挖掘新商业价值、提升核心竞争力提供智能服务平台，也为公众提供安全、快捷、方便出行服务，大数据价值所带来的影响将会远超出政府、企业领域，不仅能带来商业价值，也将产生更大社会价值。

### 二、应用效果

该平台目前已在厦门等城市推广使用，2015 年已正式为厦门市交警交通指挥中心、厦门市交通局综合交通枢纽指挥中心、福建交通厅及各地交通运输企业提供大数据应用服务，在厦门市交通局，平台在开展公众出行、公交线路调整、春运疏散、出租车几次维稳事件等中发挥重要作用。厦门市交警交通指挥中心利用大数据分析应用平台，协助交警快速分析城市交通状态，实时展示交通各类关键数据动态信息，快速提供交通拥堵、四桥一隧及主干道流量趋势、当天事故、路况、车辆活跃度及OD等，协助厦门市交警开展交通优化、推进交通秩序与勤务管理、交通运输组织与交通规划。例如，在海沧大桥、厦禾路掉头区等专项开展缓解拥堵、交通优化工作，经过优化后实现海沧大桥车辆通行效率环比增长 35%，高峰期车速提升 20%，交通事故率降低 30%，高峰拥堵时长减少 10%；厦禾路调头区优化后各方向车辆通行速度提高约 15%，取得明显改善效果。同时，利用交通大数据平台预测了圣诞节、元旦、春节、开学日等交通拥堵和交通运行情况，提前向公众发布，并提供交警预先安排交通勤务，做好交通排堵保畅工作。

图 9.12 为厦门交警智能交通指挥中心大数据应用显示大屏，图 9.13 为厦门市交通局综合交通枢纽指挥中心大数据应用显示大屏。

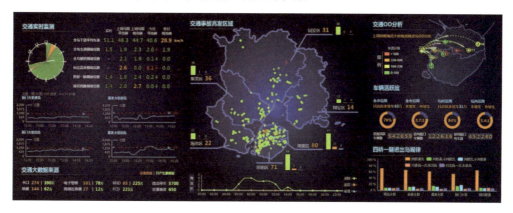

图 9.12　厦门交警智能交通指挥中心大数据应用显示大屏

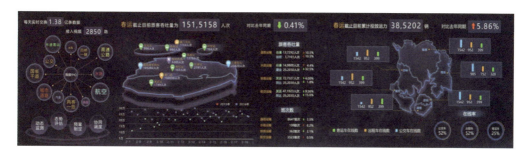

图 9.13　厦门市交通局综合交通枢纽指挥中心大数据应用显示大屏

该平台推出大数据服务具有显著的经济社会效益。在经济效益方面，已为我公司创造了近 1000 万元营业收入，利润 200 余万元，预计未来三年可实现 3000 万元营业收入，800 万元利润。同时，节省城市道路建设费用，减少出行中的拥堵时间，节约城市环境污染治理成本，减少交通事故所产生的经济损失，节约企业运营成本及公众出行成本，促进产业经济的可持续发展，实现各交通行业、各管理部门的信息共享和集成，减少各管理部门的重复建设，提高交通信息资源的利用率。在社会效益方面，满足政府部门对提高管理水平、提升政府决策水平、改善应急处置能力的需求；满足社会公众对于交通交通系统、出行环境和交通服务的各层次需求；满足行业企业对提升核心竞争力、降低运营成本、完善服务能力的需求。

### 三、平台架构

交通大数据分析应用平台的核心功能包括数据采集、数据存储、数据处理及数据分析等，实现了采集获取各类视频卡口、电警、地磁、视频监控、营运车辆（出租车、公交、客运、旅游、化危运输、租车、货运等车辆）定位 FCD、出租车运营消费数据、公交刷卡数据、停车数据、管控信息、营运信息、RFID 识别信息、手机数据、ETC、交通事故数据、违法数据、车辆信息、驾驶人信息等数据，数据级别达到 PB 级别，通过大数据清洗、存储、处理系统建立交通大数据中心，平台提供大数据业务分析处理系统，提供针对各交通领域的大数据服务，同时包含交通数据共享服务机制，支撑外部数据服务和应用支持服务。该平台总体技术架构如图 9.14 所示。

（1）数据源：包括来自各个交通信息采集交通设备的数据源、各类浮动车数据、交通事件数据以及消费数据等，其载体包括数据库、文件及数据平台等。

（2）数据接入：数据接入采用采集系统直接进行设备数据源采集方式和交通共享接口与系统平台对接采集方式。通过制定各种数据采集标准进行数据的接入、传输共享，采集接口包括 Web Service、Rest、Socket、FTP 等方式，数据处理包含数据清洗、数据抽取、数据转换等功能。

（3）数据存储：平台采用 Hadoop 分布式存储和分布式计算模式，为应对海量数据的存储，采用内存计算来进行数据计算，并且每台机器节点会同时计算。

（4）数据分析：交通信息数据涉及上百个参数，其复杂性不仅体现在数据样本本身，更体现在多源异构、多实体和多空间之间的交互动态性，处理的复杂度很大，需要利用数据挖掘方法进行分析，挖掘的方法包含规则分析、关联分析、聚类分析、分类、预测、时序模式和偏差分析等。

（5）可视化展示：采用 Tableau、ECharts、GIS 等可视化分析显示组件作为前端交互组件。可视化分析系统除了提供系统监控、权限多级管理及多维数据分析等功能，还支持自服务式报表设计和数据分析，实现大数据快速可视化显示。

（6）实际应用：基于建立的大数据分析平台，开发针对不同行业业务部门的各专题数据分析应用模块，充分挖掘和利用数据，为不同行业提供数据挖掘价值，实现行业应用水平提升。

图 9.14　交通大数据分析应用平台总体架构

## 四、关键技术

### （一）平台所用核心技术

（1）平台研发采用自主研发高性能和高可靠性的通信框架，来满足平台数据通信的高性能、高并发需求，实现海量实时数据的接入。可满足非实时的静态数据交换需求的服务调用（Web Services 或 REST 服务）、适用于一次性批量交通数据交换（基于 ETL 的文件数据）和满足实时的交通数据交换的方式（采用 Socket 连接），并支持 SDK 调用。

（2）平台采用高可用 Hadoop 分布式架构，平台实现 7×24 小时的不间断数据处理服务。通过 QJM 方式实现管理节点的高可用互备，实现低延时、高容错、高可靠的分布式集群。

（3）平台应用并行分析编程模型 MapReduce、Spark，针对部分传统方法性能不佳的情况下充分借助了 MapReduce、Spark 的优势来分析大批量的交通数据，极大地提高了海量数据的分析计算效率以及容错性。支持海量维度特征管理与建模、算法并行化。

（4）平台采用并扩展了 Tableau、ECharts、GIS 等可视化分析显示组件作为前端交互组件，实现多维数据分析等功能，还支持自服务式报表设计和数据分析，实现大数据快速可视化显示。

**（二）平台实现的核心功能**

基于大数据分析平台提供的数据和分析能力，目前已研发推出一系列的大数据核心功能，如图 9.15 所示。

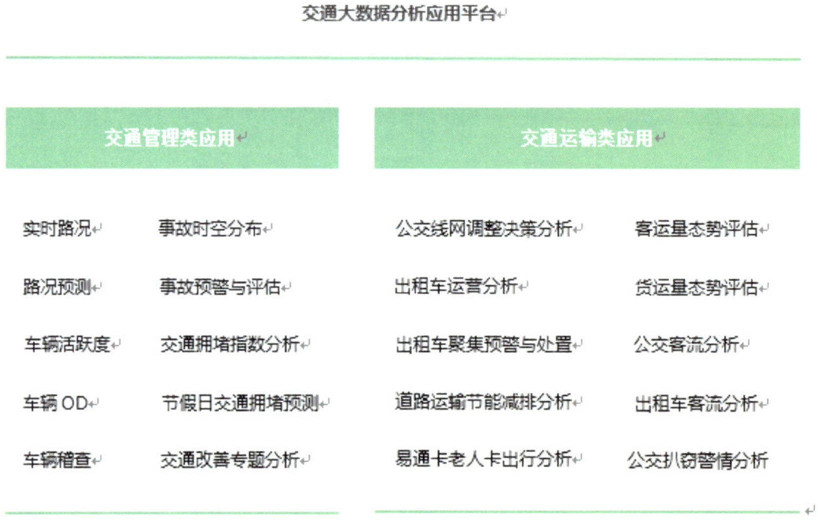

图 9.15　交通大数据分析应用平台

1.交通管理类应用服务

（1）基于多源数据融合的道路实时路况与拥堵指数。应用大数据分析平台，通过融合多源交通数据进行路况判态分析，得到主要道路的交通实时路况与实时拥堵指数，如图 9.16 所示。

图 9.16　基于多源数据融合的道路实时路况与拥堵指数

（2）短时交通流预测（见图 9.17）。采用改进的短时交通流预测算法，大幅提高预测准确度。通过流量预测可以预知未来车流变化趋势，为交通管理部门提前进行警力配置和优化提供依据。

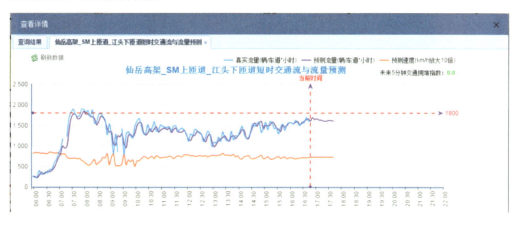

图 9.17　短时交通流预测

（3）车辆 OD 分析。利用大数据可视化与 GIS 工具，根据不同时间粒度、不同时间视角分析的 OD 结果，将车流 OD 轨迹在地图上进行展示，如图 9.18 所示。

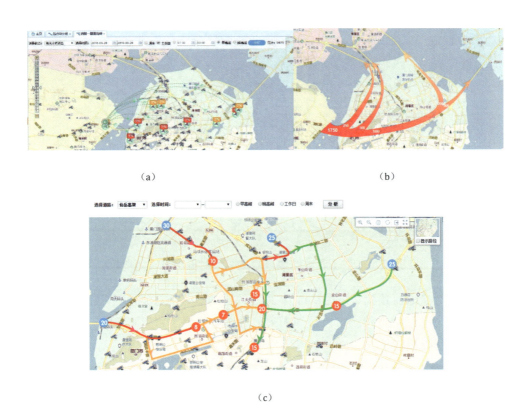

（a）　　　　　　　　　　　　　　　　（b）

（c）

图 9.18　车辆 OD 分析

（4）车辆活跃度分析（见图 9.19）。对岛内外、本外地车辆的活跃度分析，了解不同车辆的日运行规律：行驶活跃度分析、区域活跃度分析、跨境车辆活跃情况分析，为应对突发事件的定向预警提供支撑，为管理部门制定相应限号等管理决策提供数据支撑。

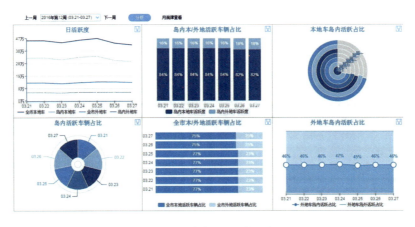

图 9.19　车辆活跃度分析

（5）事故时空分析（见图9.20）。事故可视化时空分析，可分析天气、司机性别、发生事故的时间、事故碰撞类型（追尾、刮擦等）之间的关联关系。

图 9.20　事故时空分析

（6）事故预警（见图 9.21）利用大数据技术和预测算法实现事故预警，快速提醒可能发生事故的路段，并提供实时数据监测情况。

图 9.21　事故预警分析

（7）车辆缉查布控应用（见图9.22）。利用视频卡口、电警、停车等数据，运用大数据技术及实时运算算法，实现套牌车辆、非法运营车的稽查。

2.交通运输类应用服务

1）公交行业应用

（1）公交线网决策分析（见图9.23）：通过交通大数据分析应用平台汇聚的公交线路、站点、上车刷卡推演客流等数据，实现对公交线路统一管理及优化调整，根据客流、道路情况、公交配备等情况对公交线路进行调整优化，进行公交线网指标分析，公交客流分析，同时调优调度。

图 9.22　缉查布控分析

图 9.23　厦门市公交线网调整决策分析系统

（2）公交客流时空分布（见图 9.24）：利用大数据分析技术，通过对公交上车刷卡数据和公交车辆到离站数据运算及分析，推演出乘客上下客站点及客流数据，进行公交客流时空分布分析，优化线路和公交调度。

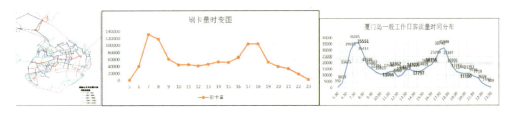

图 9.24　厦门市公交客流时空分布

（3）早晚高峰客流热力图（见图 9.25）：公交早晚高峰乘客上车位置分布热力图，可发现公交客流流向特征。

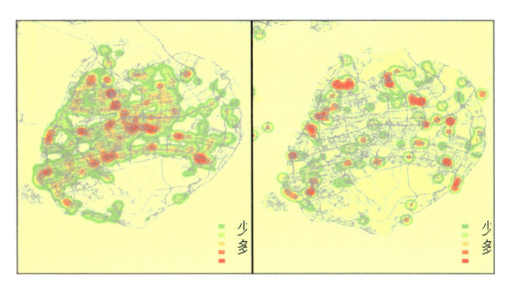

图 9.25　厦门市公交早晚高峰客流热力图

（4）公交扒窃警情分析（见图 9.26）：利用公交线路、公交车辆运行轨迹、客流、天气等数据、结合扒窃警情数据，进行公交线路扒窃情况分析，找出扒窃案件发生的时空分布，主要服务于公安反扒工作。同时，可提供公众出行防范扒窃提醒。

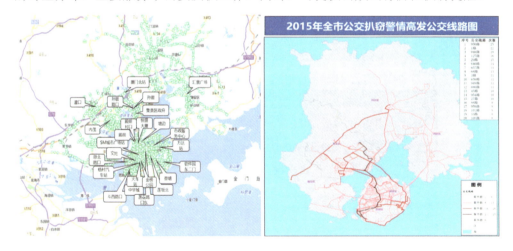

图 9.26　厦门市公交扒窃警情分析

2）出租行业

（1）出租车运营分析（见图 9.27）：利用出租车行驶和运营数据，分析出租车运营情况，为出租车、行业主管部门优化和调整出租车运营政策提供支撑。

图 9.27　厦门市出租车运营分析

（2）出租车 OD 出行分析（见图 9.28）：利用出租车大数据出租车客流起终点 OD 分析，分析客流时空分析，可以合理调度和引导出租车司机运营。

图 9.28　厦门市出租车 OD 出行分析

（3）打车难易度分析（见图 9.29）：分析出租车实时打车难易度，可引导出租车，提供出租车泊位设置、出租供需分析及决策支撑。

图 9.29　厦门市出租车打车难易度分析

### （三）平台达到的性能指标

平台采用分布架构、负载均衡技术、集群技术实现高性能处理的要求，具体性能指标见表 9-1。

表 9-1　平台性能指标

| 序号 | 性能指标名称 | 具体要求 | 优先级 | 备注 |
|---|---|---|---|---|
| 1 | 并发性 | 系统应支持 1500 个用户同时在线，支持 150 个用户并发使用 | 高 | |
| 2 | 稳定性 | 7×24 小时不间断运行 | 高 | |
| 3 | 系统操作响应时间 | ≤5 秒 | 高 | |
| 4 | 业务处理（每秒请求数） | ≥5 次/秒 | 高 | |
| 5 | 系统大数据查询响应时间 | ≤30 秒 | 高 | |

## ■ 企业简介

公司是厦门信息集团成员企业，专注于城市交通信息平台的建设与运营服务，在城市公交、出租、客货运等交通运输领域及公安交通管理等领域拥有业内领先的应用软件产品和整体解决方案。公司总部设于美丽的厦门软件园二期，目前拥有分布于全国超过 2 000 家政企客户，为超过 50 个城市的各级交通运输管理部门、公安交通管理部门和各类交通运输企业提供全年无休、每天 24 小时专业的信息服务。目前，公司的公众交通信息服务体系日趋成熟，为交通出行推出的便民服务项目惠及公众用户 3 000 万人口。

# ■ 专家点评

　　该平台运用了成熟的大数据、云计算等技术，研发了基于交通的大数据分析平台，实现了各类海量交通数据采集、清洗处理、存储、分析挖掘及应用等功能，平台数据量达到 PB 级别，提供了优秀的大数据业务分析处理和针对各交通领域的大数据分析服务，同时提供交通数据共享开发服务，支撑第三方数据服务和应用服务。平台技术架构成熟完整，引入深度学习，研发了图层权重法、交通分析预测等算法以及交通大数据分析创新应用，平台提供高性能的海量数据处理、高效分析及优秀可视化分析等服务能力。平台为提升城市交通运行效率、优化交通管理、缓解交通拥堵、提高交通管理水平提供强有力技术支撑和数据决策支持，也为公交、出租、客运、物流等交通运输企业提供了智能服务平台，有助于为公众提供安全、快捷、方便出行服务。

　　该平台目前已在厦门等城市推广使用，为厦门市交警交通指挥中心、厦门市交通局综合交通枢纽指挥中心、福建交通厅及各地交通运输企业提供大数据应用服务。在厦门市交通局开展公交线路调整、春运疏散、公众出行、出租车几次维稳事件等发挥重要作用；厦门市交警利用该平台对翔安隧道、海沧大桥、厦禾路掉头区开展拥堵改善、交通优化工作，通过红绿灯控制和掉头区调整优化，实现通行效率和事故大幅明显改善。

**樊会文**（中国电子信息产业发展研究院副院长）

# 第十章　医疗健康

大数据

## 42　北京心血管病防控数据平台
### ——北大医疗信息技术有限公司

由北大医疗信息技术有限公司联合首都医科大学附属安贞医院、北京市朝阳区卫生局等单位承建的"北京心血管病防控数据平台"项目，通过多方整合北京市现有多个心血管病相关数据系统，实现临床资料、死因监测、医疗保险、环境与社会数据等数据资源间的互访和交流，有效克服了当前医疗大数据互联互通、共享利用方面的障碍，在技术创新、模式创新方面实现了突破。

### 一、应用需求

近年来，北京市心血管疾病发病率高，并呈急剧上升趋势。据《北京市卫生与人群健康状况报告》显示，北京地区心血管疾病始终占据北京市主要死亡原因的第二位，仅低于恶性肿瘤的死亡率。据专家预测，我国人群主要心血管疾病危险因素仍将呈现进一步增加的趋势，这预示心血管疾病对我国人民健康的威胁以及所带来的经济负担将进一步加重。

我国现有各个健康和疾病数据库系统相对孤立，对于这些数据未能进行有效地整合、处理、分析、挖掘和应用。当前亟须将各个数据平台有机整合并高效开发利用，建立数据库间交流的数据标准，整合现有的心血管数据资源，实现临床资料、死因监测、医疗保险、环境与社会数据等数据资源间的互访和交流。在此背景下，由首都医科大学附属北京安贞医院主持，北京市朝阳区卫生局和北大医疗信息技术有限公司协同承担建设北京心血管病防控数据平台，旨在为北京市科学技术委员会"北京心血管病防控数据平台建设及示范应用研究"项目搭建技术支撑平台，实现北京市现有多个数据系统多方位整合，建立标准统一、独立管理的分布式数据源存储模式，实现高效共享的数据资源分配和管理机制，建立长期可持续发展的运营模式，维持该平台的长期运营和对外服务功能。北京心血管病防控数据平台首页如图 10.1 所示。

图 10.1　北京心血管病防控数据平台首页

## 二、应用效果

通过与首都医科大学附属北京安贞医院、北京市朝阳卫生局协同合作，在北京急救中心，北京市红十字会紧急救援中心等多家单位的支持下，北大医疗信息技术有限公司与各单位联合组建了平台的管理委员会、科学委员会和技术委员会。管理委员会由各参与单位与合作单位主要负责人组成。在各个委员会的监督管理之下，北大医疗信息技术有限公司在安贞医院的统一协调之下，已获得了北京市朝阳区社区体检数据、心血管病相关病案首页数据，以及北京急救中心和北京市红十字会的急救调度数据等近四百万条数据。基于这些数据基础和前期设计，北大医疗构建了北京心血管病防控数据平台以及完整的服务流程，并正在支持"心房颤动治疗状况的时间变化趋势及相关因素分析""常用心血管药物的不良反应监测研究""社区卫生服务利用情况及其与主要慢性病发病和死亡关系的大数据示范研究"3 项示范研究项目进行研究。目前，该项目平台建设部分已全部完成并顺利通过了项目中期审核，已经初步看到多源数据管理、融合、分析、数据使用的应用模式。

在商业模式方面，该平台综合考虑了数据源提供方、数据使用方及数据应用平台运营方等各方的利益与诉求，设计形成了一套完整的"医疗大数据服务闭环"，如

图 10.2 所示。首先，该平台提供技术方案对医院、公共卫生机构等数据源提供方的数据进行有效管理，实现医疗大数据的融合与标准化；在获取、融合医疗大数据的基础上，运用数据挖掘、统计分析、人工智能、机器学习、自然语言处理等技术，结合医疗大数据的特点及医疗行业的理论知识，对医疗大数据进行挖掘分析，为数据使用方提供通用的数据服务；建立长效的医疗大数据运营机制，为政府、科研机构、制药企业、保险公司、咨询公司、医疗设备厂商等提供数据服务，并根据服务对象、服务内容及数据使用量制定多种计费策略，形成多元的商业运营模式；建立数据应用平台与各数据源提供方的利益共享机制，形成良性循环和服务闭环。

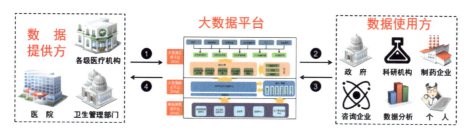

图 10.2　北京心血管病防控数据平台运营方案

　　在社会效益方面，本项目定位于以创新方式对医疗与健康相关数据进行采集、整合、存储、搜索、共享、分析和呈现，其目的是通过医院内部集成平台和区域卫生信息集成平台实现医疗数据的集成共享，对医疗大数据进行拓展、整合和优化，对数据的行为进行可控化、规则和智能化，搭建面向医疗机构、卫生行政管理部门、科研机构、制药企业及个人等各类用户的医疗大数据公共服务平台，从而提高医疗卫生服务能力、医药科研创新能力、卫生管理科学决策能力等，构建医疗大数据生态链，服务于医疗和健康产业。

　　在技术创新方面，该平台制定了统一的数据管理标准，建立了集中的数据源管理平台，基于一系列数据保护与安全保障体系，融合各种静止的数据形成分布式全周期心血管疾病医疗大数据中心，突破了多源异构医疗数据互联互通的难点。

　　在模式创新方面，该平台在示范应用研究开展过程中支持的三项示范研究项目进展良好，所形成的研究成果将极大程度地改善北京市心血管疾病的治疗过程、用药监督以及社区慢病管理。该平台的运营综合考虑了各方利益与需求，通过"产学研用"一体化合作模式很好地探索挖掘数据价值，形成了长期可持续发展的数据运营模式。

### 三、平台架构

北京心血管病防控数据平台由数据源管理平台 DSM（Data Sources Management Platform）、数据融合平台 BDM（Big Data Merging Platform）和数据应用平台 BDA（Big Data Application Platform）组成，通过以上三个平台，实现数据从采集到融合、从分析到应用的全过程管理。

#### （一）平台整体架构说明

数据源管理平台解决数据接入的存放问题，定义不同业务的数据源存放位置，访问权限以及导入规则。同时定义数据接入标准，根据数据提供方的不同数据导入规则校验数据源合法性，为数据源做统一数据备份规则。各类医疗、健康数据源是医疗中心数据中心的数据基础，每一类数据源涵盖的信息内容有所不同，从个人健康记录到诊疗记录、用药记录，从医保费用分解到疾病预防监测。数据的存储和表达方式也存在很大差异，有结构化的数据，例如处方记录、缴费信息、个人统计信息、药品信息等。也有半结构化的数据，例如各类病史的描述。还有非结构化的数据，如疾病检查中的 X 光片、CT 片等。数据源管理平台则根据数据特性和特征制定不同的数据接入策略与接入标准。

数据融合平台主要负责数据融合处理，包括数据脱敏、建立数据唯一标识，以及数据变量的标准化处理，数据脱敏可将各类数据分类加工，不同领域的原始数据通过数据源平台进入数据平台，通过数据脱敏可对敏感变量进行加密处理，再选择一个或多个变量建立数据的唯一标识，最后通过自动或人工将数据变量进行标准化处理。

数据应用平台主要是对科研项目、数据研究、数据使用过程及数据权限周期进行管理。应用方可在数据应用平台上建立项目，经过管理员审核通过后方可进行数据探查，并根据科研需求，应用方通过数据应用平台对数据使用进行申请，并可在数据应用平台上申请分析平台进行数据分析工作。北京心血管病防控数据平台整体架构如图 10.3 所示。

#### （二）平台技术路线说明

本项目中通过链接不同单位数据库，建立了分布式心血管健康数据协作网，融合各种静止的数据以形成分布式全周期医疗大数据中心。具体技术方案如下：

1. 统一数据管理标准

参考国际国内电子病历、健康档案及信息交换等方面的行业标准或规范，如国际疾病分类 ICD10 （International Classification of Disease）、健康信息交换 HL7

（Health Level 7）等，统一不同数据源的数据管理标准，便于进行不同数据源向大数据中心的数据汇集。

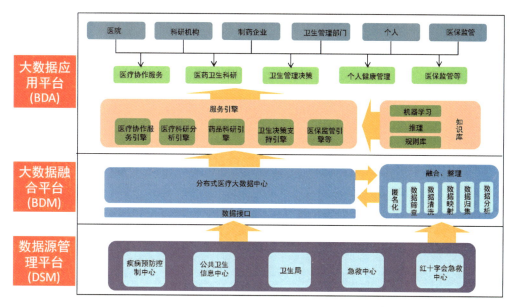

图 10.3　北京心血管病防控数据平台整体架构

2. 建立集中的数据源管理平台

在大数据中心建立集中的数据源管理平台。各数据源提供方可以在数据源管理平台中，统一注册各数据源的元数据，并进行统一管理。各数据源的实际数据存储在各提供方。技术实现方面，结合关系型数据库（MySQL、Oracle 等）及非关系型数据库（MongoDB、XMLDB 等）在存储不同类型数据上的优势，针对各数据源的特点，建立具有良好可扩展、稳定、高效、便捷的数据源管理平台。

3. 建立分布式数据存储与计算框架

针对大数据中心海量数据存储的需求，以 Hadoop 等技术为基础，建立高效、稳定的分布式存储机制。搭建 Hadoop 集群，利用 Hadoop 分布式文件系统（Hadoop Distributed File System，HDFS）、HBase 等技术，实现海量数据的分布式存储；利用 MapReduce、Hive、Pig 等分布式计算框架，实现高效的海量数据的分布式处理。利用分布式缓存、分布式索引等技术，保证数据访问的即时性、便捷性，提高数据的可用性。稳定、可靠、可扩展的分布式数据存储与计算框架是大数据中心高效运转的核心。

4. 建立数据保护与安全管理措施

为保护用户隐私和合法权益，大数据平台应具备良好的安全策略、安全手段、安全环境及安全管理措施。在数据安全方面，信息基础设备应安置在专用的机房，具有良好的电磁兼容工作环境，包括防磁、防尘、防水、防火、防静电、防雷保护，抑制和防止电磁泄漏；机房环境达到国家相关规定标准；在系统安全方面，采用性能完善的系统安全基础设备，包括网络防火墙、入侵检测、病毒防范等信息安全软硬件系统，并设专人进行日常监督管理与更新。利用防火墙在网络入口点检查网络通信，根据客户设定的安全规则，在保护内部网络安全的前提下，提供内外网络通信。

5. 建立安全的数据授权与传输机制

利用集中的数据源管理平台对各数据源的元数据进行统一注册和存储，各数据源的实际数据存储在数据源提供方，由数据源提供方控制数据的使用权，避免了数据整合中因为保密、管理和利益优先权等造成的障碍。在需要使用某一数据源数据时，需向该数据源的提供方发起数据使用请求，明确被请求数据的具体信息（数据内容、数量等），由数据源提供方进行审批，审批通过后方可使用。这也是国际上通用的联邦式拓扑结构协作模式。为保证数据的安全，需建立加密的数据传输机制。在传输获得授权的数据时，由数据提供方进行加密，数据使用方进行解密，并利用MD5等算法进行数据的完整性校验。

6. 建立大数据平台的运营机制

形成完整的"医疗大数据服务闭环"，为政府、科研机构、制药企业、保险公司、咨询公司、医疗设备厂商等提供数据服务，并根据服务对象、服务内容及数据使用量制定多种计费策略和和收费模式，形成多元的商业运营模式。

## 四、关键技术

（1）针对多数据源特性建立了统一的数据标准模型，利用两级标准映射机制，统一不同数据源中的数据，实现不同数据源向大数据中心的数据汇集。

（2）建立了多源病人主索引，通过唯一的患者标识将患者在多个数据源中的信息有效地关联在一起。以实现各个数据源之间的互联互通，保证对同一个患者，分布在不同数据源中的个人信息采集的完整性和准确性。

（3）建立了分离的用户账户管理机制，实现数据应用平台各子系统的统一账户管理，实现用户账户与数据库账户绑定，并可为用户分配相应的角色和权限。

（4）利用大数据的关联分析技术，建立了疾病、症状、科室、用药之间的关联，形成可推理的知识网络。

（5）采用数据源分布式存储协作方式，避免数据整合面临的数据管理、数据安全和隐私保护等多方面的障碍，大大增加了不同数据源间整合的可行性。

（6）采用分布式存储和多种备份策略，保证了数据的安全。

# 机构简介

北大医疗信息技术有限公司（以下简称"北大医信"）由北京大学和方正集团联合成立，医路同行20余载，是国内最大的智能数字化医院、智慧卫生信息化和医疗大数据研究与应用等医疗专业解决方案的提供商和领军企业之一。公司注册资本1亿元，现有员工近1000人，拥有4个研发基地，在全国多个省市建有服务机构和前方交付平台；拥有医院客户3000余家，其中3级医院达200余家；同时，北大医信已完成了7个省市级大型区域卫生信息平台建设项目，以及多个大数据研究合作。北大医信拥有丰富的数据存储、管理、集成、标准化、运营等行业经验，拥有自主知识产权的各类软件系统及解决方案，将不断努力以先进的产品技术和专业的服务为客户提供最佳的医疗信息系统与健康医疗大数据应用服务解决方案。

# 专家点评

由北大医疗信息技术有限公司联合首都医科大学附属安贞医院、北京市朝阳区卫生局等单位承建的"北京心血管病防控数据平台"项目是一个具有医疗大数据资源整合利用示范效应的项目，在技术创新、模式创新方面都具有行业指导意义。该项目突破了当前医疗大数据互联互通、共享利用方面的障碍，将政府机构、医疗卫生机构、医疗专家和信息化产业等相关资源进行有机结合，综合考虑了数据安全、数据管理及利益分配等运作机制，通过"政、产、学、研"协同创新，建立了安全可控、规范有序的大数据整合应用平台，形成了长期可持续发展的大数据运营新模式。

同意向工信部推荐该服务平台为"大数据优秀产业、服务和应用解决方案"。建议该平台继续扩大平台应用规模和范围，形成数据应用平台长期运营和对外服务模式的样板工程，深化健康医疗大数据应用，推动我国健康医疗大数据服务落地和产业化发展。

**鄂维南**（中国科学院院士、北京大学及普林斯顿大学教授、北京大数据研究院院长）

## 43 区域性医疗集团一体化服务管理大数据平台与创新应用解决方案

——宁夏医科大学总医院

宁夏医科大学总医院（以下简称"宁医大总院"）开发的区域性医疗集团一体化服务管理大数据平台与创新应用解决方案（以下简称"医疗大数据平台"），着眼于及时的"医疗服务需求方、供给方与支付方"相关数据采集、分析与反馈，旨在提高成员医院和医院集团的日常运营管理水平，加强对整个医疗集团跨省市、多医院、多科室、多病种的"人"和"物"的管理与专业服务供给能力。该医疗大数据平台以"医疗服务供给能力评价体系"、"患者需求风险支付能力画像体系"、"医疗服务成本核算与管理"为中心，依托科学严谨的卫生经济学方法与创新的大数据技术，实现"诊前、诊中、诊后"全过程洞悉患者需求、挖掘服务价值、改进医疗服务模式，优化医院集团运营成本结构，提升患者就医体验与健康水平，合理使用医保支付资源。

### 一、应用需求

2012 年 6 月 19 日，经有关部门批准，以"宁夏医科大学总医院"为核心，成立了"宁夏医科大学总医院医院集团"（以下简称"总医院医院集团"）。集团成员医疗机构总共 35 家，包括三种不同类型的医疗机构：以心脑血管病医院、肿瘤医院、口腔医院等为代表的 6 家宁医大总院"直属医院"；以"银川市第三人民医院"为代表的宁夏及内蒙古自治区 4 家"托管医院"；以及 25 家区(省)内外"技术合作会员医院"，初步形成了一个辐射多个省区、多个临床学科、多种所有制结构、多种经营管理业态，并初步具备国际医疗服务输出能力的、极具特色的创新型"医院管理集团"。

医院集团以"医疗技术输出"和"医院运营管理"为抓手，以"管理输出、技术输出、人才培养、质量控制、多点执业、信息共享，双向转诊"七大职能为纽带，充分发挥自身技术与管理优势，带动周边及基层医院的医疗服务水平的整体提升。此外，总医院医院集团还启动了"区域性公众健康促进与慢病管理服务体系构建与应用"项目，逐步建立以宁医大总院为核心，覆盖和辐射整个宁夏自治区的居民健康管理体系。

在国家新一轮医疗体制改革与居民健康医疗消费需求的共同推动下，医院集团的业务在过去数年中取得了飞速的发展，产生了如下四点与管理信息化与决策智能化相关的刚性需求。

（1）数据驱动下的集团运营与成本管理。对医疗集团内外，分布在不同地域、三种不同隶属关系和管理紧密程度的医院，如何有效地采集其重要的医疗服务质量与安全、财务管理、人事管理、财务管理等不同类型的数据，为整个集团的有机联系、整合与效率提升做好决策支持，实现从单体医院向区域医疗联合体的管理模式转变与升级。

（2）数据驱动下的病案挖掘与诊疗活动智能化水平提升。对于医疗集团重点优势学科，以及涉及诊疗安全性与质量的重点病种，如何对历史数据进行高效率的分析挖掘，并形成智能化的"细分专业"应用，从而提升诊疗活动的专业化水平和智能化程度。

（3）数据驱动下的用药诊疗合理性管理与医保支付成本控制。对于药品、检验检查试剂、手术耗材等既涉及医院切身利益，又面临医疗体制改革与医保支付压力的几大重点产品的供应链保障与使用，如何基于真实的临床需求，进行及时有效的合理性判断与成本控制。

（4）数据驱动下的患者健康管理与区域性医疗资源的合理使用。如何对医疗集团就诊患者的诊前、诊后健康信息与医疗需求，基于真实的个体化数据，并结合移动互联网手段，实施有效的管理，并引导患者及时就诊、科学就诊，促进"分级诊疗"体系的建立与完善，优化区域有限医疗资源的合理分配与使用。

遵循"业务导向、数据驱动、管理先行、循序渐进"的工作原则，基于宁医大总院医院集团医疗信息集成与大数据平台，针对上述来自临床一线的诊疗与管理活动的迫切"数据驱动"需求，构建了涉及"集团运营管理、药品利益管理、临床诊疗管理、患者服务管理"四个垂直领域的应用功能模块，并划分为"院内系统部分"与"集团管理服务部分"两大块，其整体架构如图 10.4 所示。各个垂直领域的应用层解决方案详解如下：

**（一）集团运营管理应用解决方案**

着眼于以及时的数据采集、分析与反馈，提高成员医院和医院集团的日常运营管理水平，加强对整个医疗集团跨省市、多医院、多科室、多病种的"人"和"物"的管理，包括如下方面：以"诊断相关分组"（Diagnosis Related Groups, DRGs）方法为指导的临床科室医疗服务质量评价与专业人员绩效考核系统，集团管理日常运营管理与管理决策支持平台，"住院医师"规范化培训全流程专业化评价与管控的信息平台，以及基于物联网技术的物流和装备自动化管理系统。

图 10.4　宁夏医科大学总医院集团"大数据创新应用平台"应用模块

### （二）药品利益管理解决方案

着眼于全面取消"以药养医"的新医改大环境，围绕药品的采购供应、院内物流、临床使用和费用支付等环节，推出的一整套全流程药品利益管理（Pharmacy Benefit Management, PBM）解决方案。这套方案可以进一步压缩药品的采购价，降低院内流通环节的损耗，对药品的不合理使用进行智能审核、实时干预和专业化事后点评，有效控制药费的不合理增长；还可以提高药品调剂人员的工作效率，加强集团内药剂师的培训（特别是基层药师），让临床药师在合理用药软件的支持下，提升面向患者提供"合理用药指导"服务的效率与质量，提高专业化服务收入。

### （三）临床智能化诊疗与远程医疗服务解决方案

着眼于基于庞大的历史病案数据的挖掘与学习，提升医疗集团在特定专科领域的临床服务能力与智能化水平，重点关注"智能病理诊断"、"智能重症与药学监护"、"智能远程影像诊断"三大领域应用：

在病理科，通过对病理影像的图像识别与机器学习，提升特定病种尤其是恶性肿瘤的病理切边读片专业能力与效率，增加读片量，降低差错率，在不增加病理科医师的基础上，提升服务能力。

在重症监护科，基于物联网技术的信息采集与指南分析系统，大幅提高监护室"重症患者"的风险预判能力、监护处置决策能力与质量安全管理水平。对"用药高风险人群"，实施 24 小时不间断的"智能药学查房与监护"，第一时间发现并干预用药损伤风险，提升重症监护科的服务流量，降低死亡率，提升科室效益。

在集团远程影像诊断服务中心，通过对"医学影像"的分析挖掘，提供本地化的影像分析诊断的智能辅助支持系统，并通过互联网与移动互联网，基于"数据存储交换平台"，实现跨省区、跨地市、跨医院的远程医学影像调用与远程会诊，大幅节省偏远地区患者的交通成本与重复检查成本。

### （四）患者疾病管理与药学服务解决方案

着眼于直接面向病患提供诊前、诊后的个体化信息咨询与疾病管理服务，在集团（区域）层面，建立分级诊疗调度中心，基于患者的历史就诊数据，实现对已有双向转诊业务的信息化管理。同时，引入"签约医生与呼叫医生"的移动互联网创新模式，让"医生跟着患者走"，把合适的轻中度病患留在二级以下医院，实现危重症患者的及时发现、及时转诊、及时治疗；还建立了"区域性公众健康促进与慢病管理服务体系"，对临床常见的慢性疾病，实施有效的院外跟踪与干预，预防急性事件发生，降低诊疗压力与卫生经济学负担。

此外，该解决方案针对不同类型患者的"日常用药管理需求"，还特别推出了基于移动互联网的"临床合理用药咨询"患者自助服务，能调用"智能审方引擎"、"合理用药知识库"和专职临床药师，为患者提供院外用药管理与咨询相关的智能化交互服务。

### 二、应用效果

宁医大总医院医院集团一体化服务管理大数据平台与应用创新项目，自立项建设以来，在促进医疗集团成员医院诊疗信息的互联互通、优化区域医疗资源的配置与使用、促进医院发展方式转型与业务升级、提升患者满意度等方面，都已经初步取得了良好的综合效益。

在保障医疗服务质量、提升医疗服务绩效方面，通过建设上述"区域医疗机构信息集成与大数据平台"，构建了医院及分支机构完善的医疗服务管理评价指标体系（见图 10.5），通过对医院医疗质量、服务效率、资源消耗、特色专长的全面分析，强化医院核心竞争力，明确医院的"服务供给能力"与"核心战略定位"，促进医疗资源的合理调度，提升医院管理运营效率。

图 10.5  医疗大数据平台医疗服务质量与绩效评价指标体系

在促进信息互联互通、助推患者分级诊疗方面，通过建设上述"区域医疗机构信息集成与大数据平台"，确立了"以患者为中心"的数据共享与数据分析核心理念，已经初步实现了院内不同信息系统之间的信息共享和业务协同，也促进了不同成员医院之间的互联互通。目前，在宁医大总院直属的 6 家医院之间，以及与银川市第三人民医院间，均已实现基于 CDR 的患者诊疗信息共享，还实现了集团医院内部的统一预约、双向转诊、远程会诊、检验/检查结果共享和互认，并探索实施了"患者需求风险与满意度画像"（见图 10.6），初步形成了毗邻地区居民慢性疾病的院前、院中、院后的闭环管理，显著提升了区域医疗资源的利用率，真正实现"专业化数据驱动的分级诊疗"，显著降低患者重复检查费用。2015 年，宁夏医科大学总医院参加国家卫计委组织的"医院信息互联互通标准化成熟度评测"，荣获四级甲等认证，是西北地区首家获得该级别认证的医疗机构。

在促进医院管理与发展方式转型升级、提升患者满意度方面，通过建设上述"区域医疗机构信息集成与大数据平台"，已经初步形成了"运营决策、诊疗支持、支付控制，患者服务"四大核心应用功能，开发了由"运营指标、医务管理、质量控制、药事管理、教学科研、患者管理"等模块组成的"医院管理与决策驾驶舱"（见图 10.7），并支持面向不同访问终端的"屏幕自适应"展示（见图 10.8）。

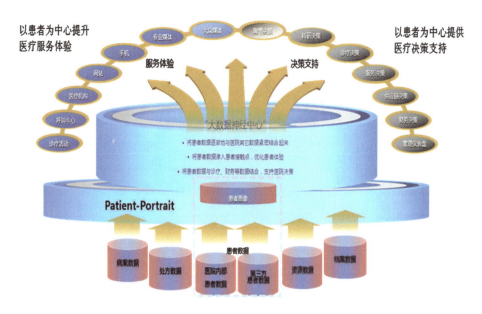

图 10.6 医疗大数据平台"以患者为中心"的数据共享与数据分析体系

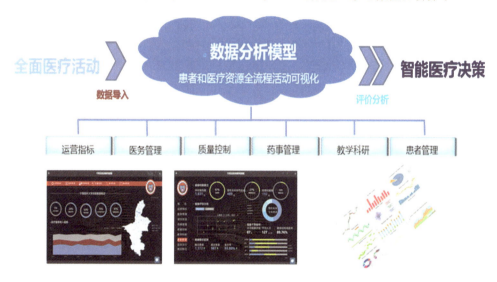

图 10.7 医疗大数据平台全流程数据驱动的医疗服务管理驾驶舱

在集团运营数据常态化采集与分析、医疗服务质量评价与控制、智能化的临床诊断/用药/监护与远程医疗服务、医保药品耗材使用合理性智能判断与费用控制、集团成员医院及科室绩效考核与优化,都进行了卓有成效的技术创新与应用探索,显著提升医疗机构的分析决策能力、资源调度能力与战略管理能力,获得了来自终端患者、临床医师、医保机构及卫生行业主管部门的广泛认可和一致好评。

图 10.8　医疗大数据平台"屏幕自适应"的区域医疗管理数据展示界面

## 三、产品架构

### （一）平台架构

针对医疗类数据的特征，为满足前述四大"数据应用功能模块"的需求，实现"数据驱动型的医疗专业应用创新"，在医疗健康数据的采集、存储、处理、分析、数据治理与安全保护层面，本项目构建了一个能容纳不同来源、不同存储形式、不同时效性特征及不同应用需求的"一体化"医疗大数据平台，以应对医疗集团对全流程大数据技术应用的需求。本医疗大数据平台架构如图 10.9 所示。

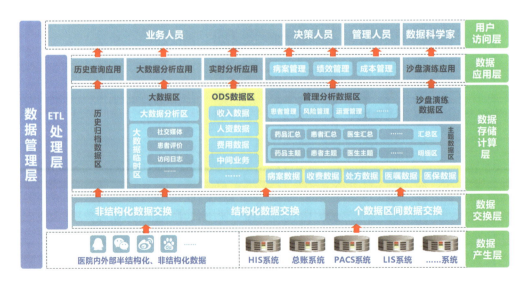

图 10.9　宁夏医科大学总医院集团医疗大数据平台架构

### （二）数据采集

通过在各集团成员医院部署和使用专业的数据集成中间件，对分布在医院各类业务系统内的"诊疗数据"与"医疗资源消耗数据"，进行抽取、清洗、映射和各种规格化转换，再通过数据传输和交换模块，将处理后的不同类型数据以可靠、可控、可管理的方式传送到"医疗大数据平台"的数据中心，如图 10.10 所示。

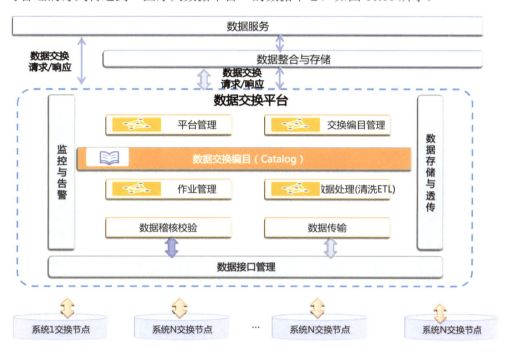

图 10.10　医疗大数据平台数据采集流程

医疗数据获取工作展开策略：针对不同的数据来源医院特征，确定数据传输原则，统一技术传输手段和传输管理办法，制定数据类别的数据采集规范，明确数据的唯一来源，有效指导数据采集和整合工作的实施，如图 10.11 所示。

### （三）数据存储

医疗大数据平台的数据存储架构，以国产数据管理系统（南大通用 GBase 8a）为支撑，针对医疗服务数据特征，采用了自主研发的"混合存储模式"，如图 10.12 所示。

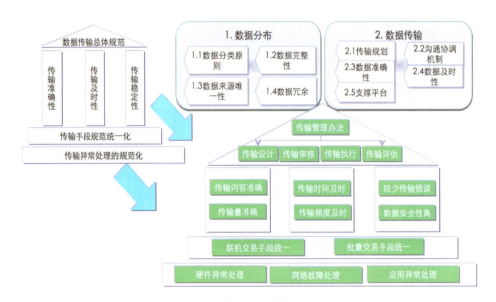

图 10.11　医疗大数据平台数据采集工作策略

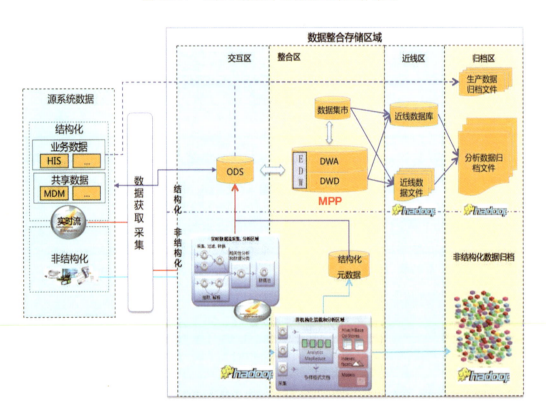

图 10.12　医疗大数据平台的数据存储技术架构

区域级业务应用（如总医院医院集团供应链管理）产生的结构化数据，依然存放在传统的"以事务处理为中心"的关系型数据库中。

从各集团成员医院采集到的结构化历史诊疗数据，以及经过处理后面向查询和分析应用的数据（数据仓库和分析结果），采用基于大规模并行处理架构（Massively Parallel Processing，MPP）的"列存储关系型数据库"进行存储管理。当数据快速增长时，也可以在不影响性能的前提下，以高性价比的方式，从容地进行存储容量的水平扩展和优化压缩。

从各集团成员医院采集的半结构化和非结构化数据，存储在基于 Hadoop 集群的分布式文件系统里，以便对这些数据进行大规模并行分析处理，以及对存储容量进行任意水平的扩展。

### （四）数据处理与分析

针对区域医疗服务业务管理需求，建立面向"医院管理业务情报"（Medical Business Intelligence，MBI）分析的数据仓库模型，通过数据抽取、转换、加载（Extract-Transform-Load,ETL）手段将结构化数据（区域业务数据和历史诊疗大数据）定期加载到数据仓库里，供区域应用产生多层次、多维度的业务分析报表。

医疗大数据平台的数据交换与集成能力归纳后如图 10.13 所示。

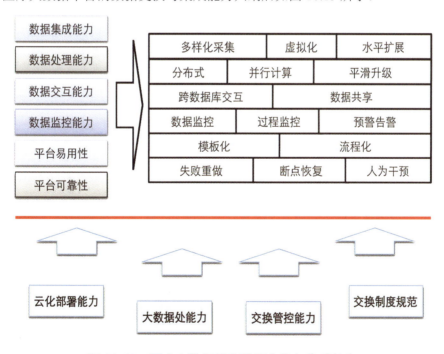

图 10.13　医疗大数据平台数据交换与集成能力

通过运用机器学习、模式识别，语义分析等先进的人工智能算法，对结构化/非结构化的"诊疗活动与医疗服务管理"数据进行深度挖掘和分析，产生高价值的业务洞察知识，以结构化的方式予以保存，再通过业务分析报表或 API 的方式，支撑区域层面的智能诊疗应用与医疗服务管理决策。

### （五）数据标准与数据治理

目前，针对国内医疗大数据平台建设与应用的相关标准在国内尚属空白。本医疗大数据平台将以"宁医大总院医院集团"为载体，探索建立形成"区域性医疗集团数据治理"相关的一系列"标准"。具体的 IT 数据标准化目标如下：

（1）IT 数据标准化，形成统一的"区域医疗集团级"数据标准及业务领域，保障所涉及的数据全部覆盖，从数据质量、数据标准和元数据等角度，建立元数据和数据标准，建立数据管理流程。

（2）建立全医疗集团 IT 的信息地图，通过自动化的多源头元数据采集，自动分析汇总，形成完整的医院数据地图，使卫生监管部门、医疗机构管理者及患者能够从全局视角审查医院整体数据状况，完成医院数据多维度分布展示。

（3）完成医疗数据标准基于角色和数据主人的管理。

（4）实现医疗数据使用可控，完整的授权、监控机制，全面掌握数据使用情况，充分保障数据安全与患者隐私。

（5）完成医疗数据的标准化定义及分类。

（6）完成医疗数据"标准运营模式"规划。

（7）实现"实时数据变更影响分析"。当医疗服务信息价值链的某一个上游数据变更时，可以找出下游哪些系统可能运行出错或数据发生异常变化，从而进行及时修正。

（8）制定符合国内医疗集团现状与发展需求的"医疗数据应用交换标准"，让各个业务系统都有标准可遵循，杜绝一个数据在不同的系统有不同的定义和属性，同时任何数据库或逻辑层面的变更都能及时地获取。

本医疗大数据平台"数据治理"相关的技术总体方案，包括数据治理逻辑、MPP分布式存储架构、数据分级存储原则与策略、安全数据流、数据调度执行策略等五大组成部分，如图 10.14～图 10.18 所示。

图 10.14　医疗大数据平台"数据治理"逻辑

·新型MPP数据库主要构建在x86平台上，为无共享架构（Share Nothing），依靠软件架构上的创新和数据多副本机制，实现系统的高可用性和可扩展性。负责深度分析、复杂查询、KPI计算、数据挖掘以及多变的自助分析应用等，支持PB级的数据存储。

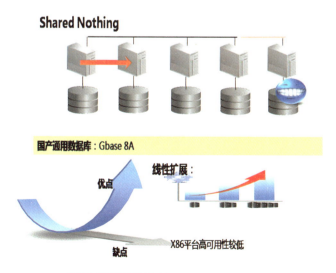

## Shared Nothing

**新型MPP分布式数据库**
- ✓ 基于开放平台x86服务器
- ✓ 大规模的并发处理能力
- ✓ 无单点故障，可线性扩展
- ✓ 多副本机制保证数据安全
- ✓ 支撑PB级的数据量
- ✓ 支持SQL，开放灵活

国产通用数据库：Gbase 8A

线性扩展：

优点

缺点　　X86平台高可用性较低

·适合大数据量的OLAP应用

图 10.15　医疗大数据平台分布式存储架构

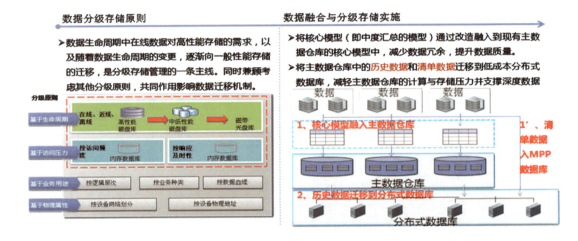

图 10.16　医疗大数据平台分级存储原则与策略

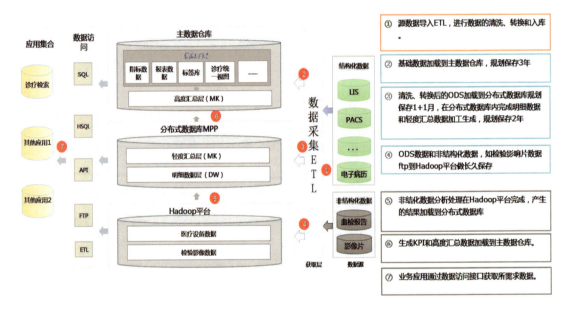

图 10.17　医疗大数据平台"安全数据流"

本医疗大数据平台的数据治理，通过以下四方面进行实施保障：

①数据统一。整体技术架构通过对数据库统一管控，实现各系统间数据的标准化，并通过各系统的提供的核心服务，实现复用，降低开发工作量，同时通过医院的数据模型的设计，整合系统功能。

②分布式数据中心。作为"诊疗活动与医院管理"应用的基础，实现各应用系统数据库的读写分离，分库分表及性能监控等功能。

③服务&数据管理。通过数据标准化项目，实现数据定义的统一，结合分布式数据中心，实现数据模型的复用。同时，将数据与服务融合，实现服务价值的提升及复用。

④监控管理。通过将医院各应用接入监控中心，实现问题的及时发现、闭环跟踪。

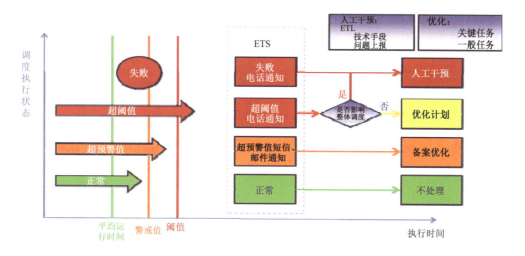

图 10.18　医疗大数据平台数据调度执行策略

### （六）数据安全与数据脱敏

医疗数据，既涉及患者个人健康隐私问题，也涉及到诊疗过程中的医疗资源消耗相关的商业信息与利益问题，甚至会影响社会保障体系的稳定与国家安全问题。因此，医疗大数据平台的建设，对于"数据安全"与"数据脱敏"，会有特殊的行业要求与技术要求。构建"架构严谨、技术先进、保障可靠、应用灵活、成本可控"的医疗数据安全与数据脱敏体系，是保障"宁医大总院医疗大数据平台"建设与运营的最基础、最核心的工作之一。

本医疗大数据平台"数据安全与数据脱敏"管理框架，如图 10.19 所示。

概括而言，本医疗大数据平台的安全性的保障，分为"安全建设"和"安全运营"两方面。其中，安全建设从"医疗数据分级"和"监管机制"构建入手，安全运营从"管控流程"、"组织保障"、"安全技术"三个方面切入，共同构成医疗大数据平台的数据安全整体解决方案，如图 10.20 所示。

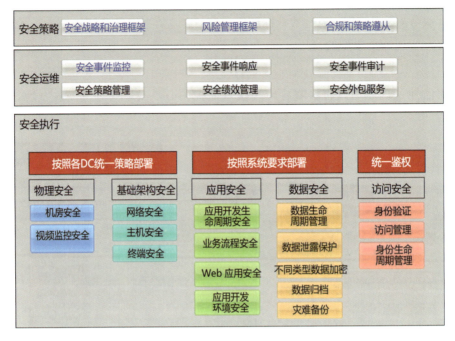

图 10.19　医疗大数据平台数据安全管理体系

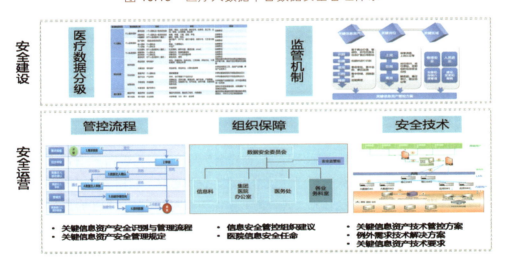

图 10.20　医疗大数据平台"信息安全"相关建设与运营的五大措施

具体包括安全防护软硬件体系、数据访问权限与流程管理及数据脱敏处理技术等三个方面的自主创新与探索。

①　为防范医疗大数据平台出现数据泄露与网络攻击安全事故，运用多层防火墙、黑白名单技术手段来构建网络安全架构，如图 10.21 所示。

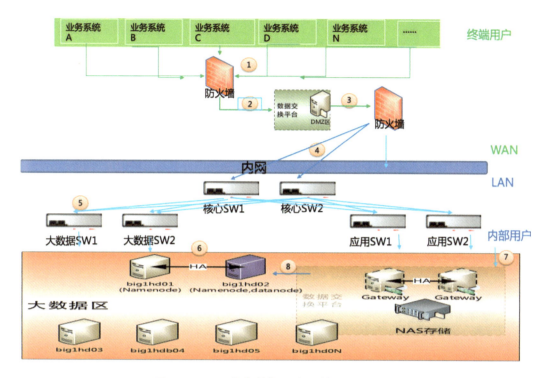

图 10.21　医疗大数据平台网络安全架构

② 在"管理流程"上，按照符合医疗行业的"数据使用审批授权制度"，建立
严格的数据使用流程与可追溯体系，保障数据的安全和合规使用，如图 10.22 和图
10.23 所示。

| 操作<br>密级 | 内部业务范围内<br>使用 | 打印 | 复印/复制 | 内部业务范围外<br>使用 | 外发 | 内部员工带出 |
|---|---|---|---|---|---|---|
| 绝密 | ○ | ● | ● | ● | × | × |
| 机密 | √ | √ | √ | ● | ● | ● |
| 秘密 | √ | √ | √ | ○ | ○ | ● |
| 内部公开 | √ | √ | √ | √ | ○ | ○ |
| 外部公开 | √ | √ | √ | √ | √ | √ |

备注：●：表示须申请审批；　○：表示须备案；　√：正常使用；　×：表示不允许。

图 10.22　医疗大数据平台数据访问与使用权限分级

③ 从"数据脱敏处理技术"上，自主开发"自助式数据脱敏平台"既能降低数
据敏感度，又不影响数据分析挖掘应用。

为了解决医疗数据泄密隐患，我们对疾病诊疗与医疗机构运营所获得的涉及"数
据敏感度"进行了详细的分析，构建了"隐私数据分类模型"（见图 10.24），创造性
地建设了具备医疗行业特色的"自助式数据脱敏平台"，对总医院医院总集团敏感数
据共享提供统一的流程化、标准化服务，并达成如下目标：由数据脱敏平台提供统

一的"数据脱敏接口"，为敏感数据共享提供平台化支持；通过数据脱敏平台保障敏感信息敏感度下降，从数据本身做好防泄漏工作；将数据脱敏规范、规则形成电子流、规范数据共享，快速提供脱敏数据。

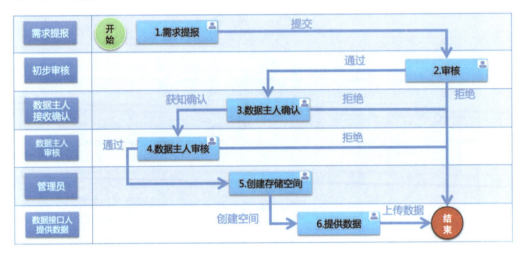

图 10.23　医疗大数据平台数据访问审批授权流程

| 敏感数据类型 | 敏感数据分类 | | 说明 | 举例 | 影响 |
|---|---|---|---|---|---|
| 个人隐私 | 个人基本资料 | 基本信息 | 《个人隐私法》相关的信息 | 姓名、地址、出生日期、身份证号、社保号、员工号、公司、学校、公司职务、职业等 | 法律责任 |
| | | 体貌特征 | 《个人隐私法》相关的信息 | 身高、体重、三围、面部、声音、 | 法律责任 |
| | | 兴趣爱好 | 对个人造成影响（骚扰） | 癖好、性格、特长、 | 法律责任 |
| | 个人财务资料 | 账户资料 | 《银监会相关规范》 | 银行账户、开户行、银行卡账号、信用卡号、三方支付账号 | 法律责任 |
| | | 收入资料 | 个人隐私法 | 奖金、工资等收入 | 法律责任 |
| | | 个人资金 | 个人隐私法 | 不动产 | 法律责任 |
| | 个人私密资料 | 社交资料 | 对个人造成影响（骚扰） | 社交资料、邮件内容、通话记录、email、 | 法律责任 |
| | | 病理资料 | 个人隐私法 | 妊娠时间、健康档案资料 | 法律责任 |
| | | 政治相关 | 个人隐私法 | 宗教信仰、个人政治身份等 | 法律责任 |
| | | 家庭相关 | 对个人造成影响（骚扰） | 家庭成员、婚否 | 法律责任 |
| 商业机密 | 技术信息 | 药品信息 | 专利保护 | 样品、质量控制、临床试验、工艺流程、研制方法、计算机程序、药效分析等 | 导致或者外界对手攻击药品质量造成社会声誉下降、患者不信任等各种负面影响 |
| | | 方案信息 | 专利保护 | 药品研发、药品样品、计算机程序等 | 外界盗用药品工艺，造成产品泄露，降低产品竞争力 |
| | 互动信息 | 患者评价 | 个人隐私法 | 患者满意度 | 外界对数据窃取在市场造成舆论压力 |
| | | 医疗互动 | 产品专利 | 学术、诊疗等基于产品的互动 | 外界对数据窃取在市场造成舆论压力 |
| | 运营信息 | 科室信息 | 医疗竞争力 | 科室资源 | 竞争对手窃取渠道信息，对渠道推广与发展造成威胁。 |
| 重大事项 | 集团声明 | 集团声明 | 集团信息 | 集团内部说明、集团员工相关、内部通报 | 集团信息如果提前泄密可能导致外界负面言论，不利于公司正常经营秩序 |
| | 审计信息 | 审计信息 | 集团信息 | 内部审查、ISO、审计、报告等 | |

图 10.24　医疗大数据平台隐私数据分类模型及影响分析

宁医大总院医疗大数据平台自主研发的"自助式脱敏平台"以建设大数据分析体系为依据，以数据安全防泄密为长远目标，以完善敏感数据识别、强化数据脱敏策略、改善患者自助体验、丰富敏感数据接入方式为重点，循序渐进式地推进平台建设，为医院集团的创新发展提供有利保障。该脱敏平台的建设规划如图10.25 所示。

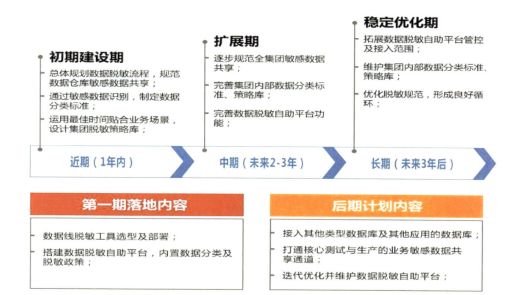

图 10.25　医疗大数据平台"自助式数据脱敏平台"规划

本"数据脱敏平台"规定了宁医大总院医院集团的数据自助脱敏相关的核心功能构成、敏感信息生命周期管理、脱敏平台技术及管理要求、敏感信息安全与敏感信息隐私保护的要求，对数据定义阶段、数据查找识别阶段、数据应用阶段、数据监视及度量阶段，实施全面的"脱敏技术处理"。最终，脱敏平台将达成如下目标：

① 建立内部对内部、内部对外部的数据脱敏策略库，通过数据脱敏平台，符合法律法规实现数据共享。

② 建立数据自助脱敏平台，通过平台功能，逐步将人工识别、配置工作，转为平台模板，实现自动配置。

③ 建立完善的数据脱敏流程，发布数据脱敏规范。

## 四、关键技术

在我国现有的医疗服务体制下，疾病诊疗与管理活动中发生的数据，具有以下四大特征。

（1）疾病诊疗活动与生命体征复杂多样，决定了数据发生的源头和存储形式多种多样，结构化与标准化水平低。

（2）医疗行业整体的信息化水平与标准化程度低，医疗机构之间，应用软件与软件之间的数据相互割裂，无法兼容互认，信息孤岛众多，采集与分析困难。

（3）专业性强，数据量大，疾病的发展有动态性，疾病的发生和治疗又有"突发性"。因此，数据的"时间属性"很重要，对历史数据的分析、挖掘及学习要求高。

（4）利益关系复杂，对数据安全性与隐私敏感性保护的要求高。

因此，对于"医疗大数据"的医疗健康数据的采集、存储、处理、与利用，需要将"信息技术的突破创新"与"医疗卫生经济学与管理学方法"紧密融合，才能孕育出真正有价值、有门槛的创新应用。相关关键技术如下：

### （一）以"疾病"为中心的，医疗语义识别与数据挖掘技术

对于医学影像数据，本平台运用"层次模型"按照不同的抽象程度对图像语义进行分解，然后借鉴"本体"（Ontology）的思想来表示图像语义层次模型提取到的高层语义，并利用"描述逻辑"建立图像语义知识库和推理机制，最后建立图像语义识别系统，以验证和提升该方法的实用性和有效性。医疗大数据平台"医疗语义识别与知识挖掘"引擎如图 10.26 所示。

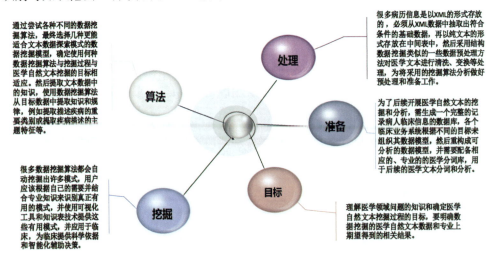

图 10.26 医疗大数据平台"医疗语义识别与知识挖掘"引擎

本平台还基于真实的病案数据，研发了强大的"医学自然文本聚类探索引擎"，通过聚类、分类、特征、相似四种探索功能，获取医学知识。该引擎可以将大量的医学自然文本数据按照文本整体描述的相异性，自动分成不同的文本组或文本类。并且，分类的组数是算法根据实际数据自然划分的，而非人为给定。分类的精度可以变化，系统给用户一个灵活设定的参数称为聚合系数，用户可以自行设定聚合系数的大小，不同的聚合系数划分的文本精度和组数都不相同。以某类疾病人群的"临床主要诊断"为例，聚类探索功能将按照用户指定的聚合系数自动将文本数据进行分类。

### （二）以"诊断相关分组"（DRGs）为核心的卫生技术评价技术

疾病诊疗技术水平和绩效，是医疗组织（包括医院、科室、个体）综合实力的体现。由于患者病情、治疗难度、消耗资源强度、医生专业能力等方面的差异，在不同的情景下各医院、科室、个体对同一种疾病的疑难诊疗程度也会有完全不同的判断。因此，在医院、科室、个体评价方面，医疗管理部门和医院始终保持对临床诊疗技术水平和绩效的关注。如何更加科学、准确地评价疾病诊疗技术水平和绩效，成为医院管理的难点和重点。

宁医大总院"医疗大数据平台"选择了"诊断相关分组"（DRGs）作为构建"病例组合"进行诊疗水平与绩效评价的核心方法。该方法主要是根据疾病的诊断、伴随症、合并症、手术及治疗操作等临床情况，按临床病情复杂程度的同质性和医疗资源消耗的相似性，将病例分为若干组群。DRGs 不仅考虑患者自身情况、相应治疗措施和风险程度的差异，而且考虑医疗消耗方面的因素，并且同一个 DRGs 分组内的病例，具有同质性，为不同医疗组织之间，进行疾病诊疗技术水平与绩效的比较，奠定了基础，使得不同医疗组织之间的相互比较与评价成为可能，非常适用于区域性医疗联合体成员之间的比较与评价。

### （三）面向临床诊疗活动的"能力可扩展的智能工作流引擎"技术

运用于本医疗大数据平台的"工作流引擎"体系架构，由群集层、传输层、流程层、应用层、工具层、集成层构成，同时还包含有管理控制台和组织结构建模工具（见图 10.27）。针对宁医大总院的临床诊疗需求与优势专科，该工作流引擎在"急诊急救与重症监护的过程质量管理"、"临床药学监护与药学服务"等专科领域的数据管理、分析与利用中，将会发挥重要作用。

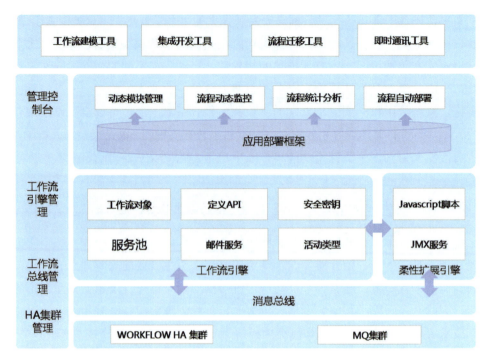

图 10.27　医疗大数据平台"医疗智能工作流引擎"体系架构

# ■ 企业简介

　　宁夏医科大学总医院，是宁夏自治区内规模最大、技术力量雄厚、医疗设备先进，专家人才荟萃的一所集"医疗、科研、教学"等职能于一体的综合性三级甲等医院。截止 2014 年 12 月底，医院年总诊疗人次已经超过 232 万人次，实际开放床位超过 3684 张，手术量超过 8 万人次，年住院患者出院人数超过 15 万人次。

　　宁医大总院信息中心，管理、运维与研发人员梯队建设完整，其中包括：计算机专业人员 45 人，高级职称 6 人，其中博士 1 人，硕士研究生 5 人，本科 40 人，本科及以上学历人员超过 90%，平均年龄为 30 岁。医院数据中心患者量达到 580 万，影像信息存储量超过 150TB，HIS 系统数据存储量超过 10TB。科室负责人李振叶教授，兼任两项国家级医疗信息化相关专业委员会常务委员，入选自治区政府特殊津贴和"313 人才"工程，自治区级学科带头人。信息中心"十二五"期间曾参与国家级科研课题八项，其中国家 863 课题 2 项，国家工信部重大专项 1 项，获省部级科技进步成果奖六项，院级新技术、新业务奖七项，计算机软件著作权 6 项，发表各类学术论文三十余篇（其中 SCI 论文两篇）。

## 专家点评

宁夏医科大学总医院医院集团医疗大数据创新应用平台依托国产最先进的云计算和大数据中间件技术，在平台架构设计、运营模式打造、数据安全技术保障等方面做了深入严谨的工作，应用了医疗语义识别、图像识别等关键技术。平台技术架构完整，业务承载能力强，充分考虑了医疗数据开放共享和安全保障以及对创新产品支撑开发的核心需求，支撑了医院经营管理决策和医疗服务等业务，实现了分级诊疗。平台不仅采用业界先进的数据处理和系统集成技术，围绕医疗领域的特殊性，对还属于领域空白的医疗数据安全保障与患者隐私保护也进行了创新性探索。平台应用能够有助于推动数据驱动的医疗管理及服务创新，在功能性、技术能力等方面均达到较高水平。

**樊会文**（中国电子信息产业发展研究院副院长）

# 第十一章 农 林 畜 牧

## 44 生猪产业大数据服务平台"猪联网"

——北京农信互联科技有限公司

北京农信互联科技有限公司（简称农信互联）通过移动互联网、物联网、云计算、大数据等技术手段与传统养猪业进行融合，创建了生猪产业大数据服务平台——猪联网。猪联网可以为猪场提供猪管理、猪交易、猪金融等一系列服务，形成"管理数字化、业务电商化、发展金融化、产业生态化"的商业模式。现已成为国内服务养猪户最多、覆盖生猪规模最大的"互联网+"养猪服务平台。平台在产业链上各经营主体战略布局和发展规划的精准数字服务，推动全产业升级，帮助政府完善产业预警和监管，促进一/二/三产业融合发展等多方面有重要作用。

### 一、应用需求

我国是世界最大的猪肉生产和消费国，生产与消费量均占世界总量一半以上。在国内猪肉产量占肉类总产量64%，猪肉价格在很大程度上影响着CPI走势，所以，我国生猪生产无论在国际还是国内都占重要地位。作为生猪养殖大国，我国生猪产业却存在诸多问题，如生产水平低、市场波动大、疫情频发、质量不可追溯、交易成本居高不下、金融服务水平低等诸多问题，严重阻碍了我国生猪产业的健康发展。

农信互联依托依靠控股（股东）公司大北农集团二十多年来在农业领域的深耕和积淀，利用"互联网+"、大数据等技术手段与传统养猪业进行深度融合，创建了生猪产业大数据服务平台——猪联网，以解决我国养猪管理水平落后、交易效率低且不易追溯、贷款难等问题，促进我国生猪产业转型升级。

## 二、应用效果

### (一) 平台经济效益

猪联网目前已经聚集了超过 1.3 万个中等规模以上的专业化养猪场，60 万专业养猪人，覆盖生猪超过 2 000 万头，成为国内服务养猪户最多、覆盖猪头数规模最大的"互联网+"养猪服务平台。截至 2017 年 3 月，国家生猪市场共完成网上交易超过 370 亿元，日平均交易额过 1 亿元，农牧商城累计完成网络交易额超 600 亿元，农信金融为养猪户累计发放无抵押无担保贷款 50 亿元，帮助农户管理闲置资金 320 亿元，累计为养殖户实现理财收益 7 000 万元。图 11.1 所示为猪联网平台用户分布。

图 11.1　猪联网平台用户分布

### (二) 平台社会效益

猪联网所构建大数据生态服务模式，大大加快了猪产业的升级步伐，取得了巨大的社会效益。

#### 1. 开创了"互联网+"时代的智慧养猪新模式

以猪为核心，以猪管理、猪交易、猪金融为依托，将猪产业各经营主体连接形成猪友圈，通过构建生猪产业链的大数据，升级传统的养猪管理模式，开创了"互联网+"时代的智慧养猪新模式，提升了养殖效率和经营效益（PSY 即每头母猪年产断奶仔猪数从 19 提升至 22），同时依托云平台追溯商品信息，实现以数据驱动生猪全产业链变革升级。

#### 2. 建立新型、全方位的农业普惠金融体系

为生猪产业提供的全方位猪金融服务，降低融资成本，解决猪业相关主体的资

金难题，并为闲置资金提供了丰富的理财途径，提高资金的利用效率。同时开发农农贷等产品，联合中国人保提供全国第一家互联网生猪运输保险，为地方农业和农民保驾护航。公司通过"云管理"获取生产经营数据和"云交易"获取的交易数据，以及公司近 2 万名业务人员对用户深度服务获取的基础信息，利用大数据技术建立农信资信模型和企业信用体系，形成较强的信贷风险控制力，为符合条件的用户提供不同层次的金融产品。

3. 建立开放共享、互通融合、精准高效的大数据服务平台

通过猪管理、猪交易、猪金融采集到的数据及市场价格行情数据等，经数据模型计算分析，以可视化工具呈现生猪、生产资料等各类数据，帮助行业实现产品追溯和趋势预测等。同时数据服务平台向行业开放、实现融合互通，为行业和政府管理提供有效的数据支撑。

### 三、平台架构

#### （一）生猪产业大数据服务平台产品体系架构

猪联网以猪服务、猪交易、猪金融三大基础服务为核心。其中，猪服务通过生产过程服务采集数据提供基础；猪交易通过交易环节把产业链链接起来，利用数据的同时补充数据结构；猪金融利用大数据为用户提供征信服务，进而提供金融服务，获取利润，实现盈利。生猪产业大数据服务平台产品体系如图 11.2 所示。

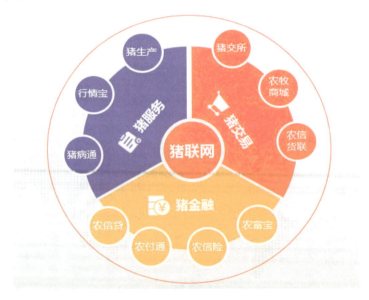

图 11.2　生猪产业大数据服务平台产品体系

大数据贯穿了生产、电子商务到金融，实现了从入口到整个产业生态链的整合，形成引领全国的行业大数据综合服务平台。

1. 猪服务：基于生产大数据的猪场服务平台

猪服务系统融入 ERP 管理思想，并依托科学的分析模型帮助猪场实现量化管理，为养殖户提供科学的日常管理和决策支持，提升养猪生产效率。猪服务包括以下几方面。

（1）猪生产：通过规范猪场的实时监控和全程信息化的生产管理，记录生长过程，无缝集成物联网设备，实现生产数据的实时采集与传输，通过大数据分析，自动生成专业化的生产报表并进行及时的生产提醒和预警。

猪场信息化管理平台界面如图 11.3 所示，猪联网管理猪场分布如图 11.4 所示。

图 11.3　猪场信息化管理平台界面

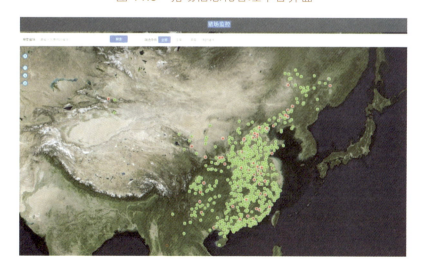

图 11.4　猪联网管理猪场分布

（2）行情宝：通过对内部和外部数据的采集，形成可供养猪户参考的生猪价格、饲料原料价格信息（见图11.5），提供精准行情分析与预测，据此合理安排采购、生产和销售，减少盲目性。

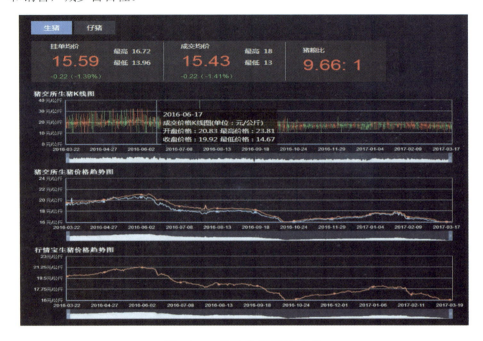

图 11.5　生猪市场价格走势

（3）猪病通：利用大数据分析和建模技术，实现猪病多终端自动和远程诊断的应用（见图11.6）。

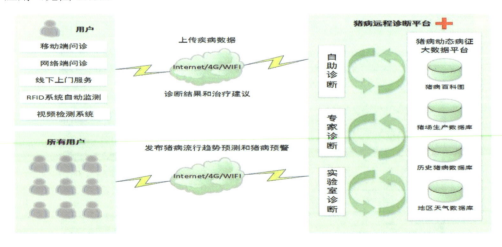

图 11.6　猪病诊断平台示意

该应用可实现猪病数据的实时采集并建立全国性猪病病症库及疾病图谱，统计和分析全国及各地区疫情发病情况及趋势；同时建立疾病模型数据库，通过病例的累积，不断提升系统的自动化诊断能力，形成疾病流行分布和传播地图，及时提醒相关地区的养猪户，形成疫情地图和疾病防控报告。

猪病通根据自身的猪病访问数据、用户行为数据，以及猪联网采集生猪养殖过程中喂养、生长、用药、免疫、环境和视频等数据。同时，整合大北农集团在全国各地的养猪服务中心、动医中心、兽医和经销商线下诊断数据，系统利用仿真技术将这些指标进行量化，量化后的数据通过聚类分析得出初步的数据洞察。然后通过时间序列与神经网络共同分析量化后的数据与疾病的关系，建立起各因素与疾病发病的关系模型，建立全国生猪疫情预警系统（见图 11.7），精准预防疾病发生的第一时间与区域，有效地提高猪病诊断的防控性，有效地降低成本，节约资源和保障食品安全。同时，运用 Hadoop 对大数据进行分布式处理提升处理速度，综合运用 SVR 等模型以及现有成熟的 SIR 模型对数据进行分析与应用，可以得出疾病的流行趋势、发病规律，甚至得出决定疾病流行的潜在因素与防控措施。

图 11.7 全国猪病预警示意

2. 猪交易：基于大数据的生猪产业电子商务平台

猪交易平台是根据养殖过程中的生产资料采购和生猪销售需求，借助移动互联网及电子商务的先进技术开发的生猪产业链线上流通平台，主要包括农牧商城、国家生猪市场和农信货联三个部分。

（1）农牧商城。利用电子商务技术开发农牧商城（见图 11.8），利用猪联网积累的养猪大数据，为养猪户筛选最适合的饲料、动保、设备与养猪服务产品，提供一站式的生产资料网络采购。

图 11.8　农牧商城界面

（2）国家生猪市场。国家生猪市场（SPEM）是农业部按照国家"十二五"规划纲要建设的唯一和生猪相关的国家级大市场。国家生猪市场全程电子化记录交易过程，保障生猪来源的可追溯，实现了生猪活体"线上+线下"交易的互动融合。建立生猪交易和流通大数据，有效解决了交易过程中公平缺失、链条过长、品质难保、质量难溯、成本难降、交易体验差等问题，可有效促进生猪产业升级，提升交易效率，让交易双方获取更多价值。国家生猪市场实时运行平台如图 11.9 所示。国家生猪市场实时交易数据如图 11.10 所示。

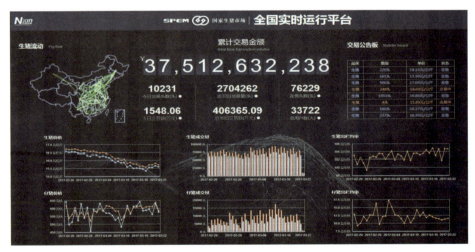

图 11.9　国家生猪市场实时运行平台

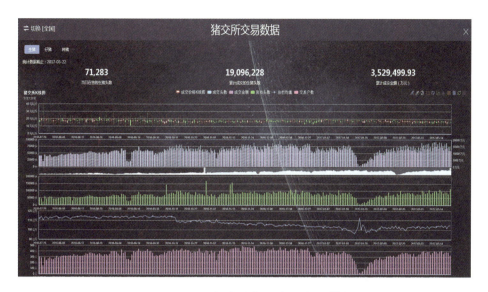

图 11.10 国家生猪市场实时交易数据

（3）农信货联。为了解决农牧商城和生猪交易所的物流运输问题，公司已开发农信货联物流平台，采用无车承运的形式，利用大数据和云计算等技术，撮合运输车辆和需求方对接，实现资源的优化配置。同时，物流环节的数字化记录，有助于形成猪业流通大数据，实现生猪产业全程追溯，如图 11.11 所示。

图 11.11 全国生猪流动示意

3. 猪金融：生猪产业互联网金融服务平台

生猪产业互联网金融服务平台是利用养殖户、经销商积累的经营、信用数据，形成的一个既不同于商业银行也不同于传统资本市场的第三种农村融资模式。农信互联通过对生猪养殖采购、生产、销售、流通、屠宰、消费等各环节数据的采集，充分掌握各个环节上单个经营主体的生产经营情况和行业发展趋势，从而利用大数据技术建立猪产业特有的资信模型，形成较强的信贷风险控制力，据此为符合条件的经营主体提供低成本、无抵押、快捷的信贷资金，完善农村金融体系，同时降低整个产业链的融资成本，提高猪产业整体生产运营效率。农信金融服务体系涵盖了征信、支付、理财、信贷、保险等金融产品。图 11.12 所示为农富宝大数据分析，图 11.13 为农信贷大数据分析。

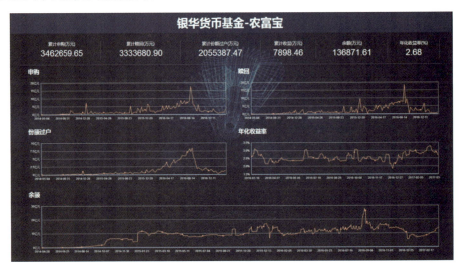

图 11.12 农富宝大数据分析

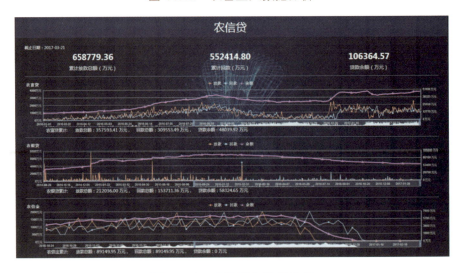

图 11.13 农信贷大数据分析

## （二）生猪产业大数据服务平台技术架构

农信互联以自身的互联网优势，开放的猪联网、企联网、农信商城、内部的交易系统、外部公开的统计数据等全方位的数据源系统，建立了我国生猪产业生态圈。大数据分析平台的建立，正是基于这样的业务基础，在不影响原有业务系统，把数据统一起来的要求下，结合数据平台成熟的建设案例，单独建立了一套完整的数据处理体系。图11.14大数据平台技术框架，图11.15为平台技术路线。

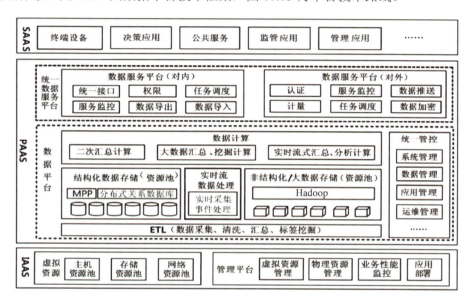

图 11.14　大数据平台技术框架

图 11.15　平台技术路线图

1. 数据采集

农信大数据平台搭建在私有云计算平台上，可以根据计算需求随时随地增加计算资源，实现计算资源的横向拓展，用以保障系统的线上服务。以开源的数据抽取工具 Kettle 作为主要的业务数据抽取和外部数据导入工具。建立多数据源的业务数据采集系统。在 ETL 层进行数据的整理、清洗、汇总操作。

2. 数据存储

以成熟的 SQL SERVER 商业数据库软件承载数据仓库，以高性能的专业存储设备作为数据存储介质（吞吐量≥170M/S，容量：2T，支持扩容），提供高速、安全、可恢复的存储服务。数据以分散、多副本分布式存储在云系统内，保证数据的安全性和空间的可动态扩展性。

3. 数据处理

图 11.16 所示为数据处理流程。数据平台主要以处理关系型业务数据为主，在数据平台建设上引入了相应的数据分层机制。

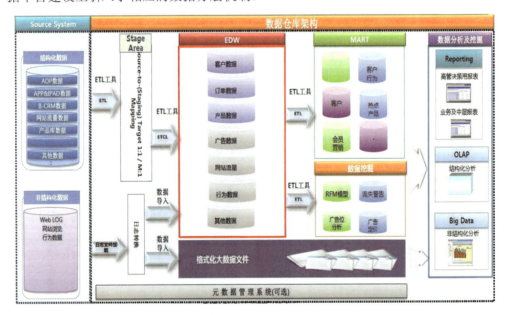

图 11.16  数据处理流程

关系型数据在 ETL 阶段进行了初级的清洗和处理，业务逻辑及业务规则的清洗则在数据仓库层面完成。

在业务系统数据库同一实例上建立 ODS 层（临时存储层），对源数据进行历史版本和增量变化数据的预处理，隔离业务系统，避免业务系统变化对大数据平台的影响。同时，减少到 DW 层（数据仓库层）的数据传输量，加快系统反应。

在数据仓库层收集到的数据，为了保证数据质量达到标准，需要进行相应的数据清洗工作，先对数据仓库表列进行相应的业务主题划分，对一个业务主题进行标准的数据模式分析，比如时间维度上的上线时间、使用频率的分析，实际入库数据的值域分析是否和实际业务规则相符等，对各业务主题进行规则的标准化管理，并把规则生成到相应的元数据管理库中。对于核心业务数据进行重组，模型设计上采用一定的反范式方法，加快数据运行效率。

以开源的 Hadoop 生态圈产品建立非关系型数据处理平台，主要用来处理系统日志和文档内容，进行相应的系统运行分析和用户行为分析，以及用来完成相对计算量比较大的计算任务。

4. 分析应用

目前，平台已完成了自动化和半自动化的元数据管理框架和数据模型构建平台，可以进行模型间准确的血缘分析，提供业务数据结构变化自动生成报告，方便对大数据模型进行相应调整、评价相关影响，为大数据的数据模型提供灵活健壮的自动化运维基础。针对各业务推出相应的指标体系，方便各业务系统随时了解各平台运营指标，业务推进效果，透过业务数据看到业务的本质。

图 11.17 为猪联网运营数据分析，图 11.18 为猪服务平台猪场生产效率分析示意。

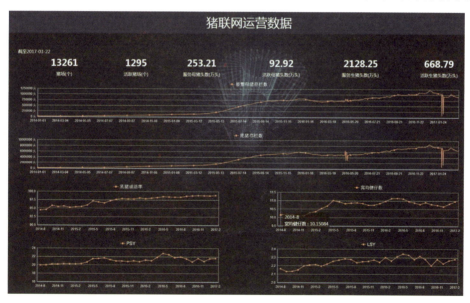

图 11.17 猪联网运营数据分析

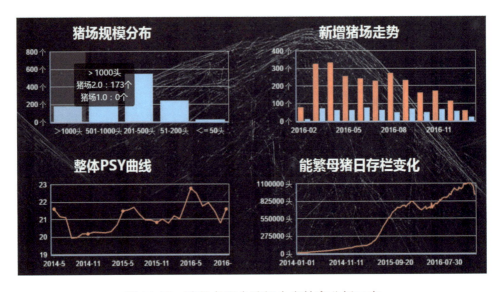

图 11.18　猪服务平台猪场生产效率分析示意

5. 可视化

平台针对具体的业务指标，在数据仓库系统建立相应的指标计算表，输出通过开源的数据图表展示插件 ECharts 显示在大数据平台上，给内部使用者，并根据使用者的权限进行相应数据的查看。大数据可视化界面如图 11.19 所示。

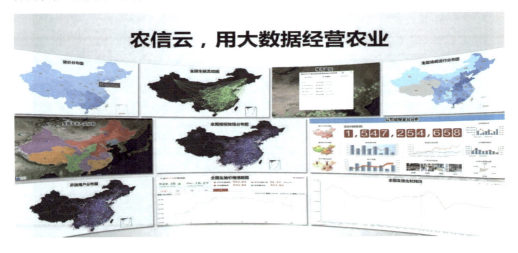

图 11.19　大数据可视化界面

## 四、关键技术

数据采集方面，农信互联使用自研的元数据管理平台、开源的 Kettle 数据抽取工具、数据库自动服务、网络爬虫等核心技术，将猪场人员活动信息、猪只生产繁育信息、猪场环境等信息通过 PC 端、移动端、物联网、智能识别等手段使其进入农信云中；对采集的数据根据不同类型使用 MySQL/SQL、Server、非结构化数据使用 Hadoop HDFS、HBase 进行分类存储；根据不同的需求，利用自研规则引擎对业务进行分析标识，Hadoop MapReduce 方法对规模数据分析，Spark 实时数据进行清洗、消费、运算等处理；最后利用业务模型分析（R，Python 数据分析），以表格、图形或其他数据可视化的手段进行展现。

## ■ 企业简介

北京农信互联科技有限公司（简称"农信互联"）依靠控股（股东）公司大北农集团二十多年来在农业领域的深耕和实践，以"用互联网改变农业"为使命，专注于农业互联网金融生态圈建设，致力于成为全球最大的农业互联网平台运营商，推动农业智慧化转型升级。目前，公司已初步建成"数据+电商+金融"三大核心业务平台。

## ■ 专家点评

猪联网——生猪产业大数据服务平台通过提供猪联网管理、国家生猪市场（SPEM）的交易管理及猪金融解决我国养猪效率低、交易质量管理差、效益差等实际问题。以数据驱动生猪全产业链整体变革与升级，这对推进标准化养猪、生猪交易和完善质量追溯体系有着重大意义。同时，利用生猪产业链大数据服务平台进行创新金融服务，解决猪业相关经营主体的资金难题，为我国生猪产业发展提供了新型金融保障。因此，平台可以作为生猪产业大数据应用典范和行业标杆大力推广和宣传。

**李德发**（中国工程院院士）

# 第十二章  科 教 文 体

## 45 全球变化科学研究数据出版与共享平台

——中国科学院地理科学与资源研究所

全球变化科学研究数据出版与共享系统是 2014 年 6 月由中科院地理资源所、中国地理学会联合主办，国际科学技术数据委员会发展中国家任务组、肯尼亚农业与技术大学、林超地理博物馆协助创办。其主要功能是为全球变化、地球科学、资源科学、生态环境、遥感应用等相关领域科学数据出版和共享提供服务。

### 一、应用需求

科学研究论文与科学数据都是现代科学研究的成果，科学论文的发表已经有 100 多年的历史，有很成熟的机制和体制来支撑科学论文的发表。但是科学数据的发表缺乏平台，全球变化领域更是如此。随着大数据时代的到来，发达国家采取鼓励采用数据出版的方式达到既保护数据知识产权又达到数据共享。由于我国在这个领域是个空白，科学家们通过科学研究项目的完成创造出的科学研究数据不得不按照国际论文出版的新规定在发表论文的同时也在国外发表关联的数据，这种状态和发展态势对我国科研大数据的发展构成了很大的挑战。无论从我国科研大数据自身发展的需要，还是我国作为科技大国对国际科技应有的贡献角度，填补我国全球变化科学数据出版和共享平台这个空白都是非常必要的。两年多的实践证明，全球变化科学研究数据出版与共享平台不仅成为我国该领域科学家的数据发表和推向世界的基础设施，也成为国外科学家在我国的出版数据特别是发展中国家科研人员发布数据和共享数据的平台。

## 二、应用效果

全球变化科学研究数据出版与共享系统的出版部分由实体数据和数据论文关联的方式构建数据出版系统，共享部分对最终用户实施免费开放获取（OA）的共享政策。它是数字对象唯一标识符 DOI:10.3974 下联授权单位，国际科学理事会世界数据系统正式成员，国际地球观测组织中国地球观测科学数据出版分中心，是被纳入了 Web of Science 数据引文检索（DCI）的数据出版系统。全球变化科学研究数据出版与共享采取开放获取（OA）的管理模式和机制运转。目前，在国内外学术界和政界产生了很大的影响，具体效果表现在：

（1）世界范围内的数据汇集与知识产权保护。该系统于 2014 年 6 月正式上网，截至 2016 年 12 月 14 日，共出版了 12 期。来自 11 个国家（中国、日本、美国、肯尼亚、俄罗斯、坦桑尼亚、德国、马达加斯加、泰国、智利、荷兰）的 478 位数据作者在该平台出版了 247 个数据集；压缩后的上网数据量为 89.11GB。出版的每个数据集均在 DOI（唯一数字化对象标识符）注册并获得世界范围内的知识产权保护。

（2）全球范围内的数据传播与共享。来自五大洲 53 个国家、19 446 个数据用户（计算机 IP 用户统计）下载了 65 358 个/次数据文件包，数据下载量达到 1 699.68 GB。数据网站访问量达到 298 489 次。出版的数据开始被国内外科研人员科学论文引用（引用情况正在统计中），其中一篇已经被 *Natural* 期刊论文引用。

（3）国际地球观测组织（GEO）中国地球观测数据出版分中心。自 2016 年 9 月，全球变化科学研究数据出版与共享被国家科技部国家遥感中心批准为国际地球观测组织中国地球观测数据出版分中心，承担我国地球观测科学研究数据出版和共享的任务，并承担这些数据与国际地球观测组织数据共享平台对接的任务。这是我国唯一承担地球观测科学研究数据出版并与国际地球观测组织数据共性平台对接任务的共享平台。

（4）世界数据系统（WDS）正式成员和国际科学技术数据委员会（CODATA）发展中国家数据出版与共享基础设施。在国际科学理事会（ICSU）数据组织中，有两个组织是科学数据组织，一个是世界数据系统（World Data System，WDS），另一个是国际科学技术数据委员会（Committee on Data for Science and Technology，CODATA）。全球变化科学研究数据出版与共享平台在两个组织中均得到资格认可，并起到具有重要影响力的作用。在世界数据系统中被批准成为正式成员，在 CODATA 组织中被认定为在发展中国家起到领衔作用。

（5）数据引文检索（DCI）：经 Clarivate Analytics 公司组织专家评审，全球变化科学研究数据出版系统 2016 年 4 月被纳入 Web of Science 数据引文检索系统（Data Citation Index，DCI）。进入该系统，表明我们积极地推动了全球变化科学研究数据出版向世界学术界高水平、高影响力的方向迈进了一大步。

（6）35 个相关学术期刊关联原创数据出版平台。我国与全球变化科学研究相关的期刊有几十种，目前存在的问题是作者在发表论文的时候数据没有平台出版。为此，2016 年 3 月 10 日，35 个全球变化及地学领域学术期刊编辑部负责人在北京召开学术期刊大数据研讨会，大家达成共识并率先采取行动，号召全球变化及地学领域期刊论文作者在发表科学论文的同时，将其论文关联的原创数据也以出版的方式向社会开放；全球变化科学研究数据出版系统作为这些期刊论文关联原创数据出版平台。这些期刊包括地理学报（中、英文版）、自然资源学报、地球信息科学学报、资源科学、地理研究、地球物理学报、地球物理学进展、*Journal of Resources and Ecology*、地理科学进展、气象学报、古地理学报、植物生态学报、大气科学、*Journal of Meteorological Research*、遥感信息、中国地理科学（英文版）、地理科学、湿地科学、山地学报、（中、英文版）、干旱区资源与环境、气象与环境学报、极地研究、*Advances in Polar Science*、热带地理、湖泊科学、干旱区地理、干旱区研究、干旱区科学、遗产与保护研究、生态学报、*Acta Ecologica Sinica* （*International Journal*）、*Ecosystem Health and Sustainability* 等。

（7）科学数据在联合国高层产生影响：全球变化科学研究数据出版与共享系统不仅成为科学家们出版和共享数据的方便和实用平台，同时在国际政界和外交界也产生了很大的影响。2015 年 7 月 2 日，应联合国第 69 届联大主席邀请，该平台负责人刘闯研究员在联合国纽约总部举行的"世界信息蜂会十周年联大主席高级别咨商会议"上作为最佳案例代表应邀发表题为"加强多方合作促进发展中国家数据共享"（Enhancing the Joint Efforts on Data Sharing in Developing Countries）的演讲（http://www.geodoi.ac.cn/WebCn/NewsInfo.aspx?ID=30）；2016 年 12 月 8 日，刘闯研究员作为全世界科技界的代表再次以全球变化科学研究数据出版与共享平台为案例，应邀在墨西哥瓜达拉哈拉举行的第 11 次联合国互联网治理论坛（IGF）主会场发表题为"为可持续发展目标的大数据行动：做好本职数据，实现全球联网"（Big Data for SDGs: Doing Locally，Networking Globally）的演讲。同时，被联合国经社事务部（UN DESA）邀请，在联合国首次全球数据论坛大会（2017 年 1 月，南非开普敦）被列入"新型标准和最佳实践案例"团队，并发表"数据质量——数据出版实践核心"演讲。

## 三、平台架构

### （一）全球变化科学研究数据出版系统用户界面首页

首页的功能确保数据用户在不超过三次点击直接可以下载实体数据（一次点击：查询；二次点击：数据摘要；三次点击：下载实体数据），这样可以极大节省查询时间和方便用户。

在数据投稿上传过程中，采取分步进行，方便数据作者把大数据量的数据在同行专家评审阶段极可能地减少数据传输时间和数据所占用空间。平台网站中文界面如图 12.1 所示，英文界面如图 12.2 所示。

注：具体网址为 http://www.geodoi.ac.cn，中文操作系统自动进入中文网页

图 12.1　中文界面

（二）数据投稿—数据评审及审批—数据出版及统计流程

数据出版需要经过作者投稿承诺、数据同行专家评审（数据安全与原创评审、数据查重评审、数据质量评审、数据论文评审、中英文版对应评审、非涉密评审及审图办批文）、数据存储与保藏、数据及数据论文 DOI 注册、元数据、实体数据及数据论文上网、数据应用统计（访问、下载、引用）等程序，如图 12.3 所示。

注：具体网址为 http://www.geodoi.ac.cn，英文操作系统自动进入英文网页

图 12.2　英文界面

### （三）出版的数据全球联网

数据一旦出版上网后，所有出版的数据不仅与全球 DOI 系统联网可查询，而且及时与 Web of Science 系统联网，其中主要是 DCI 查询系统和 Research ID（数据作者系统）可查询、可检索。此外，与关联论文联网，与国际地球观测组织数据共享平台（GEOSS PORTAL）联网并可查询，全球联网关键环节结构如图 12.4 所示。

出版后的数据将在 DOI 联网、期刊联网、数据论文-实体数据联网、Web of Science 系统 DCI 联网，ResarechID 联网，GEOSS DAB 联网，WDS 联网等实现联网，即在做好本职数据基础上，实现全球联网。

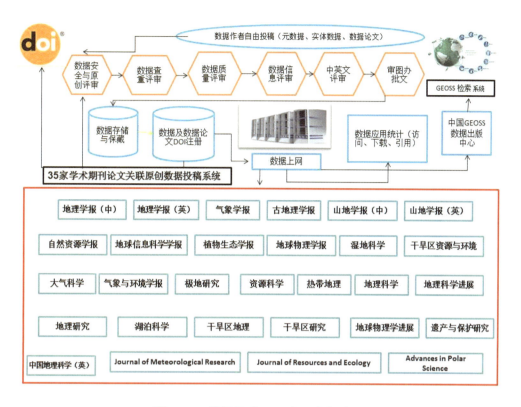

图 12.3　数据投稿—评审—出版流程

## Doing locally, networking globally:

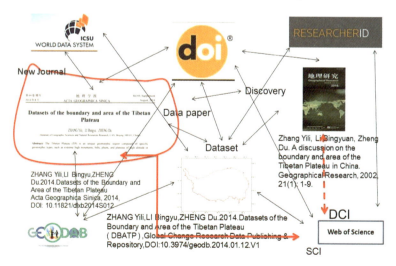

图 12.4　全球联网关键环节结构

## 四、关键技术

全球变化科学研究数据出版与共享关键技术包括以下几个方面。

### （一）原创数据评审标准与技术

数据出版必须遵守原创原则，全球变化科学研究数据出版系统提出数据原创的10%标准，即汇集来自其他数据库的数据在新数据集中的记录不得超过或等于总记录的 10%，并且这些记录必须标注数据记录的来源。不同时满足这两条标准的，均不能被认为原创数据集，不能得到数据知识产权保护和出版。其中，数据查重技术尤为关键。

### （二）数据质量评审标准与技术

全球变化科学研究数据几乎没有几个数据集可以做到十全十美、没有瑕疵，因此，数据质量的评审需要有一套界限标准。全球变化科学研究数据出版系统根据不同数据空间—时间—内容—表达方式—数据格式等方面的不同，制定了数据质量容忍度界限标准，确保数据在一定条件下的高质量。此外，数据格式的通用化、数据内容的表达等方面的规范化也是数据出版的关键技术之一，以此确保数据出版后在长期保藏与再应用中不出现失效现象，或即便出现失效也有抢救和过渡技术确保数据安全性。

### （三）全球联网技术与标准

为达到扩大影响和推广应用的目的，全球联网成为全球变化科学研究数据出版与共享的重要任务之一。与那些系统联网、如果吸取这些系统的长处、发挥本系统的优势成为本系统成功与否的重要一环。全球联网技术分两个层次，一个层次是一对一联网技术和标准，即本系统与国际知名系统对接联网技术和标准；另一个层次是全部联网系统在本系统的总体衔接与运转系统技术与标准。

# ■■ 机构简介

中国科学院地理科学与资源研究所创建于 1940 年，是我国地理、资源、环境、生态、地理信息科学综合领域最大的研究所。研究所现有 7 个实验室、30 个研究室，包括 1 个国家重点实验室、6 个院省部级重点实验室、5 个野外生态站。全所共有职工 603 人，包括科学院、工程院院士 8 人。研究所设有博士点 8 个、博士后流动站

3 个、硕士点 8 个，以及 13 个国际组织或科学计划的相关分支机构设在该所。该所主办 10 个学术期刊和科普刊物。

## ■ 专家点评

这是利用互联网推动科学数据共享的杰出案例。

**胡启恒**（中国工程院院士）

这是解决我国全球变化科学数据共享瓶颈问题诸多方案中具有划时代意义的案例。

**孙　枢**（中国科学院院士）

该案例在推动我国数据共享、开展全球变化大数据研究方面做出了出色的、开拓性的工作，对我国的数据科学发展有重大贡献，在国际数据科学界有重要影响。

**郭华东**（中国科学院院士）

# 第十三章  旅 游 服 务

# 46 携程旅游大数据服务平台

## ——携程旅游网络技术（上海）有限公司

携程旅游大数据服务平台通过聚合集团内数据和旅游行业相关数据，形成对内服务集团各业务线，对外服务各地旅游企业、政府机关、中央部委及央地媒体的旅游业大数据服务平台。

### 一、应用需求

旅游业是我国国民经济的最重要组成部分，近年旅游业持续高速增长。国家旅游局统计 2015 年旅游业综合贡献为 7.34 万亿元，占 GDP 总量的 10.8%。国内旅游人数 40 亿人次，收入 3.42 万亿元人民币；入境旅游人数 1.34 亿人次，出境旅游人数达到 1.17 亿人次；国内旅游直接就业 2 798 万人，旅游直接和间接就业 7 911 万人，占全国就业总人数的 10.2%。旅游业大数据服务平台的上线及开发性服务，有助于加速 OTA（在线旅游）乃至全国旅游业的转型升级和规范发展，进一步拉动行业经济和带动优质就业。

但同时，旅游业也面临以下四大痛点问题，需要全局性大数据平台提供行业发展的科学支持。

（1）旅游业整合运营的迫切需要，旅游是由行、住、吃、游、购、娱六大要素组成的行业整体，六大细分行业的整体化运营和发展迫切需要旅游大数据服务平台的支持、整体调度和监管。

（2）旅游业是细分服务业非标品制造，且强调差异化发展，用传统手段对其监管和统一规划难度过大，需要旅游细分行业大数据服务平台的支撑。

（3）公众旅游需求多元化，迫切需要整合海量数据的旅游大数据服务平台，并能提供个性化旅行服务。

（4）旅游业迫切需要全局性大数据平台系统，促进打破现有体系林立、各自为政、地区分割、盲目竞争的行业局面。

## 二、应用效果

目前该数据服务平台已经服务于携程的 54 个场景，其中线上栏位 11 个，营销或广告场景 43 个，帮助携程网成为中国最大、全球第二大的在线旅游企业，占据了中国在线旅游预订业务最大份额。同时也共享服务于去哪儿、艺龙等集团内公司数据，以及合作的旅游企业超过 20 万家等。通过 AB Test 实验实测，并且经过业务核算，此数据平台已产生年化毛利 1.17 亿元，预计产生年化毛利 3 亿元左右。携程首页动态广告效果展示如图 13.1 所示，携程旅游首页产品个性化推荐效果展示如图 13.2 所示。

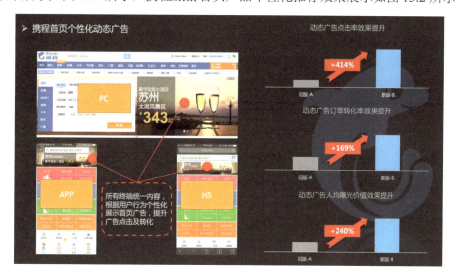

图 13.1  携程首页动态广告效果展示

具体而言，该平台在高度整合相关数据后，主要提供以下五方面应用。

（1）个性化推荐服务，在提升用户旅行导购体验的同时，也为携程每年带来数亿元增量营收的产出。

（2）客流预测与预警服务，能有效引导公众错峰出行，避开拥堵，并提升景区资源利用率。

（3）多方精细化收益管理，提升用户、地方旅游企业和携程的多方收益。

（4）行业服务质量监管服务，提升对地方旅游企业服务质量的监管技术和力度，及时制止恶性事件。

（5）景点竞品分析服务，促进各地旅游项目规划的合理布局，避免恶性竞争。

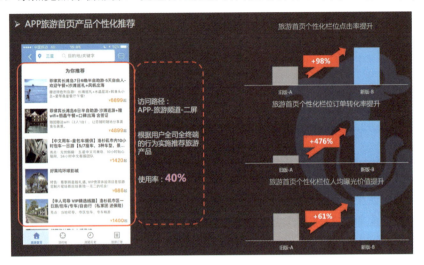

图 13.2　携程旅游首页产品个性化推荐效果展示

## 三、平台架构

携程旅游大数据服务平台聚合旅游行业内各条业务线的数据，包括集团内多业务线（如机票、酒店、景点、餐饮及用车等）的订单、用户行为数据、产品数据，集团外的天气、行业、景点信息及地理信息等数据，以及互联网业合作数据。其包含了大数据处理的数据仓库层、算法层及引擎层，并最终在应用服务层为对外公众服务提供整体基础支撑。携程旅游数据服务平台整体架构如图 13.3 所示。

图 13.3　携程旅游数据服务平台整体架构

## （一）通用化个性化推荐服务

对用户而言，它可以把用户潜在喜欢的产品在合适的时间、途径呈现给用户，不需要用户费时费力去搜索与刷选。对企业而言，它可以提升用户服务质量，增加流量变现的可能从而带来更多的经济效益。

在旅游网站上，部署了类似于"猜你喜欢"、"买了还没"等成百上千个个性化栏位，并且随着业务的增长，随时增加新的个性化栏位。此外，本项目还有可配置化的通用个性化推荐架构平台，当有新的个性化服务需求时，开发人员只需要配置不同的模块，图 13.4 展示了其架构规划。其中，实时化部分集中体现之一是在实时计算模块的"用户意图"，如图 13.5 所示。

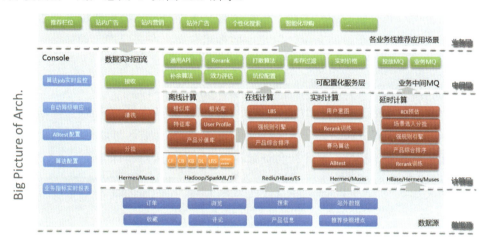

图 13.4　通用化实时推荐平台架构规划

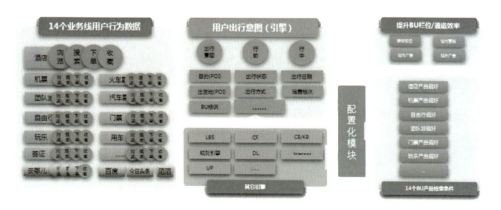

图 13.5　实时化用户出行意图模块

用户意图模块，以流式计算，挖掘出携程多业务线、公司外的用户行为数据，解析成抽象的用户出行意图（由行程状态、目的 POI、出发地 POI、出行时间、结束

433

时间、出行方式、消费档次及业务线标识等构成）。用户出行意图的引擎目的在于归一化聚合用户在多细分业务线的用户行为及订单数据，从而实现对所有业务线的推荐支持。通用化实时推荐引擎主要是支持个性化交叉推荐、个性化营销和个性化搜索三种个性化服务。

**（二）客流预测与预警服务**

客流预测与预警服务，通过资源的大数据精细化管理、合理数据算法模型定价，引导用户更多错峰消费、用年假出行，让旺季不用挤，淡季不闲置，也带动各个地方旅游资源的整体利用率；针对某些时段的过度拥挤的景点，以价格为杠杆，加上媒体和流量的引导，向周边相似或同类型景点分流。建设游客在目的地范围内动态的时间与空间分布分析与调度系统，能够实时采集并分析出游客在游客密集区、集散地、景区等位置的数量、密度，以及主要客流方向；在必要时，如旺季、大型节日活动期间，能够给出客流调控方案。

如图 13.6 所示，平台预测出上海迪士尼在圣诞夜和元旦出现客流极度热点，因此可以推荐前往上海周边的相似景点，如欢乐谷、锦江乐园分流；或者向东京迪士尼、中国香港迪士尼分流。提升景区资源利用率，避免各景区出现极度拥挤的可能。淡季不闲置，旺季不拥堵；提升社会资源利用率，提升公众出行体验。

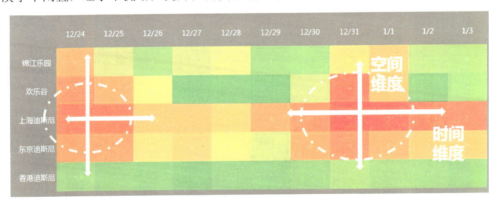

图 13.6　2016 年圣诞夜和元旦期间的客流预测、预警，以及客流分流策略

**（三）多方共赢实时收益管理服务**

本项服务平台利用大数据预测，以价格为杠杆，实现游客、企业、在线旅游公司的三方共赢。以酒店间夜的采购为例，运用平台的大数据分析可以使误差率小于10%。而凭人工经验，误差率大于90%。以三亚某酒店为例，通过平台的大数据预测可以实现客人平均间夜价格下降 10%；酒店的入住率提升 20%，淡季售卖量提升300%；OTA 平台提升利润 330%。最终实现三方的共赢。

**（四）行业服务质量监管服务**

整合网站内用户评论、客服投诉及相关 SNS 用户数据，实时分析地区、细分行业、定位具体旅游单位的一些投诉、吐槽文本数据，监控诸如云南导游的强制消费、青岛高价大虾、××酒店卫生不良等量化舆情监控，协助政府一起监管。另外，实时收集客服投诉，找出对应痛点，督促携程业务线或同业公司整改，如图 13.7 所示。

图 13.7　实时行业服务质量监控系统

**（五）景区竞品运营分析服务**

依据底层行业大数据平台聚集的多业务线用户搜索、浏览、订单数据，实时分析各个景点周边 100~1000km 乃至全球的竞品经营情况、客源构成（群体画像）、服务情况、用户反馈的优劣势等数据和信息（见图 13.8）。通过该项服务主要可以用于支撑促进旅游行业发展的合理布局，避免同类旅游项目重复建设；促进行业内差异化发展布局；通过挖掘用户在导购搜索平台的主动行为，识别新的消费热点，重点建设，进而满足公众旅游的多元化需求。

**（六）ABtest 平台服务**

主要是通过对线上流量/人群的随机分流，来测试各版本的页面、个性化算法、价格策略或促销方式的效率或转化率。携程 ABtest 平台服务（见图 13.9），已经实现对全司各业务线的支撑，提供 APP、H5、PC、服务端、Hadoop 营销等多端多平台的分流器，为全司的 AB 实验提供分流数据、分流报表、AA 检验等多种服务。有效指导各条业务线、渠道的迭代工作，并提供科学严谨的大数据指导。

图 13.8　景区竞品运营分析服务

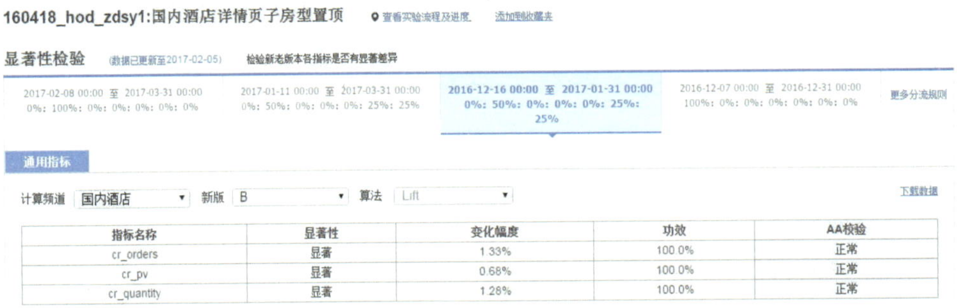

图 13.9　携程 ABTest 报表平台

## 四、关键技术

### （一）基础平台核心技术

携程研发了消息队列 QMQ（见图 13.10）、Hermes（见图 13.11），以及实时流式计算的 Muise（见图 13.12）。目前，可每天处理 150 亿条数据及 100TB 的实时数据。运维了超大规模 Hadoop 集群，存储着数百 PB 的行业内数据。

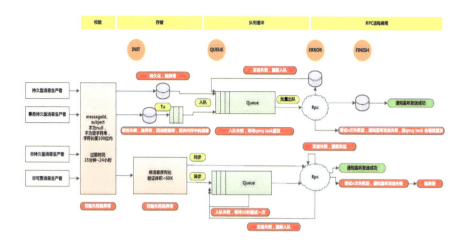

图 13.10　携程 QMQ 实时消息队列平台

图 13.11　携程 Hermes 实时消息队列平台

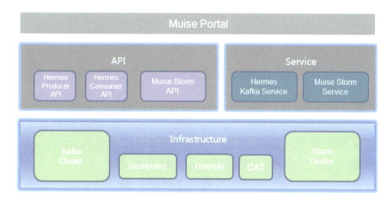

图 13.12　携程 Muise 实时流计算平台

（二）服务平台整体核心技术

携程已经形成中国最大的旅游用户群体数据，目前搭建了由数千台服务器组成的数据处理集群，每天处理超过 80 亿条，大大超过 50TB 的用户数据。目前，该平台聚合了全球 1 800 万旅游行业 POI（景点、酒店、旅游餐厅、旅游购物等，含文描）。此外，还包括超过 300 万的团队游线路、超过 1.5 万条的单航线路；旅游相关图片超过于 1 亿张；超过 2.5 亿的用户行为数据、订单数据和用户画像数据。

本服务平台目前采用通用的 SOA 服务框架，该框架支持统一的服务接口设计管理，标准化的服务接口，精确定义的服务契约，支持安全访问控制，由于服务本身的无状态性，因此可保证系统的高可扩展性，可支撑每日不少于 5 亿次访问调用，服务响应时间 SLA 不超过 300ms（99.9%百分位）。

## ■ 企业简介

携程旅行网是目前中国领先的旅游服务公司，位居 2016 年中国旅游集团第一名，是全球市值第二的在线旅行服务公司，国内市值最大的旅游旅行服务公司。公司成立于 1999 年，总部设在上海，在国内 17 个城市设有分支机构。目前有员工 3 万多人。携程以互联网和传统旅游业相结合的运营模式，向 2.5 亿会员提供全方位的商务旅行与休闲旅游服务。同时，携程将线上、线下与无线资源结合，打造一个全方位、立体式的覆盖旅行前、旅行中和旅行后的完善服务价值链。

携程旅游网络技术（上海）有限公司为"携程旅行网"旗下子公司，2003 年成立，是国家高新技术企业。

## ■ 专家点评

携程实时化大数据平台针对构建个性化、智能化在线旅游服务的需求，提供了强大的处理能力和算法模块，能够满足上亿用户和数万家相关企业的服务请求，在架构、技术和应用成效上都具有先进性。

在架构上，通过实时消息和流计算模式汇聚多方海量实时数据，依靠分层模式，满足了多类型业务的需要。在技术上，综合运用数据挖掘和深度学习等模型，将智能算法与业务模式进行了深度融合，提升了业务的盈利水平和公司的服务水平。在应用上，支撑携程成为国内最大的在线旅游服务提供商，并引领该领域的发展。

携程实时化大数据平台对于业界特别是大数据的应用企业具有普遍的参考意义和价值。

**曹健**（上海交通大学计算机科学与工程系副主任，教授，博士生导师，斯坦福大学访问学者）

# 47 金棕榈智慧旅游大数据可视化平台解决方案

## ——上海棕榈电脑系统有限公司

金棕榈智慧旅游大数据可视化，是通过对多渠道来源的海量旅游数据信息进行挖掘、分析，依靠足够的资源来帮助政府或企业，监测旅游网络舆情，服务旅游目的地及构建智慧旅游城市系统，并实现可视化效果的一项平台解决方案。

该平台能够实现从大量的、不完全的、模糊的、有噪声的、随机的采集数据中，提取隐含的、有价值的信息。这一提取的过程就是一个辅助决策的过程，即基于机器学习、人工智能、数据库、模式识别等，自动分析大量数据，做出归纳性推理，运用贝叶斯分类、决策树分类、EM 分类、Apripri 算法等数据挖掘算法及预测方法（如金棕榈团散比模型），从中挖掘出潜在模式，为旅游行业提供有价值的信息，并最终通过 LED 大屏幕、84 寸液晶电视屏、PC 端、iPad 移动端等多种途径，以图表、文字等可视化的方式呈现在我们眼前，如图 13.13 所示的虹桥机场展示大屏。

图 13.13 虹桥机场展示大屏

金棕榈的数据来源涉及面多而广（见图 13.14），例如，境外观光局数据包括日本、新加坡、中国台湾、新西兰等 17 个国家和地区；保险及救援公司数据包括欧乐集团、华泰保险等；全球合作伙伴的交流数据包括知名数据公司 GFK（捷孚凯市场咨询公司）、Forwardkeys，也包括产品本身的服务对象，如政府监管部门、旅游景区景点、旅行社等各企事业单位。这些数据来源主要有以下类别：

图 13.14　金棕榈旅游大数据平台的数据来源

（1）各旅游景区、旅行社等企业和机构上报的数据。各旅游景区景点在接待游客过程中，产生诸如流量数据、门票数据、视频监控数据等。这些数据具有即时性、真实性、有用性等特点。对于景区景点及各级旅游局对旅游行业的监管和监督，具有重要的意义。

（2）出入境数据。中国出入境政府机构登记了大量游客出入境信息数据，包含人数、个人基本信息、出入境类别分类等数据。数据无论是在数量和质量上都具有非常重要的意义。例如，可以挖掘出国旅游与探亲或者商务目的占比等信息。

（3）各地旅游大数据中心。互联网+时代，旅游行业是最早被颠覆的行业之一，各级政府机构也在努力建设智慧旅游，把旅游大数据化。在各级政府建立的旅游大数据中心，可以搜集大量关于旅游行业的数据。可以包含非常多的数据维度，如游客数据、旅游产品数据、游客评价数据等。

（4）数据交易所数据。随着大数据技术的成熟和发展，大数据在商业上的应用越来越广泛。大数据的管理与交易也日渐增多，因此大数据交易所通过管理交易数据，可以获得大量关于旅游行业的数据。

（5）线上 OTA（在线旅行社）及其他互联网和通信公司拥有的海量数据。线上 OTA 及其他互联网和通信公司拥有的海量数据如百度、谷歌等用户搜索记录、应用

APP 数据；移动、联通、电信等通信运营商的用户信息、上网记录、通话、地理位置信息等数据；OTA、大型旅游企业及社区类、点评类、攻略类等线上服务平台的旅游数据。

## 一、应用需求

旅游业是我国国民经济的战略性支柱产业，也是一个极具发展活力和潜力的产业，随着全球经济的发展和市场需求的日益旺盛而迅速发展，中国旅游业也处在高速发展的时期，行业规模不断扩大，我国旅游数据信息也产生了爆炸性的增长，随着数据收集、储存、分析及反馈技术的不断完善，大数据在旅游行业的应用前景愈来愈广阔。

国家旅游局李金早局长在 2016 年全国旅游工作会议上发表讲话："旅游业是全球经济发展势头最强劲和潜力最大的产业之一；全球每 7 个人就有一个出国旅游；中国旅游业发展起步晚、基础差，但发展快、势头旺；仅'一带一路'旅游合作来说，未来 5 年，中国计划为沿线国家输送 1.5 亿人次中国游客、2 000 亿美元旅游消费。"国务院早在 2015 年就发布了《国务院关于印发大数据发展行动纲要的通知》。可见，如何在信息化、大数据时代，充分发现智慧旅游发展的新变化、新趋势，对旅游数据信息进行挖掘、分析，依靠足够的资源来帮助监测旅游网络舆情，服务旅游目的地及架构智慧旅游城市系统变成了非常紧迫的需求。

## 二、应用效果

### 1. 景区人流量实时监控和预警

2015 年国家旅游局下发了《景区最大承载量核定导则》，要求各大景区核算出游客最大承载量，并制订相关游客流量控制预案。由于景区资源的限制，往往在旅游高峰时期的时候，会因为人流密集度过高而发生滞留、踩踏等事件，基本原因在于景区当日的人流量超出了它的最大承载游客量或接待能力。景区流量的实时监控及预测（见图 13.15）是旅游部门及当地的景区需要慎重把控的有效手段，管理上可通过景区人流量的监控及预测来严格控制景区人流，做好预警和响应措施。

针对一些可通过"拦门"收费的景区，可以方便地统计游客数量；对于一些开放式景区景点如云南丽江古城、大理古城等，在统计游客数量方面会存在困难，核算数据相对比较模糊，难以掌握真实的旅游人数。针对开放式景区景点，一方面可与景区监控系统进行对接，实时监控景区人流量；另一方面可通过搭建设计数据模型，在综合考虑影响景区人流量各类因素的前提下，对景区人流量进行事先预测，对将到来的游客数量做到心中有数，提前预警预报，对市场销售进行控制、及时改善和调整景区景点的接待能力，科学管理，有效疏导，保障游客安全，保护景区资源环境。

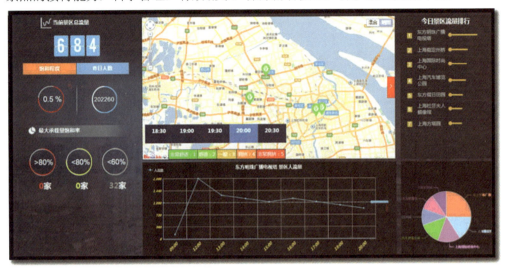

图 13.15 景区流量实时监控示意

**典型案例一：为上海世博会 184 天的园区流量做提前预警预测**

随着中国综合国力的不断增强，各种大型体育赛事、会展、节事活动纷纷在中国举办，这些大型活动给举办地带来了巨大的商机，而要充分发挥其拉动效应，离不开高效的管理。

节事活动一个特点在于在短时间内将大量的人流汇聚在一起，因此对它的管理首先是对人流的管理。2010 年上海世博会在短短的 184 天内，将 7300 多万的游客集聚在 5.28 平方千米的 200 多个展馆区中，对中国政府以及旅游企业都是一个巨大的挑战。金棕榈旅游大数据研究院为世博会构建了一套完整的流量预测模型，预测每天入园参观游客的总量，并通过实际参观人次与预测结果的分析，来观察不同因子对游客行为方式的影响，在整个 184 天开园期间为旅游管理部门、世博相关管理单位等提供了重要参考。

从图 13.16 可以看出，金棕榈预测模型合理的预测了世博会的客流量，实际客流量曲线与预测曲线贴合较紧。日入园人次的长期趋势在 8 月 29 日以前和以后有明显的不同。8 月 29 日以前，波动不大，长期趋势成直线；8 月 29 日以后，波动加大，长期趋势成指数曲线。其中，在世博会开园的 5 个多月中，日人流量从未超过 80 万人次，但金棕榈预测模型提前预测了 10 月 16 日将接近 100 万人次，达到 96 万人次，将对世博会相关管理单位造成巨大的挑战。而实际上当天上海世博会日流量达到了最新高峰 106 万，金棕榈的预测值是当时各类预测机构预测值中最贴近当日实际流量值的，提前的预警汇报为相关单位提前做好安保配备、旅游团队引导、散客疏导等方面起到高价值的咨询服务。

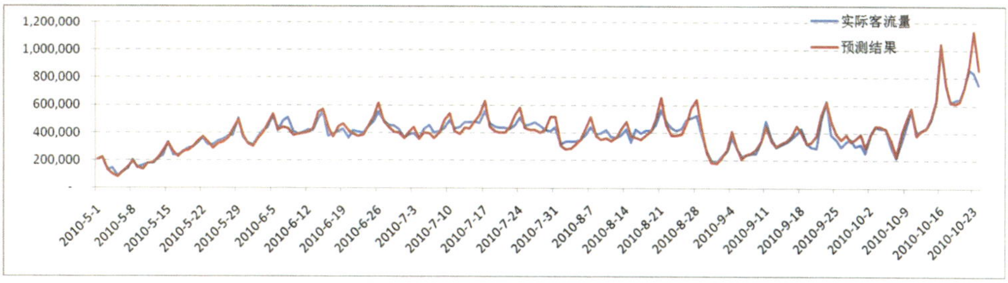

图 13.16　实际客流量与金棕榈预测结果比较

**2. 突发事件的应急预警**

制约旅游业发展的国际国内风险因素随着旅游业的快速发展逐年增多，旅游突发事件频繁发生。针对监管单位不能及时准确地掌握事发地团队的缺点，为及时了解游客特别是旅行社组织的团队游客情况并实施救援保护，运用信息化、数据化手段开展对游客尤其是有组织的团队游客，实施全程监控、掌握团队信息、组织开展救援已成为重要及紧迫的任务。金棕榈智慧旅游大数据可视化平台可以有效地协助旅行社、旅游监管部门应对突发事件，以大数据的手段，将该单位的日常旅游管理或业务数据进行沉淀、后台挖掘与前台可视化展现，帮助其在突发事件时可即时掌握所管辖旅游团队的基本情况、所处位置等信息，为处理突发事件、实施紧急救援提供信息支持，迅速捕获应急数据。在平台还可通过发送应急短信与各团队导游领队取得联系，获取第一手反馈信息，做出最合适的紧急救援措施。

**3. 旅游业务的精准营销**

金棕榈智慧旅游大数据可视化平台对行业内各企业各渠道数据进行有效的梳理和挖掘，有的放矢地设计成个性化服务，能够根据旅游者的具体需求、爱好和此前的购买行为，为不同的客户提供不同的选择，而不仅仅是基于旅游者的类别提供大众化选择。平台将采集的数据信息，进行进一步深挖、脱密、分析，可即时得出当前热门景点、热门线路等市场趋势、产品方向上的结论，可以对团队出游定位、应急监管提供实时信息；对旅行社及时了解市场行情、深度开发受市场欢迎的旅行产品提供及时准确的信息咨询，降低了他们的经营风险，提高了游客的旅游体验。

**典型案例二：为保险公司的旅游保险产品规划提供参考**

金棕榈大数据研究院通过大数据分析（见图 13.17），提供差异化、精细化定位，对每年旅游保险行业的行业数据进行分析，为精准营销提供理论依据和参考指标。保险潜在的客户群体大、行为多样化、不可预测性强。保费收入是否能转化为更多的利润，通过金棕榈旅游保险大数据综合评价模型，在传统定价方案基础上，增加了对不同客户的综合了解，帮助保险公司定制更精确的价格方案或营销方案。

例如，相对于整个旅游市场，购买旅游保险的游客呈现阶梯状分布。56 岁及以上游客消费额占整个旅游保险市场的 28.80%。同时高龄人群消费的旅游产品均价也最高。56 岁及以上游客消费的旅游保险产品均价比 0~15 岁游客高出 1.5 倍。因此，高龄人群是旅游保险的主要消费人群。

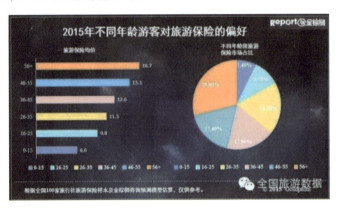

图 13.17　大数据分析图表

从更详细的不同年龄段消费旅游保险产品的区间分布（见图 13.18）可以看到，1~15 岁游客是 1 元旅游保险的主要消费人群，26~35 岁游客消费的 6 元旅游保险产品较多。20 元左右的旅游保险产品适应的人群最广泛。

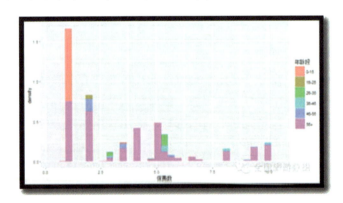

图 13.18　保费数随年龄变化示意

从全年的情况来看，节假日是游客购买旅游保险最为集中的时段（见图 13.19）。其中，七夕节是全年旅游保险消费的最高峰，中秋和国庆的旅游保险消费也非常高。

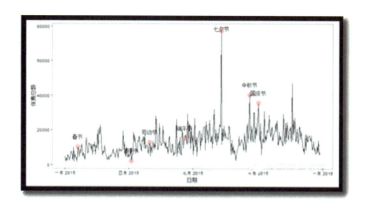

图 13.19　保费对节假日变化示意

依据以上旅游保险大数据分析，可以找到更多具有目标客群特征的人群，协助精准营销。在金棕榈和某大型保险公司的合作中，运用大数据模型帮保险公司分析潜在的出境游市场，帮助客户寻找旅游保险业务的蓝海，针对不同年龄层推出不同的定制产品。

### 三、产品架构

（1）采用 B/S 结构、基于 Java 语言开发，通过信息化手段，云计算、大数据技术，实现了数据的采集、清理、转换和可视化。

（2）系统可以支持约 10 000 个用户同时在线。

（3）系统采用了 Struts、Spring、hibernate 等主流框架；具有清晰的业务逻辑，强大的灵活性、重用性和可移植性。

（4）服务器做了负载均衡，提高了产品的容错率，减少系统故障时间。

### 四、关键技术

（1）系统支持同时事务处理并发数不少于 200 个/秒。

（2）普通检索功能数据服务器平均响应时间小于 3 秒（复合查询除外，不包含页面加载时间）。

（3）统计汇总分析功能数据服务器平均响应时间小于 10 秒（统计时间范围为 30 天，不包含页面加载时间）。

## 企业简介

上海棕榈电脑系统有限公司（以下简称"金棕榈"）创建于 1992 年，注册资金 604 万元人民币，位于上海浦东陆家嘴金融贸易区，是依法设立、运营了二十多年的独立法人单位，财务收支状况良好，严格遵守国家及行业政策、经营规范。经过 20 多年的稳定发展，公司现有员工 150 余人，获得了多方认可，期间也取得了高新科技企业认定，软件企业认定等多项荣誉资质，公司建设推广的"金棕榈中小旅行社企业公共服务平台"于 2012 年获得了国家工信部《国家中小企业示范平台》认定（旅游行业唯一获奖平台），公司目前还拥有 54 项旅游信息化软件著作权。

目前，公司已经发展成为集管理咨询、技术研发、平台运维与专业培训为一体的中国旅游行业第三方平台服务企业，公司专注于旅游数据服务与咨询，充分融合了机构在旅游行业、信息行业、电子商务领域等方面积累的二十余年旅游行业实战经验，向旅游行业客户提供科学务实、可操作性强的管理咨询方案、专业数据服务和相关培训服务。公司常年服务于超半数的中国百强旅行社、上千家中小旅行社，覆盖全国 70% 的地方旅游局、百余家旅游院校。金棕榈曾成功预测上海世博会日入园流量、九寨沟景区人流等。金棕榈企业机构旗下包括：上海金棕榈数据科技公司、上海金棕榈信息经济咨询有限公司、北京棕榈电脑系统有限公司及上海市国际经济技术进修学院（上海市 A 级学院）等子公司，构建成以上海棕榈电脑公司为核心的"金棕榈企业机构"。公司的良好发展势头也得到资本市场的青睐，分别于 2012 年、2015 年获得两轮融资。

## 专家点评

金棕榈智慧旅游大屏幕监控平台集实时数据收集、传递、挖掘处理、可视化应用为一体，实现海量数据的高效处理。打造旅游大数据能力开放、应用、交互平台，推动大数据在旅游行业应用，改善旅游企业运营，提高旅游监管服务质量，拉动旅游产业发展。平台技术架构完整，可拓展性强，运用了多种技术创新手段，有力地支撑平台所需的实时监测，应急处理等业务。在创新性、完整性、功能性、技术能力均达到行业领先水平。

**余晓辉**（中国信息通信研究院总工程师）

**徐志发**（中国信息通信研究院产业与规划研究所副所长）

# 第十四章 商 贸 服 务

## 大数据

## 48 基于电子商务全产业链大数据的创新服务平台
——京东集团

京东建设的基于电子商务全产业链大数据的创新服务平台，主要包括电子商务产业链上下游数据资源的采集和整合、人工智能和人机交互等关键技术的突破、创新创业服务产品的开发、面向多行业多领域的数据资源的共享双赢、宏观经济决策的支撑等方面。

### 一、应用需求

伴随着互联网浪潮崛起的大数据概念近几年受到高度关注，大数据在各个行业的应用及其带来的影响也引起越来越多的讨论。一部网络热播美剧《纸牌屋》的成功，让人们感叹大数据的威力几乎在任何行业都可以"兴风作浪"。而在国内，一张"第一夫人"使用手机拍照的新闻图片引出了京东"JD Phone 计划"的大数据典型应用案例。利用大数据，消费者向制造商的成功逆袭引发人们无限遐想。大数据正在从诞生之初的概念化转向具体的实际应用，正在从少数领域向众多领域渗透，正在从企业内部向各产业与公共服务领域扩展。大数据技术无论是国内还是国外也在经历前所未有的快速演变以适应大数据处理与应用的需求。

从国内情况来看，大型互联网公司都加强了在大数据领域的投资，大数据技术结合云计算，取得较大发展，甚至与国外技术发展几乎保持同步。中央及地方政府部门对大数据技术与应用也非常重视，高校学术及研究机构对大数据技术积极努力探索，并与部分企业联合成立实验室等共同探索大数据技术，挖掘大数据价值。

国外大数据技术的发展始终处在前沿位置，尤其美国硅谷地区大量互联网企业对大数据的创新应用与探索更是具有较大的影响。Facebook、Google 等超级互联网企业拥有庞大的数据资源及技术储备，高端技术人才为其探索大数据技术提供了基础保障，使得这一类公司保持大数据技术的领先地位，并成为行业技术标准的引领者。与此同时，美国政府提出大数据国家战略，从更高的层面强调了大数据的重要性。"棱镜计划"等监控丑闻的曝光也从另一个侧面反映了其大数据技术能力的发展及应用领域的宽广。

无论国内还是国外，从技术要求复杂程度来看，大数据技术已经不仅仅是"数据"的技术，这主要体现在传统的数据库、数据计算、数据处理挖掘等技术已经无法适应大数据的现状。当"数据资产是企业核心资产"的概念深入人心之后，企业对于数据管理便有了更清晰的界定，将数据管理作为企业核心竞争力，持续发展，战略性规划与运用数据资产，成为企业数据管理的核心。数据资产管理效率与主营业务收入增长率、销售收入增长率显著正相关；此外，对于具有互联网思维的企业而言，数据资产竞争力所占比重为 36.8%，数据资产的管理效果将直接影响企业的财务表现。

## 二、应用效果

通过高质量的电商大数据，支持政府宏观经济把控、决策并获取精准的反馈。通过发布行业指数等方式，如中国电商物流运行指数、京东零售指数等，为政府部门宏观决策提供大数据支持。

通过消费趋势大数据，支持供给侧改革和产业结构调整。通过海量消费数据，帮助企业和政府了解市场。通过互联网+为企业提供大数据分析能力，搭建企业和消费者之间的桥梁，提升生产效率。

打造智慧化零售产业链，在智能电商、互联网+供应链、智能物流等领域，以大数据和人工智能为基础，通过开放在产业链各个环节的大数据和智能算法应用能力，促进电子商务及整个零售行业创新。

以大数据、人工智能为基础，助推互联网+智慧金融、互联网+智慧农业等行业创新和商业模式创新。通过大数据智能化技术提供互联网金融服务，在风控、征信、理财、股权、保险、财富管理等领域产生创新，为企业提供全套互联网+智慧金融解决方案，为个人提供智能财富管理服务。全面对接消费需求和农产品生产销售数据，利用智能技术打造 C2F（顾客对农场）的新商业模式。

开放数据能力，帮助政府提升服务水平，促进产业创新。通过云平台开放大数据资源，利用区块链技术，建立可信、安全的数据资产环境，推进大数据融合、共享和交易。依据客户消费和档案数据，税务发票、舆论数据等，建立企业和个人信用数据，辅助政府进行社会、经济治理。

### 三、平台架构

京东大数据平台（见图 14.1）基于京东自主研发的大数据技术基础，突破一系列关键技术，研发基于电子商务大数据的创新创业服务平台，形成大数据跨领域跨行业的应用。

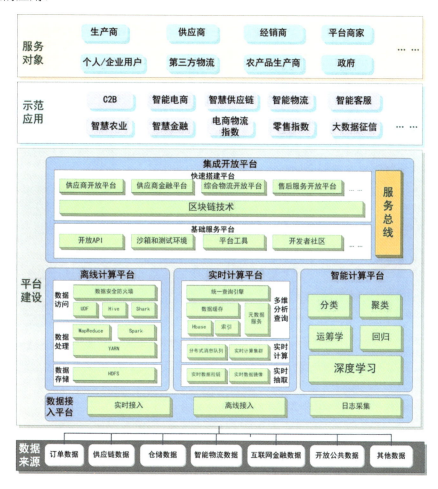

图 14.1　京东基于电子商务全产业链大数据的创新创业服务平台架构

### （一）为电子商务及零售业创新提供服务

对电商平台或商户，获取新用户并留存老用户是关键的经营活动。维持一个老客户成本低、收益高，同时促进老客户跨品类购买，对提升客户价值、提升客户对企业的忠诚度作用大。营销中识别用户、识别用户对促销反应，对提升效果、减少成本效益明显。应用相关的智能化、个性化的用户识别和营销工具，"MKT（Market）智能营销"带来了营销用户识别上 200% 以上的提升，营销响应 100% 以上的提升，同时对相应的模型和算法以及运营过程的数据化工具持续优化，达到精准营销目的。

"MKT 智能营销"是一款面向客户全生命周期的个性化营销工具（见图 14.2），基于大数据平台成熟的离线和在线数据采集、处理工具，以及智能算法平台多样化的算法，通过客户在引入、成长、成熟、流失等各个阶段用户和平台商户的交互的历史和当前数据，预测用户对各种商品（在品类、SKU 等各种维度）的反应、对各种促销工具的反应。并通过快速的数据反馈，在用户预测和促销过程中都做到个性化、智能化、自动化。显著提升效果，在实际的应用中，促销的效率较非智能化个性化的系统提升 200%以上。

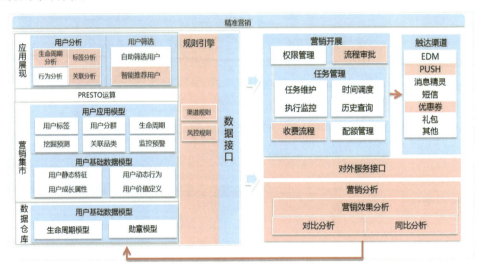

图 14.2 "MKT 智能营销"平台架构

### （二）为供给侧改革及产业结构调整提供服务

京东基于消费需求动态感知数据，服务制造商的研发、生产，逐步形成 C2B（从消费者到企业）的产业组织方式。

京东慧眼是一套服务于电商 C2B 定制的大数据建模体系，通过京东亿级用户消费行为进行大数据建模，把来自消费者的真实需求挖掘出来提供给制造商，实现 C2B 反向定制，让真正符合用户预期的产品得以诞生。

京东慧眼是从全流程上为生产制造厂商加速。在渠道上，通过采用电商模式，京东慧眼反向定制模式可以让成本更低，从而实现最具价格竞争力；在营销上，京东慧眼用互联网的方式做营销，可以实现更快、更广、更强的推广效果。此外，基于用户需求的大数据分析，还参与到了合作厂商的产品研发和备货中，这种 C2B 反向定制产品的形式，让厂商的产品更符合受众的预期。

京东自 2013 年正式推出该计划以来，以中兴 nubia 和华为荣耀为代表的一大批受消费者喜爱的国产手机品牌纷纷加入其中，并取得了突出的表现。其中，nubia Z5S 和 Z5S mini 仅用十几天，就实现预约总量超 300 万部的手机网络预售新纪录。除通信领域外，结合其他 3C 类商品销售数据，京东大数据服务平台将联合平板电视、空调、冰箱等家电生产企业开展一系列的 C2B 电子商务新模式，为消费者订制他们最需要的产品，为生产企业提供最大规模的销售，促进用户消费，带动产业发展，实现多方共赢的局面。

**（三）为农村电商行业提供创新服务**

我们经常会看到或听到农户农产品滞销，瓜果蔬菜贱卖或烂在地里的新闻，其实原因归咎于市场供需问题。同时，也会出现"蒜你狠""姜你军""豆你玩"的供小于求的情况。其实如果能把农业生产过程中的数据汇总起来，要想合理生产实现"供需平衡"并非难事。

今年年初，国务院扶贫办与京东集团签署了《电商精准扶贫战略合作框架协议》，双方将共同探索"产业扶贫、创业扶贫、用工扶贫"三种模式，与此同时京东推出了"京东跑步鸡"项目（见图 14.3）。"京东跑步鸡"是在武邑县贫困县实施的"互联网+"精准扶贫过程中开展的一项创新工作，该项目由京东投资并运作，意在打造优质农产品产—养—销闭环。一方面促进我国扶贫工作，另一方面为全国消费者提供优质、绿色的肉食品。

图 14.3　京东"跑步鸡"项目

京东利用掌握的海量的用户消费行为数据，对接不同地区的农产品产量，充分利用当地的地理经济条件，实现"供需平衡"。一方面满足了市场消费者的需求，另一方面精确的指导供给方的生产，提高了当地农业的经济产值，提升了生产效率。

### （四）为政府宏观经济把握和决策提供服务

关于大数据在公共决策中的重要作用，学界普遍认为，公共决策不仅能够利用大数据提高政策水平和质量，更重要的是面向和适应越来越数据化的社会环境，借助大数据网络平台，实现政府决策的民主化和科学化。实践中，大数据在诸如城市交通、城市规划和运营、应急管理等公共政策中已得到推广和应用。

### （五）整合政府数据、开放数据能力、帮助政府提升服务水平

利用京东积累的大数据，结合政府开放数据，有效整合，充分运用政府数据和社会数据，将运用大数据技术不断提高政府服务和监管的针对性、有效性。

运用大数据推动社会信用体系建设，加强对交易行为的监督管理，推行网络经营者身份标识制度，完善网店实名制和交易信用评价制度，加强网上支付安全保障，严厉打击电子商务领域违法失信行为。

## 四、关键技术

京东是一家以技术为成长驱动的公司，从成立伊始，就投入大量资源开发完善可靠、能够不断升级、以应用服务为核心的自有技术平台，从而驱动电商、金融等各类业务的成长。目前京东的技术涵盖了整个供应链体系，包括平台交易、物流仓储、互联网金融、大数据、云服务、移动互联网等多个领域，所有技术全部为自主研发。在未来，京东将更加重视技术的战略地位，发展云计算、大数据、智慧物流、人工智能、AR/VR、智能硬件等最新技术，以推动京东实现快速、可持续增长。

在大数据领域，京东拥有中国电商领域最完整、最精准、价值链最长的数据，已渗透到京东各个业务领域，总数据量达到200PB。同时京东在自身发展的过程中，也注重产学研结合，与中国人民大学联合成立了大数据分析实验基地，与北京邮电大学、北京航空航天大学等高校联合承担政府科研项目，一方面培养人才，一方面促进企业创新发展。目前京东的技术突破有相当的比重是从大数据中产生的，比如大数据能让用户体验更好、运营效率更高，完成个性化推荐搜索、自动补货、自动定价等应用；京东云在完成全面京东业务运营支撑的同时，会成为京东对外提供技术、方案服务的平台，京东将自身的技术、资源和经验全面云化输出。

面对电商重大节日，如"6·18"、"双11"等，峰值每秒钟处理上千个订单，这

一系列数字的背后是强大的大数据技术体系支撑，包括基于 Hadoop 的基础架构体系及自主研发大规模数据存储与计算方案、基于京东云的集成架构解决方案、自主研发海量实时数据处理技术、基于分布式的联机分析处理技术、海量日志数据分析处理技术、敏感数据管理与数据安全技术。

## ■ 企业简介

京东于 2004 年正式涉足电商领域。2015 年，京东集团市场交易额达到 4627 亿元，净收入达到 1813 亿元，年交易额同比增长 78%，增速是行业平均增速的 2 倍。京东是中国收入规模最大的互联网企业。2016 年 7 月，京东入榜 2016《财富》全球 500 强，成为中国首家、唯一入选的互联网企业。截至 2016 年 6 月 30 日，京东集团拥有超过 11 万名正式员工，业务涉及电商、金融和技术三大领域。

## ■ 专家点评

京东建设的基于电子商务全产业链大数据的创新服务平台，基于海量电商全产业链的消费数据，通过"互联网+"为传统制造企业提供大数据分析能力，搭建企业和消费者之间的桥梁，提升生产效率。京东大数据开放平台打造"智慧化"零售产业链，在数据存储、数据计算、数据整合和数据开放等方面具有较强能力，通过开放在产业链各个环节的大数据和算法应用能力，促进电子商务及零售行业创新，创新性、开放性、共享性达到行业较高水平。

**单志广**（国家信息中心信息化研究部副主任，中国智慧城市发展研究中心秘书长）

# 49 面向服务业的通用大数据全生命周期解决方案

## ——北京五八信息技术有限公司

面向服务业的大数据全生命周期解决方案，旨在建立一个面向服务业的、通用的、具有高度可复制性的大数据全生命周期解决方案。通过建立统一的数据平台和数据规范，实现数据仓库和元数据管理，满足数据的离线计算和实时计算需求；构建高效的数据计算和数据可视化能力，进一步实现数据辅助决策和数据驱动业务优化。彻底解决服务业大数据面临的信息孤岛、数据口径不统一、计算烦琐、数据安全风险高等问题。

### 一、应用需求

人类社会对大数据技术有一些共性需求：大数据的快速收集和获取、海量数据高效存储和管理、异构数据的融合和集成以及复杂数据的快速分析与挖掘。鉴于目前的有关现状——"如今，采集数据的工具都很糟糕。当采集了数据后，需要在开始做任何数据分析之前妥善管理好数据，然而我们缺乏好的数据管理和分析工具"，它们同是人类社会面对大数据时所需要解决的一些挑战性问题。

58 同城十余年来深耕于生活服务业，致力为广大群众提供更为便捷的互联网生活服务，其作为服务业的典型代表，同样拥有服务业的数据特点，即数据体量巨大、数据类型繁多、价值密度低、处理速度快。同时，我们发现，随着服务业企业的不断发展，其数据问题也越发凸显：不同类型数据分散在各自业务库，形式一个个数据孤岛；数据管控难，数据安全风险高；临时性数据计算平台众多，数据计算难度大，且后期维护成本大等问题。

为了更好地服务于实际业务，挖掘数据价值，我们开始思考如何解决服务业的大数据痛点。在进行深入的外部市场调研后，我们发现，市面上的解决方案通常只专注解决某部分的数据问题，而几乎没有面向大数据全生命周期的完整解决方案。

基于上述事实，通过对 58 同城十余年来对生活服务业大数据开发运营经验的总结，并结合整体服务业的普遍痛点和数据特点，我们提出一个大胆的思路——建设一个面向服务业的通用大数据全生命周期解决方案。图 14.4 为数据平台需求和目标。

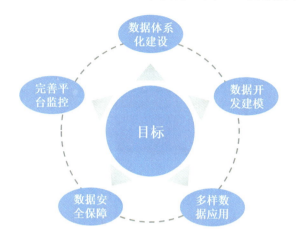

图 14.4 数据平台需求和目标

## 二、应用效果

得益于极强的通用性和可复制性，目前该解决方案已成功部署移植至国内知名 O2O 服务品牌"58 到家"，助其完成数据接入、数据存储、数据查询、数据开发、数据可视化等全生命周期数据管控。

未来，我们可以帮助更多的互联网+传统服务业和新兴服务业企业完成大数据时代下的数据解决方案升级：一是面向互联网+传统服务业企业，除提供完整解决方案的部署，我们还会提供长期的技术支持，并协助其找到业务与互联网的最佳结合点，助力传统服务业实现业务和数据的双升级；二是面向中大型新兴服务业企业，我们考虑提供解决方案详情并协助部署，且在一定周期内进行技术支持，便于其后续维护；三是面向小型创业型新兴服务业企业，我们考虑解决方案租用，一键部署，且服务期内承担后续维护和升级管理，最大限度地助其降低前期成本。

## 三、平台架构

整体解决方案围绕服务业海量数据的采集、存储、查找、计算、可视化、回流和持续改进等大数据全生命周期的不同阶段，通过建立完整统一的大数据平台提供整体解决方案。

数据平台功能架构如图 14.5 所示，数据平台技术架构如图 14.6 所示。

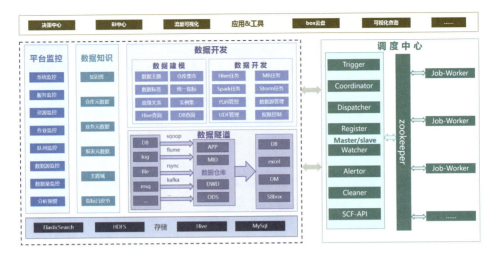

图 14.5  数据平台功能架构

图 14.6  数据平台技术架构

按照功能类别，可以分为数据工厂、数据应用、数据工具三大类。其中，数据工厂包含数据知识、模型设计 、数据隧道、数据开发、数据调度、平台监控等；数据工具报包含可视化查询、Desktop、企业网盘等；数据应用包含流量可视化、决策中心、BI 中心等。按用户群体，可覆盖数据开发、数据建模、数据分析、产品、运营、销售、决策者等角色的数据需求。技术上，整体解决方案采用分布式调度系统、元数据全文检索和数据血缘关系图谱、系统化自动分析等多项关键技术，轻松了解数据的来龙去脉；同时满足多样性数据的接入、分发，无缝衔接数据开发，贴合用户工作流，保证大数据平台的高可用性。此外，通过独特的系统架构和算法，使用户可以在不了解底层细节的情况下，可以根据自身业务情况，进行系统二次开发，具有极强的通用性，可迅速复制推广，帮助其他服务业企业快速建立符合自身特点的大数据平台；通过在大数据平台建立统一的数据体系化管理，实现数据资源的整合和高效利用，打造数据驱动业务，挖掘数据潜力，实现数据创新，在促进服务业转型升级的同时，大大降低企业的开发成本。平台功能架构如图 14.7 所示。

图 14.7　平台功能架构

## （一）数据采集

将业务系统实时产生的数据通过导入任务导入数据仓库、数据集市，提供丰富多样、简单易用的数据处理功能（见图 14.8），为后续的数据查询、分发、计算和分析提供数据基础。主要功能特点如下：

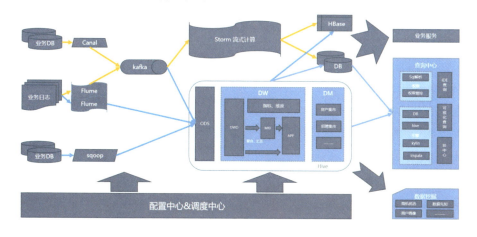

图 14.8　数据采集功能

（1）数据多样性。媒介上，支持多种关系型数据库（MySQL、SQL Server 和 Oracle）；时效性上，支持实时和离线两种接入方式；存储模式上，支持多种线上库存储方式（标准表及分库分表）。

（2）简单易用。通过简单的参数配置即可实现数据的导入和导出；重要权限的申请、审批全部在线管控；无缝衔接数据开发，贴合用户工作流。

（3）多种使用场景。提供丰富多样、简单易用的数据处理功能，可满足离线接入、实时计算、集成分发等多种需求，并进行全程实时状态监控。

（4）企业网盘数据订阅。建立企业网盘云盘与数据平台的数据共享机制，提供周期性或临时数据订阅。

### （二）数据存储

为解决数据存储的难题，基于服务业独有的数据特点，该解决方案中包括一个专门适用于服务业的分布式数据仓库（见图 14.9）：

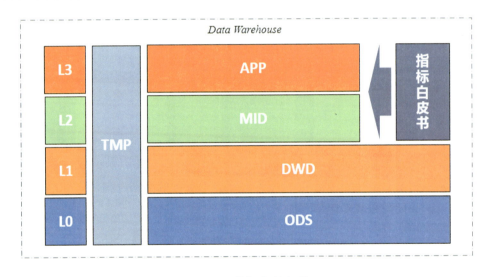

图 14.9　数据存储架构

（1）L0，即原始数据层（ODS），该层为数据快照，保存业务数据的细节数据。

（2）L1，即基础数据层（DWD），按照业务概念对数据进行第一层清洗，并进行名称、代码等的标准化处理。

（3）L2，即通用数据层（MID），该层根据核心业务设计方式建设的最细业务粒度汇总，在本层需要进行指标与维度的标准化，保证指标数据的唯一性。

（4）L3，即聚合数据层（APP），也称作应用层，该层的数据可直接为业务服务，如生成可视化数据报表。

（5）除 L0～L3 外，还设置了一个临时层（TMP），用来降低数据加工过程中的计算难度，提高运行效率。

## （三）数据查找

数据知识库：数据知识库包含丰富、全面的元数据信息。提供多维度的元数据浏览、查询服务及可追溯的数据血缘关系，轻松了解数据的来龙去脉。主要功能特点如下：

（1）元数据信息快速检索。通过搜索引擎和多维度的标签快速、准确定位所需元数据信息。

（2）数据血缘关系图谱。可供追溯数据仓库中数据的完整血缘信息，轻松了解数据的来龙去脉。

（3）丰富的元数据信息。提供数据仓库、集市、业务库全部元数据信息，在基本信息之外，还具备分区、加载信息等全方位、多维度的元数据信息。

（4）个性化服务。收藏、访问记录和全文检索等个性化服务，帮助用户轻松愉快的使用元数据信息，如图 14.10 所示。

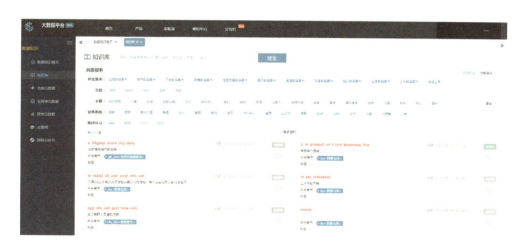

图 14.10　平台个性化服务

（5）可视化查询。可视化查询（见图 14.11）是一个图形化的数据查询工具，可以帮助您方便快捷的查询仓库/集市内的数据。用户只要具备简单的 Excel 使用能力，就可以轻松驾驭。

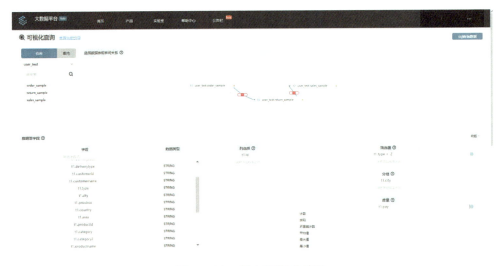

图 14.11　平台可视化查询

## （四）数据计算

### 1. 数据开发

用户可以在线访问数据仓库和数据集市。通过数据开发（见图 14.12 和图 14.13）提供的各种丰富功能，可以方便地进行数据查询以及数据建模、开发等。提供完善的数据权限控制，保证数据安全性。主要功能特点如下：

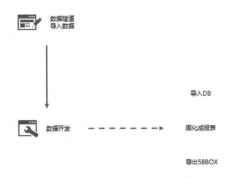

图 14.12　数据开发

（1）IDE 编程界面。开发、查询界面设计借鉴传统的 IDE 编程环境，使数据开发者在熟悉的环境中进行数据操作，大大降低学习成本。

（2）任务分组管理及共享。通过分组管理自己的程序任务。当任务数量多时，也不用害怕找不到任务在哪里，通过共享功能可方便查询其他人的任务。

（3）动态时间表达式。通过使用平台自定义时间表达式，可以方便的设置 hive

动态条件、分区等。任务执行时，可根据设置动态生成任务运行参数。

（4）完善的数据权限控制。对库、表的操作、读写、导出等提供完善的权限控制。通过 hive SQL 解析分析，能够准确可靠的对任务访问的表进行权限控制。

图 14.13　数据开发示意

2. 数据调度

高效、智能、稳定的数据仓库任务调度服务，为数据的加工和流转提供基础解决方案。支持多种周期设置，可智能分析任务之间依赖关系，规避因为前期数据缺失而导致的无效调度。主要功能特点如下：

（1）分布式高可用性（见图 14.14）。支持分布式部署 Scheduler（调度中心）、job-worker（任务执行）等服务，无系统单点。服务节点出现故障时，能够无损实时切换，保证整个调度的高可用性。

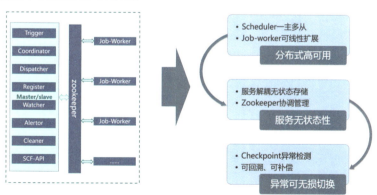

图 14.14　数据调度高可用示意

（2）周期性任务。可以设定按周期运行任务。支持多种周期智能设置，每日、每周、每月定期执行，减少人工操作。

（3）智能的调度机制（见图 14.15）。可智能分析任务之间依赖关系，保障任务准确有序的执行，任务执行提供容错重试机制。当任务依赖出错雪崩，可一键恢复所有依赖的任务。

（4）实时任务管控。可实时查看任务执行状态及任务运行日志，可终止正在运行的任务，任务执行失败时会实时报警并记录相关日志。

图 14.15　数据调度示意

3. 数据监控

准确、实时的平台监控（见图 14.16），保证整个大数据平台的稳定和调度的健康运行。个性化的预警配置将技术方案与业务应用紧密整合。主要功能特点如下：

（1）一站式监控。　从离线到实时、从资源到服务、从软件到硬件，平台一站式监控，彻底解决监控管理混乱、监控状态不透明的问题。

（2）个性化预警。　可根据数据、文件、状态以及趋势等个性化配置预警，并支持监控结果邮件和短信自定义推送。

（3）实时性感知。　高性能的分布式服务，提供秒级的数据巡检，实时感知监控指标。

（4）多样化展示。饼图、曲线、柱状等多样化展现，为辅助预警提供了丰富的可视化支持。

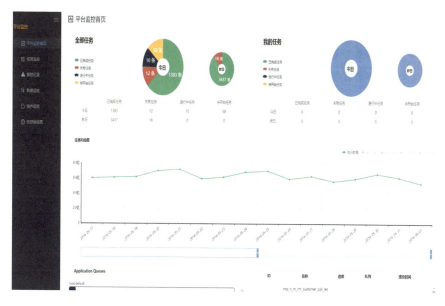

图 14.16　数据监控示意

（五）数据可视化

流量可视化：通过多样化的展现方式，多维度的统计，提供了一个可以直观发现走、向趋势，迅速抓住重点，找到规律的流量数据可视化平台。

1. BI 中心

BI 中心（见图 14.17）是一款让数据分析变得简单的产品，为用户展现多元化的数据视图。desktop 适用于在本地集成开发数据报表视图，通过 Server 端集合多个数据视图，实现更丰富、深入的分析。

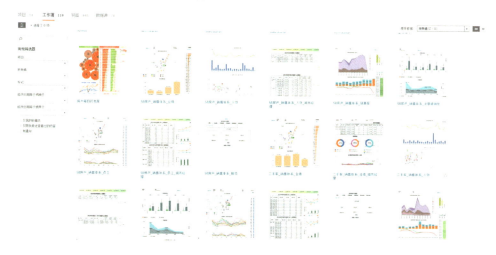

图 14.17　BI 中心示意

2. 决策中心

系统提供各种业务数据，支持多维度组合查询，结果以表格、图表呈现。可按界面样式原样下载数据，界面仿真 Excel 风格，支持分析人员使用习惯，为管理、运营、分析多种角色人群提供数据。

（六）数据回流和持续改进

实时监控可视化数据应用工具和数据报表的效果监控，通过对效果数据的进一步分析挖掘，找出用户的真实诉求，以此推动大数据解决方案的不断优化。

（七）部署运维

（1）自动部署和配置（见图 14.18）。程式化的安装向导，不仅可通过默认设置快速部署集群，而且为用户的个性化配置提供了操作入口。界面化后台管理方式，使得在集群中添加或删除组件，启动或关闭进程，调整资源队列配置，升级版本等复杂行为都能给运行得游刃有余。

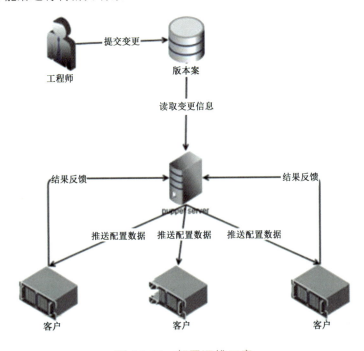

图 14.18　部署运维示意

（2）可定制的监控和报告（见图 14.19）。系统提供多达数十种监控参数类型供用户定制，内容涵盖了主机、组件、进程、队列等各方面，并以直观的报表对监控指标加以展示。通过监控所有的组件的执行历史和现状，平台的维护成本大大降低。

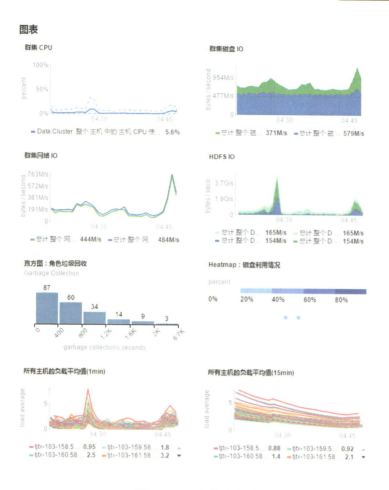

图 14.19　监控和报告

（3）鲁棒性故障诊断。可以进行简单的故障排除，使得管理员从大批量的服务器集群和进程运行中抛出的运行时异常中解脱出来。此外故障诊断功能也对外部暴露了接口。

（4）零停机维护。不必担心系统停机时间与滚动升级和回滚。组件的高可用性策略和内置的灾备机制，使用户在面临突发事件时所遭受风险降到最低。

## 四、关键技术

### （一）核心功能

（1）提供元数据全文检索以及数据血缘关系图谱，统一数据管理规范，提高元数据查询效率、轻松了解数据的上下游关系。

（2）支持不同类型数据的接入、分发，无缝衔接数据开发，充分贴合用户工作习惯。

（3）通过对 hiveSQL 的系统化分析，实现数据访问权限的有效管控，保证数据的安全性。

（4）支持自定义动态参数表达式，可以方便的动态设置查询条件、数据分区等。

（5）开发、查询界面设计借鉴传统的 IDE 编程环境，大大降低学习成本。

（6）智能分析任务之间依赖关系，保障任务准确有序的执行，可一键恢复所有依赖任务。

（7）服务模块异常时可以实现无损实时切换，保障平台的高可用。

（8）面向非技术角色，提供可视化查询功能，通过拖拽完成对数据的查询过程。

### （二）核心性能

随着数据量的急剧增大，大数量的查询、处理变得费时费力，用户体验变得非常差。为了改善这种情况，我们对大数据平台进行优化，建立大数据分析引擎，对集群要求低，运行稳定，支持在超大数据集上进行秒级别的 SQL 及 OLAP 查询，10 亿以上的数据进行指标多维聚合查询，延迟可控制在 300ms 左右。

海量数据对实时分析和计算提出了更高的要求，实时处理程序必须确保在严格的时间内响应，数据平台实时计算、推荐等，数据处理平均延迟 26ms。图 14.20 所示为数据平台数据量及其处理情况。

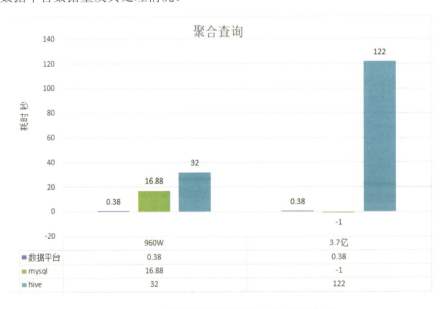

图 14.20 数据平台数据量及其处理情况

# ■ 企业简介

北京五八信息技术有限公司（以下简称"北京五八"），成立于 2005 年 12 月，注册地址为北京市朝阳区北苑路乙 108 号 2 号平房，是国家认定的高新技术企业，注册资金 1 000 万元，法定代表人姚劲波，公司类型为有限责任公司。

58 同城在 2013 年 10 月 31 日于纽交所上市，是中国生活服务领域的第一家上市公司，目前市值 60 亿美元。旗下拥有安居客、中华英才、58 车、58 金融等一批互联网著名品牌，活跃用户超过 4 亿人，覆盖全国 400 余个城市。

目前北京五八公司总人数 1 300 余人，并拥有一支 600 多人的研发技术团队。58 平台提供房屋租售、招聘求职、商家黄页、二手物品、二手车交易、宠物票务、旅游交友、餐饮娱乐、团购等多种生活信息服务。除了为数亿用户提供便捷、高效的生活信息服务，同时还为商家建立了全方位的市场营销解决方案。

# ■ 专家点评

58 大数据可视化平台依托 58 海量数据处理能力和大数据分析挖掘技术，建立一个面向服务业的、通用的、具有高度可复制性的大数据全生命周期解决方案。旨在解决服务业业务平台面临的信息孤岛、数据口径不统一、计算烦琐、数据安全风险高等问题。平台行业通用性强，可复制推广，帮助服务业企业完成数据体系化管理，实现数据资源的整合和高效利用，打造数据驱动业务，挖掘数据潜力，实现数据创新，在促进服务业转型升级的同时，显著降低企业的开发成本。

余晓辉（中国信息通信研究院总工程师）

徐志发（中国信息通信研究院产业与规划研究所副所长）

# 50 商用元数据在线应用服务与交易清算解决方案

## ——上海数据交易中心有限公司

商用元数据在线应用服务与交易清算解决方案以数据需求作为驱动数据互联的创新运营模式，秉承从数据互联到价值互联的建设理念。将数据作为驱动行业智慧应用的主要资源与驱动力，解决行业领域系统间难以进行互联互通的本质难题，为行业升级与大数据发展提出基于数据的解决方案。

### 一、应用需求

随着信息科技的飞速发展，数据已成为社会发展中不可缺少的战略性资源。近年来，在全国范围内已形成聚焦发展大数据云服务的高端产业基地。全国各地陆续成立多家数据交易机构，使数据交易成为大数据行业中汇聚数据资源、联通数据价值的重要环节。

当前，大量数据资源沉睡在各个机构和企业的信息系统中，形成了数据割裂状态，大数据应用普遍面临着"数据孤岛"问题，制约了大数据价值的获取和效益的产生。中国信息通信研究院发布的《中国大数据发展调查报告（2015年）》显示，我国32%的企业已通过外部购买获得相关数据，企业迫切希望政府开放更多的公共信息资源和促进数据流通交易。

本方案将以"创建流通规则，突破关键技术，引领产业发展，服务国家战略"为远景目标，立足国情，以数据价值的发现与数据资源流通为建设目标，研究并创建合理的数据交易机制和规则，突破数据交易中的技术难点，保障数据流通和交易的可信、安全和有效执行。

### 二、应用效果

上海数据交易中心建设的商用元数据在线应用服务与交易清算平台是针对国内市场的数据交易平台。国内大数据交易市场总体来说还在处于起步阶段，各大公司对数据的需求非常迫切，上海数据交易中心的数据交易平台所提倡的数据交易理念与服务在国内范围内是最为先进、最为有效的，因此必定拥有巨大的市场需求。

基于本方案建立的商用元数据在线服务与交易清算体系，能够更好地推动产业链各环节的数据互联和价值创造。图 14.21 所示为大数据行业应用。

图 14.21　大数据行业应用

基于商用元数据在线应用服务与交易清算平台，上海数据交易中心将形成以下三种盈利模式：向供需双方收取成员费、收取数据交易佣金、收取相关增值服务费。

### 三、平台架构

本方案旨在建设一套针对商用元数据资源交易流通所需的完整体系：由数据流通规则体系、流通系统平台与行业应用三个主要层面的建设内容构成。数据流通规则体系将对数据流通所需的流通对象、流通数据、流通过程进行约定，形成标准的流通体系；流通系统平台对面向商用数据交易方面实现数据流通，并且针对数据流通的技术突破点建设流通基础能力的相关系统；行业应用的目标是在数据流通之后在行业维度上带来具有数据价值的应用，行业应用包括数据产品或针对数据流通的行业解决方案。本方案在行业解决方案与产品方面针对营销、金融、城市管理等数据应用场景建设"智慧营销"、"智慧金融"、"智慧城市"的特色产品/解决方案。本解决方案的总体架构如图 14.22 所示。

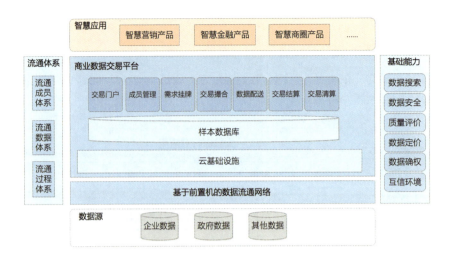

图 14.22　平台总体架构

其中具体而言，可以分为如下几部分：

## （一）流通体系

流通体系架构如图 14.23 所示。

图 14.23　流通体系架构

### 1. 成员体系

数据流通市场需要由多个不同角色的数据流通参与主体（流通成员）共同构成。本方案对流通成员体系的建设，一是要实现流通成员的角色分类，明确各角色在数据流通市场中享有的权利与承担的义务，从而使流通成员可以各司其职，共同实现与促进数据的合规、高效流通；二是要实现基于角色的流通主体组织工作，从而形成一个主体完整、流程闭环的数据流通市场。

### 2. 数据体系

本方案对流通数据体系的建设，是基于立体多维的数据湖实现数据汇聚和互通：

通过交易中心制定的相关标准、规范，对数据湖中数据的多维标准化，为后续数据流通的自动化提供基础。上海数据交易中心建立了以六要素为核心的标准体系，实现了对以上数据主体、数据层次、数据类型的标准化。后续上海数据交易中心将逐步对更多维度制定标准化规范，实现数据湖多维标准化的构建。

3. 交易体系

基于交易中心制定发布的一系列针对数据流通交易的管理办法和规则，从三方面建立商用元数据交易体系。

（1）全过程受控体系：数据采集受控（用户授权）、数据产品内容受控、供需双方主体受控、数据传输受控、应用场景受控。

（2）透明可信交易体系：打击地下黑市、规范线下交易，由线上撮合、线下交付走向实时在线、随需交易，交易过程透明可见、交易日志完整。

（3）"去中心化"价值互联：由平台交易转向"临时数据空间"和"去中心化"数据交易，杜绝数据非法复制和不当留存。交易流通和知识发现成为数据交易核心职能，并由数据集交易转向"数据+算法"的价值交易。

**（二）商用元数据在线交易平台**

商用元数据在线交易平台（见图 14.24）的功能是实现数据供方与数据需方数据之间的数据交易业务。平台采用"数控分离"的设计思路：

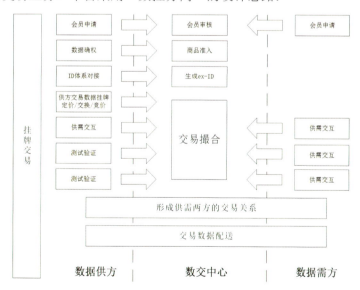

**图 14.24　商用元数据在线交易平台架构**

（1）控制流数据，是指为交易某一个数据而产生的描述性数据与过程性数据。包括所交易数据的元数据描述、数据产品的挂牌信息、交易撮合成功后产生的订单信息、数据配送过程中的日志信息等。

（2）数据流数据，是指被交易数据本身的值，是某个数据主体标识对应的数据维度的真实值。平台将数据传输控制流数据与实际被交易的数据流数据进行分离，即不触碰供需双方的交易数据，确保了流通数据的隐私与安全，又对交易过程进行有效的管理，保证交易的合法合规。

通过交易平台，成员能按照一定的数据交易流通规则实现合法、合规、高效的数据互联。商用元数据数据交易平台将为数据供需双方提供全新的程序化数据交易的途径与方法。

### （三）基础能力

本方案将从以下方面实现基础能力。

#### 1. 数据搜索能力

数据资源目录智能搜索技术为用户提供信息检索和访问服务。在跨系统公共大数据共享与交换的情境下，用户想要检索的数据资源和服务通常分布在不同的目录体系中，因此需要设计针对此情境的元搜索引擎（Metasearch Engine）技术以满足用户灵活多样的需求。

在数据资源目录智能搜索系统中，用户只需递交一次检索请求，由元搜索引擎负责转换处理后提交给多个预先选定的独立搜索引擎，并将所有查询结果集中起来以整体统一的格式呈现到用户面前。由于采用了一系列的优化运行机制，数据资源目录智能搜索系统能够在尽可能短的时间内提供相对全面、准确的信息，而且即使不能完全满足用户需求，仍可以作为相对可靠的参考源进行扩展搜索。

#### 2. 安全保障能力

在本方案中，对于商用元数据的安全保障能力建设，需要从三个方面进行实现。

数据脱敏与隐私保护。数据脱敏处理是指对某些敏感信息通过脱敏规则进行数据的变形，实现敏感隐私数据的可靠保护。这样，就可以在开发、测试和其他非生产环境以及外包环境中安全地使用脱敏后的真实数据集。数据脱敏关键在于保护数据隐私，确保符合法律法规监管要求。

数据主体标识隔离。在数据实时交换过程中，各数据源间需要通过对数据的标识（ID）对数据进行识别，并最终查询到对应的数据值。因此，保护多数据源之间数据识别关系成为数据隐私保护的重要环节。对于数据交换来说，即需要使交换双方识别数据之间的关系，又要保护关联关系本身的不可识别性。对此，本方案创新使用了居间 ID（ex-ID）技术解决此问题。ex-ID 是一套双方约定的算法，对所需关联的 ID 进行加密转换。在交换双方使用相同加密方式的时，加密后的居间 ID 也是相同的，这样既可以保持识别原有数据关联性的能力，又能保护 ID 本身隐私保护的需求。

数据传输加密。数据传输过程中主要是需要防止非法用户的窃取网络信息资源，或劫持所传数据信息并假冒信源发送网络信息破坏网络会话。根据应用环境，考虑到对称加密技术加解密技术速度快但必须保证私密密钥安全，本方案采用综合加密技术，形成了三级加密体系结构，对密钥实行分级、分散管理，提高系统数据信息保密性。

### 3. 质量评估能力

针对大数据流通交易的各类数据集合，研究质量模型、质量度量框架和度量方法，并构造质量评估工具。

根据影响数据质量的三个重要因素，即数据、数据所在的系统、使用数据的用户，将数据质量分为内部质量、外部质量和使用质量三个方面。内部质量是数据集本身固有的特性，如准确性、完整性、丰富度等。外部质量描述了数据集的外部特性，如及时性、可用性和性能等。使用质量描述了用户使用的度量，如可查询性、信息性等。

### 4. 数据定价策略

本方案主要是利用历史流通交易数据来选择合适的定价模型。在历史交易数据的基础上，以享乐定价模型（Stephen Malpezzi，2002），又称为特征价格模型，作为分析的起点，对定价模型进行系统的测试和分析，进一步确定模型。历史交易数据包括历史成交的数据的价格、交易数量、数据特征、与数据相关的服务和买家特征等。

随着更多数据交易的达成，通过更新交易数据，进一步选择和完善模型。最终，根据流通交易数据，利用统计软件具体分析 2～3 个行业，完成这 2～3 个行业的具体定价模型，包括具体变量、具体模型的选择。

由于数据交易面临着数据作为后验商品，使用方无法在使用前评价数据质量。同时，数据质量又是数据价值评价的重要因素。因此，本方案尝试建立数据质量与数据价值的关系模型，将之前购买该数据的用户对数据质量的评价反馈回下一次购买该数据的用户作为用户后验质量评价，还可以引入第三方质量评估机构对数据质量进行评价，将多方评价的结果加权后，建立质量价值基准模型。例如，质量价值=第三方质量价值评估×权重+用户后验质量评价×权重，作为数据定价的一种策略。

### 5. 数据确权方法

本方案研究数据水印、区块链等技术，为数据确权提供技术方法。

（1）数据水印技术。基于数据水印技术的数据追溯管理系统架构如图 14.25 所示。

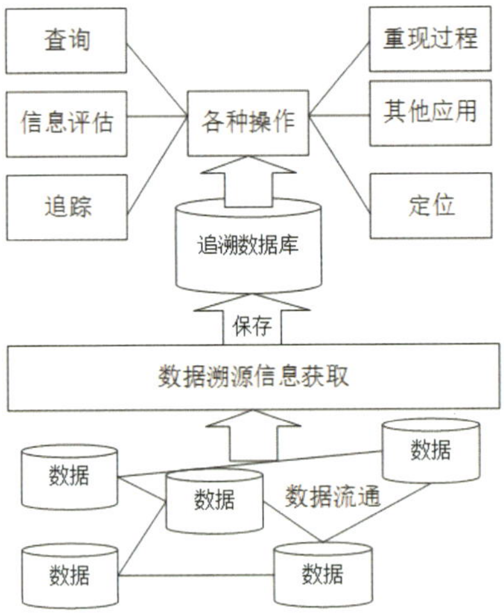

图 14.25　基于数据水印技术的数据追溯管理系统架构

数字水印嵌入流通大数据报视频数据、图片数据、文档数据和其他数据，这些数据在流通和交易过程中，可以申请或者通过配置自动进行水印添加，水印算法也可以通过配置，以平衡对抗水印过滤和水印添加处理效率。当这些数据在流通过程中，如果需要，就可以进行水印检测，提取水印，确认数据来源。

（2）区块链数据确权技术。本方案将针对数据确权中的现有痛点，建设基于区块链上的数据确权系统，确保大数据在产权清晰、权力保障有效的框架下，发挥更大的价值。对于公共数据，该系统提供从政府到加工处理者的数据资产确权登记服务；对于商用数据，该系统提供从数据产生（包括行为者、记录者、运营者）、数据加工（包括加工处理者、分析挖掘者）到数据消费（包括分析挖掘者、数据应用）的数据资产确权登记服务。基于区块链的数据交易子网络划分的共识机制如图 14.26 所示。

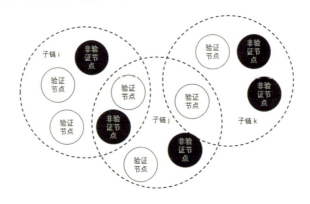

图 14.26　基于区块链的数据交易子网络划分的共识机制

### 6. 互信交易环境

本方案将建立包含数据交易各方的完整的信任机制和环境。其核心是基于区块链技术，实现的数据交易共享账本，其本质是一串使用密码学方法相关联产生的数据块，用于验证其信息的有效性（防伪）和生成下一个区块（用于溯源）。区块链包含一个分布式数据库。在基于区块链技术的数据交易系统中，参与整个系统中的每个节点之间进行数据交换是无需互相信任的，整个系统的运作规则是公开透明的，因此在系统指定的规则范围和时间范围内，节点之间通过共识保证互信。另外，基于区块链技术的数据交易系统也将打破传统商业模式的信息不对称性。

### （四）智慧应用

本方案在行业解决方案与应用产品方面针对营销、金融、商圈三个数据应用场景建设"智慧营销"、"智慧金融"、"智慧商圈"三类特色产品/解决方案，首次将数据作为驱动智慧应用的主要因素，解决之前在行业领域的智慧应用建设中"烟囱系统"难以打通的本质问题，为行业升级提出基于数据驱动的行业解决方案。商用元数据解决方案应用场景如图 14.27 所示。

图 14.27　商用元数据解决方案应用场景

## 四、关键技术

### （一）针对商用元数据流通交易的标准化技术

本技术基于一种标准化的可流通数据的六要素结构，为数据流通平台运营方和数据需求方提供了一种数据挂牌和流通系统与方法，实现了各类数据标准化流通和分级分类管理与监督。数据交易挂牌系统实现了数据流通平台运营方对标签维度的分类管理，以及数据提供方对流通数据六要素的标准化与流通数据挂牌操作。

### （二）面向商业元数据流通交易的居间个体 ID 标识技术

本技术所提出的居间用户个体 ID 标识方法，基于数据中真实用户个体 ID，建立统一、独立、完整、唯一的虚拟个体对象 exID 体系。在大数据流通领域的应用中，通过居间 exID，建立、补全 ID 图谱，既能实现数据流通双方数据的快速对接和互连互通，又能从技术层面有效屏蔽和隔断数据流通双方数据之间真实个体对象 ID 的直接关联，实现数据访问管控，从而有效降低在数据交易流通中产生的个体隐私安全风险。

### （三）基于单一数据本身因素进行数据价格评估技术

本技术提供了一种方法和系统，这种方法和系统可以在有历史类似数据成交的情况下，基于新数据与历史数据本身的因素不同，为数据供应方制定一个比较客观的流通商用元数据的交易价格评估。

## ■ 企业简介

上海数据交易中心是上海市大数据发展"交易机构+创新基地+产业基金+发展联盟+研究中心"五位一体规划布局内的重要功能性机构，在国内率先提出"技术+规则"数据流通受控管理体系，自主研发"IKVLTP"六要素管控技术、数控分离技术、二次加密技术和主体标识隐私隔离技术，建设了基于时间轴的实时在线交易系统。作为国家大数据交易标准化试点单位，上海数据交易中心主持和参与了数据交易物描述、数据交易平台通用功能、数据质量评估、数据价值评估等国家标准起草，并且上海数据交易中心在"合规、透明、互信"数据体流通系，"技术＋规则"数据流动受控体系，去中心化商业数据在线连续交易系统，政企数据交换与融合应用等方面有着国内较为领先的理念、技术和实践经验。

## ■ 专家点评

上海数据交易中心有限公司"商用元数据在线应用服务与交易清算平台"解决方案，面向产业应用需求，以"技术+规则"双重架构，形成完善的会员注册审核、去身份化元数据规制、自主挂牌控制、ID 标识匹配、统一结算与清算等平台功能。构建了涵盖数据产品、供需双方主体、数据传输和数据应用场景的全流程合规控制体系，实现了商用数据衍生产品的实时在线连续聚合交易。项目符合国家发展战略和产业政策，将为国家大数据（上海）综合试验区第三方公开数据市场建设，以及产业经济转型升级和大数据发展提供基础支撑。

**余晓辉**（中国信息通信研究院总工程师）
**徐志发**（中国信息通信研究院产业与规划研究所副所长）